수학최고의신비를 찾아

소수의 음악

소수의 음악 : 수학 최고의 신비를 찾아 / 마커스 드 사토이 지음 ;
고중숙 옮김. -- 서울 : 승산, 2007

  p. ; cm

원서명: The music of the primes : searching to solve the greatest
mystery in mathematics
원저자명: Du Sautoy, Marcus
참고문헌과 색인수록
ISBN 978-89-88907-96-2 03410 : \20000

412-KDC4
512.72-DDC21   CIP2007002103

소수의 음악

THE MUSIC OF
THE PRIMES

SEARCHING TO
SOLVE THE GREATEST
MYSTERY
IN MATHEMATICS

— 마커스 드 사토이 지음 — 고중숙 옮김 —

승산

『소수의 음악』에 대한 찬사

드 사토이는 소수 계산의 역사를 풍부한 일화를 곁들여 파노라마처럼 펼쳐 보여 주며 수학적인 미묘함을 세심한 인내심으로 밀도 있게 파헤친다.

〈빌리지 보이스(Village Voice)〉

나는 마커스 드 사토이가 쓴 『소수의 음악』에 매료되었다. 이 책은 흥미진진한 인물 묘사를 곁들여 참으로 생생하게 쓰여졌기에 수학을 거의 모르는 나도 별 어려움 없이 따라갈 수 있었다.

마가렛 드레블(Margaret Drabble), 〈더 가디언(The Guardian)〉

매혹적이다… 드 사토이는 다룰 만한 수학 분야의 이야기를 참으로 잘 풀어내며 수학적인 위인들의 풍모를 매우 생생하게 묘사한다.

〈퍼블리셔스 위클리(Publishers Weekly)〉

드 사토이는 소수와 리만 가설의 역사를 쉽고도 매혹적으로 이야기해 준다. 그는 또한 현대적 응용에 대해서도 통찰을 전해 준다.

〈더 이코노미스트(The Economist)〉

드 사토이는 소수의 여러 측면을 연구하는 데에 컴퓨터가 어찌 쓰이는지, 그리고 이것이 전자거래에 얼마나 중요한지에 대하여 잘 이야기해 준다. 현대적 성과에 대한 그의 설명은 우리를 여권 없이 갈 수 있는 최전방까지 이끌어 간다.

〈로스엔젤레스 타임스 북 리뷰(Los Angeles Times Book Review)〉

예리하고도 명료하게 쓰인 마커스 드 사토이의 『소수의 음악』은 참으로 흥미진진한 이야기를 전해 준다… 이 전설은 인간의 열정과 슬픔, 협력과 경쟁적 업적의 심연에 대한 것이기도 하다. 분명 그냥 덮어 둘 수 없는 책이다.

　조지 스타이너(George Steiner), 〈더 타임스 리터러리 서플리먼트(The Times Literary Supplement)〉

이 저술은 경이로우며 미묘한 반전들이 가득하다. …마커스 드 사토이는 '수학의 에베레스트산'을 에워싸고 이루어진 수많은 노고의 일부를 파헤치려 한다.

〈크리스천 사이언스 모니터(Christian Science Monitor)〉

수론의 신비에 관한 경이로운 새 책이 나왔다. …드 사토이의 이 책은 세계 최고의 수학자들이 혼돈 속에서 질서를 찾고 소수의 음악을 듣고자 힘겨운 노력을 기울인 데에 대한 매혹적인 서술이다.

〈더 데일리 텔레그라프(The Daily Telegraph)〉

생생한 역사책이다. …드 사토이는 쉼 없이 쉽게 읽히는 이 책에서 수론의 활약상을 선명하게 보여 준다.

〈커커스 리뷰스(Kirkus Reviews)〉

수학에 관한 최고의 교양서

이 책은 한마디로 경이롭다. 과학책이 아닌 것으로는 올해 처음 읽는 책인데, 도무지 손에서 내려놓을 수가 없었다. 드 사토이 박사는 참으로 경쾌한 문체를 구사하여, 리만 가설의 증명을 마치 최고의 미스터리처럼 흥미진진하게 파헤쳐 간다. 무려 4세기에 이르는 세월에 걸쳐 수많은 나라들이 자랑하는 탁월한 지성의 전당들에서 이 이야기는 펼쳐진다. 수학에 관한 책 한 권을 읽고자 한다면 단연 이 책을 권한다.

Michael Levitt (Stanford, CA, United States)

미려한 구성 속에서 사색으로 몰아간다

이 책을 다 읽은 뒤 나는 곧장 순전히 호기심에 이끌려 1,000까지의 소수를 음악 합성 프로그램에 넣어 보았다. 그 수수께끼를 풀어 볼 요량으로 가당찮은 생각이었지만, 어쨌든 나는 이 책의 모든 게 자랑스럽다. 우주의 원자에 대한 소수의 비유, 오일러와 로그함수와 소수에 대한 설명들, 수학자들이 힘겹게 지나가는 창의적 여정의 묘사 등, 지은이는 탁월한 솜씨로 우리를 사색의 세계로 몰아간다. 나는 수학에 관한 한 어린아이에 지나지 않는다. 하지만 리만 가설에 대해 들어 본 적이 있는데, 이 책은 참으로 생생하게 살려 낸다. 경탄할 만한 역작이다!

Andrew London (Southampton, PA United States)

재미있고 만족스럽다!

명료하고 재미있고 재치가 넘치며 수학적 세밀함은 내가 파헤칠 수 있을 것으로 여겨지는 수준을 넘어선다. 나는 이 책을 리만 가설에 대해 더비셔가 최근에 펴낸 책과 나란히 읽으며 즐겼다. 더비셔의 책이 흥미로웠다면 이 책 또한 아주 만족스러울 것이다.

Paul J. Papanek "latoxdoc" (Los Angeles, CA United States)

진정한 필독서다

경고하건대, 이 책은 당신의 삶을 바꿀 수 있다! 이 책은 언뜻 무질서하게 보이는 소수들 사이의 기이한 관계를 파헤치는 역사를 담고 있다. 자연스럽게 떠오르는 수의 사슬 가운데 왜 이런 관계가 자리 잡고 있는지 궁금히 여기는 모든 이들의 필독서이다.

Rod Watson (Boston, Lincolnshire, England)

일러두기 이 책에 나오는 외국 인명이나 지명은 '국립국어연구원 외래어 표기법'을 따라 표기하되 이미 굳어진 인명 등 몇 가지 경우에 한해서는 관용에 따랐다. 이는 타 한글 자료 및 정보들을 상호 참조할 경우에 독자들의 편의와 이해를 돕기 위함이다.

✣

요나단 드 사토이를 기리며
2000년 10월 21일

차 례

-제1장-

백만장자가
되고 싶나요?

"이 수열은 과연 무엇일까? ……, 59, 61, ……, 67, ……, 71, ……
이것들은 모두 소수가 아닌가?" 작은 흥분으로 인한 소란이 통제실을 감돌았다.
뭔가 깊은 것에 닿은 듯한 느낌이 전해 와 엘리의 얼굴도 잠시 떨렸다.
하지만 그녀의 표정은 곧 헛된 상상으로 빠지는 데 대한 두려움 그리고 이런 생각이
비과학적이며 어리석게 보일 수도 있다는 자각에 따라 냉정을 되찾았다.
칼 세이건, 『콘택트』

1900년 8월의 어느 무더운 날 아침, 괴팅겐대학교University of Göttingen
의 다비드 힐베르트David Hilbert는 국제수학자회의International Congress of
Mathematicians를 개최한 파리소르본대학교The University of Paris-Sorbonne
Paris IV의 한 강당에서 청중이 넘치는 가운데 강연을 했다. 이미 당대 최고
의 수학자로 인정받고 있던 힐베르트는 야심 찬 강연을 준비했는데, 그는
이때 아직 증명되지 않은 미해결의 문제들에 대하여 이야기할 생각이었다.
이런 시도는 이미 증명된 문제를 다룬다는 당시의 잘 확립된 전통에 어긋나
는 것이었으므로 힐베르트는 자못 긴장했다. 청중들은 그가 수학의 미래에
대한 자신의 견해를 펼치기 시작하자 그의 목소리로부터 이런 긴장을 감지
할 수 있었다. '미래를 가린 베일을 걷게 된다면, 우리의 과학이 보여 줄 다
음 단계의 진보와 장차 여러 세기 동안 이룩될 발전의 비밀을 보여 준다면,

우리들 중 그 누가 기뻐하지 않을까.' 새 세기의 도래를 선포하면서 힐베르트는 청중들에게 23개의 문제를 도전 과제로 내걸었다. 그는 이 목록이 20세기의 수학적 탐험가들이 나아갈 길을 안내하리라 믿었다.

이후 수십 년 사이 이 가운데 많은 문제가 해결되었다. 그리고 이를 해결한 수학자들은 드높은 명성을 얻으면서 이른바 '명예의 전당the honors class'에 오르게 되었다(본래 'honors class'는 학교에서 우수한 학생들로 편성된 '우등반'을 가리킨다. 그런데 힐베르트의 문제를 해결한 수학자들을 일컫는 용어로도 쓰이게 되었으므로 여기서는 '명예의 전당'으로 옮겼다: 옮긴이). 여기에는 쿠르트 괴델 Kurt Gödel과 앙리 푸앵카레Henri Poincaré를 위시한 많은 선구자들이 포함되며, 이들의 아이디어는 수학적 지평선의 모습을 탈바꿈시켰다. 하지만 아직 한 문제가 남아 있다. 힐베르트의 목록 여덟 번째에 있는 이 문제는 '리만 가설Riemann Hypothesis'로 불리는데, 다가올 세기에도 모든 도전을 물리치고 굳건히 버틸 것처럼 보였다.

힐베르트는 이 문제를 각별히 여겼다. 독일의 프리드리히 바르바로사 Frederick Barbarossa 황제는 제3차 십자군원정 때 젊은 나이로 세상을 떴다. 그런데 많은 사람들이 그를 사랑했기에 전설이 싹텄다. 그는 아직 살아 키프호이저Kyffhäuser 산맥의 한 동굴에 잠들어 있을 뿐이며 독일이 필요로 할 때 다시 깨어난다고 한다. 어떤 사람이 이에 빗대어 힐베르트에게 "만일 당신이 500년 뒤 바르바로사처럼 환생한다면 뭘 하겠습니까?"라고 물었다. 힐베르트는 "나는 '리만 가설이 증명되었나요?'라고 물을 것입니다"라고 답했다.

20세기가 저물 무렵 대부분의 수학자들은 기가 꺾여 힐베르트의 목록 가운데 보석처럼 빛나는 이 문제가 20세기는 물론 500년 뒤 힐베르트가 다시 깨어날 때까지도 미해결로 남으리라고 여기게 되었다. 힐베르트는 미해결의 문제로 가득 찬 혁명적 강연을 통해 20세기의 첫 국제수학자회의의 참석자들을 경탄케 했다(이 회의는 1900년에 열렸으므로 엄밀히 말하자면 19세기의 마지막 회의였다: 옮긴이). 그러나 20세기의 마지막 국제수학자회의에 참석하려던 수학자들에게는 깜짝 놀랄 만한 소식이 기다리고 있었다.

1997년 4월 7일, 전 세계의 수학자들은 컴퓨터 화면에서 아주 특별한 뉴스를 보게 되었다. 이듬해 베를린에서 열릴 국제수학자회의의 웹사이트에 올라온 발표에 따르면 그토록 찾아 헤매던 수학의 성배가 마침내 모습을 드러냈다. 리만 가설이 증명되었던 것이다. 이것은 참으로 심대한 영향을 미치게 될 뉴스였다. 수학자들은 각자의 메일을 읽으면서 위대한 수학적 신비 가운데 하나를 이해하게 되었다는 전망에 전율을 느꼈다.

이 발표는 엔리코 봄비에리Enrico Bombieri 교수가 보낸 메일에 근거를 두고 있는데 그는 더 바랄 나위 없이 믿을 만한 정보원(源)이었다. 봄비에리는 리만 가설의 주요 연구자 가운데 한 사람이었으며 한때 아인슈타인Albert Einstein과 괴델Kurt Gödel이 거쳐 간 프린스턴의 고등과학원Institute for Advanced Study에 몸담고 있었다. 그는 아주 부드럽게 말하곤 했지만 수학자들은 그의 말이라면 무엇이든 귀 기울여 들었다.

봄비에리는 이탈리아에서 태어났다. 그는 집안 소유의 포도원이 번창한 덕분에 품격 높은 삶의 흥취를 지니게 되었으며, 이에 따라 동료들은 그를 '수학 귀족Mathematical Aristocrat'이라고 즐겨 불렀다. 젊은 시절 봄비에리는 유럽의 여러 학회에 멋들어진 스포츠카를 몰고 참석하는 등 화려한 모습을 뽐내곤 했다. 심지어 이탈리아에서 열린 24시간 연속 자동차경주에서 6위를 차지했다는 소문이 돌아 스스로 즐거워하기도 했다. 그가 수학계에서 거둔 성공은 보다 탄탄한 것이었고, 1970년 마침내 프린스턴으로 초청을 받았다. 이후 줄곧 그곳에서 연구해 온 그는 취미를 자동차경주에서 그림으로 바꿨는데 특히 초상화를 좋아했다.

하지만 봄비에리가 몰두한 것은 창의적 예술인 수학이었으며 그중에서도 리만 가설에 가장 정열을 쏟았다. 어린 시절 조숙했던 봄비에리는 열다섯 살 때 리만 가설을 처음 본 이래 이에 홀려 살아왔다. 경제학자인 그의 아버지는 많은 책을 모았는데 그중 수학책을 뒤적거리던 봄비에리는 수의 여러 성질들에 매료되었다. 그러던 중 마주친 리만 가설은 그가 보기에 수론 number theory에서 가장 근본적이고도 심오한 문제였다. 이 문제에 대한 그의 정열은 만일 이것을 푼다면 페라리Ferrari(이탈리아에서 만드는 세계적으로 유명한 스포츠카: 옮긴이) 한 대를 사주겠다는 아버지의 약속 때문에 더욱 불타올랐다. 아버지의 입장에서는 이게 자기의 페라리를 봄비에리가 더 이상 몰지 않도록 하려는 필사적 노력이기도 했다.

봄비에리의 메일에 따르면 자신은 이 경쟁의 패배자라고 한다. 그 첫머리는 "지난 수요일 알랭 콘느Alain Connes가 고등과학원에서 행한 강연에는 경이로운 진전이 담겨 있습니다"라고 쓰여 있다. 몇 해 전 수학계는 콘느가

콜레쥬 드 프랑스와 프랑스 고등과학원의 교수로 있는 알랭 콘느

리만 가설의 해결로 주의를 돌렸다는 소식으로 들떴다. 콘느는 이 분야에서
혁명가 중 한 사람이며, 이를테면 봄비에리가 받드는 루이 16세Louis XVI에
대해 선량한 로베스피에르Robespierre(프랑스 혁명기의 정치가(1758~1794), 자
코뱅당의 지도자로 왕정을 폐지하고, 1793년 6월 독재 체제를 수립하여 공포 정치를
행하였으나, 1794년 테르미도르의 쿠테타로 타도되어 처형되었다: 옮긴이)격이었
다. 그는 일반적으로 차분한 성격의 수학자들과 달리 다혈질적이고 보기 드
문 카리스마를 가진 인물로서 수학계의 기인으로 알려졌다. 자신의 세계관
에 광적인 신념을 가진 그의 강의는 혼을 빼듯 매혹적이었다. 그래서인지
추종자들 사이에서 그는 거의 숭배의 대상이었다. 그들은 이 영웅이 구시대
의 참호(塹壕)로부터 어떤 공격을 받든 기꺼이 몸을 바쳐 그 방어선에 뛰어
들 태세가 되어 있었다.

　콘느는 프린스턴의 것을 본떠 파리에 세운 프랑스의 고등과학원Institut
des Hautes Études Scientifiques에 있다. 그는 1979년 이곳에 온 후 기하(幾何)
를 이해하기 위하여 완전히 새로운 언어를 창조해 냈는데, 대담하게도 이
주제를 극도의 추상화까지 몰고 갔다. 이와 같은 콘느의 이론 전개에 일반
적으로 세상을 높은 수준의 관념적 접근법으로 풀어내는 대다수의 수학자
들까지도 당황했다. 그러나 이토록 대담한 이론의 필요성을 의심하는 사람
들에게 콘느는 자신의 새로운 기하학 언어에는 양자물리학이 적용되는 현
실 세계를 이해하는 데에 필요한 많은 실마리가 내포되어 있음을 보였다.
그런데도 많은 수학자들이 심정적으로 어딘지 껄끄럽게 여긴다면 그냥 내
버려 두는 수밖에 없다.

　나아가 콘느는 자신의 새 기하학이 양자물리학의 세계뿐 아니라 수에 대
한 가장 위대한 신비인 리만 가설에도 관련된다는 과감한 신념을 피력했는
데, 이는 단순한 놀라움을 넘어선 충격으로 전해졌다. 이런 일들은 수론의

핵심과 수학의 최대 난제들에 대해 정면 도전을 하면서 그 어떤 전통적 경계도 거부하는 그의 태도를 잘 반영하고 있다. 1990년대에 그가 이처럼 발을 들여놓은 이래 만일 누군가 이 악명 높은 문제를 극복할 역량을 가진 사람이 있다면 그는 필연 알랭 콘느일 것이라는 예상이 널리 퍼졌다.

하지만 복잡한 그림맞추기 게임의 마지막 조각을 찾은 사람은 콘느가 아니었다. 봄비에리는 당시 청중 가운데 있던 한 젊은 물리학자가 그 주인공이라고 선언했다. 그 물리학자는 섬광과 같은 한순간, 자신의 연구분야인 '초대칭 페르미온-보손계supersymmetric fermionic-bosonic systems'라는 기괴한 이론이 리만 가설을 공격하는 데에 쓰일 수 있을 것이라는 사실을 깨달았다. 수학자들 가운데 이 괴상한 용어의 뜻을 아는 사람은 별로 없었다. 그래서 봄비에리는 이것이 '절대영도 부근에서 반대 방향의 스핀spin을 가진 애니온anyon과 모론moron들의 혼합체에 관한 물리학'이라는 설명을 덧붙였다. 물론 이 설명도 여전히 모호하다. 그러나 수학 역사상 가장 어려운 문제가 이제 막 풀린 터에 그 답이 쉬우리라 기대할 사람은 아무도 없다. 봄비에리에 따르면 그 젊은 물리학자는 미스파MISPAR라는 새로운 컴퓨터 언어를 이용하여 이후 엿새 동안 쉬지 않고 연구에 몰두한 끝에 마침내 수학에서 가장 완강하게 버티던 문제를 해결했다고 한다.

봄비에리는 "자, 이 소식을 최대한 널리 알립시다"라는 말로 메일을 마무리했다. 리만 가설을 증명한 사람이 젊은 물리학자라는 사실은 예상 밖의 일이었으나 크게 놀랄 일은 아니었다. 지난 몇 십 년 동안 수학의 많은 분야가 물리학과 긴밀하게 얽혀졌다. 리만 가설도 핵심은 수론에 뿌리를 내리고 있지만 입자물리학의 문제들과 예기치 못한 관계를 갖고 있다는 사실이 오래 전부터 알려져 왔다.

수학자들은 역사적 순간에 참여하고자 각자의 일정을 조정하여 프린스턴으로 몰려들었다. 몇 해 전인 1993년 6월, 영국의 수학자 앤드루 와일즈 Andrew Wiles가 케임브리지의 강연에서 페르마의 마지막 정리Fermat's Last Theorem를 증명했다고 선포했을 때의 기억이 아직도 생생한 흥분을 자아내고 있다. 와일즈는 페르마의 마지막 정리 즉, 'n이 3이상의 자연수일 때 x^n + y^n = z^n을 만족하는 정수 x, y, z의 값이 존재하지 않음'을 증명했다. 강연을 끝내면서 와일즈가 분필을 내려놓자 샴페인이 펑펑 터지고 카메라의 플래시가 불을 뿜었다.

그러나 수학자들은 페르마의 정리보다 리만 가설을 증명하는 것이 수학의 미래에 대해 훨씬 큰 의미가 있다는 점을 잘 알고 있다. 봄비에리가 열다섯의 어린 나이에 알아차렸듯, 리만 가설은 수학의 가장 근본적인 대상, 곧 소수(素數 prime number)의 이해에 관한 것이다.

소수는 자연수의 세계에서 원자와도 같다. 모든 소수는 그보다 작은 두 수의 곱으로 쓸 수 없기 때문이다. 예를 들어 13과 17은 소수이지만 15는 3과 5의 곱이므로 소수가 아니다. 소수는 무한한 수의 세계에 점점이 박힌 보석과 같은 존재로서 여러 세기 동안 수학자들의 중요한 탐구 대상이었다. 그들에게 소수는 경외감을 불러일으켰다. 2, 3, 5, 7, 11, 13, 17, 19, 23, … 등, 우리의 현실과 동떨어진 다른 세계에서 시작도 끝도 없이 영원히 살아가는 존재들이다. 이를테면 소수는 자연이 수학자들에게 내린 선물이다.

수학에서 소수의 중요성은 다른 모든 수들이 이로부터 만들어진다는 데에 있다. 소수가 아닌 모든 수는 소수라는 기본 요소를 곱하면 얻어진다. 물리적 세계의 모든 분자들은 주기율표에 기재된 원자들로부터 만들어진다. 이런 뜻에서 소수의 목록은 수학자들의 주기율표다. 2, 3, 5라는 소수는 수학자들의 실험실에서 수소, 헬륨, 리튬에 해당한다. 이와 같은 기본 요소를 잘 다룰 수 있다면 수학자들은 엄청나게 복잡한 수학 세계를 헤쳐 갈 새로운 길을 찾아내게 될 것이다.

하지만 단순해 보이는 겉모습과 가장 기본적 요소라는 특성에도 불구하고 소수는 수학자들의 탐구 대상들 가운데 가장 신비로운 것으로 남아 있다. 질서와 패턴을 찾고자 하는 분야에서 소수는 궁극적 도전 대상이다. 소수의 목록을 아무리 살펴보아도 다음 소수가 언제 나타날지 예측하기는 불가능하다. 소수의 출현은 혼란스럽고 임의적이며 다음 소수를 어찌 찾을 것인지에 대해 어떤 실마리도 주지 않는다. 소수의 목록은 수학의 심장 박동이지만 독한 카페인 칵테일에 취한 탓인지 마냥 불규칙적이다.

100까지의 소수 – 수학의 불규칙적인 심장 박동

당신은 이 목록의 숫자들을 만들어 내는 식, 곧 예컨대 백 번째의 소수가 무엇인지 말해 줄 마술과도 같은 법칙을 찾을 수 있겠는가? 이 의문은 오랜 세월 동안 모든 수학자들의 마음을 괴롭혀 왔다. 무려 2000년 이상의 노력에도 불구하고 소수는 어떤 규칙에 옭아매려는 모든 시도를 뿌리쳤다. 세대에 세대를 이어 사람들은 두 번, 세 번, 다섯 번, 일곱 번 그리고 이어서 열한 번 등으로 이어지는 소수의 드럼 소리에 귀를 기울였다. 드럼 소리가 계속될수록 아무런 내적 논리도 없이 불규칙적으로 울려 나오는 잡음과 같다는 믿음이 스며들었다. 질서를 찾는 학문인 수학의 세계가 그 핵심에서는 오히려 혼란의 음악만 들려줄 뿐이었다.

수학자들은 자연이 소수를 뽑아내는 데에 아무런 설명도 할 수 없으리라는 점을 견뎌 내기 어려웠다. 수학에 아무런 구조나 간결한 아름다움이 없다면 탐구할 가치도 없다. 단순한 잡음에 귀를 기울이는 것은 결코 만족스런 소일거리가 아니다. 프랑스 수학자 앙리 푸앵카레는 이렇게 썼다. "과학자들은 유익하다고 해서 자연을 탐구하지는 않는다. 거기서 환희를 느끼기 때문이며, 아름답기 때문에 환희를 느낀다. 자연이 아름답지 않다면 알 가치가 없다. 자연이 알 가치가 없다면 인생은 살 가치가 없다."

어떤 사람은 소수의 드럼 소리가 처음에는 요란스럽지만 언젠가는 누그러질 것이라고 예상할지도 모른다. 하지만 그렇지 않으며, 갈수록 더욱 난감해진다. 예를 들어 천만을 중심으로 양쪽 100까지의 간격에 들어 있는 소수를 보자. 먼저 아래쪽으로 100 사이에는

9,999,901, 9,999,907, 9,999,929, 9,999,931, 9,999,937, 9,999,943, 9,999,971, 9,999,973, 9,999,991이 있다.

그런데 위쪽으로 100 사이에는

10,000,019, 10,000,079의 두 개뿐이다.

이런 식의 패턴을 알려 줄 식을 찾는 것은 분명 어려운 일이다. 실제로 소수의 수열은 어떤 질서가 있는 수열보다 임의적이고 무질서한 수열이 보여 주는 패턴에 훨씬 가깝다. 동전을 아흔아홉 번 던져 결과들을 모두 검토했다고 해서 백 번째의 결과를 알 수 있는 것은 아니다. 마찬가지로 소수는 모든 예측을 거부하는 듯하다.

소수는 수학자가 다루는 여러 주제들과 관련하여 기이하기 짝이 없는 불안감을 안겨 준다. 어떤 수는 소수이거나 아니거나 둘 중 하나이다. 동전을 던진 결과에 따라 어떤 소수를 보다 작은 수의 곱이 되도록 결정할 성격의 것이 아니다. 반면 소수의 목록이 임의로 선택한 수열과 닮았다는 점을 부정하는 증거도 없다. 그런데 물리학자들은 우주의 운명을 결정하는 완전히 임의적인 '양자 주사위quantum dice'의 관념에 차츰 익숙해지고 있다. 과학자들이 관측 대상으로 삼은 물체를 어디에서 관측하게 될 것인지는 양자 주사위의 임의적 결과에 따라 결정된다. 하지만 수학이 뿌리를 내리고 있는

소수의 경우에도 이런 주사위가 있을 것이라는 생각은 황당하게 여겨진다. 주사위를 던져서 어떤 수를 소수로 할 것인지 말 것인지 결정할 수 있겠는 가? 이런 식의 임의성과 혼돈은 수학자에게 저주와 같다.

겉보기의 임의성에도 불구하고 소수는 수학의 다른 어떤 분야보다 더 영원하고도 보편적인 성격을 띤다. 소수는 우리가 그것을 알아차릴 수 있을 정도로 진화한 것과 상관없이 존재하고 있었을 것이다. 케임브리지대학의 수학자 하디Godfrey Harold Hardy는 유명한 저서 『어느 수학자의 변명A Mathematician's Apology』에 이렇게 썼다. "317이 소수인 것은 우리가 그렇게 생각하기 때문도 아니고, 우리의 지성이 그렇게 생각하도록 또는 그렇지 않게 생각하도록 형성되었기 때문도 아니다. 오직 본래 그렇기 때문일 뿐이다. 수학적 실체는 그런 식으로 이루어져 있다."

철학자들 가운데는 플라톤적 세계관을 떠올릴 사람도 있을 것이다. 인간 상황을 초월한 절대적이고 영원한 실체가 존재한다는 믿음이 그것이다. 하지만 내가 보기에 바로 이런 생각이 그들을 수학자가 아닌 철학자가 되게 한 것이다. 이에 대한 감탄할 만한 답은 봄비에리의 메일에 등장했던 수학자 알랭 콘느가 그와 함께 『마음과 물체와 수학에 관한 대화Conversations on Mind, Matter and Mathematics』를 쓴 신경생물학자 장피에르 샹지외Jean-Pierre Changeux와 나눈 대화에서 찾을 수 있다. 이 책에서 수학자와 신경학자 사이의 긴장은 마음 밖의 수학적 실체에 대한 논쟁에서 한껏 고조된다. 신경학자는 "왜 우리는 '$\pi=3.1416$'이란 식이 하늘 높이 황금 글자로 써 있는 것을 보지 못합니까? 또 '6.02×10^{23}'이란 숫자가 결정들의 반짝이는 면에 써 있는 것을 보지 못합니까?"라고 묻는다(6.02×10^{23}은 어떤 물질 1몰mol에 들어 있는 분자 또는 원자의 개수로 '아보가드로 수Avogadro's number'라고 부른다: 옮긴이). 샹뉴가 이런 말을 한 것은 콘느가 줄곧 "수학적 실체는 인간의 마음과 상관없이 원형 그대로 영원히 존재하며, 그 세계의 핵심에서 불변의 소수 목록이 발견된다"라고 주장하는 데에서 좌절감을 느꼈기 때문이었다. 콘느의 선언에 따르면 수학은 "의심할 바 없는 유일한 보편 언어"이다. 우주 어느 저편에 다른 종류의 화학과 생물학이 있으리라 상상할 수 있다. 그러나 어느 성운을 둘러보더라도 소수는 여전히 소수일 것이다.

칼 세이건의 걸작 『콘택트Contact』를 보면 외계인이 지구에 사는 우리 인류와 접촉하기 위하여 소수를 사용한다. 여주인공 엘리 애로웨이Ellie Arroway는 세티SETI, the Search for Extraterrestrial Intelligence (1984년 미국에서 출범한 외계지성탐사계획으로 캘리포니아에 연구소를 두고 활동 중이다: 옮긴이)에 참여하여 우주에서 전해 오는 전파 신호에 귀를 기울인다. 어느 날 밤, 전파망원경을 직녀성Vega으로 향했을 때 배경 잡음 속에서 갑자기 이상한 신호가 발견된다. 엘리는 이 신호의 특징을 즉각 간파해 낸다. 신호는 파동Pulse으로 이뤄졌는데, 2개의 파동 다음에 잠시 휴식, 이어서 3개의 파동 다음에 또 잠시 휴식의 패턴이 5, 7, 11 등으로 이어져 907까지의 소수를 열거하며, 그러고는 다시 처음부터 되풀이된다.

이 우주의 드럼이 들려 주는 리듬을 지구의 지성이 놓칠 리 없다. 엘리는 이를 외계의 다른 지성이 보내온 신호라고 믿어 의심치 않았다. "전파를 내뿜는 플라즈마가 이와 같은 수학적 신호를 규칙적으로 발생하리라고 상상할 수는 없다. 이 소수들은 분명 우리의 주의를 끌기 위한 것이다." 만일 외계인이 지난 십 년간의 복권 당첨 번호를 보냈다면 엘리는 배경 잡음으로부터 이를 꼬집어 낼 수 없었을 것이다. 소수의 목록은 복권 당첨 번호의 목록처럼 임의적이다. 하지만 그 목록은 우주 전체를 통해 불변일 것이며, 따라서 외계인 방송에 채택될 신호로서 최적의 것이다. 엘리가 이 신호를 지성적 생명의 증거로 본 것은 바로 소수의 이러한 특성 때문이다.

소수를 이용한 통신은 공상과학만은 아니다. 올리버 색스Oliver Sacks는 자신의 책 『아내를 모자로 착각한 남자The Man Who Mistook His Wife for a Hat』에서 여섯 자리의 소수를 교환하는 방식으로 나름대로 가장 깊은 형태의 통신을 하는 스물여섯 살 쌍둥이 형제 존John과 마이클Michael에 대하여 기술했다. 그들이 방구석에서 은밀하게 수를 교환하는 모습을 처음 발견한 색스는 이렇게 썼다. "처음에 그들은 마치 보기 드문 미각과 감식력을 지닌 전문적 와인 감별사처럼 소수를 들여다보았다." 이때만 해도 색스는 무슨 일인지 알아차리지 못했다. 하지만 비밀을 깨달은 색스는 다음번 면담 시간에 기억에 떠오른 여덟 자리의 소수를 슬며시 대화 속에 집어넣었다. 쌍둥이는 이것을 듣고 놀라더니 얼마 후 새로운 소수임을 깨닫고 한껏 기쁨에 넘쳤다. 색스는 이 소수를 목록을 통해 찾았는데, 쌍둥이들은 어떻게 소수임을 알아냈는지 궁금하기 짝이 없었다. 과연 이 자폐석학(autistic savant)들은 수학자들이 찾지 못한 신비로운 소수 발견법을 알고 있단 말일까?(자폐석학은 바보석학(idiot savant)·바보천재(idiot genius)·이상천재 등으로도 부르는데 전반적으로는 바보인 듯하지만 어느 특정 분야에서는 천재적 능력을 보이는 특이한 사람들을 가리킨다. 영화〈레인맨Rain Man〉의 실제 모델 킴 피크Kim Peek가 그 한 예이다: 옮긴이). 이 이야기를 좋아한 봄비에리는 다음과 같이 썼다.

이 이야기를 듣고 나는 뇌의 기능에 대해 놀라움과 경탄을 금할 수 없었다. 또한 나는 궁금했다. 수학자가 아닌 내 친구들도 이런 반응을 보일까? 이 쌍둥이들이 그토록 자연스럽게 즐기는 능력이 얼마나 기이하고 경이로우며 심지어 전혀 딴 세계의 것처럼 보이는 독특한 재능이란 점을 어렴풋하게나마 눈치 채고 있을까? 과연 그들은 존과 마이클이 자연스럽게 발휘하는 능력, 곧 소수를 만들어 내고 알아내는 방법을 수학자들이 여러 세기 동안 힘겹게 찾아 헤매고 있다는 사실을 알고 있을까?

이 쌍둥이는 누군가 그들의 비법을 알아내기 전 돌보던 의사들에 의하여 분리 수용되었다. 이때 그들은 스물일곱 살이었는데, 의사들은 둘 사이에만 통용되는 수비학적(數秘學的 numerological) 언어가 그들의 지적 발달을 가로막는다고 믿었기 때문이었다. 만일 이 의사들이 어느 대학 수학과의 토론실에서 들려오는 대화를 들었다면 그런 방은 폐쇄하라고 충고했을지도 모른다.

어쩌면 이 쌍둥이는 어떤 수가 소수인지 알아내는 데에 이른바 '페르마의 소정리Fermat's Little Theorem'라는 것을 사용했을 것 같다. 이 방법은 예를 들어 1922년 4월 13일이 무슨 요일인지에 대하여 거의 곧바로 목요일이라는 답을 끌어내는 데에 쓰이는 것과 비슷하다. 이 쌍둥이는 한때 TV쇼에 정기적으로 출연하면서 이런 시범을 자주 보여 주었다. 이 두 가지는 시계산술(clock arithmetic) 또는 모듈산술(modular arithmetic)이라고 불리는 분야에서 유래한 기법을 사용한다. 하지만 설령 마술의 식을 모른다 해도 소수를 찾는 그들의 능력은 여전히 놀라운 것이다. 서로 헤어지기 전 그들은 스무 자리의 소수를 찾기에 이르렀는데 이는 색스가 가진 소수 목록의 상한선을 훨씬 벗어난 것이었다.

우주에서 들려오는 소수의 리듬에 귀 기울이는 세이건 소설의 여주인공이나 쌍둥이의 비밀을 엿보는 색스처럼 수학자들은 오랜 세월 동안 이 잡음으로부터 그 어떤 질서를 찾으려고 애를 태워 왔다. 하지만 마치 동양의 음악을 듣는 서양인들과 같이 아무런 의미를 찾지 못했다. 그러다 19세기 중반에 들어 중요한 돌파구가 열렸다. 베른하르트 리만Bernhard Riemann은 이 문제를 전혀 새로운 관점에서 보았고 이로부터 그는 혼돈의 소수 세계에도 어떤 패턴이 있음을 이해하게 되었다. 겉으로 드러난 소수의 잡음 뒤에서 예기치 못한 미묘한 화음이 울려 나옴을 알게 되었던 것이다. 다만 이 커다란 진보에도 불구하고 새로운 음악의 신비는 여전히 가청 거리를 벗어나 있었다. 그러나 수학계의 바그너Wagner라 할 리만은 위축되지 않았다. 그는 자신이 발견한 신비로운 음악에 대해 대담한 예측을 했고 이후 이는 리만 가설로 불리게 되었다. 이 음악의 본질에 대한 리만의 직관이 옳았음을 증명하는 사람은 누구든 소수가 왜 그토록 임의적으로 보이는지 설명할 수 있게 될 것이다.

리만의 직관은 자신이 발명한 망원경으로 소수를 자세히 살펴봄으로써 얻어졌다. 『이상한 나라의 앨리스Alice's Adventures in Wonderland』에서 앨리스가 망원경을 통해 본 세상은 위아래가 뒤바뀌어 있었다. 그런데 리만의 망원경을 통해 본 이상한 수학 나라에서는 소수의 혼돈이 어느 수학자의 눈에도 더 이상 바랄 바 없을 정도의 분명한 질서의 패턴으로 탈바꿈했다. 리만은 이런 질서가 망원경의 시야를 벗어나 무한히 계속되는 소수 세계에서도 마찬가지일 것이라고 추측했다. 나아가 그의 망원경에 잡히는 이러한 내적 질서는 왜 소수가 외적으로는 그토록 무질서하게 보이는지 설명할 수 있을 것으로 여겨졌다. 리만의 거울 속에서 무질서로부터 질서로의 변용이 이뤄졌고, 대부분의 수학자에게 이는 마치 기적처럼 보였다. 리만이 수학계에 제기한 도전은 그가 식별해 낸 질서가 실제로 거기에 존재함을 증명하라는 것이었다.

1997년 4월 7일에 올려진 봄비에리의 메일은 새 시대의 개막을 약속했다. 리만의 예견은 신기루가 아니라는 것이었다. 이 수학 귀족은 수학자들에게 소수의 겉보기 혼돈이 설명될 수 있을 것이라는 감질나는 가능성을 제시했다. 수학자들은 이 위대한 문제의 해답을 캐내게 되면 더 많은 보물들을 함께 캐낼 수 있을 것이라는 데에도 신경을 곤두세웠다.

리만 가설의 풀이는 수학의 다른 많은 문제들과 관련하여 엄청난 암시를 품고 있다. 소수는 실용적 분야의 수학자들에게 근본적인 중요성을 띠고 있으므로 그 본질의 이해에 어떤 돌파구가 마련되면 심대한 영향을 미치게 된다. 리만 가설은 원한다면 피해갈 수 있는 성격의 문제가 아니다. 수학자들이 드넓은 수학 영토를 섭렵하는 동안 어느 길로 가든 언젠가는 거의 필연적으로 장엄한 리만 가설의 장관과 마주칠 수밖에 없는 듯하다.

많은 사람들은 리만 가설을 에베레스트산의 등반에 비유한다. 등반에 성공하지 못한 기간이 길어질수록 우리는 더욱더 정복하고 싶어진다. 그리고 마침내 리만산의 정상에 오르게 될 수학자는 에드먼드 힐러리Edmund Hillary보다 더 오래도록 기억될 것이다. 에베레스트산의 정복이 경이로운 것은 그 정상이 특히 흥미로운 곳이어서가 아니라 그것이 제기한 도전 때문이다. 그런데 이 점에서 리만 가설을 증명하는 것은 세계의 최고봉을 정복하는 것과 사뭇 다르다. 리만산의 정상이 보여 주는 광경은 참으로 보기 드문 장관일 것으로 이미 알려져 있기에 우리는 모두 거기에 올라 머무르기를 바랄 그런 곳이다. 리만 가설을 증명하는 사람은 그것이 사실이란 점에 의존하는 수천 가지의 정리에 내포된 이론적 간극을 메워 주게 될 것이다. 지금껏 수많은 수학자들은 그들의 목표에 도달하는 동안 리만 가설이 옳다는 것을 하릴없이 전제하는 수밖에 없었다.

이처럼 수많은 결론들이 리만산의 정복에 달려 있기에 수학자들은 이것을 추측(conjecture)이 아니라 가설(hypothesis)이라고 부른다. '가설'은 수학자들이 어떤 이론을 세우는 데 필수적 가정이란 점을 강하게 함축하는 용어이다. 이와 대조적으로 '추측'은 수학자들이 그들 세계의 행동 양상이 어떻다고 믿는지를 나타내 주는 예측에 지나지 않는다. 이미 많은 수학자들은 리만의 수수께끼에 대한 자신들의 무능력을 감내하면서 리만이 내놓았던 예측을 '실용적 가설'로 채택할 수밖에 없었다. 하지만 누군가 장차 이 가설을 증명하여 '정리(theorem)'로 격상시키면 정처 없이 떠돌던 수많은 결론들이 마침내 근거를 갖게 된다.

많은 수학자들은, 언젠가 누군가에 의해 리만의 직관이 옳다는 점이 증명되리라는 희망, 곧 리만 가설이 옳다는 쪽에 그들의 평판을 내걸고 있다. 그런데 어떤 사람은 이와 같은 실용적 가설보다 더 나아간다. 예컨대 봄비에리는 소수가 정말로 리만 가설이 예측하는 대로 행동하리라는 것을 일종의 신조처럼 여긴다. 말하자면 수학적 진리의 탐구 여정에서 실질적으로 이정표의 역할을 하는 셈이다. 하지만 리만 가설이 오류로 드러난다면 이 세계의 운행 원리를 추적해 온 우리의 직관에 대한 신념은 철저히 파괴된다. 리만 가설이 옳음을 너무나 깊이 믿고 있기에 반대의 경우 우리가 그동안 품어 왔던 수학적 세계에 대한 관점은 근본적인 재편이 필요하게 된다. 특히 리만산의 정상 너머로 끝없이 펼쳐져 있을 것으로 믿었던 장엄한 풍경이 한 줄기 연기와 함께 사라져 버리고 만다.

리만 가설이 증명됨으로써 얻게 되는 가장 의미 있는 결과는 수학자들이 소수의 존재를 아주 빠르게 예측하게 되리라는 점일 것이다. 예를 들어 수학자들은 몇 백 자리의 소수, 또는 우리가 원하는 어떤 자릿수의 소수이든 아주 빠르게 찾아낼 수 있을 것이다. 독자 여러분은 이에 대해 어쩌면 당연히 "그래서(어쩐다는 거)요?"라고 물을 수도 있다. 수학자가 아니라면 이 점이 현실 생활에 미칠 커다란 영향을 실감하지 못할 것이기 때문이다.

수백 자리의 소수를 찾는 일은 언뜻 바늘 끝에 얼마나 많은 천사가 앉을 수 있는가 하는 문제처럼 무의미하게 보인다. 많은 사람들이 비행기의 제조나 전자 기술의 배경에 수학이 자리 잡고 있다는 사실은 잘 알고 있다. 그러나 기이한 소수의 세계가 일상생활에 큰 영향을 미친다는 점은 뜻밖으로 여길 것이다. 1940년대에는 저명한 수학자 하디마저도 그랬다: "가우스 및 그 아래의 수학자들은 적어도 수학의 한 분야(수론을 가리킨다)는 인간의 일상 생활에서 멀리 떨어져 있다는 바로 그 이유 때문에 품위를 깨끗이 지킬 수 있어서 기뻐했다는 점에서는 옳았다고 하겠다."

하지만 근래 들어 사태는 역전되었고 소수는 험하고 지저분한 상업계의 중심 무대에 오르게 되었다. 소수를 더 이상 수학적 요새에 가둘 수 없게 된 것이다. 1970년대에 세 사람의 과학자, 론 리베스트Ron Rivest, 아디 샤미르 Adi Shamir, 레너드 애들먼Leonard Adleman은 소수의 연구를 상아탑 안의 여흥거리로부터 진지한 상업적 응용으로 돌려놓았다. 17세기에 피에르 드 페르마Pierre de Fermat가 발견한 방법을 탐구한 끝에 이 세 사람은 소수를 이용하여 전 세계적으로 이뤄지고 있는 전자거래에서 각 개인의 신용카드 번호를 보호할 길을 찾아냈다. 이 아이디어를 내놓은 1970년대만 하더라도 전자거래가 이토록 확대되리라고 아무도 예상하지 못했다. 그런데 소수의 힘을 빌리지 않았다면 오늘날 이런 산업은 존재할 수 없었다. 웹사이트를 통해 주문할 때마다 컴퓨터는 수백 자리의 소수들을 이용하여 보안을 유지한다. 이 시스템은 세 사람의 이름 첫 글자를 따서 RSA라고 부른다. 현재 전 세계의 전자거래를 보호하기 위하여 백만 개 이상의 소수가 사용되고 있다.

이처럼 인터넷을 통해 이뤄지는 모든 산업은 수백 자리의 소수들에 의지하여 거래상의 보안을 확보한다. 인터넷의 역할이 증대됨에 따라 궁극적으로 우리는 각자 고유의 소수에 의하여 식별될 것이다. 이에 따라 리만 가설은 돌연 상업적으로도 흥미의 대상이 되었다. 이 증명의 결과로 무한한 수의 세계에서 소수들이 어떻게 분포되어 있는지 이해할 수도 있을 것이기 때문이다.

한 가지 특기할 것은 이 암호가 300여 년 전 페르마가 '발견'한 방법으로 만들어지지만 이것을 '깨는' 방법은 아직 미해결의 문제에 달려 있다는 점이다. 다시 말해서 RSA는 소수의 근본적 성질에 관한 우리의 무지에 의존한다. 수학자들은 소수를 이용하여 인터넷 암호를 만드는 데 대해서는 충분히 알고 있지만 깨는 데 대해서는 그렇지 않다. 우리는 문제의 한쪽 절반만 이해할 뿐 다른 절반은 그렇지 못하는 셈이다. 하지만 우리가 소수의 신비를 파헤치면 파헤칠수록 인터넷 암호는 점점 더 불안해질 것이다. 이런 점에서 소수는 전 세계의 전자 비밀을 보호하는 자물쇠의 열쇠와 같다. 이 때문에 AT&T나 휴렛패커드Hewlett-Packard와 같은 회사들이 소수와 리만 가설의 미묘한 신비를 이해하기 위하여 많은 돈을 쏟아 붓고 있다. 이렇게 해서 얻은 통찰에 따라 소수 암호가 깨질 수도 있으며, 이에 모든 회사들은 인터넷 보안 체계가 위태롭게 될 시점에 대해 가장 먼저 알고 싶어한다. 이것이 바로 수론과 상업 사이에 이뤄진 기이한 동거의 배경이다. 그래서 기업과 보안 전문가들은 순수수학자들의 흑판에 주의 깊은 시선을 보내고 있다.

이런 이유로 봄비에리의 발표에 수학자만 흥분한 것은 아니었다. 과연 리만 가설의 이 해답이 전자거래를 통째로 무너뜨릴 것인가? 미국의 국가보안국NSA, National Security Agency도 이를 밝히기 위하여 요원들을 프린스턴으로 급파했다. 그런데 수학자들과 보안국 요원들은 뉴저지로 가는 동안 봄비에리의 메일에 뭔가 미심쩍은 게 있음을 깨달았다. 소립자들에는 일반인들이 보기에 괴상한 이름들이 붙여져 있었다. 글루온gluon, 케스케이드 하이페론cascade hyperon, 참드 메손charmed meson, 퀴크quark 등이 그러한데, 이 가운데 마지막의 것은 제임스 조이스James Joyce의 소설『피네간의 경야Finnegans Wake』의 한 구절에서 따왔다. 그런데 '모론moron'은 뭔가? 이건 분명 소립자의 이름이 아니다(기본적 의미는 '바보, 얼간이'이다: 옮긴이)! 봄비에리는 리만 가설을 속속들이 이해하는 최고의 권위자 가운데 한 사람으로

잘 알려져 있다. 하지만 개인적으로 그를
잘 아는 사람들은 그의 짓궂은 유머 감각
또한 잘 알고 있다.

앤드루 와일즈가 페르마의 마지막 정리
에 대한 첫 증명을 제시한 뒤 한 군데에 결
함이 발견되었는데, 때마침 만우절이 닥쳐
서 많은 조롱과 싸워야 했다. 그런데 봄비
에리의 메일로 수학계는 또 한번 소동에
휩싸였다. 페르마의 정리에 대한 야단법석

엔리코 봄비에리, 프린스턴 고등과학원 교수

을 다시 보고 싶었던지, 수학자들은 봄비에리가 던진 미끼를 덥석 물었다.
그러고는 열광에 휩싸여 메일을 계속 널리 퍼뜨렸기에 본래 메일에 달려 있
었던 만우절 표지는 어느새 사라져 버렸다. 게다가 만우절에 대한 인식이
거의 없는 나라들에까지 퍼져 나가 이 장난은 봄비에리가 예상했던 것보다
훨씬 큰 성공을 거두었다. 하지만 결국 그는 자신의 메일이 그저 농담이었
을 뿐이라고 해명해야만 했다. 21세기에 들어섰지만 우리는 아직도 수학의
가장 근본이 되는 수의 본질에 대해 완전히 깜깜하다. 지금껏 마지막 웃음
은 소수의 것이었다.

수학자들은 봄비에리에게 어쩌면 그리 쉽게 넘어갔을까? 적어도 승리의
트로피를 가볍게 포기한 탓은 아닌 듯하다. 수학자들이 어떤 결과가 증명되
었다고 인정하는 데에 필요한 시험은 다른 분야들에서 요구되는 조건들보
다 훨씬 엄격하다. 와일즈가 첫 증명의 결함을 발견했을 때 깨달았던 것처
럼 그림맞추기 게임을 99%까지 마쳤다 하더라도 나중에 기억되는 사람은
마지막 한 조각을 끼워 넣는 사람이다. 그러나 마지막 조각은 오랫동안 찾
을 수 없는 경우도 많다.

소수의 근원에 대한 탐구의 역사는 2,000년이 넘는다. 이 신비에 대한 갈망 때문에 수학자들은 봄비에리의 계략에 너무나 쉽게 걸려들었던 것이다. 오랫동안 많은 수학자들이 지레 겁을 먹고서 이 악명 높은 문제의 근처에도 얼씬거리지 않았다. 하지만 21세기가 다가올 무렵 놀랄 만한 변화가 일어나 점점 더 많은 수학자들이 이 문제를 어찌 공략할 것인지에 대한 논의를 펼치기 시작했다. 페르마의 마지막 정리에 대한 증명은 이 위대한 문제의 해결을 향한 불길에 기름을 끼얹은 격이었다.

수학자들은 와일즈가 페르마의 정리를 증명한 덕분에 그들에게 쏠렸던 관심을 톡톡히 즐겼다. 이런 기억도 봄비에리를 쉽게 믿는 데에 기여했을 것이다. 앤드루 와일즈는 갑자기 갭Gap(미국의 유명한 의류 회사: 옮긴이)의 면바지 모델이 되어 달라는 요청도 받았는데 이는 아주 기분 좋은 일이었다. 그는 수학자가 된 게 거의 환상적으로 느껴질 정도였다. 수학자들은 그들만의 세계에서 흥분과 즐거움을 누리며 오랜 세월을 보냈다. 하지만 드물게나마 다른 세계와 기쁨을 함께 하는 것도 분명 좋은 일이다. 이제 또 그 기회가 왔다. 길고도 외로운 여정에서 그토록 찾아 헤매던 보물을 높이 치켜 자랑할 시간이 온 것처럼 여겨졌다.

리만 가설을 20세기에 증명했다면 참으로 적절한 수학적 절정을 이뤘다고 할 것이다. 힐베르트는 전 세계의 수학자들에게 이 문제에 대한 도전을 직설적으로 촉구하면서 20세기의 문을 열었다. 그런데 그가 내놓은 23개의 문제들 가운데 리만 가설만이 유일하게 남아 새로운 세기를 맞이했다.

2000년 5월 24일, 힐베르트의 도전 100주년을 기념하기 위하여 수학자들과 언론은 파리의 콜레쥬 드 프랑스Collège de France로 몰려들었다. 새 천년을 맞아 이 자리에서는 수학계에 일곱 개의 새로운 도전 과제가 제시되었다. 이 문제들은 세계적으로 가장 뛰어난 몇몇 수학자들이 뽑았는데 여기에는 앤드루 와일즈와 알랭 콘느도 들어 있었다. 단, 이 가운데 리만 가설만은 새로운 문제가 아니었다. 20세기의 인류 사회를 특징짓는 자본주의의 이상에 부응하여 이 문제들에는 색다른 양념이 첨가되었다. 각 문제에 백만 달러의 상금을 내걸었던 것이다. 이는 봄비에리가 꾸며 낸 가상의 물리학자가 영예만으로 만족하지 못할 경우에 대한 보상의 의미를 가진다.

'새 천 년의 문제Millennium Problems'로 불리게 된 이 문제들에 상금을 내걸 생각을 한 사람은 랜던 클레이Landon T. Clay였다. 보스턴의 사업가인 그는 활기찬 주식시장에서 상호 기금을 운용하여 재산을 모았다. 그는 하버드 대학에서 수학을 배우다 그만두었지만 이에 대한 열정은 식지 않았고 나아가 남들과 나눠 갖고 싶었다. 그는 수학자를 자극하는 것은 돈이 아니란 점을 잘 알고 있었다. 진리에 대한 욕구 및 수학의 아름다움과 힘에 끌리기 때문이다. 하지만 클레이는 순진하지만은 않았다. 사업가적 안목을 가진 그는 백만 달러 정도라면 이 위대한 미해결의 문제들에 또 다른 앤드루 와일즈들을 끌어들일 수 있을 것이라고 예상했다. 그는 옳았다. 이 문제들은 클레이 수학 연구소Clay Mathematics Institute의 웹사이트에 올려졌는데, 바로 다음 날 접속자가 너무 많이 몰려 컴퓨터의 서버가 다운되고 말았다.

새 천 년의 문제들은 한 세기 전에 제시되었던 23개의 문제들과 성격이 좀 다르다. 힐베르트가 20세기의 수학자들을 위해 새로운 논제를 내놓은 것으로 봐도 좋다. 그가 고른 문제들은 대개 독창적인 것으로서 관련 주제들에 대한 관점에 상당한 변화를 촉구하는 것이었다. 예를 들어 페르마의 마지막 정리와 같은 특정 문제를 지적하는 것과 달리 힐베르트의 23개 문제는 수학계로 하여금 좀더 관념적인 접근을 하도록 이끌었다. 비유하자면 힐베르트는 수학적 지평에 널려 있는 암석들을 캐오라고 하기보다 하늘 높이 나는 기구(氣球)를 나눠 주고 시야가 닿는 한 멀리까지 내다보기를 권유했다.

콜레쥬 드 프랑스(Collège de France)

이런 접근법은 리만에게 힘입은 바 크다. 약 오십 년 전 리만은 혁명적인 전환을 이룩하여 수학을 수식에 대한 학문으로부터 관념과 추상적 이론의 학문으로 탈바꿈시켰다.

새 천 년의 일곱 문제는 보다 보수적이다. 힐베르트의 문제가 당시로서는 유행의 첨단에 선 것들이었음에 비하여 이번 문제는 수학적 화랑에서 터너 Joseph Mallord William Turner의 작품들에 해당한다. 이처럼 보수적 성격을 띠게 된 이유 중 하나는 백만 달러의 상금을 부여하려면 해결자가 제시한 답을 어느 정도 분명하게 판단할 수 있어야 한다는 데에 있다. 이 문제들은 수학자들에게 수십 년 전부터 알려졌던 것들이며 특히 리만 가설의 경우는 백 년도 넘는다. 한마디로 고전의 모음이다.

클레이가 700만 달러를 내놓기 전에도 수학 문제를 해결한 데에 상금을 내건 적이 있었다. 1997년에 와일즈는 페르마의 마지막 정리를 증명한 공로로 75,000마르크를 획득했는데 이는 1908년 파울 볼프스켈Paul Wolfskehl이 내놓은 것이었다. 실제로 와일즈가 감수성이 한창인 열 살 때 페르마의 마지막 정리에 끌린 것은 볼프스켈의 상금에 대한 이야기를 들었기 때문이기도 하다. 클레이는 자신이 리만 가설에 대해 같은 일이 일어나도록 할 수 있다면 백만 달러는 잘 쓰인 것이라고 믿었다. 보다 최근에는 두 출판사, 곧 영국의 페이버 앤드 페이버Faber and Faber와 미국의 블룸즈버리Bloomsbury

가 골드바흐추측Goldbach's Conjecture을 증명하면 백만 달러를 주겠노라고 선언했다. 이는 그들이 내놓은 아포스톨로스 독시아디스Apostolos Doxiadis 의 소설 『페트로스 삼촌과 골드바흐추측Uncle Petros and Goldbach's Conjecture』을 홍보하기 위한 전략의 일환이었다. 이 상금을 타려면 모든 짝 수는 두 소수의 합으로 쓸 수 있음을 증명해야 한다. 다만 서둘러야 했는데 두 출판사는 2002년 3월 15일 자정까지 제출하도록 했기 때문이다. 게다가 약간 어이없게도 미국과 영국에 거주하는 사람으로 제한했다.

클레이는 수학자들이 그들이 하는 일에 비해 별로 인정받지 못하며 보상 도 너무 미미하다고 여겼다. 예를 들어 수학자들은 야망을 품어 볼 노벨상 Nobel Prize도 없다. 그 대신 수학계에서는 필즈상Fields Medal을 궁극의 상 으로 여긴다. 노벨상은 뛰어난 업적을 이룬 과학자들이 오랜 연구 생활을 보내고 경력을 마칠 때쯤 수상하는 경향이 있다. 하지만 필즈상은 마흔 살 미만의 수학자들에게만 수여한다. 일반적으로 이는 수학자들의 재능이 비 교적 이른 시기에 소진된다는 생각 때문으로 알려져 있으나 사실이 아니다. 이 상을 제정하고 상금을 위한 기금을 모은 존 필즈John Fields는 가장 유망 한 수학자들이 더욱 위대한 성과를 거둘 수 있도록 자극한다는 취지를 표명 했기 때문이다(단 마흔 살 미만이란 규정은 필즈가 만든 게 아니며 나중에 마련되었 다: 옮긴이). 필즈상은 국제수학자회의가 열리는 때에 맞춰 4년에 한 번씩 수 여되는데 그 첫째는 1936년 오슬로에서 주어졌다.

필즈상의 나이 제한은 엄격히 적용된다. 이 때문에 앤드루 와일즈는 페르 마의 마지막 정리를 증명했다는 극히 뛰어난 업적에도 불구하고 이 상을 받 지 못했다. 그가 증명을 마치고 필즈상을 받을 첫 번째 기회는 1998년 베를 린회의였는데 1953년에 태어났기 때문에 위원회는 그를 수상자로 지명할 수 없었다. 위원회는 대신 특별한 메달을 만들어 와일즈의 업적을 기려 주었다. 하지만 아무래도 역시 필즈상 수상자의 대열에 끼는 것에는 미치지 못한다. 이 상의 수상자들 가운데 많은 사람들이 앞으로 이 책의 이야기에 등장한다. 엔리코 봄비에리, 알랭 콘느, 아틀레 셀베르그Atle Selberg, 폴 코헨Paul Cohen, 알렉산드르 그로탕디에크Alexandre Grothendieck, 앨런 베이커Alan Baker, 피에르 들리뉴Pierre Deligne 등이 그들인데, 이는 필즈상 수상자의 약 5분의 1에 해당한다.

수학자들이 필즈상에 끌리는 것은 돈 때문이 아니다. 노벨상에는 거액의 상금이 따라오지만 필즈상의 상금은 고작 15,000 캐나다 달러에 지나지 않는다. 이에 비해 클레이가 내건 상금은 노벨상과 맞먹을 정도이다. 필즈상이나 페이버-블룸즈버리의 골드바흐 상금과 달리 클레이가 내건 상금은 나이와 국적과 시간의 제한이 없다. 따라서 걱정할 것은 세월이 지남에 따라 누적되는 인플레이션 정도일 것이다.

하지만 어쨌든 수학자들이 새 천 년의 문제를 추구하는 데 대한 최고의 보상은 금전적인 게 아니며 수학이 수여하는 영원불멸성에 대한 뿌리칠 수 없는 갈망이다. 클레이의 문제를 풀면 백만 달러를 얻지만 이는 자신의 이름을 인류 지성사의 한 쪽에 올리는 것에 비하면 아무것도 아니다. 리만 가설, 페르마의 마지막 정리, 골드바흐추측, 힐베르트 공간Hilbert space, 라마누잔 타우함수Ramanujan tau function, 유클리드 알고리듬Euclid's algorithm, 하디-리틀우드 원적법(圓積法)Hardy-Littlewood Circle Method, 푸리에급수(級數)Fourier Series, 괴델기수법Gödel numbering, 지겔 영점Siegel zero, 셀베르그 자취식Selberg trace formula, 에라토스테네스의 체sieve of Eratosthenes, 메르센소수Mersenne primes, 오일러곱Euler product, 가우스정수Gaussian integers 등의 발견들은 소수에 대한 인류의 탐사 과정에서 이를 발굴해 내는 데 기여한 수학자들의 이름을 모두 불멸의 지위에 올려놓았다. 이들의 이름은 아이스킬로스Aeschylus나 괴테, 셰익스피어 등의 이름이 잊혀진 뒤에도 오래도록 살아남을 것이다. 하디가 말했듯 "언어는 죽지만 수학적 관념은 죽지 않는다". '불멸성'은 어쩌면 어리석은 관념처럼 보인다. 그러나 이게 무엇을 뜻하든 수학자야말로 이를 얻을 가장 유리한 기회를 가진 사람들이다.

소수를 이해하려는 서사시적 여행에서 오래도록 힘든 노력을 바친 수학자들은 단순히 수학적 기념비에 새겨진 이름 이상의 의의를 품고 있다. 소수의 이야기에서 펼쳐지는 갖가지 우여곡절은 수많은 다양한 배역들이 겪은 실제 삶의 산물이다. 프랑스혁명과 관련된 역사적 인물이자 나폴레옹의 친구이기도 한 사람은 인터넷이라는 현대의 마술을 이끌어 낸 사람들에 대한 선구자적 역할을 했다. 인디아의 승려, 사형을 모면한 스파이, 나치의 박해를 피해 다녔던 유태계 헝가리인들이 모두 소수에 홀려 이 이야기 속에 얽혀 들어간다. 이들 각자는 수학적 점호에서 자신의 이름이 불려지도록 하기 위하여 각자의 시도에서 독특한 관점을 드러낸다. 소수는 국적을 가리지 않고 전 세계의 많은 수학자들을 한데 모은다. 수학자라는 방랑족들 가운데 뛰어난 사람들을 배출한 몇몇 나라의 예로는 중국, 프랑스, 그리스, 미국, 노르웨이, 오스트레일리아, 러시아, 인디아, 독일 등을 들 수 있다. 매 4년마다 이들은 국제수학자회의에 모여 그동안 각자의 여행에서 겪은 이야기들을 주고받는다.

수학자들은 지난날 그들을 자극했던 곳에 자신의 자취를 남기기만 원하는 것은 아니다. 힐베르트가 감연히 미지의 세계를 조망하려 한 데서 알 수 있듯, 리만 가설을 증명하게 되면 새로운 여정의 서막이 열리게 된다. 와일즈는 클레이상Clay Prize의 제정에 즈음한 기자회견에서 새 천 년의 문제들이 최종 목적지가 아니라는 점을 분명히 강조했다.

저 너머 발견되기를 기다리는 완전히 새로운 수학적 세계가 드넓게 펼쳐져 있습니다. 이를 이해하기 위해 1600년 무렵의 유럽인들을 상상해 봅시다. 그들은 대서양 건너편에 신세계가 있음을 알았습니다. 하지만 그들이 어떻게 미국이 이룬 여러 발견과 발전에 상을 내걸 수 있었겠습니까? 비행기와 컴퓨터의 발명에 아무 상도 걸 수 없었고 시카고를 건설하는 데에도 마찬가지였습니다. 이런 것들은 오늘날 미국의 일부가 되었지만 1600년 당시에는 전혀 상상할 수 없었습니다. 다만 그들은 경도(經度)에 관한 문제를 푸는 데에는 충분히 상금을 내걸 수 있었습니다.

리만 가설은 수학의 경도와 같다. 리만 가설을 증명하면 드넓은 수의 바다에서 신비의 수로를 찾아 항해할 수 있을 것이다. 하지만 이는 자연이 선사한 수의 세계를 이해하는 여정의 첫걸음에 지나지 않는다. 우리가 소수의 세계에 깔린 신비의 항로를 찾게 되더라도 그 너머에 무엇이 우리를 기다리는지 그 누가 지금 다 알겠는가?

—

—제 2 장—

—

수의 원자

왠지 너무 복잡해지면 잠시 멈추고 물어볼 필요가 있다.
과연 내 의문이 옳았던가?
엔리코 봄비에리,
〈더 사이언시스〉에 게재한 '소수의 영토'

봄비에리가 만우절 장난으로 수학계를 소란으로 몰아넣은 때로부터 2세기 전, 또 다른 이탈리아인 주세페 피아치Giuseppe Piazzi가 팔레르모 Palermo에서 거의 같은 정도의 놀랄 만한 소식을 터트렸다. 자신의 관측소에서 피아치는 화성과 목성 사이에서 태양을 공전하는 새로운 행성을 발견했던 것이다. 케레스Ceres라고 이름 지어진 이 행성은 이미 알려진 다른 일곱 개의 주요 행성들에 비해 아주 작았다. 하지만 모든 사람은 1801년 1월 1일에 이뤄진 이 발견을 새 세기에 펼쳐질 과학의 장래에 뭔가 커다란 전조가 되는 사건으로 여겼다.

그런데 몇 주 뒤, 이 작고 어두운 행성이 태양의 강한 빛 때문에 잘 보이지 않는 쪽으로 들어가 버리자 흥분은 실망으로 돌변했다. 수많은 별들이 총총 빛나는 밤하늘의 한구석에서 실종되어 버린 것이다. 새로운 세기를 맞았지만 19세기의 천문학자들은 처음 몇 주 동안의 관측 자료만으로 전체 궤도를 알아낼 수학적 수단을 갖지 못했다. 그래서 이 별을 하릴없이 잃어버린 다음에는 어디서 찾아내야 할지 도무지 예측할 수 없었다.

그러나 피아치의 별이 사라지고 거의 한 해가 지났을 무렵 독일 브룬스빅 Brunswick 출신의 스물네 살 청년이 천문학자들에게 어디를 관측하면 될 것이라고 제안했다. 딱히 다른 마땅한 방법도 없었던 천문학자들은 이 청년이 가리킨 밤하늘의 한 곳으로 망원경을 향했다. 그러자 케레스는 마술처럼 다시 나타났다. 하지만 전례가 없었던 이 천문학적 예측은 점성술과 같은 신비의 마술은 아니었다. 케레스의 궤도를 밝힌 청년은 수학자였는데, 다른 사람의 눈에는 그저 작고 예측 불가능한 행성만이 보였던 자리에서 그는 어떤 패턴을 발견해 냈다. 카를 프리드리히 가우스Karl Friedrich Gauss란 이름의 이 수학자는 그때까지 기록된 적은 자료에 자신이 직접 개발한 새 방법을 적용하여 케레스의 전 궤도를 알아냈다. 이를 이용하면 미래의 어느 시점에서든 케레스를 찾아낼 수 있다.

이 발견으로 가우스는 하룻밤 사이에 과학계의 스타로 떠올랐다. 그의 업적은 19세기 초반 과학의 시대가 막 싹을 틔울 무렵 수학의 예측력에 대한 상징이 되었다. 천문학자들은 우연히 행성을 발견했지만 이후 어찌될 것인지를 설명하는 데 필요한 분석적 도구를 개발한 사람은 수학자였다.

가우스란 이름은 천문학자들 사이에는 생소했지만 수학계에서는 이미 우렁찬 새 목소리를 내는 존재로 두각을 드러내고 있었다. 케레스의 궤적을 그려 낸 것도 큰 성공이라 하겠으나 가우스의 진정한 관심은 수의 세계에서 여러 가지 패턴을 찾는 것이었다. 그는 자신의 궁극적 도전을 수의 우주에서 펼치고 싶었다. 곧 다른 사람들의 눈에는 혼돈만 보이는 곳에서 그는 질서와 구조를 발견하고자 했다. '신동'이니 '수학 천재'니 하는 말은 이 말의 뜻 자체와는 어울리지 않게 너무 흔히 붙여지는 경향이 있다. 하지만 가우스를 이렇게 부르는 데 대하여 이의를 제기할 수학자는 정말 찾기 어려울 것이다. 그가 스물다섯 이전에 이룬 수많은 발견과 아이디어만으로도 이를 증명하기에 아무런 부족함이 없다.

가우스는 1777년 독일 브룬스빅의 노동자 집안에서 태어났다. 그는 세 살 때 이미 아버지의 계산을 수정할 정도였다. 열아홉 때 정십칠각형을 작도하는 아름다운 방법을 발견한 그는 이를 계기로 일생을 수학에 바치기로 결심했다. 가우스 이전에 고대 그리스인들은 자와 컴퍼스만 사용하여 정오각형을 작도했다. 하지만 이후 아무도 이 간단한 도구만을 이용하여 소수 개의 변을 가진 정다각형을 작도해 내지 못했다. 정십칠각형의 작도법을 발견하고서 흥분에 휩싸인 가우스는 이때부터 수학 일기를 쓰기 시작했으며 이후 18년 동안 계속했다. 가우스의 후손은 이 일기를 1898년까지 보관했는데 이에 의하여 19세기에 이르도록 다른 수학자들이 재발견해야만 했던 여러 결과들을 가우스가 이미 증명했지만 출판하지는 못했다는 사실이 밝혀져 수학사상 가장 중요한 문서 가운데 하나가 되었다.

가우스가 젊은 시절 이룩한 위대한 업적 가운데 하나로는 시계계산기를 들 수 있다. 정확히 말하자면 이것은 물리적 기계가 아니라 추상적 아이디어인데, 이에 의하여 이전까지 거의 다룰 수 없을 것으로 여겨졌던 계산들이 가능하게 되었다. 시계계산기의 원리 자체는 일상적으로 보는 시계와 같다. 지금 시각을 9시라 하고 여기에 4시간을 더하면 시침은 1시를 가리킨다. 다시 말해서 가우스의 시계계산기는 이 문제의 경우 13이 아니라 1이라는 답을 내놓는다. 이것으로 좀더 복잡한 계산, 예를 들어 7×7을 하면, 49를 12로 나누어 남는 나머지 1을 답으로 내놓는다. 즉 보통 계산으로는 다른 결과인 13과 49가 이 시계계산기에서는 1이라는 같은 결과로 나타난다.

카를 프리드리히 가우스(1777–1855)

　시계계산기의 잠재력과 속도는 7×7×7과 같은 계산에서 잘 드러난다. 보통으로는 49×7을 계산해야 하지만 가우스는 이전 결과인 1과 7을 곱함으로써 7이라는 답을 얻어 낸다. 다시 말해서 보통으로는 49×7을 계산해서 343이란 결과를 얻고 이것을 다시 12로 나누어야 나머지가 얼마인지 알 수 있지만 시계계산기를 사용하면 거의 아무런 노력도 들일 필요 없이 7이란 답이 순식간에 얻어진다. 가우스는 이 기능이 감히 계산할 수도 없는 큰 수에서 특히 유용함을 밝혔다. 예를 들어 가우스는 7^{99}이란 수의 값 자체는 사실상 알 수 없으나 시계계산기를 사용하면 12로 나눴을 때의 나머지가 7이란 점은 순식간에 알아낼 수 있었다.

　가우스는 시계계산기의 문자판을 반드시 12시간으로 그릴 필요는 없다는 점에 주목했다. 그리하여 문자판을 임의의 시간으로 그렸을 때 얻어지는 산술, 곧 시계산술clock arithmetic 또는 모듈산술modular arithmetic이라 부르는 산술을 창안했다. 예를 들어 문자판이 4시간으로 된 시계계산기에 11을 넣으면 답은 3이 나오는데 이는 11을 4로 나누면 나머지가 3이기 때문이다. 이와 같은 가우스의 새로운 산술은 19세기에 들어설 무렵의 수학에 혁명을 일으켰다. 마치 천문학자들이 망원경을 통해 새 세계를 관측했듯, 시계계산기를 발명함으로써 수학자들은 수의 세계에서 이전 세대들이 발견하지 못한 새 패턴을 찾을 수 있었다. 사실 오늘날까지도 가우스의 시계산술은 인터넷 보안에서 핵심적 역할을 한다. 단 이때 사용되는 시계는 관측 가능한 우주 안의 모든 원자 수보다 더 큰 수를 문자판에 담고 있다.

가난한 집에서 태어났지만 가우스는 다행히도 자신의 수학적 재능을 활짝 꽃피울 기회를 가질 수 있었다. 그가 태어날 때까지만 해도 수학자들은 귀족과 왕들의 재정적 후원을 받는 특권을 누렸고 피에르 드 페르마Pierre de Fermat와 같은 아마추어 수학자들은 여가 시간에 수학을 연구할 수 있었다. 가우스의 후원자는 브룬스빅 공작인 칼 빌헬름 페르디난트Carl Wilhelm Ferdinand였는데, 이 가문은 그 영지 안의 문화와 경제를 줄곧 지원해 왔다. 특히 그의 부친은 독일에서 가장 오래된 이공계 대학 가운데 하나인 콜레지움 카롤리눔Collegium Carolinum을 설립했다. 페르디난트는 교육이 브룬스빅의 상업적 성공의 기초라고 여기는 부친의 신조를 이어받아 후원할 만한 재능이 있는 사람을 찾는 데 게을리 하지 않았다. 페르디난트는 가우스를 1791년에 처음 만났다. 이때 가우스의 재능에 깊은 감명을 받은 그는 가우스가 콜레지움 카롤리눔에 다니도록 뒷받침하여 놀라운 잠재력을 구현할 수 있도록 했다.

1801년 가우스는 자신이 처음 펴낸 책을 깊은 감사의 마음으로 공작에게 헌정했다. 『정수론 연구Disquistiones Arithmeticae』란 제목의 이 책은 가우스가 수학 일기에 기록해 왔던 수에 관한 여러 가지 발견들을 담고 있다. 일반적으로 이 책은 수에 관한 여러 발견들을 그냥 쓸어 담은 너절한 가방이 아니라 수론이란 분야를 하나의 정식 주제로 확립한 최초의 책이라고 평가 받고 있다. 가우스가 수론을 '수학의 여왕the Queen of Mathematics' 이라고 부르게 된 것도 이 책의 발간에서 연유한다. 가우스가 보기에 그 왕관의 보석은 바로 수많은 세대의 수학자들을 열광시키고 애태워 왔던 소수였다.

인류가 소수의 특별한 성질을 처음 알아차린 데 대한 증거는 기원전 6500년 무렵의 것으로 여겨지는 뼈에서 찾을 수 있다. '이상고뼈Ishango bone' 로 불리는 이 유물은 1960년 적도를 지나는 중앙 아프리카의 산맥에서 발견되었고, 현재 벨기에의 브뤼셀에 있는 왕립자연과학연구소Royal Institute of Natural Sciences에 소장되어 있다. 이 뼈에는 세 칸으로 나뉘어 네 무리의 눈금이 새겨져 있는데, 그중 한 칸에 11, 13, 17, 19, 즉 10에서 20 사이의 소수에 해당하는 눈금들이 있다. 이것들이 막연히 쓰다 보니까 우연히 골라진 수들이었는지, 아니면 정말로 우리 조상들이 소수에 관해 생각한 데 대한 최초의 흔적인지는 분명하지 않다. 하지만 어쨌든 고대의 이 뼈는 인류가 소수의 영역으로 들어갔음을 보여 주는 흥미롭지만 감질나는 증거라고 말할 수 있다.

한편 어떤 사람들은 중국인이야말로 소수의 드럼 소리에 처음 귀 기울인 사람들이라고 주장한다. 중국인들은 짝수에 여성, 홀수에 남성의 특성이 있다고 여겼다. 이와 같은 단순한 분류 외에 그들은 예를 들어 15처럼 소수가 아닌 홀수는 남성이되 사내답지 못한 수로 보았다. 기원전 1,000년 정도로 추정되는 증거에 따르면 그들은 무수한 수들 가운데 산재해 있는 소수의 특별한 성질을 이해하는 데에 아주 실질적인 방법을 사용했다. 예를 들어 열다섯 개의 콩은 다섯 개씩의 콩을 세 줄로 늘어뜨리면 보기 좋은 직사각형 모습을 띤다. 하지만 열일곱 개의 콩으로는 이 모두를 한 줄로 늘어뜨렸을 때 생기는, 직선이나 마찬가지인 길쭉한 직사각형밖에 만들 수 없다. 중국 인들은 소수가 어떤 방법으로도 더 작은 수의 곱으로 분해될 수 없다는 점에 착안하여 이를 늠름한 사나이로 여겼다.

고대 그리스인들도 수에 성적 특성을 부여했다. 그런데 소수가 모든 수를 만드는 기본 요소가 된다는 사실을 처음 발견한 사람은 바로 그들로서 기원 전 4세기의 일이었다. 그들은 모든 수가 소수의 곱으로 만들어짐을 깨달았다. 고대 그리스인들이 불, 공기, 물, 흙이 모든 물질을 이루는 기본 요소로 본 것은 오류로 드러났지만, 소수가 산술의 원자라고 본 것은 옳았다. 화학자들은 오랜 세월 동안 그들의 주제인 만물의 구성이 무엇으로 되어 있는지 찾아 헤맸다. 고대 그리스인들은 구체적으로는 틀렸지만 나중에 드미트리 멘델레예프Dmitrii Mendeleev가 주기율표를 만듦으로써 근본적 직관은 옳았다는 점을 궁극적으로 인정받게 되었다. 이처럼 아주 일찍부터 고대 그리스 인에 의하여 소수의 원소성이 밝혀졌다. 그러나 '물질 원자의 주기율표'와 달리 '소수의 주기율표'를 만드는 데에 있어 수학자들은 아직도 어둠 속에서 헤매고 있다.

소수의 주기율표에 처음 기여한 것으로 알려진 사람은 고대 그리스의 장엄한 연구 기관으로 알렉산드리아에 설립된 도서관의 사서였다. 고대의 수학적 멘델레예프라 할 에라토스테네스Eratosthenes는 기원전 3세기 무렵에 수들의 목록, 예를 들어 1부터 1,000까지의 수들 가운데 어떤 수가 소수인지를 결정할 수 있는 비교적 손쉬운 방법을 찾아냈다. 이 방법은 먼저 1부터 1,000까지의 수를 모두 쓰는 것부터 시작한다. 다음에 맨 처음 소수인 2를 고르고, 이어서 하나씩 건너에 자리 잡은 모든 수를 지운다. 왜냐하면 이렇게 지워진 수들은 모두 2로 나눠떨어지므로 소수가 아니기 때문이다. 다음으로 지워지지 않고 남은 수들 가운데 2보다 큰 다음 수, 곧 3을 택한다. 그러고서 이로부터 세 번째 자리마다의 모든 수를 지운다. 이것들은 모두 3으로 나눠떨어지므로 소수가 아니기 때문이다. 그는 이와 같은 과정, 곧 지워지지 않고 남은 수 가운데 바로 다음 수를 택하고 그 배수를 모두 지우는 과정을 되풀이했다. 이것은 지루하지만 체계적인 과정이며, 이렇게 하면 이론상 모든 소수가 얻어진다. 이 방법은 나중에 에라토스테네스의 체sieve of Eratosthenes라고 불리게 되었는데, 어떤 소수는 그 배수로서 소수가 아닌 수를 걸러 내는 체의 역할을 하기 때문이다. 체에도 여러 가지가 있는 것처럼 에라토스테네스의 체도 크기가 자꾸 달라진다. 그래서 마침내 1,000에 이르게 되면 이 과정을 통과하고 남은 수들은 1에서 1,000 사이의 모든 소수가 된다.

가우스가 아직 소년이었을 때 어떤 선물을 받았다. 그것은 2부터 차례로 대략 수천 개의 소수를 적은 책이었는데, 이것들은 아마도 위에서 설명한 고대의 방법으로 얻어졌을 것이다. 가우스의 눈에 이 수들은 거의 임의적으로 나타나는 듯 보였다. 케레스의 궤도를 예측하는 것도 아주 어려운 일이라 할 수 있다. 하지만 소수의 패턴을 발견하는 것은 토성의 위성 가운데 하나로 마치 햄버거처럼 생긴 히페리온Hyperion의 회전을 분석하는 것과 더흡사한, 다시 말해서 거의 불가능한 일로 여겨졌다. 지구의 위성인 달과 달리 히페리온은 중력적으로 불안정하며 따라서 회전도 매우 불규칙적이다. 이 밖에 여러 소행성들도 히페리온처럼 혼돈스런 행동을 보이는데, 적어도 그 원인이 태양과 행성들의 인력이란 점은 분명하다. 그러나 소수의 경우 어떤 힘이 이것들을 밀고 당기는지 아무도 모른다. 선물로 받은 책을 쳐다보는 가우스 역시 어떤 소수 다음에 얼마나 지나야 다음 소수가 나타나는지를 예측하는 데에 아무런 규칙도 찾을 수 없었다. 과연 수학자들은, 별들이 아무런 운율도 이유도 없이 밤하늘에 흩어져 있듯, 소수도 그저 자연이 정해 준 대로 분포해 있다는 식의 설명에 만족해야만 할까? 가우스는 이런 입장을 받아들일 수 없었다. 수학자들이 존재할 가장 큰 이유는 자연의 배경에 자리 잡은 패턴을 발견하고 그 규칙을 설명함으로써 앞으로 어떤 일이 일어날지를 예측하는 데 있기 때문이다.

패턴을 찾아

소수에 대해 수학자들이 품는 의문은 우리 각자가 학교의 수학 시간에서 마주쳤던 문제들의 상황과 조금도 다를 게 없다. "어떤 수열이 주어졌을 때 그 다음에 올 수는 무엇인가?"라는 게 그것이다. 예를 들어 다음 세 가지 수열을 보자.

1, 3, 6, 10, 15, …

1, 1, 2, 3, 5, 8, 13, …

1, 2, 3, 5, 7, 11, 15, 22, 30, …

수학적 관심을 가진 사람이 이와 같은 수열을 대하면 여러 가지의 의문이 떠오른다. 이 수열의 배경에 자리 잡은 규칙은 무엇일까? 이 수열의 다음 수는 무엇일까? 아흔아홉 번째까지의 수를 모두 찾아보지 않고서도 백 번째의 수가 무엇인지 말해 줄 식을 만들 수 있는가?

위의 첫 수열은 삼각수triangular numbers라고 불리는 수들을 모은 것이다. 이 수열의 열 번째 수는 예를 들어 콩을 맨 첫 줄에 하나, 둘째 줄에 둘, 셋째 줄에 셋, … 등으로 늘어놓을 때 열째 줄에 열 개가 늘어서는데, 이 콩들의 합에 해당하는 수이다. 곧 이 수열의 N번째에 오는 수는 1부터 N까지의 합, 곧 '$1 + 2 + 3 + \cdots + N$'이라는 수가 된다. 따라서 만일 백 번째 삼각수를 구하고자 한다면 1부터 100까지의 수를 모두 더해야 하는 힘든 작업을 해야 한다.

실제로 가우스의 학교 선생님은 학생들에게 이 문제를 내놓고 흐뭇해했었다. 학생들이 답을 구하려면 상당한 시간이 걸릴 것이므로 느긋이 낮잠까지 즐길 수도 있다. 학생들은 선생님이 내 준 문제의 답을 구하면 각자의 서판(書板)에 답을 써서 선생님 책상 위에 차례로 쌓아 두면 된다. 문제를 받은 학생들은 모두 끙끙거리면서 힘든 계산을 계속했다. 그런데 몇 초도 되지 않아 열 살배기 가우스가 맨 먼저 서판을 선생님 책상에 올려놓았다. 순간 선생님은 어린 가우스의 태연한 모습에 화가 치밀었다. 하지만 고개를 숙여 서판을 봤더니 아무런 계산 흔적도 없었지만 5,050이라는 정답이 쓰여 있었다. 답이 맞았기에 잠시 할 말을 잊었지만 곧이어 선생님은 가우스가 뭔가 속임수를 썼을 것이라고 생각했다. 그러나 가우스는 간단히 $N \times (N+1) \div 2$라는 식의 N에 100을 대입하면 된다고 설명했다. 다시 말해서 이 수열의 100번째 수를 구하는 데에 실제로 1부터 100까지의 수를 일일이 더할 필요가 없다는 것이었다.

가우스는 이 문제에 정면으로 도전하는 대신 측면 공격을 택했다. 콩의 각 줄에 줄 번호만큼의 콩을 늘어놓으면 삼각형이 되는데, 이런 삼각형 두 개를 만들었다고 생각해 보자. 그런 다음 어느 한 삼각형에 다른 삼각형을 거꾸로 해서 붙이면 직사각형이 만들어진다. 이 직사각형은 한 변의 길이가 100이고 다른 한 변의 길이는 101이다. 이 안에 들어 있는 콩의 총 개수는 이 직사각형의 넓이와 같고, 그 넓이는 두 변을 곱하면 얻어지므로 콩은 모두 10,100개이다. 따라서 처음에 생각했던 하나의 삼각형에는 그 절반인 5,050개가 있으며, 이 과정을 식으로 쓰면 $100 \times 101 \div 2$가 된다. 한편 일반적으로 이 수열의 N번째 수는 위 식의 100 대신 N을 넣은 $N \times (N+1) \div 2$

삼각수에 대한 가우스의 계산법을 설명해 주는 그림

의 식으로 구해진다.

위 그림은 위의 설명을 그대로 적용하여 백 번째 대신 열 번째의 수가 무엇인지 구하는 방법을 보여 준다.

가우스는 선생님의 문제를 곧이곧대로 공략하지 않고 다른 각도에서 쳐다봄으로써 보다 쉬운 계산법을 얻어 냈다. 이와 같이 문제의 위아래 또는 안팎을 뒤바꿔 새로운 관점에서 보는 사고방식을 다면사고lateral thinking라고 부른다. 이런 사고방식은 수학적 발견에서 엄청난 중요성을 가지며 이에 따라 어린 가우스와 같이 이런 사고에 능숙한 사람은 훌륭한 수학자가 될 가능성이 많다.

두 번째 수열인 1, 1, 2, 3, 5, 8, 13, …은 이른바 피보나치 수Fibonacci numbers라는 수를 차례로 늘어놓은 것이다. 이 수열에서 어떤 수를 얻는 방법은 바로 앞의 두 수를 더하는 것이다. 예를 들어 13은 그 앞의 두 수인 5와 8을 더한 것이다. 13세기 피사Pisa의 궁정에서 수학자로 살았던 피보나치는 토끼가 번식하는 과정을 살펴보면서 이 수열을 만들어 내게 되었다. 그는 아랍 수학자들의 성과를 유럽에 전파함으로써 유럽 수학을 암흑시대로부터 끌어내리려고 노력했으나 실패로 끝났다. 대신 그의 이름을 수학사에 길이 남도록 한 것은 토끼였다. 피보나치는 토끼가 일정한 패턴으로 번식한다는 모델을 내세워 계절이 바뀜에 따라 변하는 토끼 수를 계산해 냈다. 이때 피보나치는 두 가지의 규칙을 생각했다. 첫째, 한 쌍의 토끼는 한 계절 동안 한 쌍의 새끼를 낳는다. 둘째, 새로운 한 쌍의 새끼는 한 계절이 지나면 새끼를 낳을 수 있을 정도로 자란다.

그런데 피보나치 수열Fibonacci sequence은 토끼의 번식 외에도 자연계에서 매우 많이 발견된다. 마치 자연적 과정이 관여하는 곳이면 모두 이 수열을 따르는 듯 보일 정도이다. 예를 들어, 꽃에 달린 꽃잎의 수는 거의 예외 없이 이 수열을 따르며, 솔방울에서 발견되는 나선의 수도 그렇다. 또한 여러 고둥들이 시간에 따라 커 가는 비율도 피보나치 수열을 따른다.

가우스의 식을 이용하면 몇 번째의 삼각수라도 간단히 계산해 낼 수 있다. 그런데 피보나치 수열에도 그런 식이 있을까? 예를 들어 피보나치 수열의 100번째 수를 생각해 보자. 이때도 가장 단순히 하자면 99번째까지의 수를 일일이 구한 다음, 98번째와 99번째 수를 더하면 된다. 그러나 이 작업은 너무 비실용적이므로 어떤 식을 세우고 100이란 숫자를 대입하면 바로 답이 얻어지는 식을 구하는 게 바람직할 것은 당연하다. 하지만 삼각수 때와 달리 피보나치 수열에 대한 식은, 그 생성 규칙 자체는 아주 단순하지만, 훨씬 까다로운 것으로 드러난다.

피보나치 수열을 만들어 내는 식은 황금비golden ratio라고 부르는 특별한 수를 기초로 한다. 이 수는 1.61803…으로 무한히 계속되는 무리수이므로 원주율 π와 마찬가지로 소수점 아래에 나타나는 수에는 아무런 규칙성이 없다. 하지만 황금비는 기이한 성질을 갖고 있어서 오랜 세월 동안 사람들은 이것을 완전한 비율을 나타내는 수로 여겨 왔다. 루브르 미술관Musée du Louvre이나 테이트 갤러리Tate Gallery에 걸린 그림들을 보면 많은 경우 화가들은 가로 세로의 비가 황금비가 되는 화폭에 담았음을 알 수 있다. 관측 자료에 따르면 사람의 경우 발끝에서 배꼽까지와 전체 키와의 비가 대략 황금비를 이룬다. 황금비는 자연계에서도 신비스러울 정도로 많이 발견된다. 나아가 황금비는 무리수라는 혼돈스런 패턴을 보이면서도 피보나치 수열을 이해하는 데에 핵심이 된다는 점은 더욱 놀랍다. 피보나치 수열을 늘어뜨리면 항의 수가 증가할수록 어느 항과 그 다음 항의 비는 점점 더 황금비에 가까워진다.

위 예 가운데 세 번째인 1, 2, 3, 5, 7, 11, 15, 22, 30, … 수열은 일단 도전 과제로 남겨 두고 나중에 다시 생각해 보기로 한다. 여기에 담긴 성질은 20세기의 가장 흥미로운 수학자인 스리니바사 라마누잔Srinivasa Ramanujan의 명성을 확고히 하는 데에 기여했다. 라마누잔은 다른 사람이 시도했으나 실패한 수학의 여러 영역에서 새로운 패턴과 식을 찾아내는 데에 탁월한 능력을 보였다.

자연계에서 발견되는 게 피보나치 수열만은 아니며, 소수의 특성을 잘 이용하는 사례도 있다. 매미의 종들 가운데 마지키카다 셉텐데킴Magicicada septendecim과 마지키카다 트레데킴Magicicada tredecim이라는 두 종은 때로 같은 환경에서 살며 수명이 각각 정확히 17년과 13년이다. 그런데 이 기간 중 마지막 한 해만 빼놓고 그 이전의 오랜 세월은 땅속에서 나무 뿌리의 수액에 의지하여 유충 상태로 살아간다. 그러다 마지막 해에 유충에서 성충으로 변태를 하면서 엄청난 수의 매미가 지상에 나타난다. 마지키카다 셉텐데킴이 17년마다 단 하룻밤 사이에 숲을 통째로 점령하는 것은 참으로 보기 드문 현상이다. 그들은 이때부터 귀가 따갑도록 울어 대며 짝을 짓고 먹고 알을 낳고 지내다가 대략 6주 후에 죽는다. 그러면 숲은 다시 17년 동안 조용해진다. 그런데 왜 하필이면 이 매미들은 이처럼 소수의 수명을 갖게 되었을까?

이에 대해 몇 가지의 설명이 가능하다. 이 두 종은 소수의 수명을 가졌으므로 두 종이 함께 지상에 출현하는 일은 아주 드물다. 실제로 계산해 보면 두 종은 13 × 17=221, 곧 221년마다 한 번씩 숲을 공유하게 된다. 만일 이들의 수명이 소수가 아니라 예를 들어 18년과 12년이라고 해 보자. 그러면 같은 기간 동안 이들은 여섯 번, 곧 36, 72, 108, 144, 180, 216년째에 함께 출현하게 된다. 다시 말해서 221년 사이에 18과 12를 공통의 약수로 하는 공배수에 해당하는 해가 여섯 번 나타난다는 뜻이다. 이렇게 되면 두 종은 하나의 숲을 놓고 자주 경쟁을 벌이게 된다. 하지만 수명을 조금 조정하여 소수로 하면 두 종 사이의 경쟁은 크게 줄어든다.

또 다른 설명은 매미와 함께 출현하는 곰팡이 때문이라는 설이다. 이에 따르면 이 곰팡이는 매미에게 치명적이므로 매미들은 이와 함께 출현하지 않는 수명을 가지도록 진화했다. 이를 위해서는 소수가 제격이며, 17년 또는 13년이라는 소수 수명을 택함으로써 매미들은 소수가 아닐 때보다 곰팡이와 함께 출현하는 횟수를 크게 줄일 수 있게 되었다. 매미들 입장에서는 소수가 단순히 추상적 호기심의 대상이 아니라 생존을 위한 핵심적 도구인 셈이다.

　매미가 소수를 찾기 위해서는 진화라는 과정이 필요했다. 그러나 수학자들은 보다 체계적인 방법을 원했다. 다른 수열들도 많지만 수학자들이 가장 원하는 비밀의 식은 바로 이 소수의 수열을 밝혀 줄 식이었다. 하지만 한 가지 주의할 것은 수학 세계의 어느 곳에서든 패턴이나 질서를 반드시 발견할 수 있을 것이라고 섣불리 예상하는 일이다. 역사를 돌이켜 보면 수학에서 가장 중요한 수의 하나인 원주율 π의 값에 숨겨진 구조를 찾느라 많은 사람들이 엄청나지만 결국 헛된 수고를 했다. 그럼에도 그 중요성이 너무 컸기에 소수점 아래로 무한히 이어지는 혼돈의 세계에서 필사적 노력을 기울이곤 했다. 칼 세이건이 쓴 책 『콘택트』의 첫 부분에서 외계인들은 엘리 애로웨이의 주의를 끌기 위하여 소수의 신호를 보낸다. 하지만 이 책의 궁극적 메시지는 π의 무한히 긴 자릿수들 속에 숨겨져 있다. π의 값을 계속 써 내려가면 갑자기 '0'과 '1'의 무리가 나타나는데, 이 패턴은 바로 "우주보다 앞선 지성이 존재한다"라는 메시지에 상응하는 것이다. 한편 대런 아로노프스키Darren Aronofsky의 영화 〈파이pi: π〉도 이처럼 대중의 흥미를 끄는 문화적 이미지를 담고 있다.

　π와 같은 무리수에 비밀스런 메시지가 숨겨져 있을 것이라는 환상에 사로잡힌 사람들에게 수학자들은 한 가지 경고의 증명을 할 수 있다. 곧 임의로 어떤 수를 무한히 나열하면 그 어디선가에서 우리는 원하는 어떤 메시지든 얻어 낼 수 있다는 것이다. 따라서 π의 값을 충분히 길게 조사한다면 이론적으로는 성서를 통째로 인쇄할 컴퓨터 프로그램도 찾아낼 수 있다. 그러므로 어떤 패턴을 찾고자 한다면 먼저 올바른 관점을 가질 필요가 있다. π는 그 안에 비밀의 메시지가 감춰져 있기 때문에 중요한 수로 여겨지는 것은 아니다. π의 중요성은 이와 다른 관점에서 조망할 때 더욱 분명히 드러난다. 소

수의 경우에도 마찬가지이다. 선물로 받은 소수를 수록한 책과 다면사고에 대한 재능을 겸비한 가우스는 올바른 시각과 관점을 찾아 나섰다. 거기에서 그는 겉보기의 혼돈 속에 숨겨져 이제껏 발견되지 못했던 질서를 찾을 수 있을 것인지 알기 위하여 조용히 소수를 응시했다.

증명, 수학자의 여행담

수학자는 한편으로 수학적 세계의 패턴과 구조를 찾기도 하지만 다른 한편으로 그런 결론을 증명하기도 해야 한다. 증명이란 관념은 아마 수학이란 학문의 진정한 출발점을 이룬다고 말할 수 있을 것이다. 이에 의하여 수학은 단순히 수비학적 차원을 넘어서는 연역적 체계로 정립되게 되었다. 말하자면 수학적 연금술이 수학적 화학으로 탈바꿈한 것이다. 증명의 관념을 처음 이해한 사람들은 고대 그리스인들이었다. 그들은 어떤 사실이 증명되면 무수히 많은 경우를 굳이 조사하지 않더라도 이를 옳다고 인정할 수 있음을 깨달았다.

수학의 창의적 과정은 추측으로부터 시작한다. 대개 추측은 여러 해 동안 갖은 우여곡절을 겪으며 수학적 세계를 탐구해 온 수학자들의 직관에서 떠오른다. 때로 간단한 산술적 시도를 통해 모든 경우에 통용될 패턴을 찾아내기도 한다. 예를 들어 17세기의 수학자들은 어떤 수 N이 소수인지의 여부를 알 수 있는 판정법을 개발해 냈다. 이 판정법은 먼저 2^N을 계산하고 이것을 N으로 나누었을 때 나머지가 2이면 N은 소수라고 한다. 가우스의 시계 계산기에 빗대어 말하면 이 판정법은 문자판이 N시간으로 된 시계로 2^N을 계산하는 것에 해당한다. 이렇게 어떤 추측이 세워지면 남은 일은 이것이 옳은지 그른지 증명하는 것이다. 수학자들은 이와 같은 어림짐작guess이나 예상prediction을 추측conjecture 또는 가설hypothesis이라고 부른다.

수학적 추측이 정리theorem라는 이름을 얻게 되는 것은 증명이 이루어진 다음의 일이다. 다시 말해서 어떤 수학적 주제는 추측이나 가설 단계를 지나 정리의 단계에 이르러야 충분히 성숙된 것으로 평가 받는다. 페르마는 당시 수학자들에게 많은 양의 예측을 남긴 것으로도 유명한데, 이후 여러 세대의 수학자들은 페르마의 예측들이 옳은지 그른지 증명함으로써 수학사에 그들의 발자취를 남겼다. 한 가지 특이한 것은 페르마의 마지막 정리는 처음부터 정리라고 불렸고 한 번도 추측이라 불린 적이 없었다는 점이다. 이는 예외적인 일인데 어쩌면 그 이유는 페르마가 이에 대한 증명을 해냈다고 주장한 데에 있을지 모른다. 페르마는 자신이 가졌던 디오판토스 Diophantus의 『수론서Arithmetica』 한쪽에 이 정리에 대한 경이로운 증명법을 발견했지만 애석하게도 여백이 너무 좁아 다 쓸 수 없다는 기록을 남겼다. 하지만 다른 어느 곳에서도 페르마가 말한 증명을 찾지 못했으며, 이에 따라 페르마의 이 기록은 수학 역사상 수학자를 가장 애태운 수수께끼가 되었다. 앤드루 와일즈가 이에 대한 증명을 내놓기까지 페르마의 마지막 정리는 실제로는 가설, 곧 그럴 것으로 보인다는 추측에 지나지 않았다.

위에서 보았던 가우스의 소년 시절 일화는 추측이 증명을 통해 정리가 되는 과정을 잘 대변해 준다. 가우스는 삼각수의 목록에 나오는 어떤 수든 쉽게 얻어 낼 수 있는 식을 만들었다. 하지만 이 식이 언제나 옳은 답을 준다는 것을 어떻게 보장할 것인가? 삼각수의 목록에 들어갈 수는 무한하므로 이 식을 그 모두에 일일이 적용해서 확인한다는 것은 불가능하다. 그러므로 이런 때는 수학적 증명이라는 강력한 수단에 의지할 수밖에 없다. 이미 보았듯 두 개의 삼각형을 합쳐서 직사각형을 만들 수 있는데, 이는 어떤 삼각수에 대해서나 마찬가지이다. 다시 말해서 두 삼각형을 합쳐서 직사각형을 만들고, 그 넓이를 구하는 방식으로 얻은 가우스의 식은 무한히 많은 경우에 일일이 적용해 보지 않아도 된다. 따라서 가우스의 식은 옳음이 증명된 것이다. 이와 대조적으로 2^N을 시계계산기로 계산해서 N이 소수인지 판정하는 17세기의 방법은 1819년 옳지 않음이 드러나 수학적 법정에서 내던져졌다. 이 방법은 N이 340에 이를 때까지는 잘 들어맞는다. 하지만 $341 = 11 \times 31$이므로 소수가 아닌데 이 방법에 따르면 소수라는 그릇된 판정이 나온다. 이 예외는 문자판에 341까지의 수가 새겨진 가우스의 시계계산기를 이용해서 2^{341}이란 수를 간단히 점검하기까지 발견되지 않았다. 만일 이 수를 계산기를 사용하여 실제로 계산해 본다면 자릿수가 수백 자리에 이른다.

케임브리지대학의 수학자 하디는 자신의 저서 『어느 수학자의 변명』에서 수학적 발견과 증명과의 관계를 실제 지형과 지도 그리기의 관계에 비유하곤 했다. "나는 언제나 수학자를 처음에는 관찰자와 같은 사람이라고 생각해 왔다. 그는 먼 곳의 산들을 응시하면서 자신이 관찰한 것을 기록해 놓는다." 이렇게 먼 곳의 산들에 대한 관찰이 끝나면 수학자가 다음에 할 일은 다른 사람들에게 어찌하면 그곳에 갈 수 있는지 설명하는 것이다.

증명의 첫 부분은 낯익어서 놀랄 것이 전혀 없는 곳에서 시작한다. 이 경계 안의 풍경을 수학적으로 묘사하면 수에 대해 자명하다고 여겨지는 진리를 모은 공리들, 그리고 이 공리들을 이용해서 이미 옳다고 증명된 명제들로 이루어져 있다. 증명은 이 낯익은 곳을 벗어나 여러 곳의 수학적 지형을 지난 뒤 먼 곳의 봉우리에 이르는 길을 안내해 주는 것과 같다. 이때 각각의 발걸음은 논리적 연역 규칙에 따른다. 마치 체스의 말을 움직이는 것처럼 미리 정해진 규칙에 따라서만 진행되어야 한다. 때로 장애물을 만나기도 한다. 그러면 독특한 발걸음을 밟으며 옆으로 피해가야 하는데, 어떤 때는 심지어 뒤로 물러나 우회로를 찾기도 해야 한다. 예를 들면 가우스의 시계계산기와 같은 새로운 도구가 발명되기를 기다려야 할 때도 있다.

다시 하디의 이야기를 들어 보자.

어떤 수학적 관찰자에게 A는 뚜렷이 보이는데 B는 어렴풋한 자태만 드러낸다.
하지만 그는 결국 A의 산등성이로부터 시작하여 그 끝에 닿고 다시 B로 올라가
그 정상에 이르는 길을 찾아낸다. 만일 다른 사람들에게도 이 길을 알려 주고 싶
으면 그는 이 길을 직접 가리키든지 아니면 처음 자기가 거쳐 갔던 일련의 봉우
리들에 대해 이야기해 준다. 다른 사람들도 이 길을 알게 되면 그의 연구와 주장
과 증명은 완결된 것으로 평가 받는다.

증명은 이런 여정 및 이를 좌표계에 옮겨 그려 낸 지도에 대한 이야기로서
수학자의 여행 일지라고 말할 수 있다. 이것을 읽는 독자들은 지은이가 겪
었던 것과 같이 어떤 사실이 차츰 구체화되는 과정을 목격하게 된다. 그들
은 새 봉우리에 오르는 길을 알게 될 뿐 아니라 앞으로 어떤 새 발전이 이뤄
지더라도 이 길이 다시는 붕괴되지 않으리란 점도 깨닫게 된다. 대개의 증
명은 사뭇 간략해서 이미 알려진 내용들을 세세히 설명하지는 않는다. 증명
은 새로운 길을 설명하고자 하는 것이지 각각의 단계를 다시 설명하려는 것
이 아니기 때문이다. 수학자들은 증명에서 사용하는 논리를 통하여 독자들
의 마음을 황홀경으로 이끌고자 한다. 하디는 이런 논증에 대해 다음과 같
이 말했다. "증명의 논리는 독자의 마음을 끌기 위하여 수사적 화려함으로
가득 채운 오락물과 같다. 이는 강의 도중 칠판에 그리는 그림 또는 학생들
의 상상력을 자극하기 위한 도구와도 같다."

수학자들은 증명의 마력에 홀려 있다. 그들은 자신의 수학적 추측을 단순
히 여러 경우에 대해 점검해 보는 것만으로 만족하지 못한다. 다른 과학 분
야의 사람들은 이런 태도에 감명 받기도 하지만 오히려 이를 조롱하기도 한

다. 골드바흐추측Goldbach's Conjecture은 400조(兆)의 수까지 이르도록 옳다는 점이 밝혀졌지만 여전히 정리로는 인정되지 않는다. 아마 다른 과학 분야의 사람들은 이와 같은 압도적인 수의 자료라면 설득력 있는 증거로 충분하다고 만족스럽게 여기면서 눈길을 다른 곳으로 돌릴 것이다. 만일 나중에 새로운 증거가 나타나 수학적 정전(正典)을 다시 점검해야 할 수도 있겠지만 그때 가서 그렇게 하면 그만이다. 이런 식의 과정이 다른 과학 분야에서는 잘 통용되는데 수학인들 그렇지 못할 이유가 있을까?

하지만 대다수의 수학자들은 이와 같은 이교도적 생각에 부르르 떨 것이다. 프랑스의 수학자 앙드레 베유André Weil는 이렇게 말했다. "수학자에게 엄격함은 인간에게 도덕과 같다." 이에 대한 부분적 이유로는 수학의 경우 어떤 증거를 점검하는 게 아주 어려울 때가 있다는 점을 들 수 있다. 수학의 다른 어느 분야보다도 소수는 본색을 드러내는 데에 훨씬 오랜 시간이 걸렸다. 심지어 가우스마저도 소수에 대해 품었던 자신의 직관을 뒷받침하는 자료가 엄청나게 많다는 사실에 홀렸지만 나중에 이뤄진 이론적 분석에 따르면 그의 직관은 잘못이었음이 밝혀졌다. 증명이 필수적이라 함은 바로 이 때문, 곧 첫인상은 곧잘 오류로 드러나기 때문이다. 다른 모든 과학은 경험적 증거야말로 우리가 믿을 수 있는 모든 것이라는 신념 위에 서 있는 반면, 수학자들은 증명이 없는 한 수치적 자료를 믿어서는 안 된다고 배워 왔다.

어쩌면 수학이 무형의 정신적 주제라는 성격을 띠고 있기 때문에 수학자들은 이로부터 뭔가 실체적인 느낌을 얻기 위하여 그토록 증명에 매달린다고 볼 수도 있다. 예를 들어 화학자들은 버크민스터풀러렌buckminster-fullerene(탄소 60개가 오각형과 육각형이 교대로 배열된 축구공 무늬와 같은 구조를 이루고 있는 분자. 흔히 줄여서 버키볼buckyball이라고 부른다: 옮긴이) 분자라는 확고한 대상을 놓고 구조를 탐색하며, 게놈genome의 염기 서열을 결정하는 것은 유전학자들에 있어 실체적 도전 과제이다. 심지어 극미의 소립자나 아주 멀리 떨어진 블랙홀을 탐구하는 물리학자들도 나름의 실체감을 느낄 수 있다. 그러나 수학자들은 명확한 물질적 실체를 갖지 않은 대상을 이해하려 한다는 상황에 처해 있다. 8차원의 도형이라든지, 우주의 원자수보다 훨씬 더 큰 소수와 같은 것들이 그 예이다. 이처럼 추상적 관념들로 가득 찬 세계에서 우리의 마음은 자칫 묘한 속임수에 빠져 들 수 있으며, 따라서 증명 없이 나아간다는 것은 카드로 집을 짓는 것처럼 어리석은 일이다. 다른 과학 분야에서는 육체적 감각을 동원한 실험으로 대상의 실체성을 확신할 수 있다. 이처럼 다른 과학자들은 각자의 물리적 실체를 눈으로 확인할 수 있음에 비하여 수학자들은 마치 여섯 번째의 감각과도 같은 수학적 증명을 이용하여 보이지 않는 자신의 탐구 대상과 협상한다.

이미 주목 받은 패턴에 대한 증명을 찾는 일은 수학적 발견을 늘리는 데에 귀중한 촉매가 되기도 한다. 이 때문에 많은 수학자들은 어떤 결정적 계기가 되는 문제들은 차라리 영원토록 풀리지 말았으면 하는 바람을 품기도 한다. 그것에 기초를 둔 놀라운 수학적 신세계를 맞이하기도 하기 때문이다. 이런 문제들은 수학적 탐험가들이 그들의 여행을 처음 시작할 때는 꿈도 꾸지 못했던 대지를 탐구하도록 이끄는 그런 종류의 것들이다.

그러나 수학적 문화가 어떤 명제가 옳다는 점을 밝히는 증명에 왜 그토록 큰 무게를 두는지에 대한 가장 설득력 있는 논거는, 다른 과학 분야와 달리, 그렇게 할 만한 호사스러움이 있기 때문이라고 말할 수 있다. 삼각수에 대한 가우스의 식은 무한히 많은 삼각수를 만들어 내는 데에 절대로 실패할 가능성이 없다. 과연 다른 어떤 과학 분야가 이에 필적할 수 있을 것인가? 수학은 우리 마음속에 갇힌 무형의 주제이기는 하다. 하지만 이로부터 유래하는 비현실성에 대한 아쉬움은 증명이 제공하는 절대적 확실성에 의하여 충분히 보상되고도 남는다.

다른 과학 분야에서는 일껏 구축해 놓았던 세계관이 한 세대와 다음 세대 사이의 어느 순간에 하릴없이 허물어질 수 있다. 하지만 수학적 증명은 100퍼센트의 확실성을 보장하므로 소수에 관해 증명된 사실은 장차 새로운 발견이 이뤄지더라도 무너질 가능성이 없다. 수학은 뒤 세대의 사람들이 무너질 것을 전혀 걱정할 필요 없이 계속 쌓아 갈 수 있는 특이한 피라미드이다. 이와 같은 견실함이 바로 사람들로 하여금 수학자의 길을 가도록 하는 원인이다. 고대 그리스인들이 수립했던 체계가 오늘날에도 그대로 진실로 남아 있는 분야는 수학 외에는 없다. 그들이 세계를 불, 공기, 물, 흙으로 이뤄졌다고 믿었던 데에 대하여 현대인들은 코웃음친다. 하지만 미래의 세대들이 세계가 멘델레예프의 주기율표에 나오는 109종의 원소로 이뤄졌다고 보는 우리의 믿음을 그리스인들의 믿음처럼 여기게 되지는 않을까? 이와 대조적으로 모든 수학자들은 소수에 대해 그리스인들이 품었던 생각을 지금도 수업 시간에 배우면서 그들의 수학적 경력을 쌓기 시작한다.

증명이 수학자에게 주는 확실성은 대학의 다른 학과 구성원들에 있어 부러움의 대상임과 동시에 조롱의 대상이기도 하다. 수학적 증명에 결부된 영원성은 하디가 말한 진정한 의미의 불멸성으로 이어진다. 이 때문에 불확실성으로 가득 찬 세상에 사는 사람들이 수학으로 끌려들기도 한다. 아득한 옛날부터 지금껏, 정면으로 맞서 극복하기 어려운 현실 세계로부터의 도피를 갈망하는 수많은 젊은 영혼들에게 수학의 세계는 궁극의 피난처를 제공해 왔다.

수학적 증명의 견실함에 대한 우리의 믿음은 클레이가 내놓은 새 천 년의 문제들에 걸린 상금에 관한 규정들에도 반영되어 있다. 이 상금은 증명이 발표된 후 최소한 2년이 지나서 지급되는데, 반드시 수학계의 일반적 승인을 받아야 한다. 물론 아무리 그렇더라도 미묘한 실수가 발견되지 않은 채 숨어 있을 가능성이 있다. 하지만 이 절차는 그런 실수가 증명 자체에 내재해 있을 뿐 지금은 실수가 아닌 것이 나중에 새로 제시된 증거 때문에 실수인 것으로 판명되지는 않는다는 일반적 신념에 기초해 있다. 다시 말해서, 만일 어떤 실수가 있다면, 그것은 우리가 보고 있는 증명이 실린 바로 그 쪽에 있다.

그렇다면 수학자는 자신이 절대적 증명에 대한 접근권을 가졌다고 믿고서 자만에 빠져도 될까? 모든 수는 소수를 이용해 만들어진다는 수학적 증명이 뉴턴 물리학이나 원자들이 쪼개지지 않는다고 믿는 이론들과 같이 언젠가 전복될 수도 있다고 볼 사람이 있을까? 대부분의 수학자들은 수에 관한 자명한 진리들로 구성된 공리는 미래의 연구에 의해서도 결코 허물어지지 않을 것이라고 믿는다. 이런 기초 위에 수학을 구성하는 논리 법칙들은, 정확히만 적용된다면, 어떤 새로운 통찰에 의해서도 결코 무너지지 않을 수에 대한 명제들을 계속 증명하게 될 것이다. 이런 생각은 철학적 관점에서 볼 때 너무 순진한 것인지도 모른다. 하지만 분명 이는 수학이란 종교의 핵심적 교조(敎條)이다.

한편으로 수학자들이 각자 수학적 지형을 가로지르는 길을 지도에 기록하는 데서 오는 감정적 쾌감도 중요하다. 여러 세대 동안 멀리서 쳐다볼 수밖에 없었던 산봉우리에 이르는 길을 새로 발견하게 되면 참으로 놀라운 희열을 맛보게 된다. 이는 마치 늘 익숙해져 있던 세상으로부터 미지의 세계로 우리의 마음을 뿌리째 옮겨 놓는 듯한 기이한 이야기나 신비로운 음악을 창조해 내는 것과 같다. 물론 페르마의 마지막 정리나 리만 가설처럼 아주 멀리 떨어져 있는 새로운 봉우리를 처음 목격하는 것만 해도 엄청난 기쁨이기는 하다. 하지만 우리가 서 있는 곳에서 거기에 이르는 길을 개척해 내는 것에 비교하면 아무것도 아니다. 또한 첫 선구자가 열었던 길을 따라 세세한 자취를 더듬는 사람들도 새로운 증명이 차츰 모습을 드러내는 것을 목격하면서 영적으로 한껏 드높아지는 느낌을 경험하게 된다. 바로 이와 같은 이유들 때문에 수학자들은 리만 가설을 비롯하여 아직 증명되지 않은 명제들이 옳다는 점을 확신하면서도 그 증명에 높은 가치를 부여하고 계속 추구한다. 요컨대 수학에서는 과정도 결과 못지않게 중요하다.

수학적 탐구는 창조인가, 발견인가? 많은 수학자들은 스스로 창조자의 기분을 느끼는가 하면 반대로 이미 존재하는 절대적 진리를 발견하는 존재에 지나지 않는가 하는 느낌 사이를 왔다 갔다 한다. 수학적 아이디어는 때로 매우 개인적이고 따라서 이를 감지하는 사람의 창조적 정신에 크게 의존하는 것처럼 보인다. 하지만 이런 생각은 그런 아이디어들이 한결같이 논리적 특성을 갖고 있으며, 이는 모든 수학자들이 불변의 진리들로 가득 찬 수학적 세계를 함께 공유하며 살아간다는 점을 뜻한다는 믿음에 의해 균형을 찾는다. 이런 진리들은 오직 발굴되기만을 기다릴 뿐, 어떤 창조적 사고라도 그 존재 자체를 위협할 수는 없다. 하디는 모든 수학자들이 골치 아파하는 창조와 발견 사이의 줄다리기를 다음과 같이 완벽하게 갈무리했다. "나는 수학적 실체가 바깥 세계에 존재한다고 믿는다. 우리가 할 일은 그것을 발견하고 관찰하는 것이다. 흔히 어떤 정리를 증명하고 감연히 '창조'했노라고 말하는 것은 실제로는 우리가 관찰한 것을 기록한 것에 지나지 않는다고 믿는다." 그런데 다른 곳에서 하디는 수학의 연구 활동을 좀더 예술적으로 묘사하기를 즐겼다. 『어느 수학자의 변명』에서 그는 "수학은 명상적 분야라기보다 창조적 분야이다"라고 말했다. 영국의 작가 그레이엄 그린Graham Greene(1904~1991, 현대인의 모호한 특성과 윤리적 및 정치적 이슈들의 이중성을 다루면서 가톨릭적 신앙관을 자주 드러냈다: 옮긴이)은 이 책을 헨리 제임스Henry

James(1843~1916, 미국 출신으로 유럽에 오래 살면서 미국과 유럽의 문화를 잘 대비하여 묘사했기 때문에 '대서양 양편의 한 세대를 해석해 낸 사람' 이란 평가를 받는 작가: 옮긴이)가 남긴 노트와 함께 창조적 예술가의 삶이 어떤 것인지를 가장 잘 기술한 자료라고 평가했다.

소수 및 수학의 다른 여러 분야들이 문화적 장벽을 초월하기는 하지만 수학은 역시 인간 정신의 창의적 산물이다. 따라서 각자의 주제에 대한 수학자들의 이야기라고 볼 수 있는 증명도 여러 가지 다른 방법으로 묘사될 수 있다. 일반인들이 보기에 페르마의 마지막 정리에 대한 와일즈의 증명은 외계인들이 바그너의 작품 〈니베룽겐의 반지Der Ring des Nibelungen〉를 듣는 것처럼 신비롭게 느껴질 것이다. 하지만 어쨌든 수학은 시를 쓰거나 블루스를 연주하는 것처럼 어떤 제한 속에 펼치는 정신적 활동이다. 수학자들은 자신의 증명을 만들어 낼 때 반드시 온당한 논리적 단계를 밟아야 한다. 그런데 이런 제한 속에도 많은 자유가 주어져 있다. 실제로는 '제한 속에서의 창조' 라는 활동에 숨어 있는 아름다움이야말로 수학자들로 하여금 새로운 방향으로 나아가 누구의 도움도 받지 않은 채 전혀 예상치 못한 것들을 발견하게 이끄는 힘이다. 소수는 악보의 음표와 같다. 그리고 여러 문화는 각자 고유의 방식으로 거기에 담긴 선율을 연주한다. 따라서 소수의 이야기에는 여러 문화들의 역사적 및 사회적 영향이 담겨져 있을 것이라고 예상할 수 있다. 곧 소수의 이야기는 영원한 진리의 발견에 대한 것임과 동시에 사회를 비추는 거울이기도 하다. 17~18세기에는 산업혁명의 영향으로 기계에 대한 사랑이 널리 퍼져 소수의 세계를 매우 실용적이고도 실험적인 방향에서 접근했다. 이와 대조적으로 유럽이 사회적 혁명을 겪을 때에는 수학적 분석에서도 추상적이고 과감한 아이디어를 도입하려는 분위기가 감돌았다. 이처럼 우리는 수학적 세계에 대한 여행담을 펼쳐 내는 데에도 각자가 속한 문화적 배경의 특성이 스며들어 있음을 도처에서 엿볼 수 있다.

유클리드의 우화

소수의 이야기는 고대 그리스로부터 시작한다. 고대 그리스인들은 수학적 세계의 산들에 이르는 영원한 길을 닦는 데에 필요한 증명의 위력을 처음 깨달았다. 한번 그곳에 도달하면 이 산들이 아득한 수학적 신기루에 지나지 않을까 하는 의구심은 더 이상 품을 필요가 없다. 예를 들어 오늘날 소수를 곱해서 만들 수 없는 '이상한 수'가 존재할 것이라고 그 누가 주장할 수 있을 것인가? 고대 그리스인들은 한번 증명이 이뤄지면 그들 자신은 물론 자자손손에 이르도록 그런 이상한 수가 출현할 것이라는 의심을 전혀 품을 필요가 없다는 점을 최초로 이해한 사람들이었다.

수학자들이 어떤 일반적 이론에 대한 증명을 발견하는 실마리는 그것이 적용되는 특정 사례로부터 얻게 되는 경우가 많다. 곧 증명하고자 하는 이론이 왜 이 특정 사례에서도 옳은지 알고자 하는 데에서 출발한다. 그런 다음 이 사례를 푸는 데에 사용되었던 논리와 방법이 이와 관련된 모든 경우에도 마찬가지이기를 바란다. 예를 들어 모든 수가 소수의 곱으로 표현될 수 있다는 점을 보이기 위하여 140이라는 특정 사례를 택했다고 생각해 보자. 만일 140 미만의 수에 대해서 이미 모두 검토했다면 140은 소수가 아니면 소수의 곱으로 된 수일 것이다. 과연 140은 어떤 수일까? 혹시 이것은 소수도 아니고 소수의 곱으로 된 수(합성수)도 아닌 이상한 수는 아닐까? 그런데 우리는 먼저 이것이 소수가 아니란 점부터 발견하게 될 수도 있다. 어떻게 이 사실을 알게 될까? 이 답은 단순하며 140이 4×35로 쓰여지기 때문이다. 한번 이렇게 밝혀지면 140 미만의 수에 대한 검토가 이미 되어 있으므로 다음 절차는 더 간단히 진행된다. 곧 4는 2×2이고 35는 5×7이다. 그리하여 최종적으로 우리는 140이 $2 \times 2 \times 5 \times 7$이라는 소수들만의 곱으로 쓸 수 있음을 알게 된다. 따라서 140도 어떤 이상한 수는 아니란 점이 밝혀진다.

고대 그리스인들은 이와 같은 특정 사례에 적용했던 방법을 어찌하면 모든 수와 같은 일반적 경우로 확장할 수 있는지에 대해 이해하고 있었다. 특이하게도 그 방법은 소수도 아니고 소수의 곱으로 된 수도 아닌 이상한 수가 존재한다고 가정하는 데에서 출발한다. 만일 그런 수들이 실제로 존재한다면 1부터 차례로 모든 수를 점검해 가는 도중에 언젠가 필연적으로 그첫째 수와 마주치게 될 것이다. 이 수를 N이라고 놓자(이런 식으로 선택하는 예를 흔히 '최소 반례(最小 反例)'라고 부른다. 최소 반례를 영어로는 minimal counterexample 또는 minimal criminal이라고 부른다: 옮긴이). 이 가상적 수는 일단 소수가 아니므로 1과 자신이 아닌 약수를 가질 것이며, 따라서 이 약수들의 곱, 곧 $A \times B$의 형태로 나타낼 수 있다. 만일 이런 형태로 나타낼 수 없다면 N은 소수란 뜻이므로 처음에 소수가 아니라고 가정한 것과 모순된다.

그런데 A와 B는 N의 약수이므로 당연히 N보다 작은 수이다. 그리고 N보다 작은 모든 수는 이미 소수 또는 소수가 아닌 수로 분류되어 있으므로 A와 B도 각각 이것들보다 더 작은 소수의 곱으로 나타낼 수 있다. 그러므로 결국 N도 그보다 작은 소수들의 곱으로 나타낼 수 있다는 뜻이 된다. 이 결론을 처음의 가정과 비교해 보자. 처음에 우리는 N이 소수도 소수가 아닌 수도 아닌 이상한 수라고 가정하면서 시작했다. 하지만 마지막에 우리는 N이 소수가 아니라면 필연 그보다 작은 소수들의 곱으로 나타내진다는 결론을 얻었다. 다시 말해서 소수도 소수가 아닌 수도 아닌 이상한 수가 존재한다는 처음 가정은 더 이상 참이 아니다. 그러므로 모든 수는 소수이거나 아니면 소수의 곱으로 나타내져야 한다.

내가 이 논의를 수학자가 아닌 친구들에게 이야기했을 때 그들은 이 증명

단계의 어딘가에 속임수가 있고 그것에 넘어갔다고 여겼다. 하지만 그게 아니다. 이 논의의 묘미는 첫 단계에 교묘하지만 결코 속임수는 아닌 책략을 숨겨 놓는다는 데에 있다. 이 책략은 우리가 존재하지 않기를 바라는 것을 존재한다고 가정한다. 그런 다음 그런 가정이 잘못되었다는 결론을 이끌어 낸다. 이처럼 "없는 것이 있다"고 가정하는 전략은 고대 그리스인들이 여러 가지 증명을 확립하는 데에 강력한 무기로 활용되었다. 이 전략은 어떤 명제가 참이 아니면 거짓이라는 논리적 바탕 위에 자리 잡고 있다. 만일 어떤 명제를 거짓이라고 가정했는데 결론에 가서 모순이 드러난다면 처음에 내세운 가정이 잘못이란 뜻이다. 따라서 그 명제는 참이라는 최종 결론이 도출된다(이런 증명법을 귀류법(歸謬法 reduction ad absurdum)이라고 부른다: 옮긴이).

이와 같은 고대 그리스의 증명법은 대다수 수학자들의 게으름을 이용하는 것이라고 말할 수 있다. 이론상 무한개의 수에 대하여 무한한 계산을 되풀이하면 모든 수는 소수의 곱으로 나타내진다는 것을 보일 수 있다. 하지만 수학자들은 그렇게 하지 않고 이런 계산의 정수(精髓)로 구성된 추상적 논의를 개발했다. 비유하자면 이는 무한히 높은 사다리를 실제로 오르지 않고도 다 올라 본 것과 같은 효과를 줄 방법을 알아내는 것과 같다.

고대 그리스의 수학자들 가운데서도 유클리드Euclid는 '증명법의 아버지 the father of the art of proof' 라고 불린다. 기원전 300년 무렵 그리스를 지배했던 프톨레마이오스 1세Ptolemaeos 1는 알렉산드리아에 당시로서 세계 최대라 할 도서관을 세웠는데, 여기에 수많은 학자들이 모여들어 최고의 연구기관으로 자리 잡게 되었다. 유클리드도 이곳에서 일했으며 그런 도중 인류역사를 통틀어 가장 영향력 있는 교과서로 꼽히는 『원론(原論)The Elements』을 펴냈다. 이 책의 첫 부분에서 그는 점과 선의 상호관계를 기술하는 기하학의 공리들을 실었다. 이 공리들은 기하학이 다루는 대상들에 대해 누가 보더라도 쉽게 인정할 수 있는 자명한 진리들을 모은 것이었다. 유클리드는 연역법의 규칙을 이용하여 이 공리들로부터 약 500개에 이르는 기하학적 정리들을 이끌어 냈다. 기하학적 대상은 실제 세계를 묘사하기 위해 구상된 것이었으므로 이렇게 유도된 정리들은 다시 실생활에 적용되고 활용되었다.

『원론』은 기하학만 다룬 게 아니었다. 중간 부분에는 수의 성질들을 다룬 내용도 나오는데, 거기에서 우리는 참으로 위대한 최초의 수학적 추측 하나를 발견하게 된다. 유클리드가 제20번의 명제로 내놓은 소수에 관해 아주

유클리드(BC350?-BC300?)

간단하면서도 근본적인 진리, 곧 "소수의 개수는 무한하다"는 정리가 바로 그것이다. 유클리드는 이 정리의 증명을 먼저 모든 수가 소수의 곱으로 표현된다는 사실로부터 시작한다. 그런 다음, "만일 이처럼 소수가 모든 수를 구성하는 요소로 작용한다면 그 수는 혹시 유한개라도 되지 않을까?"라는 의문을 던진다. 멘델레예프가 만들기 시작한 주기율표에는 현재 109개의 원소들이 있고 우주 만물은 이것들로 이루어져 있다. 물질 원소들은 이처럼 유한개인데, 소수의 경우도 마찬가지일까? 만일 수학계의 멘델레예프라 할 어떤 인물이 109개의 소수가 적힌 목록을 유클리드에게 제시하면서 여기에 빠진 소수를 찾아내라면 유클리드는 어떻게 해야 할까?

예를 들어 모든 수는 혹시 2, 3, 5, 7이라는 네 개의 소수들을 여러 가지 다른 방법으로 조합하면 하나도 빠짐없이 다 표현될 수 있지 않을까? 유클리드는 이 소수들로 만들 수 없는 수를 찾을 방법이 무엇일까 생각했다. 물론 이에 대하여 "거 쉽지. 바로 다음 소수인 11을 들면 되지"라고 말할 수도 있다. 그렇다면 이번에는 11을 포함한 다섯 개의 소수들에 대해 생각해 보기로 한다. 그러면 또 다음 소수를 생각하게 될 것이고 이런 과정은 무한히 되풀이된다. 하지만 이런 방법은 언젠가 장애에 부딪힌다. 왜냐하면 갈수록 '다음 소수'를 찾는 게 어려워지고 심지어 오늘날까지도 그런 소수를 자유롭게 찾아낼 방법은 아무도 모르기 때문이다. 실제로 바로 이와 같은 '예측 불가능성' 때문에 유클리드는 우리가 알고 있는 소수의 개수가 아무리 많더라도 항상 적용할 수 있는 독특한 방법을 찾아내기로 마음먹게 되었다.

유클리드는 그 방법을 찾아냈다. 다만 그게 유클리드 자신의 아이디어인지 아니면 알렉산드리아에 전해진 누군가의 이야기로부터 암시를 얻은 것인지 아무도 모른다. 하지만 어쨌든 그 방법은 다음과 같다. 예를 들어 알려진 소수가 2, 3, 5, 7의 네 개밖에 없다고 하자. 유클리드는 먼저 이 네 수를 곱하여 $2 \times 3 \times 5 \times 7 = 210$이라는 수를 만들었다. 그런 다음, 여기가 바로 그의 눈부신 천재성이 드러나는 대목인데, 이 수에 1을 더하여 211이라는 수를 얻는다. 이제 이 211을 검토해 보면 이 수는 알려진 소수 2, 3, 5, 7의 어느 것으로 나누어도 반드시 1이 남는다. 다시 말해서 $2 \times 3 \times 5 \times 7 + 1 = 211$로 얻은 211은 소수 목록에 있는 모든 소수로 나누어도 항상 1이 남으므로 기존 목록에는 없는 새로운 소수가 된다.

유클리드는 모든 수가 소수의 곱으로 표현된다는 사실을 알고 있었다. 그렇다면 211은 어떤가? 211은 2, 3, 5, 7의 어느 것으로 나누어도 1이 남으므로 이것을 소수의 곱으로 표현하려면 기존 목록에는 없는 다른 소수가 필요하다. 여기서 주의할 것은 211은 실제로 소수라는 점이다. 다시 말해서 유클리드는 '알려진 모든 소수들의 곱 더하기 1'이라는 방법이 실제로도 언제나 새로운 소수를 만들어 낸다고 주장하지는 않았다는 점을 특히 유의해야 한다. 그가 주장한 것은 "알려진 소수의 개수가 멘델레예프의 주기율표에 나온 원소의 수와 마찬가지로 유한개라면"이라는 가정 아래서는 그의 방법이 그 목록에 없는 새 소수를 만들어 낸다는 것일 따름이다.

다시 예를 들어, 우리가 가진 소수 목록에는 2, 3, 5, 7, 11, 13의 여섯 개밖에 없다고 하자. 여기에 유클리드의 방법을 적용하면 $2 \times 3 \times 5 \times 7 \times 11 \times 13 + 1 = 30{,}031$의 답이 나온다. 하지만 실제로 검토해 보면 $30{,}031 = 59 \times 509$로 표현되므로 30,031 자체가 소수인 것은 아니다. 여기서 59와 509는 소수이지만 우리가 가졌다고 가정한 소수 목록에는 없는 소수들이다. 따라서 유클리드가 개발한 방법으로 만든 수는 소수가 기존의 목록에 나온 것에만 한정된다는 가정 아래서는 소수이지만, 이 가정을 벗어난 경우에도 반드시 소수가 된다는 뜻은 전혀 아니다. 요컨대 유클리드는 소수가 유한개라는 가정에서는 언제나 새로운 소수를 만들 수 있음을 보임으로써 소수의 개수가 무한임을 밝혀냈다. 그러나 유클리드가 얻은 결론은 여기에서 그친다. 그는 소수의 개수가 무한임을 보였지만, 실제로 그것들을 어떻게 얻어 낼 것인지에 대해서는 알 수 없었다.

어쨌든 유클리드의 논리는 분명 감탄할 만하다. 그는 소수를 얻어 낼 구체적 방법은 찾지 못했지만 개수가 무한하다는 점은 명확히 보여 주었다. 이 결과 때문에 소수의 주기율표를 가득 채울 희망, 그리고 수백만의 소수로 이루어진 소수의 유전자를 모두 확인하고자 하는 희망은 사라져 버렸다. 또한 이런 소수들을 거둬들일 나비 채와 같은 간단한 도구는 존재하지 않는다는 점도 드러났다. 그리하여 수학자들에게 궁극적인 도전이 제시되었다. 이 무한 광대한 소수의 세계에서 펼쳐지는 그들의 혼란스런 행동 패턴을 예측할 법칙은 과연 존재하는가, 그리고 존재한다면 어찌 찾아낼 것인가?

소수 사냥

유클리드 이래 수많은 세대들이 소수의 이해를 넓히려고 노력해 왔고 그 가운데는 사뭇 흥미로운 고찰도 많다. 그러나 케임브리지의 하디가 즐겨 이야기했듯 "어떤 바보라도 소수에 관해서는 가장 현명한 사람도 답하지 못할 질문을 할 수 있다." 예를 들어 '쌍둥이소수 추측Twin Primes Conjecture'을 들 수 있는데, 이에 따르면 서로의 차가 2인 소수의 쌍, 곧 '1,000,037과 1,000,039'와 같은 쌍은 무한히 많이 있다고 한다. 한 가지 특기할 것은 '2와 3'이라는 쌍을 빼고는 서로 1만큼 차가 나는 소수의 쌍은 있을 수 없다는 점이다. 왜냐하면 어떤 수와 다른 수의 차가 1이면 둘 가운데 하나는 반드시 짝수여야 하는데, 2를 제외한 짝수는 소수가 아니기 때문이다. 다시 말해서 '2와 3'이라는 쌍을 빼고 소수들 사이의 가장 작은 차는 2가 된다. 어쩌면 이런 쌍둥이소수를 찾는 데에는 색스Might Sacks가 돌보던 쌍둥이 형제와 같은 자폐석학이 제격일지도 모른다. 하지만 유클리드가 소수의 무한성을 증명한 이래 2,000년이 훨씬 넘도록 그 누구도 쌍둥이소수의 무한성을 증명하지 못했다. 오늘날 많은 사람들이 쌍둥이소수의 무한성을 믿는다. 하지만 추측은 추측일 뿐, 그와 별개인 증명은 궁극의 목표로 남아 있다.

수학자들 가운데는, 성공의 정도는 각각 다르지만, 모든 소수는 아닐지라도 부분적으로나마 많은 소수를 얻어 낼 방법을 찾아낸 사람들이 있다. 페르마는 자신이 그중 한 사람이라고 생각했다. 그는 $2^{2^N}+1$이란 식의 N에 0 이상의 정수를 차례로 대입하면 그 결과로 나오는 수는 소수라고 주장했다. 이 때문에 이후 이렇게 얻어진 수를 'N번째 페르마 수 N-th Fermat number'라고 부르게 되었다. 예를 들어 N에 2를 대입하면 17이 나오므로 17은 '두 번째 페르마 수'이고 이는 소수이다(N=0일 때의 값이 3을 '첫 번째 페르마 수'로 보면 N=2일 때의 페르마 수인 17은 '2 +1번째', 곧 '세 번째 페르마 수'이다. 이런 불편을 없애려면 일상 어법과는 좀 동떨어지지만 N=0일 때의 페르마 수를 '영 번째 페르마 수'로 부르면 되며, 이하 이 방법에 따른다: 옮긴이). 페르마는 이 식이 언제나 소수를 내놓을 것이라고 믿었지만 나중에 잘못임이 드러났다. 위 식에서 보듯 N이 조금만 커져도 페르마 수는 엄청난 값을 갖게 된다. 예컨대 N이 5만 되도 페르마 수는 10자리의 수가 되며, 숫자로 써서 계산한다는 것은 엄두도 내기 어렵다(계산기로 계산해 보면 4,294,967,297이 나온다: 옮긴이). 그런데 이 수는 641로 나누어떨어진다는 사실이 밝혀져 페르마의 추측은 기각되었다.

페르마 수는 가우스에 있어 아주 소중한 의미를 지닌다. 17이라는 페르마 수가 소수라는 사실은 가우스가 정십칠각형을 작도하는 데에 결정적 요소로 작용하기 때문이다. 가우스는 자신의 위대한 논문 「정수론 연구 Disquisitiones Arithmeticae」에서 N번째의 페르마 수가 소수라면 정N각형을 자와 컴퍼스만 사용하여 작도할 수 있음을 보여 주었다. 네 번째 페르마 수인 65,537도 소수이다. 따라서 자와 컴퍼스라는 기본적 도구만으로 정65,537각형을 그려 낼 수 있다.

페르마의 본래 예상과는 크게 어긋나게도 오늘날까지 알려진 페르마 수는 영 번째부터 네 번째까지의 다섯 개밖에 없다. 하지만 페르마는 소수에 관한 또 다른 사실을 발견했다. 곧 5, 13, 17, 29 등과 같이 4로 나눴을 때 1이 남는 소수들은 두 제곱수의 합으로 쓸 수 있다는 게 그것인데, 예를 들어 $29 = 2^2 + 5^2$으로 나타내진다. 페르마는 이 문제에서도 수학자들의 애를 태웠다. 그는 자신이 증명에 성공했다고 주장했지만 자세한 내용을 다 기록하지는 않았던 것이다.

1640년의 크리스마스에 페르마는 프랑스의 가톨릭 신부인 마랭 메르센Marin Mersenne에게 보낸 편지에 어떤 소수는 두 제곱수의 합으로 쓸 수 있다는 자신의 발견을 썼다. 메르센은 전통적 사고에 얽매인 인물이 아니었다. 그는 음악을 사랑했고 그 과정에서 화음에 관한 최초의 정연한 이론을 개발해 냈다. 그는 또한 수를 사랑했다. 페르마와 메르센은 주기적으로 편지를 주고받으며 그들의 수학적 발견을 교환했다. 한편 메르센은 아직 정식 학술잡지가 없던 그 시절에 수많은 학자들과의 서신 왕래를 통해 이들의 아이디어를 널리 퍼뜨림으로써 국제적인 과학정보센터의 역할을 한 것으로 이름이 높았다. 페르마의 학문적 업적이 유럽 전역에 널리 알려진 것도 이와 같은 메르센의 노력에 힘입은 바 크다.

많은 세대의 사람들이 소수의 질서를 찾는 데에 매혹된 것처럼 메르센도 여기에 빠져 들었다. 그 또한 모든 소수를 이끌어 낼 식을 발견하지는 못했다. 하지만 오랫동안 노력한 끝에 페르마의 식보다 더 효율적인 새 식을 얻게 되었다. 메르센도 2의 거듭제곱수를 출발점으로 삼았다. 하지만 2의 거듭제곱수에 1을 더한 페르마와는 반대로 메르센은 1을 빼 보기로 했다. 예를 들어 2^3-1을 계산하면 7이라는 소수가 나온다. 어쩌면 메르센은 음악에 대한 연구에서 암시를 얻었는지도 모른다. 음악에서 어떤 음의 진동수를 두 배로 하면 한 옥타브 높은 음이 나오고 이것을 본래 음과 함께 울리면 화음을 이룬다. 따라서 어떤 음의 진동수에 2의 거듭제곱수를 계속 곱해 가면 한 옥타브씩 높아지는 화음들이 잇달아 만들어진다. 하지만 만일 이 진동수들에서 1을 빼면 귀에 거슬리는 불협화음이 나올 것으로 예상된다. 곧 이런 음들은 이전의 여러 음들과 잘 화합하지 않는 음, 말하자면 '소수적 음'이 된다.

메르센은 자신의 식이 언제나 소수를 만들어 내지는 못한다는 점을 곧 깨달았다. 예를 들어 2^4-1은 15로서 소수가 아니다. 이런 수들을 좀더 관찰한 메르센은 2^n-1이란 식의 n이 소수가 아니라면 이것을 대입해서 얻는 수 또한 소수가 아니란 점을 발견했다. 그런데 다음 단계로 메르센은 만일 n이 2, 3, 5, 7, 13, 19, 31, 67, 127, 257이라면 2^n-1은 소수가 된다는 대담한 주장을 했다. 다른 한편으로 그는 n이 홀수일 때도 n이 반드시 소수가 되지는 않는다는 점을 발견하고 혼란스러워하기도 했다. 실제로 메르센은 n이 11이라는 소수일 때 2^n-1은 2,047이 되는데, 이는 23과 89의 곱이란 점을 스스로 밝혀냈다. 하지만 이후 여러 세대의 수학자들은 $2^{257}-1$이라는 큰 수가 소수라고 단언한 메르센의 능력에 감탄을 금치 못했다. 이것은 무려 77자리의 큰 수였기 때문이다. 과연 이 신부는 어떤 신비로운 수식을 가졌기에 사람의 계산 능력을 뛰어넘는 이 큰 수가 소수라고 주장할 수 있었을까?

수학자들은 메르센의 식을 이용하면 무한히 많은 소수를 얻어 낼 수 있을 것이라고 믿고 있다. 다시 말해서 2^n-1을 소수로 만드는 n의 개수는 무한하다는 뜻이다. 그런데 이 추측이 옳다는 증명도 아직 없다. 따라서 우리는 누군가 현대의 유클리드에 의하여 메르센소수Mersenne's primes는 결코 마르지 않는다는 추측이 사실로 밝혀지기를 기다리고 있는데, 어쩌면 이런 예상은 수학적 환상에 지나지 않을지도 모른다.

페르마와 메르센 시대의 많은 수학자들은 소수의 수비학적 성질에 주로 이끌렸을 뿐 고대 그리스인들이 누렸던 증명의 환희와 같은 높은 경지에는 별 관심이 없었다. 페르마가 자신이 발견했다고 주장하는 여러 가지 사실에 대한 증명의 자세한 내용을 잘 남기지 않은 것도 부분적으로 이런 경향 때문이었다고 할 수 있다. 특이하게도 이 시절에는 논리적 설명을 제공하는 데 대한 흥취가 결여되어 있었다. 수학자들은 각자의 주제를 실험적 방법으로 다루는 데에 만족했는데, 이는 산업화가 빠르게 진행됨에 따라 실용적 응용에서 그 정당성이 충분히 인정되었기 때문이었다. 그러나 18세기에 들어 수학자들은 다시금 증명의 가치를 높이 평가하기 시작했다. 1707년에 태어난 스위스 수학자 레온하르트 오일러Leonhard Euler는 페르마와 메르센이 발견하기는 했지만 증명에는 실패한 많은 패턴들을 깨끗이 설명해 냈다. 또한 그의 방법은 나중에 소수의 이해를 위한 새로운 창문을 여는 데에 중요한 역할을 하게 되었다.

수학 독수리, 오일러

18세기 중반은 궁정 후원가의 시대라고 말할 만하다. 이때는 유럽에 혁명의 불길이 번지기 전이었으며, 많은 나라들은 계몽전제군주들이 통치하고 있었다. 베를린의 프리드리히 대왕Frederick the Great, 상트페테르부르크의 표트르 대제Pyotr the Great와 예카테리나 대제Ekaterina the Great, 파리의 루이 15세Louis XV와 루이 16세Louis XVI가 그 대표적 인물들이다. 이들은 저명한 학자들의 연구 활동을 후원했는데, 역으로 그 결과 때문에 계몽 사조는 더욱 널리 퍼졌다. 실제로 계몽전제군주들은 학자들에 대한 후원을 자신의 궁정이 지성인들로 충만해 있다는 점을 보여 주는 지표로 여겼다. 한편으로 그들은 과학과 수학이 그들 나라의 산업적 및 군사적 역량을 크게 증대시킬 잠재력을 가졌다는 점을 잘 이해하고 있었다.

오일러의 아버지는 성직자였고 아들도 장차 그 길로 들어서길 바랐다. 하지만 어렸을 때부터 수학에 두각을 나타낸 오일러는 수학의 위력 또한 깊이 깨닫게 되었다. 얼마 가지 않아 이런 능력을 지닌 오일러에게 유럽 각지에서 후원이 쇄도했다. 한때 그는 당시 세계 수학계의 핵심적 활동을 주도한 프랑스의 파리아카데미The Paris Academy에 들어가려고도 생각했다. 그러나 러시아의 교육을 고양시키기 위하여 표트르 대제가 펼쳤던 여러 노력들 가운데 극치라 할 상트페테르부르크의 과학아카데미Academy of Sciences에서 1726년에 보내온 제안을 받아들였다. 오일러는 어쩌면 어린 시절 스위스의 바젤Basel에서 그에게 수학적 자극을 주었던 친구들과 다시 어울리고 싶어했는지도 모른다. 이 친구들은 상트페테르부르크에서 오일러에게 편지를 보냈는데, 스위스에서 커피 15파운드, 최고 품질의 녹차 1파운드, 브랜디 6병, 담배 파이프 12다스, 카드 몇 다스를 갖다 달라고 부탁했다. 이 많은 선물 때문에 젊은 오일러는 배를 타고, 걷고, 우편 마차를 타고 이동하느라 7주나 걸려서 그 긴 여행을 마칠 수 있었다. 1727년 5월 마침내 상트페테르부르크에 도착한 오일러는 자신의 수학적 꿈을 본격적으로 실현해 가기 시작했다. 그가 펴낸 수학적 저술의 양은 참으로 방대하다. 상트페테르부르크의 과학아카데미는 오일러가 1783년에 죽은 뒤 50년이 지나서야 확보된 그의 저작들을 아직도 발간하고 있을 정도이다.

이 시대에 궁정수학자의 역할이 어떤 것인지는 상트페테르부르크 시절 오일러와 관련된 일화에서 잘 엿볼 수 있다. 프랑스의 유명한 철학자이자 무신론자인 디드로Denis Diderot는 당시 예카테리나 대제의 손님으로 상트

레온하르트 오일러(1707-1783)

페테르부르크의 궁정에 머물고 있었다. 디드로는 수학에 대해 약간 멸시적인 태도를 취했다. 그는 수학이 인간과 자연 사이에 베일을 치기만 할 뿐, 인간의 경험에 아무것도 기여하는 바가 없다고 주장하곤 했다. 한편으로 예카테리나 대제는 차츰 이 손님을 거북스러워하게 되었다. 다만 그 이유는 그가 수학을 경멸했기 때문이 아니라 궁정 신하들의 신실한 종교적 신념을 자꾸만 흔들려고 집요하게 물고 늘어졌기 때문이었다. 대제는 이 껄끄러운 무신론자를 침묵시키기 위하여 오일러를 불렀다. 오일러는 대제의 후원에 대해 깊은 감사의 마음을 가져 온 터였으므로 기꺼이 이에 응했으며, 여러 신하들이 배석한 가운데 진지한 목소리로 다음과 같이 말했다. "디드로씨, $(a+b^n)/n = x$ 입니다. 따라서 신은 존재하며, 이게 답입니다." 디드로는 이와 같은 수학적 공격에 아무 말도 못하고 조용히 물러났다고 한다(오일러가 제시한 것은 무의미한 수식으로 일종의 속임수에 지나지 않는다: 옮긴이).

이 일화는 영국의 수학자 드모르간Augustus De Morgan이 1872년에 처음 이야기한 것으로 알려져 있다. 하지만 아마도 대중적 흥취를 위하여 조금 각색된 것으로 보이며, 대부분의 수학자들이 즐겨 철학자들의 말문을 막고자 한다는 점이 잘 나타나 있다. 그러나 보다 중요한 것은 당시 유럽의 궁정에서는 천문학자, 화가, 작곡가 등과 함께 수학자들까지 후원하지 않으면 완전한 궁정이 아닌 것으로 여겼다는 점을 잘 보여 준다는 사실일 것이다.

예카테리나 대제는 신의 존재에 대한 수학적 증명보다 수력학(水力學), 조선(造船), 탄도(彈道) 계산 등에 응용될 수 있는 오일러의 업적에 더 많은 관심을 가졌다. 사실 오일러의 관심 범위는 오늘날 수학자들의 그것보다 훨씬 넓고도 멀다. 그는 군사적으로 응용될 수 있는 수학뿐 아니라 음악의 수학적 배경에 대해서도 썼다. 하지만 아이러니컬하게도 음악에 대한 그의 논문은 음악가들에게는 너무 수학적이라는 이유로, 수학자들에게는 너무 음악적이라는 이유로 배척을 당해야 했다.

오일러의 업적 가운데 대중적으로 가장 널리 알려진 것으로는 '쾨니히스베르크의 다리 문제the Problem of the Bridges of Königsberg'가 있다. 오늘날에는 프레골랴강Pregolya river으로 알려진 프레겔강Pregel river이 오일러 시대에 프러시아Prussia 왕국의 쾨니히스베르크 시내를 가로지르며 흐르고 있었다(쾨니히스베르크는 현재 러시아에 속하며 칼리닌그라드Kaliningrad라고 부른다). 시내의 한가운데서 이 강은 두 갈래로 나뉘고 두 개의 섬 주위

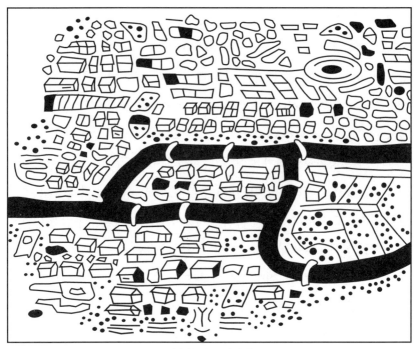

쾨니히스베르크의 다리

를 감돌며 흐른다. 시민들은 섬과 강변을 거닐기 위하여 여기에 위의 그림
처럼 일곱 개의 다리를 놓았다.

　얼마 가지 않아 시민들 사이에서는 이 일곱 개의 다리를 한 번씩만 지나면
서 모두 거친 후 본래의 출발점으로 돌아올 방법을 찾는 내기가 퍼졌다. 그
런데 아무도 성공한 사람이 없었으며, 1735년 오일러는 그런 방법이 불가능
하다는 사실을 수학적으로 증명해 버렸다. 이 문제에 대한 그의 증명은 위
상수학의 서막에 해당한다고 자주 언급된다. 위상수학에서는 물리적 세계
의 실제적 자료는 거의 무시된다. 다시 말해서 오일러의 증명에서 중요한
것은 서로 다른 지점들을 연결하는 그물의 모양일 뿐, 각 지점의 정확한 위
치나 그 사이의 거리가 아니다. 예를 들어 런던의 지하철 노선도를 생각하
면 쉽게 이해가 된다(서울의 지하철 노선도도 마찬가지이다: 옮긴이).

가우스가 썼듯 오일러의 마음을 사로잡은 것은 수의 성질이었다.

이 분야의 독특한 아름다움은 거기서 활동하는 모든 사람들을 매혹시켰다. 하지만 이에 대하여 오일러만큼 열성적으로 나타낸 사람은 없다. 그는 수론에 관한 자신의 거의 모든 논문에서 이런 탐구로부터 얻어지는 환희, 그리고 이런 발견들이 여러 실용적 사례들에서 직접적으로 응용될 때 얻어지는 드높은 성취감에 대해 거듭 밝히고 있다.

수론에 대한 오일러의 정열은 크리스티안 골드바흐Christian Goldbach와의 서신 교류를 통해 자극되었다. 독일 출신 아마추어 수학자였던 골드바흐는 모스크바에서 살고 있었는데 오일러가 몸담고 있는 상트페테르부르크 과학아카데미의 비공식 서기관으로 일했다. 골드바흐도 그보다 앞선 메르센 등의 아마추어 수학자들과 마찬가지로 수를 이모저모로 살피는 가운데 발견되는 성질들에 매료되곤 했다. 이미 이야기한 '골드바흐추측', 곧 모든 짝수는 두 소수의 합으로 표현될 수 있다는 사실도 오일러에게 쓴 편지에 나타나 있다. 오일러는 또한 페르마가 남긴 신비의 문제들에 대한 자신의 풀이와 증명을 골드바흐에게 알려 주곤 했다. 페르마는 자신이 얻어 냈다고 주장한 증명을 세상에 널리 알리기를 꺼려했으나 오일러는 4로 나누어 1이 남는 소수는 두 제곱수의 합으로 쓸 수 있다는 페르마의 문제를 증명하고 이를 과시하는 데에 주저하지 않았다. 심지어 오일러는 어떤 특수한 경우에 한정된 것이기는 하지만 페르마의 마지막 정리가 옳다는 점을 증명하기도 했다.

오일러는 이처럼 증명에 대한 열정도 컸지만 마음속 깊은 곳에서는 수학적 실험가의 정신이 더 많이 흐르고 있었다. 그의 많은 논증은 수학적 바람에 가까이 다가가 아주 엄격한 단계를 밟지 않은 채 높이 날아올랐다. 이런 과정이 흥미로운 새 사실의 발견으로 이어지는 한 크게 개의치 않았다. 오일러는 놀라운 계산력을 가졌고 수식을 다루는 데 극히 능숙했다. 프랑스의 과학아카데미 회원인 프랑수아 아라고François Arago는 이에 대해 "오일러는 사람이 숨을 쉬고 독수리가 바람에 몸을 맡기듯 거의 아무런 힘도 들이지 않고 계산하는 것처럼 보인다"라고 썼다.

다른 어느 것보다 오일러는 소수의 계산을 사랑했다. 그는 100,000을 좀 넘어선 곳까지의 모든 소수를 찾아내 표로 만들었다. 1732년에 그는 소수를 낳는다는 페르마의 식 $2^{2^N}+1$이 $N = 5$일 경우 거짓임을 밝혀냈다. 이것은 열 자리의 숫자인데 오일러는 자신이 만든 표를 이용해서 다른 두 소수의 곱이란 점을 보일 수 있었다. 그의 발견 가운데 가장 기이한 것 하나는 믿을 수 없을 정도로 많은 소수를 만들어 내는 식이었다. 1772년 오일러는 $x^2 + x + 41$이란 식에 0부터 39까지의 수를 대입하면 다음과 같은 소수들이 만들어짐을 발견했다.

41, 43, 47, 53, 61, 71, 83, 97, 113, 131, 151, 173, 197, 223,
251, 281, 313, 347, 383, 421, 461, 503, 547, 593, 641, 691,
743, 797, 853, 911, 971, 1,033, 1,097, 1,163, 1,231, 1,301,
1,373, 1,447, 1,523, 1,601

오일러에게는 이 식이 이처럼 많은 소수를 만들어 낸다는 점이 기괴하게 여겨졌다. 하지만 그는 이 식에서도 곧 소수가 아닌 합성수가 나올 것임을 알고 있었다. 간단히 말해서 41을 대입하면 식의 모습으로부터 41의 배수가 나올 것임을 쉽게 알 수 있다. 또 40을 대입해도 소수가 아님이 드러난다.

어쨌든 오일러는 이 식에서 많은 소수가 나온다는 점을 인상 깊게 받아들였다. 그래서 끝에 있는 41 대신 어떤 수를 넣으면 비슷한 결과가 나올지 조사했다. 이로부터 그는 $x^2 + x + q$의 q가 2, 3, 5, 11, 17일 경우 0부터 $q-2$까지의 대입 결과는 소수임을 밝혀냈다.

하지만 이와 비슷하게 간단하면서 모든 소수를 만들어 낼 식을 찾는 것은 위대한 오일러의 능력마저도 초월하는 일이었다. 1751년에 오일러는 다음과 같이 썼다. "소수의 세계에는 인간의 지성이 범접할 수 없는 신비가 있다. 이를 실감하려면 소수의 표를 잠시 살펴보기만 하면 된다. 거기에서 우리는 어떤 질서도 규칙도 찾을 수 없음을 깨닫게 된다." 우리는 수학을 질서에 가득 찬 세계로 건설해 간다. 그런데 그 토대는 오히려 거칠고 예측불가능하다는 사실은 사뭇 모순적으로 들린다.

소수의 세계에 이르는 길이 장애물에 부딪쳤을 때 오일러는 이 식으로 조금이나마 돌파구를 열었다고 말할 수 있다. 그런데 이후 오일러가 볼 수 없었던 것을 찾아내는 데에는 백 년의 세월과 또 다른 천재가 필요했다. 이 천재성은 베른하르트 리만에게 깃들었다. 그러나 결국 리만으로 하여금 그가 품은 세계를 펼쳐 보일 계기를 제공한 사람은 가우스였다. 따라서 먼저 이에 관한 가우스의 고전적 다면사고를 살펴보기로 한다.

가우스의 추측

만일 여러 세기 동안 소수를 만들어 내는 식을 찾지 못했다면 이제는 좀 다른 전략을 세워야 할 것이다. 이는 1792년 열다섯 살이 된 가우스가 떠올린 생각이었다. 가우스는 그 전 해에 로그logarithm에 관한 책을 선물로 받았다. 오늘날에는 계산기에 밀려 거의 찾는 사람이 없지만, 몇 십 년 전만 해도 모든 십대 학생들은 로그표를 이용한 계산법을 배우고 익혀야 했다. 또한 수백 년 동안 모든 상인, 은행가, 항해사들은 어려운 곱셈을 로그를 통해 덧셈으로 바꾸어 쉽게 처리했다. 가우스가 받은 로그책의 부록에는 소수표가 들어 있었다. 이는 어찌 보면 우연이지만 적어도 가우스에게는 참으로 의미심장한 일이 되었다. 가우스는 오랫동안 이것들을 이용해서 수많은 계산을 한 끝에 언뜻 아무 상관도 없을 것 같은 이 두 분야 사이에 긴밀한 관계가 있음을 알아차렸다.

돌이켜 보면 첫 로그표는 1614년 수학과 마술이 아직 동거 상태에 있을 때 나왔다. 창안자는 스코틀랜드의 남작인 존 네이피어John Napier였는데, 그는 지역 사람들에게 뭔가 어두운 기술을 다루는 마술사처럼 비쳐졌다. 네이피어는 까만 옷을 입고, 새까만 새를 어깨 위에 앉힌 채, 자신의 성 주위를 은밀하게 걸어 다니곤 했다. 이때 입으로는 자신의 예언적 계산에 따르면 최후의 심판은 1688년과 1700년 사이에 내려질 것이라고 중얼거렸다. 하지만 수학적 계산을 자신의 밀교(密教)에만 사용하지는 않았고, 이를 통해 로그함수라는 또 다른 마술을 창조해 냈다.

계산기가 있다면 100이란 숫자를 넣고 'log'란 글자가 새겨진 키를 눌러 보자. 그러면 계산기는 100의 로그값인 2를 내놓는다. 이때 계산기가 어떤 일을 했는지 궁금한 사람들도 있을 것이다. 계산기는 $10^x = 100$이 되도록 하는 x를 찾아내서 2를 보여 준 것이다. 만일 100보다 10배 큰 1,000을 넣고 같은 키를 누르면 이번에는 3이 나온다. 이처럼 보통 수가 10배로 커질 때마다 로그값은 1씩 증가한다. 이 사실, 곧 "곱셈을 덧셈으로 바꾼다"는 게 로그의 핵심이다. 입력값에 10을 '곱하면' 로그 출력값은 1이 '더해진다'.

로그 계산을 100이나 1,000과 같은 10의 정수 제곱수에 한정되지 않도록 확장한 것은 수학자들에게 중대한 전진의 한 걸음이 되었다. 예를 들어 로그표에서 128을 찾으면 이것은 10을 2.10721만큼 거듭제곱한 것임을 알 수 있다. 네이피어는 이러한 계산 결과들을 죽 모아 표를 만들고 1614년 책으로 펴냈다.

로그표는 때마침 피어나는 17세기의 상업과 항해가 가속적으로 발전하는 데에 큰 도움을 주었다. 말하자면 로그는 곱셈과 덧셈 사이에 대화 창구를 터 준 셈인데, 이를 통해 두 개의 큰 수를 곱하는 복잡한 계산이 그 로그값을 서로 더하는 간단한 덧셈으로 바뀐다. 예를 들어 어떤 상인이 두 개의 큰 수를 곱해야 한다고 하자. 상인은 먼저 로그표를 뒤져서 각각의 수에 대한 로그값을 얻는다. 다음으로 이 로그값을 서로 더하며, 그 다음으로 더해진 로그값에 해당하는 수를 다시 로그표에서 찾으면, 이것이 바로 답이 된다. 이런 과정에 걸리는 시간은 본래의 곱셈을 하는 시간에 비해 숫자가 클수록 크게 줄어든다. 이에 따라 상인들은 중요한 거래를 망치지 않게 되었고 항해사는 배가 난파하지 않을 옳은 길을 쉽게 찾아갈 수 있었다.

그런데 어린 가우스는 로그책의 부록에 담긴 소수표를 보고 깊은 감명을 받았다. 로그표와 달리 소수표는 수학의 실용적 응용에 관심 있는 사람들에게는 그저 호기심의 대상에 지나지 않았다. 1776년에 안토니오 펠켈Antonio Felkel이 만든 소수표는 전혀 쓸모 없는 것으로 간주되어 오스트리아와 터키 사이의 전쟁에서 탄약을 싸는 데에 쓰일 정도였다. 로그값은 정확히 예측할 수 있음에 비하여 소수는 완전히 임의적이다. 예를 들어 1,000 이후에 나타날 첫 번째 소수를 예측할 방법은 아무 데도 없다.

가우스가 내디딘 발걸음의 중요성은 질문의 형태를 바꾼다는 발상의 전환에 있었다. 그는 다음 소수가 나올 정확한 위치를 알아내려고 하기보다 처음 100까지의 수 또는 처음 1,000까지의 수와 같이 어떤 일정한 범위 안에 얼마나 많은 소수가 있을 것인가를 알고자 했다. 다시 말해서 임의로 어떤 수 N까지의 범위를 택했을 때 그 안에서 발견될 소수의 개수를 예측할 방법은 있을 것인가? 예를 들어 100까지의 범위에는 25개의 소수가 있다. 따라서 1부터 100까지에서 임의로 어떤 수를 뽑았을 때 소수가 뽑힐 확률은 4분의 1이다. 그런데 만일 1부터 1,000까지 또는 1부터 1,000,000까지의 범위를 택한다면 이 비율은 어떻게 변할까? 가우스는 책의 부록에 있는 소수표를 보면서 이 의문에 대한 답을 찾으려고 했다. 그는 범위의 상한을 높여가면서 이 비율을 조사함에 따라 어떤 패턴이 나타남을 발견했다. 소수의 출현 자체는 임의적이지만 마치 안개 속에서 어떤 물체가 서서히 모습을 드러내듯 출현 비율에서는 놀라운 규칙성이 떠올랐던 것이다.

아래의 표에는 현대의 계산기를 이용해서 10에 대한 여러 거듭제곱수의 범위까지 조사된 소수의 개수를 실었다. 이로부터 우리는 출현 비율에 어떤 규칙성이 있음을 깨달을 수 있다. 이 표에는 가우스가 갖고 있던 표보다 많은 정보가 담겨 있으며, 따라서 가우스가 발견한 규칙성도 더욱 선명히 드러난다. 이 표의 경우 맨 오른쪽 칸을 보면 이를 잘 알 수 있다. 이 칸에는 맨 왼쪽 칸에 쓰여진 범위에서 평균적으로 얼마의 수를 택할 때마다 한 개의

N	1부터 N까지의 소수의 개수 (흔히 $\pi(N)$으로 쓴다)	새 소수를 만날 때까지 세야 할 수의 평균 개수
10	4	2.5
100	25	4.0
1,000	168	6.0
10,000	1,229	8.1
100,000	9,592	10.4
1,000,000	78,498	12.7
10,000,000	664,579	15.0
100,000,000	5,761,455	17.4
1,000,000,000	50,847,534	19.7
10,000,000,000	455,052,511	22.0

소수가 나오는지 적혀 있다. 예를 들어 100까지의 경우 평균적으로 4개의 수를 택하면 한 개의 소수를 얻는다. 또한 천만까지의 범위에서는 15개 가운데 하나가 소수이다. 따라서 예를 들어 일곱 자리의 수로 만들어진 전화번호의 경우 대략 15개 가운데 하나는 소수로 된 번호이다. 그리고 10,000이 넘는 범위에서 맨 오른쪽 칸의 숫자는 한 단계가 높아질 때마다 약 2.3씩 커진다.

그러므로 가우스는 범위를 10배씩 늘릴 때마다 맨 오른쪽의 헤아려야 할 수의 개수는 2.3씩 더해가야 한다. 그런데 이와 같은 곱셈과 덧셈 사이의 관계는 바로 로그함수의 특징이다. 손에 로그에 관한 책을 들고 있던 가우스는 이쯤에 이르러 곧바로 이 특징을 알아차릴 수 있었을 것이다.

범위를 10배씩 늘릴 때마다 맨 오른쪽 칸의 값이 1씩 증가하지 않고 2.3이라는 이상한 값만큼 증가하는 이유는 소수가 밑base이 10인 로그함수가 아니라 다른 값을 밑으로 갖는 로그함수를 좋아하기 때문이다. 오늘날의 계산기에 100을 입력하고 'log'라고 쓰여진 키를 누르면 2란 값이 나온다. 이는 계산기가 $10^x = 100$이란 식을 계산한 결과를 내놓기 때문이다. 하지만 우리가 거듭제곱을 할 때 반드시 10을 택해서 해야 한다는 법은 아무 데도 없다. 사람이 10이란 수에 끌리게 된 것은 손가락이 10개라는 사실에서 유래한다. 어쨌든 이렇게 거듭제곱의 기초로 삼은 수를 로그함수에서 밑이라고 부른다. 만일 밑을 10이 아닌 다른 수로 한다면 특별한 경우에 더욱 편리한 계산을 할 수 있다. 예를 들어 밑을 2로 하고 128의 로그값을 구한다면 이는 $2^x = 128$이란 식에서의 x를 구하는 것에 해당한다. 만일 우리의 계산기에 '밑이 2인 로그'에 대한 키가 있다면 128을 입력하고 그 키를 누르면 7이라는 답이 나올 것이다. 왜냐하면 2를 7번 곱하면 128이 나오기 때문이다.

가우스가 소수표를 보면서 발견한 것은 어떤 범위에 있는 소수의 개수는

e라는 기호가 붙여진 특수한 수를 밑으로 하는 로그함수로 계산할 수 있다는 사실이었다. 그런데 e라는 수는 π와 마찬가지로 소수점 아래로 불규칙한 수가 무한히 계속되는 무리수이며, 소수점 이하 12자리까지 구체적으로 써보면 2.718281828459…와 같다. 놀랍게도 e는 수학에서 π만큼 중요한 위치를 차지하고 있으며 수학의 전 분야에 걸쳐 매우 자주 나타난다. 그리고 바로 이런 이유 때문에 e를 밑으로 하는 로그를 가리켜 자연로그natural logarithm라고 부른다.

열다섯 살의 소년 가우스가 소수표를 보고 얻어 낸 추측은 다음과 같다. 1부터 N까지의 범위에서 소수는 대략 $\log N$개의 수를 택할 때마다 하나씩 나타난다. 여기서 $\log N$은 N의 자연로그 값이다. 그러므로 1부터 N까지의 범위에 있는 소수의 개수는 대략 $N/\log N$으로 구해진다. 주의할 것은 가우스가 이 식을 정확하게 들어맞는 것이라고 주장하지는 않았다는 점이다. 다만 어떤 범위에 있는 소수의 개수를 썩 잘 추정할 수 있는 식으로 여겨졌을 따름이다.

이와 같은 가우스의 시도에 깔린 생각에는 나중에 케레스의 궤도를 예측할 때 품었던 것과 일맥상통하는 데가 있다. 기록된 자료를 바탕으로 수립된 그의 천문학적 예측은 공간의 어떤 좁은 영역을 지적함에 있어 좋은 결과를 보였다. 가우스는 소수에 대한 예측에서도 비슷하게 접근했다. 가우스 이전의 수많은 세대들은 어떤 특정한 수만 대입하면 모든 소수의 정확한 위치를 알 수 있는 식을 찾느라 엄청난 노력을 쏟아 부었다. 하지만 가우스는 어떤 수가 소수인지 아닌지와 같은 세세한 사실에 얽매이지 않고 전반적인 분포에서 어떤 패턴을 찾으려고 했다. 이처럼 보다 넓은 시야가 필요한 의문을 품고 소수의 세계로부터 한 발짝 뒤로 물러나서 보니 어떤 수가 소수인지 아닌지를 판단할 때는 알지 못했던 강렬한 규칙성이 떠오르는 것을 분명히 보게 되었다.

가우스는 소수에 대한 관점을 취함에 있어 심리적으로 커다란 전환을 한 셈이다. 비유하자면 이전의 세대들은 소수의 음악을 음표 하나하나에 신경을 쓰며 들었기에 전체적인 선율을 감지할 수 없었다. 가우스는 범위를 넓혀 감에 따라 얼마나 많은 수의 소수가 있는지에 주목함으로써 소수의 세계를 지배하는 큰 주제를 들을 새로운 방법을 찾게 되었다.

오늘날 1부터 N까지에 들어 있는 소수의 개수를 나타낼 때 가우스의 제안에 따라 $\pi(N)$이란 기호를 사용한다. 여기의 π는 단순히 소수의 개수를 나타낼 뿐 원주율을 뜻하는 π와는 아무 관련이 없다. 하지만 어쨌든 가우스가 하필 3.1415…란 값을 연상케 하는 기호를 쓴 것은 유감이라 하겠다. 한 가지 좋은 비유는 $\pi(N)$을 계산기에 있는 키의 일종으로 생각하는 것이다. 계산기에 N이란 값을 넣고 $\pi(N)$ 키를 누르면 계산기는 1부터 N 사이에 있는 소수의 개수를 답으로 내놓는다. 예를 들어 1부터 100 사이의 소수는 25개이므로 $\pi(100) = 25$이고, 마찬가지로 하면 $\pi(1,000) = 168$이 된다.

그런데 비록 가상의 계산기이기는 하지만 이것을 이용하면 언제 새로운 소수가 나오는지 알 수 있다는 점을 주목할 필요가 있다. 위의 예처럼 100을 입력하면 계산기는 25를 내놓는데, 그 다음 수인 101을 입력하면 26이 나온다. 이 결과는 곧 101이 새로운 소수임을 뜻한다. 따라서 $\pi(N)$과 $\pi(N+1)$의 값이 서로 다를 때마다 우리는 $N+1$이란 수가 소수임을 알게 된다.

가우스의 발견이 얼마나 놀라운 것인지를 실감하기 위하여 1부터 N까지에 대한 $\pi(N)$의 그래프를 그려 보자. 아래의 그림은 1부터 100까지에 대한 $\pi(N)$의 그래프이다.

이와 같은 좁은 범위에서는 개별 음표와 같은 세세한 구조를 보고 있는 셈인데, 소수의 출현도 불규칙적이므로 그래프의 모습이 마치 들쭉날쭉한 계단

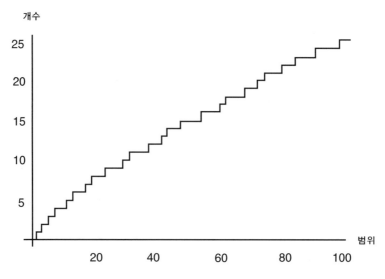

소수의 계단 — 이 그래프는 1부터 100 사이에 있는 소수의 개수를 누적적으로 보여 준다.

처럼 보인다. 그러나 범위를 훨씬 넓혀서 뒤로 물러나 보면 이런 세밀한 구조
가 잘 보이지 않으므로 오른쪽 그림처럼 매끄러운 곡선의 모습이 나타난다.

이 그래프의 경우 각각의 계단은 큰 의미를 갖지 않으며 따라서 함수의 전
체적인 모습이 더 뚜렷이 부각된다. 여기에는 수평축에 쓴 범위의 값이 증
가할수록 천천히 증가하는 양상이 잘 드러나 있으며 이것은 바로 로그함수
의 전형적인 특징이다.

소수들의 출현 자체는 예측이 불가능하지만 가우스가 발견한 그래프가
이처럼 부드럽게 증가하는 모습을 보인다는 사실은 수학에서 가장 기적적
인 현상 가운데 하나이며, 소수에 관한 이야기 중에서 현저히 두드러진 정
점에 해당한다. 가우스는 로그에 관한 그의 책 뒷면에 *N*까지의 범위에서 나
타나는 소수의 개수가 로그함수로 표현된다는 자신의 발견을 기록해 두었
다. 이와 같은 발견은 매우 중요한 것이었지만 가우스는 이에 대하여 아무
에게도 이야기하지 않았다. 세상이 그로부터 들은 것이라고는 고작 암호처

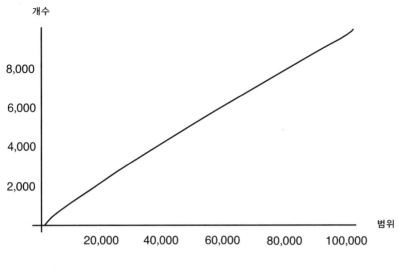

개수

8,000

6,000

4,000

2,000

범위

20,000 40,000 60,000 80,000 100,000

100,000까지의 범위에서 소수의 개수를 나타낸 그래프

럼 신비의 문구로 감싸진 계시록과 다음과 같은 말뿐이었다. "로그표에 얼마나 많은 시구가 들어 있는 줄 아무도 모를 것이다."

이처럼 기념비적인 발견을 해 놓고도 가우스가 왜 그다지 깊은 침묵을 지켰는지는 일종의 미스터리이다. 물론 그가 발견한 것은 소수의 분포와 로그함수 사이에 모종의 관계가 있다는 식의 초보적인 증거에 지나지 않는다고 볼 수도 있다. 또한 가우스는 이 두 가지 사이에 왜 이런 관계가 있는지에 대해 자신이 아무런 설명도 증거도 제시하지 못했다는 사실을 잘 알고 있었다. 따라서 만일 주목하는 범위를 매우 큰 수까지 확대한다면 언젠가 이 관계는 갑자기 사라질지도 모른다. 증명되지 않은 내용의 발표를 꺼려하는 가우스의 태도는 수학의 역사에서 중대한 전환점을 이룬다. 고대 그리스인들은 증명이란 관념을 수학의 매우 중요한 요소로 여겼다. 그러나 이후 가우스에 이르기까지의 수학자들은 수학의 과학적 측면에 더 많은 관심을 보였다. 그리하여 어떤 응용분야에 사용된 수학적 기법이 별 탈 없이만 잘 적용된다면 왜 그런지에 대한 엄밀한 증명이 없더라도 크게 문제 삼지 않았다.

수학은 다른 과학을 위한 도구처럼 여겨졌던 것이다.

　가우스는 증명의 가치를 강조함으로써 이와 같은 관습에 경종을 울렸다. 그는 증명의 제시가 수학자의 최우선적인 목표이자 신조여야 한다고 생각했으며 이런 자세는 이후 오늘날까지 지켜지고 있다. 소수의 분포와 로그함수 사이의 관계도 증명이 없는 한 가우스에게는 아무 가치도 없었다. 브룬스빅의 공작의 후원 덕분에 충분한 자유를 누릴 수 있었으므로 그는 연구 분야를 택하는 데에 외부로부터 거의 아무런 제약도 받지 않은 반면 내면적으로는 사뭇 까다로운 기준을 지키며 살아갔다. 그의 주된 동기는 명예가 아니라 자신이 사랑하는 주제에 대한 개인적 이해를 높이는 것이었다. 가우스의 인장에는 "Pauca sed matura"라는 글귀가 새겨져 있는데 그 뜻은 "적지만 무르익은"이다. 어떤 결론이라도 충분히 완성되지 않으면 일기의 한쪽에 기록되거나 로그책의 뒷면에 낙서처럼 남게 될 따름이었다.

　이러한 가우스였기에 수학은 그에게 다분히 개인적인 목표였다. 심지어

가우스를 기려 그의 초상을 담은 독일의 10마르크 지폐
(좌측엔 정규분포곡선이 그려져 있고, 그 확률밀도함수도 쓰여 있다.)

그는 일기에 쓸 내용도 자신이 고안한 비밀스런 언어를 사용하여 기록하기도 했다. 물론 그 가운데는 알아보기 쉬운 것들도 있다. 예를 들어 1796년 7월 10일에 가우스는 아르키메데스Archimedes가 외쳤다는 유명한 말, 곧 "유레카Eureka!"(부력의 원리를 발견하고 기쁨에 겨운 나머지 외쳤다는 말로 "알았다"는 뜻: 옮긴이)라는 말 다음에 아래와 같은 식을 적었다.

num $= \triangle + \triangle + \triangle$

이 식은 어떤 수든지 삼각수triangular number(정삼각형으로 늘어놓을 수 있는 수: 옮긴이) 세 개의 합으로 쓸 수 있다는 자신의 발견을 나타낸 것이다(정확하게는 "삼각수 세 개 이하의 합"이라고 해야 한다. 이 추측은 1638년에 페르마가 이미 했고 1796년에 가우스가 독립적으로 발견했으며 1801년에 가우스가 증명했다: 옮긴이). 삼각수는 1, 3, 6, 10, 15, 21, 28 … 등이며, 이미 말했듯 가우스는 학생 시절에 이에 대한 식을 만들어 낸 적이 있다. 예를 들어 50 = 1+21+28로 쓸 수 있다. 반면 내용을 전혀 알 수 없는 것들도 있다. 1796년 10월 11일에 남긴 "Vicimus GEGAN"이란 구절이 그 예로 지금껏 아무도 그 뜻을 모른다. 어떤 사람들은 가우스가 이처럼 지나치게 몸을 사려 자신의 발견을 널리 알리지 않았기 때문에 수학의 발전이 50년은 뒤쳐졌다고 비난하기도 한다. 만일 그가 자신이 발견한 것을 절반만이라도 널리 알리고 또 설명이라도 친절히 했더라면 수학은 아마 훨씬 빠른 걸음으로 나아갔을 것이다.

가우스가 자신이 얻은 결과들을 이토록 쉽게 드러내지 않은 것은 파리아카데미가 수론에 관한 그의 위대한 논문 「정수론 연구」를 집약적이면서도 모호하다는 이유로 거절했기 때문이라고 말하는 사람들도 있다. 이때 너무 상심한 나머지 그는 더 이상 굴욕을 당하지 않기 위해서라도 출판할 결과라면 어느 것이든 마지막 그림 한 조각까지 완벽하게 들어맞도록 하기 위해 최선을 다했다. 사실 「정수론 연구」도 나온 즉시 환호를 받은 것은 아니었다. 수학계에 널리 펴내는 마당에도 가우스는 일부 비밀스런 구석들을 남겨 두었기 때문이었다. 그는 자주 수학을 건축에 비유했다. 건축가들은 빌딩을 짓는 동안 사용했던 비계를 사람들이 볼 수 있도록 남겨 두지 않는데, 이는 자신이 어떻게 그것을 세웠는지 보여 주고 싶어하지 않기 때문이다. 애석하게도 그의 철학이 이랬기에 수학자들은 가우스의 수학을 좀체 속속들이 파고들지 못했다.

파리아카데미가 가우스의 논문을 거절한 데에는 다른 이유도 있었다. 18세기가 끝날 무렵, 프랑스의 수학은 갈수록 늘어나는 산업계의 수요를 충족시키는 데에 더욱 매진했다. 1789년 프랑스혁명을 통해 나폴레옹은 군수 산업에 필요한 교육을 강화해야 한다는 교훈을 얻었으며, 자신의 군사적 목적을 뒷받침하기 위하여 에콜 폴리테크니크Ecole Polytechnique를 설립했다 (흔히 '고등공업학교'로 옮긴다: 옮긴이). 이 과정에서 나폴레옹은 "국가의 번영은 수학의 진보와 완성도에 밀접하게 관련된다"라는 유명한 선언을 남겼다. 이에 따라 프랑스의 수학은 탄도나 수력학 등에 관련된 문제를 푸는 데에 많은 힘을 쏟았다. 그러나 실용적 수요에 부응할 것이 이처럼 강조된 와중에도 프랑스에는 유럽 수학을 이끄는 자랑스러운 몇 사람의 순수수학자들이 있었다.

파리의 권위 있는 수학자 가운데 한 사람으로는 가우스보다 25년 앞서 태어난 르장드르Adrien-Marie Legendre를 꼽을 수 있다. 초상화를 보면 그의 몸은 약간 뚱뚱하며 얼굴은 둥글고 토실토실한 신사의 모습으로 그려져 있다 (이 초상화가 정치가 루이 르장드르의 것이란 사실이 최근 밝혀졌다. 실제로는 매우 날카로운 인상이었다고 한다. : 옮긴이). 가우스와 대조적으로 르장드르는 부유한 집에서 태어났다. 하지만 혁명을 거치는 동안 재산을 모두 잃고 수학적 재능으로 생계를 꾸려 가야 했다. 그런데 그 또한 소수와 수론에 관심이 많았다. 가우스가 15살 때 소수의 분포와 로그함수 사이의 관계를 발견한 지 6년이 지난 1798년, 르장드르도 자신이 발견한 이 둘 사이의 관계식을 발표했다.

나중에 가우스의 발견이 르장드르보다 앞선다는 사실이 밝혀졌다. 그러나 르장드르의 식은 가우스의 것보다 더 개선된 것이었다. 가우스는 N까지의 범위에 약 $N/\log N$개의 소수가 있다고 추측했다. 이것만으로도 좋은 식이기는 한데, N의 값을 키워 갈수록 실제의 결과와 차츰 많은 차이가 드러난다. 아래 그림에는 가우스의 식과 실제 결과의 그래프를 함께 나타냈다.

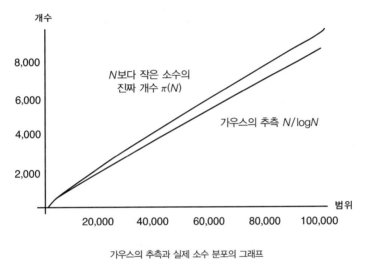

가우스의 추측과 실제 소수 분포의 그래프

이 그림을 보면 가우스의 추측이 대략적으로는 옳지만 뭔가 개선할 여지가 있음을 곧 알 수 있다. 르장드르는 가우스의 식을 약간 바꾸어 다음과 같이 썼다.

$$\frac{N}{\log N - 1.80366}$$

이 수정은 가우스의 그래프를 약간 위쪽으로 들어 올려 주는 역할을 한다. 이렇게 만들어진 르장드르의 식은 당시의 계산력이 뒷받침하는 범위에서는 실제의 $\pi(N)$과 거의 차이를 느낄 수 없을 정도였다. 르장드르는 수학의 실용적 응용에 깊이 발을 들여놓은 사람이었기에 자신이 발견한 소수의 분포와 로그함수 사이의 관계를 널리 알리는 데에 별다른 거리낌을 느끼지 않았다. 사실 그는 증명되지 않은 아이디어뿐 아니라 증명에 논리적 흠결이 있더라도 알릴 가치가 있다고 여기는 한 이를 퍼뜨리는 데에 주저하지 않았다. 1808년 르장드르는 『정수론Théorie des Nombres』이란 책을 펴내면서 자신이 발견한 위의 식을 발표했다.

소수의 분포와 로그함수 사이의 관계를 누가 먼저 발견했는지에 대한 논란 때문에 르장드르와 가우스의 관계는 악화되었다. 이 논란은 소수에 그치지 않았다. 르장드르는 케레스의 운행을 예측할 방법도 자신이 먼저 발견했다고 주장했다. 나아가 이후에도 르장드르가 어떤 새로운 수학적 진리를 발견했다고 공표하면 가우스가 자신이 먼저 얻어 낸 것이라고 반박하는 사례가 계속 이어졌다. 가우스는 1806년 7월 30일 슈마허Schumacher란 이름의 동료 천문학자에게 보낸 편지에서 "나의 이론적 연구가 거의 모두 르장드르의 것과 중복되는 것은 내 운명인 것 같다"라고 적었다.

가우스는 자부심이 강한 성품이어서 살아 있는 동안 선취권priority을 공개적으로 다투고 싶어하지 않았다. 죽은 뒤 그가 남긴 논문과 편지 등을 점검한 결과 논란이 되었던 것들은 모두 가우스가 먼저였다는 사실이 분명해졌다. 소수에 관한 르장드르와의 논란에서 가우스가 앞선다는 사실이 세상에 알려진 것은 1849년의 일이었다. 가우스는 그 해의 크리스마스 이브에 동료 수학자이자 천문학자인 요한 엥케Johann Encke에게 보낸 편지에서 이 사실을 밝혔다.

19세기 초까지 확보된 자료를 토대로 할 때 N까지의 범위에서 소수의 개수를 추산하는 데에는 가우스의 것보다 르장드르의 것이 훨씬 좋았다. 다만 수학자들은 르장드르의 식에 1.80366이라는 어딘지 보기 흉한 수가 들어간다는 점이 마음에 걸렸다. 따라서 보다 자연스럽게 소수의 행동을 예측하는 더 나은 식이 있을 것이라고 믿었다.

아마 다른 과학 분야의 식에서 이런 수가 나타난다면 그다지 괘념할 일도 아닐 것이다. 하지만 수학의 경우 얻어지는 수식들이 미학적으로 가장 뛰어난 모습을 띤다는 현상은 매우 자주 겪는 일이다. 나중에 보게 되듯, 리만 가설도 수학자들이 일반적으로 공유하는 철학의 대표적인 예라고 할 수 있다. 곧 아름다운 모습과 추한 모습의 수식이 제시되었을 경우 자연은 언제나 아름다운 것을 택한다. 수학이 이런 경향을 보인다는 사실 자체가 대부분의 수학자들이 수학에 대해 품는 경외심의 영원한 원천이기도 하다. 또한 이 때문에 수학자들은 각자의 연구 주제가 갖는 아름다움에 너무나 쉽게 빠져들곤 한다.

이런 배경에 비춰 볼 때 가우스가 후년에 소수에 관한 자신의 추측을 가다듬어 더 아름답고도 정확한 식을 만들어 냈다는 것은 그리 놀랄 일도 아니다. 이미 말한 엥케에게 보낸 크리스마스 이브의 편지에서 가우스는 르장드르의 식보다 더욱 개선된 식을 얻은 과정에 대해 설명했다. 이를 위하여 가우스는 소년 시절의 첫 조사 과정으로 되돌아갔다. 그가 1부터 100 사이의 소수를 처음 조사했을 때 4분의 1이 소수였다. 다음으로 1부터 1,000 사이를 조사했더니 이 비율은 6분의 1로 떨어졌다. 이로부터 가우스는 상한선을 높여 갈수록 소수를 만날 확률은 줄어든다는 사실을 깨달았다.

이 분석을 토대로 가우스는 자연이 어떤 수가 소수인지 아닌지 결정할 때 과연 어떻게 할 것인지를 생각해 보았다. 소수의 출현 자체는 매우 임의적인 것처럼 보이므로 어쩌면 자연은 동전던지기와 같은 방식으로 소수를 택하는 것은 아닐까? 자연이 동전을 던져 앞면이 나오면 소수, 뒷면이 나오면 합성수로 하는 것일까? 하지만 이처럼 반반은 아니므로 가우스는 자연이 던지는 동전의 경우 앞면이 나올 확률이 $1/\log N$이 되도록 조정되었을 것이라고 생각했다. 이에 따르면 예컨대 1,000,000이란 수가 소수일 확률은 $1/\log 1{,}000{,}000$, 곧 1/15 정도가 된다. 또한 각각의 수가 소수일 확률은 수가 커질수록 줄어든다. N이 커질수록 $1/\log N$의 값이 줄어들기 때문이다.

이런 설명은 1,000,000이나 다른 어떤 수가 소수일지에 대한 비유적 판단법에 지나지 않는다. 실제로 어떤 수의 성격이 동전던지기에 따라 변할 수는 없기 때문이다. 가우스는 이 방법이 소수 자체의 발견에는 아무 소용이 없지만 이보다 덜 특수화된 의문, 곧 범위의 상한을 높여 감에 따라 얼마나 많은 소수가 발견될 것인가 하는 의문에 대해서는 매우 강력한 도구가 될 것이란 점을 간파했다. 그는 이 논리를 이용해서 소수 찾기 동전을 N번 던졌을 때 얻어지는 소수의 개수를 알아내려고 했다. 만일 보통의 동전이라면 어떤 면이 나올 확률은 1/2이므로 소수의 개수도 $N/2$이 된다. 그러나 소수 찾기 동전의 경우 앞면이 나올 확률은 던질 때마다 줄어들도록 되어 있다. 이와 같은 가우스의 모델에 따르면 N까지의 범위에 들어 있는 소수의 개수는 아래 식으로 구해진다.

$$\frac{1}{\log 2} + \frac{1}{\log 3} + \cdots + \frac{1}{\log N}$$

가우스는 이보다 한 단계 더 나아가 스스로 로그적분logarithmic integral이라 부르고 $Li(N)$이란 기호로 나타내는 함수를 만들어 냈다. 이 새로운 함수는 위에 쓴 식을 조금 변형한 것인데 결과적으로 소수의 개수를 예측하는 데에 놀라울 정도로 정확함이 밝혀졌다.

70대의 노인이 되었을 때 가우스는 엥케에게 쓴 편지에서 3,000,000까지의 소수표를 만들었다고 말했다. "시간이 날 때마다 15분씩을 할애하여

1,000씩 나누어진 구간에 들어 있는 소수를 조사했습니다." 이렇게 조사된 3,000,000까지의 소수들에 대해 자신이 개발한 로그적분을 적용해 보았더니 오차는 1%의 1/700에 지나지 않았다. 르장드르는 확보된 자료가 적었기에 이보다 좁은 범위에서 자신의 식을 점검할 수밖에 없었는데, 이에 따르면 르장드르의 식이 더 좋은 듯 보였다. 그러나 나중에 더욱 많은 자료가 축적됨에 따라 10,000,000이 넘어서면 르장드르의 식은 훨씬 부정확해진다는 사실이 드러났다. 프라하대학교University of Praha의 교수였던 야콥 쿨리크 Yakov Kulik는 거의 20년의 세월을 바쳐 혼자 힘으로 1억까지의 소수표를 만들었다. 모두 여덟 권에 이르는 이 엄청난 노력은 1863년에 결실을 맺었지만 출판되지는 못한 채 빈의 과학아카데미 서고에 보관되었다. 이 가운데 제2권은 어디론가 사라졌다. 하지만 남은 자료만으로 판단해 보더라도 $Li(N)$ 함수를 이용한 가우스의 방법이 르장드르의 것보다 우월하다는 점은 뚜렷이 드러난다. 나아가 현대의 소수표로 비교해 보면 가우스의 직관은 더욱 인상적이다. 예를 들어 1경(京)(1 다음에 0이 16개 붙는 수로 조(兆)의 만 배)까지 조사해 보면 가우스 식의 오차는 1%의 천만분의 1이지만 르장드르 식의 오차는 1%의 십분의 1이다. 요컨대 가우스의 이론식은 확보된 자료에 맞추면서 고안된 르장드르의 실험식을 제압했다.

가우스는 자신의 식에 미묘한 점이 있음을 알아차렸다. 3,000,000까지의 소수에 대해 점검해 본 결과 자신이 고안한 $Li(N)$이란 함수는 실제 소수의 개수 $\pi(N)$보다 항상 조금 큰 값을 내놓는 것처럼 보였다. 가우스는 이런 경향이 무한대에 이르도록 계속될 것이라고 추측했다. 현대의 자료를 이용해 1경에 이르도록 조사해 보면 이 추측은 옳다. 따라서 가우스의 추측을 반박할 사람은 아무도 없을 것 같다. 사실 어떤 실험이 1경에 이르도록 같은 결과를 내놓는다면 전 세계의 어떤 실험실이나 그 결과를 믿을 만한 것으로 여길 것이다. 그러나 수학자들은 다르다. 실제로, 이 경우의 단 한 번이지만, 가우스의 이 직관은 잘못임이 드러났다. 오늘날 수학자들은 언젠가는 가끔씩 $\pi(N)$이 $Li(N)$을 추월하게 된다는 점을 알고 있다. 다만 그 시점이 언제인지는 모르는데, 아직 우리의 계산력이 그 시점을 포착할 정도에 이르지 못했기 때문이다(현재 첫 추월이 10^{371} 이전에 일어날 것이란 점이 알려져 있다: 옮긴이).

넓은 범위에 걸쳐 $\pi(N)$과 $Li(N)$의 그래프를 비교해 보면 너무 잘 일치해 그 차이는 겨우 눈에 띌 정도이다. 하지만 여기서 한 가지 강조할 게 있다. 만일 충분히 강한 확대경을 대고 살펴보면 $\pi(N)$의 그래프는 폭이 불규칙한 계단처럼 들쭉날쭉하게 보인다. 그러나 $Li(N)$은 아무리 확대해도 매끄러운 곡선으로 보일 뿐이다. 곧 두 그래프는 개략적으로는 닮았지만 본질적으로는 메울 수 없는 차이를 갖고 있다.

가우스는 자연이 소수를 택할 때 던지는 동전에 숨겨진 비밀을 밝혀냈다. 그 동전은 어떤 N이 소수일 확률은 $1/\log N$이 되도록 만들어져 있다. 그러나 가우스는 정확히 어떤 수가 소수일지 미리 알 방법, 곧 자연이 던지는 동전의 결과를 미리 정확히 예측할 방법은 알 수 없었다. 여기에는 이후 세대의 또 다른 천재적 통찰이 필요하게 되었다.

가우스는 관점을 바꿈으로써 소수가 가진 패턴을 감지해 냈으며, 그의 추측은 이후 '소수추측Prime Number Conjecture'이라고 불리게 되었다. 말하자면 이는 가우스가 내건 상이라고 할 수 있는데, 이를 쟁취하려면 수학자들은 가우스의 로그적분과 실제의 소수 분포가 보여 주는 오차의 성격을 규명하고 왜 이것이 갈수록 줄어드는지 설명해야 할 것이다. 가우스는 아득히 먼 곳의 산을 발견해 냈다. 하지만 그 산이 환상이 아니며 거기에 이르는 길이 있음을 밝혀낼 증명은 후세에게 맡겨졌다.

많은 사람들은 가우스가 소수추측을 직접 증명하지 못한 것은 케레스의 출현 때문에 그의 마음이 흐트러진 탓으로 돌린다. 스물넷의 청년이 하룻밤 사이에 유명해지자 그의 자부심은 수학에 머물지 않고 천문학 쪽으로 옮겨 갔다. 1806년 그의 후원자였던 페르디난트 공작이 나폴레옹과의 전쟁에서 죽게 되자 가우스는 가족을 부양하기 위하여 다른 일자리를 찾아야 했다. 상트페테르부르크의 과학아카데미에서는 오일러의 후임으로 가우스가 오기를 원했다. 그러나 가우스는 니더작센Niedersachsen 주(州)의 작은 대학도시 괴팅겐에서 제안한 천문대장의 지위를 받아들였다. 이후 남은 생애 동안 가우스는 밤하늘을 쳐다보며 소행성을 관찰했고 니더작센 주의 주도(州都)인 하노버Hannover와 덴마크 정부를 위해 땅을 측량하며 보냈다. 그런 와중에도 가우스는 항상 수학에 관해 생각했다. 하노버의 산들을 지도에 그려 넣으면서 그는 유클리드의 평행선 공리를 숙고했으며, 천문대에 돌아와서는 소수표를 계속 확장해 갔다. 가우스는 소수의 음악에 실린 큰 주제를 처음으로 들은 사람이었다. 하지만 소수의 불협화음에 가려진 진정한 화음의 위력을 유감없이 드러낸 사람은 가우스가 배출한 몇 안되는 제자들 가운데 한 사람인 베른하르트 리만이었다.

—제3장—

리만의 상상 속
수학 거울

이게 들리지도 느껴지지도 않나요?
이 선율이 내게만 이토록 놀랍고도 감미롭게 들리는가요?
리하르트 바그너, 〈트리스탄과 이졸데〉 제3막 제3장

1809년 빌헬름 폰 훔볼트Wilhelm von Humboldt는 독일 북부에 있는 프러시아 왕국의 교육부 장관이 되었다. 그는 1816년 괴테Johann Wolfgang von Goethe에게 보낸 편지에서 이렇게 썼다. "저는 이곳에서 과학의 탐구로 매우 바쁘게 지내고 있습니다. 그런데 저는 고전적 경향이 저를 완전히 압도하고 있음을 강하게 느낍니다. 새로운 풍조는 메스꺼울 따름입니다 …." 훔볼트는 과학의 목적을 다른 분야들에 대한 수단으로 보는 데로부터 멀어지는 쪽을 택했다. 그리하여 오직 지식 그 자체를 위해 노력하는 고전적 전통으로 돌아가고자 했다. 지금까지의 교육은 프러시아 왕국의 위대한 영광을 위하여 많은 공무원을 길러 내는 데에 바쳐졌다. 하지만 이제부터 교육의 중점은 국가가 아니라 개인의 필요에 호응하는 쪽에 두어야 한다.

사상가 및 국가의 공복으로서 훔볼트는 이후 오래도록 심대한 영향을 미친 교육혁명을 단행했다. 그는 프러시아 전역과 이웃한 하노버 주에 이르기까지 김나지움Gymnasium이라 부르는 새로운 학교들을 설립했다. 지금까지 여러 학교의 선생님들은 성직자들이었다. 그러나 이 새로운 학교들이 세워지면서 서서히 바뀌어 결국에는 이 시기에 세워진 새 대학교와 이에 준하는 기술전문학교polytechnic의 졸업자들로 대체되었다.

훔볼트의 교육혁명에서 '왕관의 보석'에 해당하는 것은 베를린대학교 University of Berlin였다. 1810년 프랑스가 지배하던 시절에 설립된 이 대학교는 프로이센 왕국의 하인리히Heinrich 왕자가 사용했던 궁궐에 들어섰는데 장엄한 운터 덴 린덴Unter den Linden('보리수 아래'라는 뜻) 거리에 자리 잡고 있다. 훔볼트는 "대학 교육은 과학의 통합적 이해뿐 아니라 그 증진에도 노력해야 한다"라고 선언했다. 그리하여 역사상 처음으로 교육과 탐구를 병행하게 된 이 대학교를 가리켜 그는 '모든 현대 대학교의 어머니'라고 불렀다. 훔볼트 자신은 고전적 세계에 열광했지만 그의 지도 아래 세워진 이 대학교에는 고전적 영역인 법학, 의학, 철학, 신학 외의 새 분야들도 많이 포함되었다.

이런 사조에 따라 수학도 역사상 처음으로 새로운 김나지움과 대학교들에서 주된 교과과정의 하나로 정립되었다. 학생들은 이제 단순히 다른 학문들에 대한 수단으로서가 아니라 그 자체의 탐구를 목표로 수학을 공부할 수 있게 되었다. 이 점은 프랑스의 군사적 목표 아래 수학을 옭아맸던 나폴레옹의 교육개혁과 선명한 대조를 이룬다. 베를린대학교 수학 교수 가운데 한 사람인 카를 야코비Carl Jacobi는 1830년 파리에 있는 르장드르에게 다음과 같은 내용의 편지를 썼다. 거기에는 실용적 응용을 등한시하는 독일 교육을 비판한 프랑스의 수학자 조셉 푸리에Joseph Fourier의 견해에 대한 반박이 실려 있다.

푸리에는 수학의 주된 목표가 자연 현상의 해명과 공공의 이익을 위한 것이라고 합니다. 하지만 그와 같은 철학자는 마땅히 과학의 진정한 목표는 인간 정신의 드높임에 있음을 알아야 할 것입니다. 이런 점에서 보자면 수론의 문제들은 세계의 구조에 대한 문제들과 똑같은 가치를 지닙니다.

나폴레옹은 앙시앵 레짐ancien régime의 난해한 규율들을 궁극적으로 해체할 수단은 교육이라고 보았다. 교육이야말로 새로운 프랑스를 건설할 중추라고 본 그의 사상에 따라 파리에는 오늘날에도 이름 높은 여러 교육기관들이 설립되었다. 대학의 엘리트 집단들은 온갖 다양한 배경을 가진 학생들을 받아들이는 데에 주저하지 않았으며 교육 철학은 사회에 봉사하는 교육과 과학을 한층 강조했다. 프랑스혁명정부의 한 관료는 1794년 '공화국 산수Republican arithmetic'라는 과목을 가르치는 어떤 수학 교수를 찬양하면서 다음과 같은 내용의 편지를 보냈다. "우리는 혁명을 통해 우리의 기개를 드높였으며 장래 세대의 행복을 위한 길을 닦았습니다. 또한 과학적 전진의 발목을 잡는 여러 족쇄들을 해체했습니다."

수학에 대한 훔볼트의 사상은 이처럼 국경 너머에 널리 퍼져 있는 공익적 사상과는 아주 다른 것이었다. 독일은 개혁을 통해 교육을 현실적 필요로부터 해방시켰으며 이는 수학의 여러 분야에 대한 수학자들의 이해에 심대한 영향을 미쳤다. 이제 수학자들은 좀더 새롭고도 추상적인 언어를 마음대로 구사할 수 있게 되었다. 그리고 이런 경향은 특히 소수의 연구에도 혁명적 결과를 이끌었다.

훔볼트의 주도적 정책의 시혜를 본 도시 가운데는 하노버 주의 뤼네베르크Lüneberg도 있었다. 뤼네베르크는 한때 번창하는 상업도시였지만 이제는 쇠락의 길로 접어들었다. 지난 세기에 조약돌로 포장된 이 도시의 좁은 도로들은 여러 가지 상거래로 붐볐지만 이제는 그런 모습들을 찾아보기 어려워졌다. 그런데 1829년 세 개의 고딕 교회가 뽐내는 높은 탑들 한가운데에 새로운 건물이 세워졌다. '김나지움 요하네움Gymnasium Johanneum'이란 학교가 들어선 것이다.

1840년대 초반 이 학교는 한껏 무르익는 시기에 접어들었다. 쉬말푸스Schmalfuss 교장은 훔볼트가 제창한 새로운 인문주의적 이상의 열렬한 지지자였다. 그가 구비한 장서에도 그의 개화된 면모가 드러난다. 그는 고전과 현대 독일 작가들의 작품뿐 아니라 이들과 아주 동떨어진 분야의 책들도 수집했다. 특히 그는 파리에서 발간되는 책들에도 손을 뻗쳤다. 19세기의 전반기에 파리는 유럽의 지적 활동을 주도하는 발전소의 역할을 했기 때문이다.

쉬말푸스는 이때 베른하르트 리만이라는 소년을 새로 맞아들였다. 리만은 아주 수줍어하는 성격이어서 친구들을 잘 사귀지 못했다. 여기 오기 전에 리만은 하노버의 한 김나지움에 다녔다. 그런데 1842년 그를 돌보던 할머니가 돌아가시자 더 이상 학교에 다닐 수 없게 되었다. 하지만 리만은 뤼네베르크의 한 선생님이 기거할 곳을 제공하여 그곳으로 전학을 오게 되었다. 뤼네베르크의 학생들은 이미 서로 잘 아는 사이가 되어 있었으므로 새로 온 리만이 섞여 들어가기는 쉽지 않았다. 그래서 리만은 깊은 향수병에 시달렸고 다른 학생들은 이런 그를 자꾸 놀려 댔다. 그는 동급생들과 어울리기보다 먼 길을 걸어 퀵본Quickborn에 있는 아버지의 집까지 다녀오곤 했다.

리만의 아버지는 목사였는데 아들에게 많은 기대를 걸었다. 리만은 아버지의 기대를 잘 알았기에 학교에서 힘든 생활을 보내는 중에도 열심히 공부하여 아버지를 실망시키지 않겠다고 마음먹었다. 하지만 리만은 자신의 마음속에 자리 잡은 지나친 완벽주의와 싸워야 했다. 선생님들은 리만이 숙제를 자주 제때에 맞춰 내지 못하는 것 때문에 실망했다. 리만은 완벽한 결과를 내지 못해 만점을 받지 못함으로써 겪게 될 굴욕을 참아 낼 수 없었다. 결국 선생님들은 리만이 과연 졸업시험을 통과할 수 있을지 의심하게 되었다.

이와 같은 소년 리만의 완벽주의를 올바르게 이끌 길을 발견한 사람은 바로 쉬말푸스 교장이었다. 일찍부터 쉬말푸스는 리만의 특별한 수학적 재능에 주목했으며 이를 어떻게 자극하고 발현시킬지 생각해 왔다. 그는 리만에게 자신의 서재를 개방했다. 거기에는 수학에 관한 훌륭한 책들도 잘 구비되어 있었으므로 동급생들과 어울리는 것을 힘들어하는 리만에게는 좋은 도피처가 될 수 있었다. 아닌 게 아니라 쉬말푸스의 서재는 리만에게 완전히 새로운 세계로 다가왔다. 그는 여기서 자유로움과 편안함을 만끽할 수 있었다. 특히 수학은 정말로 완전한 세계였다. 수학에 나오는 증명은 새롭게 자신을 둘러싼 이 세계가 예기치 못한 사태로 붕괴될 것을 막아 주는 완벽한 수단이었으며, 그 바탕인 수는 그의 친구가 되었다.

쉬말푸스는 훔볼트의 이상을 교실에서 구현하고자 했다. 그리하여 과학교육을 실용적 수단의 틀을 벗어나 오직 그 자체의 지적 미학을 추구하는 방향으로 이끌어 갔다. 이런 생각은 리만의 수학 교육에도 반영되었다. 그는 리만에게 한창 피어나는 산업사회의 요구에 부응하는 수많은 수식과 법칙들로 가득 찬 수학책들 대신 유클리드, 아르키메데스와 아폴로니우스Apollonius가 등장하는 고전들을 추천했다. 고대 그리스인들은 스스로 만든 기하학을 통해 점과 선들이 이루는 추상적 구조의 본질을 이해하고자 했을 뿐 이것들로부터 유래하는 특별한 식들에 얽매이지 않았다. 쉬말푸스도 리만에게 현대적인 수학책을 권한 적이 있었다. 예를 들어 해석기하학analytic geometry에 대한 데카르트의 논문이 그것인데, 여기에는 수많은 수식들이 가득 차 있었다. 하지만 쉬말푸스도 예상했듯 이미 관념적 수학에 맛을 들인 리만은 이를 그다지 반겨하지 않았다. 나중에 쉬말푸스는 친구에게 다음과 같은 편지를 보냈다. "그때쯤 리만의 수학적 수준은 이미 가장 뛰어난 선생님마저 초라하게 만들 정도였다."

쉬말푸스의 서재에는 프랑스로부터 수집한 최근의 수학책도 있었다. 1808년 발간된 르장드르의 『정수론Theorie des Nombres』이 그것으로 이미 말했듯 거기에는 소수의 분포와 로그함수 사이에 기이한 관계가 있다는 사실이 처음으로 공표되었다. 하지만 가우스와 르장드르가 각각 발견한 이 사실은 어디까지나 실험적으로 도출된 것에 지나지 않는다. 따라서 범위의 상한선을 무한히 늘려 가더라도 이런 관계가 계속될 것인지에 대한 보장은 아무 데도 없다.

르장드르의 『정수론』은 4절판 859쪽의 큼지막한 책이었는데 놀랍게도 리만은 단 6일 만에 이를 독파했다. 돌려주면서 리만은 "참 좋은 책입니다. 저는 완전히 이해했습니다"라고 말했지만 선생님은 도무지 믿을 수 없었다. 그러나 2년 뒤 졸업시험에서 리만이 그 내용을 정말로 잘 알고 있는지 점검했을 때 리만은 모든 질문에 대해 완벽한 답을 했다. 이로써 현대 수학의 위인들 가운데 한 사람의 발걸음이 내디뎌졌다. 르장드르 덕분에 소년 리만의 마음속에 씨가 뿌려졌는데 이는 나중에 황홀한 모습으로 활짝 꽃을 피운다.

졸업시험을 통과한 리만은 독일의 교육혁명을 강력히 추진하고 있는 새로운 대학들 가운데 한 곳에 진학할 수 있기를 간절히 바랐다. 하지만 아버지의 생각은 달랐다. 가난에 찌들려 온 가족을 위하여 아버지는 리만이 교회로 들어와 함께 일하기를 원했다. 성직자로 살아가면 일정한 수입을 주기적으로 받게 되고 이것으로 누이동생들을 부양할 수 있다. 그런데 하노버 왕국에서 신학을 가르치는 유일한 대학은 새로운 대학이 아니라 그 당시보다 1세기도 훨씬 전인 1734년에 설립된 괴팅겐대학교University of Göttingen였다. 1846년 아버지의 희망을 따른 리만은 음습한 도시 괴팅겐에서 자신의

베른하르트 리만(1826-1866)

앞날을 열어 가기로 했다.

괴팅겐은 니더작센 주의 완만한 구릉 위에 조용히 자리 잡고 있는 도시였다. 그 한가운데에는 고대의 성벽으로 둘러싸인 중세의 시가지가 만들어져 있다. 아마 리만이 본 풍경은 대체로 이러했을 텐데, 괴팅겐은 지금도 그와 같은 원래의 모습을 많이 간직하고 있다. 괴팅겐의 거리는 빨간 지붕을 얹은 반 목재의 집들 사이로 좁다랗게 구불구불 깔려 있다. 그림 형제Brothers Grimm는 괴팅겐에서 많은 동화를 썼으므로 핸젤Hänsel과 그레텔Gretel도 이 거리들을 뛰어다녔으리라 상상해도 좋을 것이다. 시내 한가운데에는 중세풍의 시청 건물이 있고 그 벽에는 "괴팅겐을 벗어나면 삶이 없다"라는 문구가 가로질러 쓰여 있다. 대학에 몸담고 있는 사람들에게 이 말은 적절하다고 할 것이다. 학문적 생활은 자기만족적인 삶들 가운데 하나이기 때문이다. 괴팅겐대학교의 초창기에는 신학이 주류였다. 하지만 독일 전역을 휩쓴 교육혁명의 바람이 이곳에도 몰아쳐 과학 분야의 교육과정이 크게 강화되었다. 1807년 가우스가 천문대장 겸 천문학 교수로 임명되었을 때 괴팅겐대학교는 이미 신학이 아니라 과학 분야에서 더 이름을 떨치고 있었다.

쉬말푸스가 불을 지펴 일깨운 리만의 수학에 대한 열정은 아직도 강하게 타오르고 있었다. 리만은 아버지의 희망에 따라 신학을 공부하러 괴팅겐에 왔다. 하지만 첫해에 이미 리만은 위대한 가우스와 괴팅겐의 과학적 분위기에 휩싸이고 말았다. 따라서 그리스어와 라틴어 강좌로부터 수학과 물리학의 강좌로 흥미가 돌아서게 되는 것은 오직 시간문제였을 따름이었다. 진퇴양난에 빠져 심란해진 리만은 아버지께 편지를 써서 신학을 그만두고 수학을 공부하고 싶다고 말했다. 아버지의 승낙은 언제나 리만에게 매우 중요한 것이었다. 다행스럽게도 아버지는 리만의 뜻에 축복을 내려 주었고 이때부터 그는 괴팅겐대학교의 과학 분야에 온몸을 던져 몰두하기 시작했다.

리만과 같은 놀라운 재능을 가진 젊은이에게 괴팅겐은 너무 작은 도시였다. 1년도 지나지 않아 리만은 괴팅겐대학교에서 배울 만한 것을 모두 소화해 버렸다. 가우스는 이제 노년에 접어들어 대학 생활의 본연이라고 할 지적 활동에서 사뭇 멀어져 있었다. 1828년 이래 그는 자신이 기거하는 천문대를 단 하루만 비웠을 뿐이었다. 가우스는 이때 천문학에 대해서만 강의했는데, 그것도 자신이 오래 전에 개발하여 케레스의 궤도를 예측함으로써 유명세를 탔던 방법에 대한 것이었다. 리만은 한 단계 더 올라서려면 다른 곳에서 새로운 자극을 받을 필요가 있다고 판단했다. 그는 베를린으로 눈길을 돌렸는데 이때 그곳은 다양한 지적 활동이 가장 요란하게 펼쳐지는 무대였다.

베를린대학교는 나폴레옹이 세운 에콜 폴리테크니크와 같은 프랑스의 성공적인 연구 기관들로부터 많은 영향을 받았다. 베를린대학교는 프랑스의 지배를 받던 시절에 세워졌으므로 사실 이는 당연한 현상이라고 볼 수 있다. 베를린에 파견된 수학 대사라고 할 수 있는 핵심적 인물 가운데 한 사람으로는 디리클레Johann Peter Gustav Lejeune Dirichlet라는 특출한 수학자를 꼽을 수 있다. 그는 1805년 독일에서 태어났지만 집안은 프랑스계였다(정확한 자료에 따르면 프랑스가 아니라 벨기에에서 옮겨 왔다고 한다: 옮긴이). 1822년 디리클레는 집안의 뿌리를 찾아 파리로 돌아가 5년간 머물렀다. 이 기간 동안 그는 여러 대학들로부터 뿜어져 나오는 지적 활동의 분위기에 흠뻑 빠져들었다. 빌헬름 폰 훔볼트의 동생인 알렉산더 폰 훔볼트Alexander von Humboldt는 아마추어 과학자였는데, 파리를 여행하는 도중 디리클레를 만났다가 깊이 매료된 나머지 독일에서 연구할 자리를 마련해 주었다. 디리클레는 반항적 성향의 인물이었다. 어쩌면 파리의 거리에 넘쳐 나는 혁명의 공기가 그에게 권위에 도전하는 정신을 심어 주었는지도 모른다. 베를린에서 그는 고지식한 대학의 권위를 배경으로 내세워지는 케케묵은 전통을 무시하고 사는 맛을 사뭇 즐겼다. 예를 들어 대학은 라틴어에 능숙할 것을 요구했지만 디리클레는 이를 한껏 조롱하곤 했다.

리만과 같이 새롭게 떠오르는 과학자들에게 제시되는 괴팅겐과 베를린의 학문적 기풍은 대조적이었다. 괴팅겐은 독립성과 고립성을 즐겼다고 말할 수 있다. 실제로 괴팅겐을 벗어난 곳에서 초청되어 온 세미나 연사는 거의 없었다. 괴팅겐은 자족적이었으며 오직 내부에서 솟아오르는 정열을 태우며 위대한 과학적 성과를 쌓아 갔다. 반면 베를린은 내부는 물론 독일 밖의 여러 곳에서 전해 오는 자극을 바탕으로 번창해 갔다. 특히 프랑스로부터 전해 오는 사상들은 미래지향적인 독일의 접근법과 혼합되어 자연과학 분야에서 머리를 빙빙 돌게 할 정도의 새로운 칵테일을 만들어 냈다.

괴팅겐과 베를린의 대조적 기풍은 각각 거기에 어울리는 수학자들을 배출해 냈다. 수학자들 가운데는 외부의 새로운 아이디어와 접촉하지 않으면 결코 성공하지 못할 부류의 사람들이 있다. 반면 어떤 수학자들은 외부와 고립된 가운데 안으로부터 솟아 나오는 강인함과 새로운 사고 및 언어를 바탕으로 성공을 거두기도 한다. 리만은 전자에 속하는 사람으로 드러났다. 그는 세상에 떠도는 풍부한 새 아이디어들과 접촉함으로써 커다란 돌파구를 열었는데, 베를린은 이런 사람들에게 최적의 장소였다.

1847년 리만은 베를린으로 옮겨 2년 동안 머물렀다. 그곳에 있는 동안 리만은 괴팅겐에 있을 때는 과묵한 성품 탓에 쉽사리 내놓지 않았던 가우스의 논문들도 손에 넣을 수 있었다. 리만은 디리클레의 강의를 들었는데 나중에 그는 소수에 관한 리만의 극적인 발견에 약간의 기여를 하게 된다. 디리클레의 강의는 누구나 영감을 불러일으키는 것이라고 평가했다. 그의 강의를 들었던 한 수학자는 다음과 같이 썼다.

자료의 풍부함과 예리한 통찰에서 디리클레를 따라올 사람은 없다. … 그는 높은 책상에 앉아 우리를 정면으로 응시한다. 그러다 안경을 이마에 걸치고 머리를 기울여 양손을 들여다본다. 그러고는 마치 손 안에서 뭔가 상상의 계산이 펼쳐지는 듯한 광경을 연출하며 그 내용을 우리에게 읽어 준다. 그러면 우리도 직접 보는 것처럼 느끼고 이해한다. 나는 그의 이런 강의가 참으로 마음에 든다.

리만은 디리클레가 진행하는 세미나를 통해 그와 마찬가지로 내면의 수학적 정열을 한창 뿜어내는 다른 젊은 수학자들도 사귀게 되었다.

이때 베를린에서는 다른 물결들도 몰아치고 있었다. 프랑스의 군주제를 타파한 1848년의 혁명은 파리의 거리로부터 유럽의 거의 모든 지역으로 확산되었다. 리만도 베를린에서 이 물결을 맞이했다. 이 시절 그와 함께 지냈던 동료들에 따르면 리만은 이로부터 큰 영향을 받았다고 한다. 그리하여 전 생애를 통해 보기 드물게도 그는 지적 활동 이외의 분야에 참여하게 되었다. 리만은 베를린 궁궐에 머무는 왕을 보호하려는 학생단체에 몸담았으며, 쉬지 않고 열여섯 시간 동안이나 바리케이드를 지키기도 했다.

이와 대조적으로 파리 학계로부터 전해 오는 수학적 혁명에 대하여 리만은 반동적 반응을 보이지 않았다. 베를린은 파리에서 정치적 이념들만 들여온 게 아니라 다양한 학문 분야에서 쏟아져 나오는 높은 수준의 서적과 논문들도 받아들였다. 리만은 영향력 있는 프랑스 잡지 〈콩트 랑뒤Comptes Rendus〉의 최근 호들을 입수했으며, 자기 방에 들어박혀 거기에 나온 프랑스 수학자 코시Augustin-Louis Cauchy의 혁명적 논문에 몰두했다.

1789년 바스티유Bastille 감옥이 함락되고 몇 주 후에 태어났다는 점에서 코시는 혁명의 아이라고 말할 수 있다. 당시 대부분의 사람들이 겪었듯 어린 코시도 영양을 충분히 섭취하지 못했다. 이 때문에 허약하게 자란 코시는 몸 대신 마음이라도 살찌우고자 노력했다. 오랜 역사가 증명하듯 이런 자세를 가진 사람에게 수학은 훌륭한 피난처가 되었다. 코시의 아버지는 라그랑주Joseph-Louis Lagrange라는 유명한 수학자와 친구 사이였는데 코시의 조숙한 천재성을 발견한 라그랑주는 동료에게 다음과 같이 말했다. "저 어린애 좀 보게나. 대단하지 않은가! 수학자의 지위란 점에서만 보자면 언젠가 우리 모두 저 애에게 밀려나고 말 걸세." 라그랑주는 코시의 아버지에게 흥미로운 충고를 했다. "저 애가 열일곱이 될 때까지는 수학책을 쥐어 주지 말게나." 대신 그는 많은 문학책을 읽도록 권했다. 그러다가 마침내 수학으로 돌아오게 되면 코시는 어느 수학책을 보든 단순히 책의 설명 그대로 옮기지 않고 자신만의 개성적인 견해를 정확히 표현하게 될 것이다.

이 충고는 매우 효과적인 것으로 밝혀졌다. 코시는 한동안 그를 외부 세계와 차단했던 수문이 열리자마자 봇물 터지듯 새로운 목소리로 외쳐 대기 시작했다. 코시가 엄청난 연구 결과를 쏟아 냈기에 〈콩트 랑뒤〉는 제출되는 논문의 쪽수를 제한하는 규정을 만들어야 했고 이는 오늘날까지도 엄격하게 지켜지고 있다. 이와 같은 코시의 수학적 성과는 어떤 동료들이 보기에 너무 방대하게 여겨졌다. 1826년 노르웨이의 수학자 아벨Niels Henrik Abel은 "코시는 미쳤다. ⋯ 그의 연구는 탁월하지만 혼란스럽다. 처음에 나는 사실상 아무것도 이해하지 못했다. 그러나 이제 그중 어느 것들은 좀더 분명히 보인다"라고 말했다. 아벨은 또한 파리의 수학자들 가운데 코시만이 순수수학을 추구한다고 평가했다. "다른 사람들은 자기(磁氣) 현상을 비롯한 수많은 물리학적 주제들에만 붙들려 있다. ⋯ 수학자들이 진정 어떠해야 하는지 알고 있는 사람은 코시뿐이다."

코시는 학생들로 하여금 수학의 실용적 응용과 거리를 두도록 했다. 하지만 이런 노력은 파리 교육 당국과 마찰을 빚어 곤경에 처하게 되었다. 코시는 에콜 폴리테크니크에서 가르쳤는데 교장은 추상수학에 깊이 빠진 코시를 비난하면서 다음과 같은 편지를 보냈다. "많은 분들은 여기 에콜에서 순수수학이 너무 멀리 나아갔다는 의견을 갖고 있습니다. 이처럼 사치스럽고 불필요한 낭비는 다른 분야와 비교해 볼 때 너무 지나친 것입니다." 따라서 이와 같은 코시의 연구에 젊은 리만이 깊은 감흥을 느끼는 것은 그다지 놀랄 일도 아니다.

사실 리만은 이 새로운 아이디어들에 매료된 나머지 거의 은둔에 가까운 생활을 하며 이를 파고들었다. 그가 코시의 연구를 섭렵하는 동안 동료들은 그의 근황에 대해 아무것도 알 수 없었다. 몇 주 후 리만은 다시 나타나 "이것은 새로운 수학이다"라고 선언했다. 코시와 리만의 상상력을 붙든 것은 이 시기에 서서히 떠오르는 '허수(虛數 imaginary number)'의 거대한 잠재력이었다.

허수 – 수학의 새 지평

허수의 기본 단위는 '−1의 제곱근'이다. 그런데 이것은 일종의 자기모순처럼 보인다. 어떤 사람들은 이런 수를 받아들이면 수학자들은 다른 분야와 절연(絶緣)될 것이라고 말했다. 이 새로운 세계의 한 모서리라도 파고들려면 비약적인 창의력이 필요하다. 언뜻 보기에 허수는 현실 세계와 아무 관련이 없는 듯하다. 현실 세계는 모두 제곱했을 때 양수가 되는 수들에 근거해서 이뤄진 것처럼 보인다. 그러나 허수는 단순한 추상적 유희의 산물이 아니다. 20세기 들어 아원자세계(亞原子世界 subatomic world)를 이해하는 데에 허수는 결정적 열쇠의 역할을 했다. 규모를 확대해 보더라도 마찬가지다. 항공기술자들이 허수의 세계를 여행하지 않았더라면 비행기는 하늘로 날아오를 수 없었을 것이다. 새로운 허수의 세계는 보통의 수에만 집착하고 이를 거부하는 사람들이 얻을 수 없는 놀라운 유연성을 선사한다.

이 새로운 수가 어떻게 발견되었는지에 대한 이야기는 아주 간단한 방정식의 풀이에서 시작한다. 고대 바빌로니아와 이집트 사람들이 깨달았듯, 예를 들어 일곱 마리의 고기를 세 사람에게 나눠 주고자 한다면 이와 관련된 방정식을 풀 때 1/2, 1/3, 2/3, 1/4, …과 같은 분수가 필요하다. 기원전 6세기 무렵 고대 그리스인들은 어떤 삼각형의 경우 변의 길이를 나타내고자 할 때 이와 같은 분수를 동원하더라도 불가능하다는 점을 발견했다. 피타고라스 정리Pythagoras' theorem는 이들로 하여금 분수로 쓸 수 없는 새로운 수를 만들어 내도록 했다. 예를 들어 피타고라스가 직각을 낀 양변의 길이가 모두 1인 삼각형을 들고 있다고 하자. 그 빗변의 길이를 x라 하고 그의 정리를 적용하면 $x^2 = 1^2 + 1^2 = 2$이라는 방정식이 나온다. 다시 말해서 구하는 빗변의 길이는 2의 제곱근이다.

분수는 소수(小數)로 나타냈을 때 소수점 이하 한 무리의 수가 자꾸 반복되는 수를 말한다. 예를 들어 $1/7 = 0.142857142857\cdots$이고 $1/4 = 0.250000000\cdots$이다. 하지만 고대 그리스인은 2의 제곱근이 분수가 아니란 사실을 증명했다. 따라서 이것을 소수로 나타낼 경우 소수점 이하 아무리 계속해도 어떤 무리의 수가 반복되는 모습을 보이지 않는다. 2의 제곱근은 $1.414213562\cdots$로 계속되는데 리만은 괴팅겐 시절에 38자리까지 계산한 적이 있었다. 계산기가 없던 때라는 점을 고려하면 이것도 무시할 수 없는 성과라고 하겠다. 또 다른 면에서 보자면 이로부터 우리는 리만의 수줍은 성격을 엿볼 수 있으며, 이 작업이 주로 밤에 이뤄졌다는 점에서 괴팅겐에서의 밤은 그에게 지루한 것이었음이 드러난다. 하지만 어쨌든 리만은 이 계산을 아무리 오래 계속하더라도 끝을 보기는커녕 반복적 패턴도 결코 찾을 수 없었다.

$x^2 = 2$라는 방정식의 해(解 solution) 외에도 이런 모습을 보여 주는 수들은 무수히 많으며 수학자들은 이것들을 통틀어 무리수(無理數 irrational number)라고 부른다. 이 이름에는 이 수의 값이 정확히 얼마인지 알 수도 쓸 수도 없다는 생각이 반영되어 있다. 그렇다고 해서 이것이 단지 환상의 수라는 뜻은 전혀 아니다. 그 실체성은 이 수가 수직선(數直線 number line) 위의 한 점으로서 고유의 위치를 차지하고 있다는 데에서 분명히 드러난다. 예를 들어 2의 제곱근은 수직선 위의 1.4와 1.5 사이의 어느 곳에 한 점으로 존재한다. 만일 직각을 낀 양변이 1인 직각삼각형을 만들고 그 빗변을 수직선 위에 대면 적어도 이론적으로는 분명히 2의 제곱근에 해당하는 점을 찾을 수 있고 자를 이용해서 길이를 재면 그 크기도 알 수 있다.

음수(陰數 negative number)라는 수도 방정식을 푸는 과정에서 얻어졌다. 예를 들어 $x + 3 = 1$이란 방정식이 그것인데 7세기 무렵 힌두교의 수학자들은 이 수를 받아들이자고 제안했다. 음수는 금융계의 점증하는 요구에 부응하여 창안되었다고 볼 수도 있는데, 이는 음수가 '빚'을 나타내는 데에 편리하기 때문이다. 그런데 놀랍게도 유럽에서 음수를 기꺼이 정식의 수로 인정하기까지는 이로부터 다시 천 년의 세월이 걸렸다. 그동안 유럽에서는 이것을 '허구의 수fictitious number'라고 불렀을 뿐이었다. 음수는 수직선을 0의 왼쪽으로 연장했을 때 바로 이 연장한 쪽에 존재하는 모든 수를 가리킨다.

무리수와 음수를 이용하면 많은 방정식들을 해결할 수 있다. 페르마는

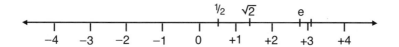

수직선은 실수의 표현 — 분수, 음수, 무리수가 모두 수직선 위의 점들로 나타내질 수 있다.

$x^3 + y^3 = z^3$과 같은 방정식을 생각하면서 x, y, z의 값으로 정수만 고려하기도 했다. 그러나 이런 제한에 얽매이지 않는다면 다른 흥미 있는 수들도 나타난다. 예를 들어 $x = 1$과 $y = 1$의 경우 z가 2의 세제곱근이면 이 방정식은 해결된다. 그러나 무리수와 음수를 모두 동원하더라도 해결되지 않는 방정식들이 있다.

$x^2 = -1$이라는 방정식을 만족시키는 수는 존재하지 않는 것처럼 보인다. 간단한 산술 규칙에 따르면 어떤 수든지 제곱하면 모두 양수가 된다. 따라서 이 방정식을 만족하는 수가 있다면 그것은 일상적으로 보는 수가 아님에 틀림없다. 고대 그리스인들은 분수로 표시할 수 없지만 상상력을 발휘하여 2의 제곱근이란 수를 받아들였다. 그렇다면 $x^2 = -1$이라는 방정식에서도 그와 비슷한 도약을 이루지 못할 이유는 없다. 이와 같은 창의력의 비약은 수

학을 배우는 모든 사람이 반드시 거쳐 가야 할 단계 가운데 하나이다. 이 새로운 수, 곧 '-1의 제곱근'이란 수는 '허수'라고 불리게 되었고 i 라는 기호로 나타낸다. 이렇게 허수를 받아들인 후 수학자들은 '수직선에 실제로 존재하는 수'는 실수(實數 real number)라고 불러 허수와 구별하기로 했다.

이 방정식의 답을 창조해 내는 것은 허공 중에서 뭔가 끄집어내는 듯한 속임수처럼 보인다. 그렇게 억지를 부리느니 왜 차라리 그냥 답이 없다고 해 버리지 않는 것일까? 물론 이것도 한 방법이기는 하다. 하지만 수학자들은 이에 대해 좀더 낙관적인 태도를 갖기로 했다. 이 방정식을 만족할 새로운 수의 관념을 한번 받아들이기만 하면 이 단계에서 느꼈던 불편함을 훨씬 뛰어넘는 황홀한 이익을 얻을 수 있기 때문이다. 이렇게 해서 허수라는 이름을 갖게 되자 그 존재는 필연적인 것으로 비치게 되었다. 더 이상 가상적으로 창조된 수가 아니라 애초부터 한결같이 우리와 함께 했던 수처럼 여겨졌던 것이다. 우리가 몰랐던 것은 다만 우리가 그 존재를 드러낼 올바른 의문을 제기하지 않았기 때문이었다. 18세기의 수학자들은 이런 수가 있을 가능성을 인정하는 데에 심한 거부감을 보였다. 하지만 19세기의 수학자들은 새로운 사고방식, 곧 지금껏 수학의 전통을 떠받쳐 온 생각들에 도전하는 자세를 갖기에 충분할 정도의 용기를 지니고 있었다.

하지만 잠시 생각해 보면 '-1의 제곱근'은 '2의 제곱근'과 마찬가지의 추상적 관념이다. 두 수는 모두 어떤 방정식의 해로 정의되었다. 그렇다면 수학자들은 앞으로 새로운 방정식이 나올 때마다 계속 새로운 수들을 만들어내야 할까? 예를 들어 $x^4 = 1$은 어떤가? 이런 방정식들의 새로운 해마다 새 이름을 붙이고 새 기호를 고안하는 일을 앞으로도 계속해야 한단 말인가? 그런데 가우스가 이 난처한 상황을 타개했다. 1799년 가우스는 박사학위 논문을 통해 더 이상의 새로운 수는 불필요하다는 점을 밝혔다. 곧 기존의 수에 'i'라는 수만 덧붙이면 앞으로 어떤 방정식이 나오든 그 해들을 모두 이 수들로 나타낼 수 있다. 다시 말해서 모든 방정식의 해는 보통 사용하는 실수(분수와 무리수 포함)와 'i'라는 새로운 수의 조합으로 나타내진다. 그리고 이 조합에는 실수와 허수라는 두 가지의 요소가 들어 있으므로 복소수(複素數 complex number)라고 부르면 된다(엄밀히 말하면 허수와 복소수는 구별되지만 이 책에서는 거의 동의어로 쓴 경우가 많다: 옮긴이).

가우스가 제시한 증명의 핵심은 우리가 이미 잘 알고 있는 수직선의 그림을 확장하는 데에 있다. 보통의 수직선은 동서 방향으로 달린다고 하자. 이것이 고대 그리스 이래 모든 수학자들에게 친숙한 수직선이었다. 하지만 이 수직선에는 허수를 넣을 곳이 없다. 그래서 가우스는 허수를 위해 새로운 방향을 더하기로 했다. 만일 기존의 수직선에 남북으로 달리는 새 수직선을

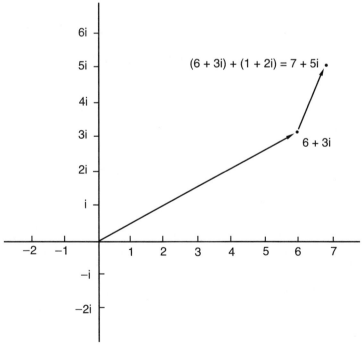

복소수 덧셈 — 방향을 따라간다.

덧붙여 그리면 어떨까? 그런 다음 북쪽으로 한 단위의 거리에 있는 점으로 'i'를 나타내면 어떨까? 가우스는 이런 구상 아래서 새로운 수들은 모두 2차원 평면 위의 좌표들과 대응한다는 사실을 깨달았다. 그러면 어떤 방정식의 해든지, 예를 들어 '$1+2i$'와 같은 실수와 허수의 조합, 곧 복소수로 나타낼 수 있다. $1+2i$란 복소수는 동쪽으로 한 단위와 북쪽으로 두 단위만큼 떨어져 있는 점에 대응한다.

가우스는 이처럼 어떤 수든지 자신이 고안한 상상의 세계에서 두 가지 방향의 조합을 나타내는 것으로 해석했다. 그러면 어떤 두 복소수 $A+Bi$와 $C+Di$를 서로 더한다는 것은 각각의 방향에 대한 수들끼리 서로 더한다는 뜻이 된다. 예를 들어 $6+3i$와 $1+2i$를 더하면 $7+5i$를 얻는다.

위와 같은 그림은 엄청난 잠재력을 가졌다. 그러나 가우스는 자신이 고안한 이 그림을 대중 앞에 내놓지 않았다. 그는 자신의 증명을 완성한 뒤 비계처럼 사용했던 그림을 제거해 버렸고 다른 사람들은 이를 전혀 알아볼 수 없었다. 이 시절의 수학은 그림을 그다지 달가워하지 않았으며 가우스는 이런 점을 의식한 것으로 보인다. 가우스가 젊었을 당시에는 프랑스의 수학이 득세하여 수학의 세계는 수식과 방정식으로만 묘사되어야 한다는 생각이 전통을 이루고 있었다. 수식과 방정식은 수학적 주제에 접근하기 위한 만인 공통의 언어라고 여겨졌기 때문이었다. 그런데 그림을 꺼리게 된 다른 이유도 있었다.

수백 년 동안 수학자들은 그림에는 사람을 오도하는 힘이 있다고 믿었다. 기본적으로 수학의 언어는 자연계를 파악하기 위하여 도입되었다. 17세기에 데카르트는 기하학의 연구를 온통 수와 방정식에 대한 연구로 탈바꿈시켰다. 그는 "감각은 착각이다"란 말을 신조의 하나로 삼았다. 리만은 쉬말푸스의 서재에서 데카르트의 책을 읽을 때 이처럼 그림을 거부하는 자세로부터 혐오감을 느꼈다.

19세기에 접어들 무렵 수학자들은 그림을 사용한 한 가지 증명으로부터 뜨거운 맛을 보았다. 이 증명은 어떤 기하학적 입체의 꼭지점corner과 모서리edge와 면face의 수에 관한 것으로, 오일러는 그 수를 각각 C, E, F라고 하면 이들 사이에는 "$C - E + F = 2$"라는 관계가 성립한다고 주장했다. 예를 들어 정육면체는 꼭지점 8개와 모서리 12개와 면 6개를 갖고 있는데 이를 대입하면 $8 - 12 + 6 = 2$가 되어 위 식은 옳다는 결과가 나온다. 1811년 코시는 그림을 이용한 직관을 토대로 이 식에 대한 증명을 완성했다. 그런데 얼마 후 이에 대한 반례를 발견하고는 충격에 휩싸이고 말았다. 한가운데에 구멍이 있는 정육면체가 그것으로 이런 입체의 경우 위 식은 성립하지 않는다.

코시가 제시한 증명은 어떤 입체에 구멍이 있을 가능성을 예상하지 못했다. 위 식은 이제 어떤 입체가 갖는 구멍의 수를 고려하고 반영해야 한다. 이처럼 그림을 이용할 경우 애초에는 잘 드러나지 않는 문제들 때문에 잘못된 길로 빠질 수 있다는 사실을 절감한 코시는 수식이 제공하는 안전성에서 피난처를 찾았다. 이와 같은 코시의 생각은 수학자들에게 한 가지 혁명을 선사하게 되었다. 그는 새로운 수학적 언어를 고안했는데 이것을 이용하면 그림에 의존하지 않고도 대칭성의 관념을 아주 엄밀하게 다룰 수 있었다.

18세기 말의 상황에서 가우스는 자신이 비밀스럽게 만들어 낸 복소수의 지도가 당시 수학자들의 저주를 받을 것으로 예상하여 그의 증명에서 삭제해 버렸다. 수란 더하거나 곱하는 것이지 그려지는 게 아니었다. 그후 가우스는 무려 40년의 세월이 지난 다음에야 비로소 젊은 시절 박사학위 논문에서 비계처럼 사용했던 그림으로 다시 돌아올 수 있었다.

거울 속 세상

실제로는 가우스의 지도가 공개되지 않았음에도 코시를 비롯한 일부 수학자들 사이에서 함수의 관념을 실수를 넘어 새로운 복소수의 범위에까지 확대 적용하면 어찌될 것인가 등의 문제가 논의되고 있었다. 그러자 놀랍게도 복소수를 통해 이전까지 전혀 관계가 없던 것처럼 보이는 수학의 여러 부분들이 한데 엮어질 수 있다는 점을 알게 되었다.

함수는 마치 컴퓨터 프로그램과 같은 것으로, 입력에 어떤 수를 넣으면, 내부의 계산 과정을 거쳐, 출력에 그 결과가 제시된다. 함수는 여러 가지로 표현될 수 있는 관념인데, 그 가운데는 $x^2 + 1$과 같이 수식으로 나타내는 방법도 있다. 한 예로 이 함수의 식에 2라는 수를 넣으면 계산을 거쳐 5라는 결과를 내놓는다. 어떤 함수는 이보다 훨씬 복잡한 모습을 띨 수도 있다. 가우스는 특히 소수의 개수를 헤아리는 함수에 관심을 가졌다. 곧 어떤 수 x를 넣으면 x까지에 들어 있는 소수의 개수를 계산해서 내놓는 함수가 그것이다. 가우스는 이 함수를 $\pi(x)$로 나타냈다. 이 함수를 구체적으로 그리면 계단과 비슷한 모습이 되며 92쪽에서 그림으로 나타냈다. 이 함수는 새로운 소수를 만날 때마다 계단과 같은 점프를 한다. 예를 들어 x가 4.9에서 5.1로 지나가는 동안 새로운 소수 5를 만나게 되며, 따라서 소수의 개수라는 출력은 2에서 3으로 바뀐다.

복소수란 관념이 마련된 지 얼마 되지 않아 수학자들은 함수에 입력할 대상으로 실수뿐 아니라 복소수도 고려해야 한다는 사실을 깨달았다. 예를 들어 위의 함수에 $x = 2i$라는 허수를 집어넣으면 $(2i)^2 + 1 = -4 + 1 = -3$이 나온다. 이와 같이 함수에 복소수를 집어넣는 일은 오일러의 세대 때부터 시작되었다. 일찍이 1748년에 이미 오일러는 실수에 대응하는 복소수라는 거울 속 세상을 여행하다가 새롭고도 기이한 현상을 발견하고 당황했다. 이

때 오일러가 사용한 함수는 2^x이라는 지수함수였다. 여기에 보통 사용하는 실수를 대입하면 x의 값이 커짐에 따라 함수값이 매우 빠르게 증가하는 그래프가 나온다. 그런데 허수를 대입한 오일러는 빠르게 솟구치는 그래프가 아니라 부드럽게 물결치는 파동과 같은 그래프라는 예상치 못한 결과를 얻었다. 이와 같이 부드럽게 물결치는 모습을 보이는 함수를 사인함수sine function라고 부른다. 잘 알다시피 사인함수는 360°가 지날 때마다 같은 모습을 되풀이하는데 오늘날 매우 다양한 분야에서 널리 사용되고 있다. 한 예로 이를 이용하면 지상에서 어떤 건물 꼭대기를 바라보는 각도를 측정하여 그 높이를 알아낼 수 있다. 사인함수가 음악 소리를 재현하는 데에 핵심적 역할을 한다는 사실이 알려진 것도 오일러 세대 때의 일이다. 피아노를 조율할 때 쓰이는 소리굽쇠에서 울려 나오는 순수한 A음도 사인함수로 표현될 수 있다.

오일러는 2^x이라는 지수함수에 허수를 대입했더니 놀랍게도 어떤 음에 해당하는 파동의 그래프를 얻게 되었다. 오일러는 여러 가지 음의 특징은 어떤 좌표의 복소수를 대입하는가에 달려 있다는 점을 깨달았다. 좌표가 북쪽으로 갈수록 높은 음이 나오며 동쪽으로 갈수록 소리가 큰 음이 나온다. 이와 같은 오일러의 발견은 복소수가 수학적 지평에서 예상치 못했던 새로운 길을 열어 줄 수도 있을 것이라는 사실을 보여 준 최초의 것이었다. 오일러를 따라 수많은 수학자들이 복소수의 신천지에 발걸음을 내딛었다. 새로운 관계에 대한 탐구는 일종의 전염병이 된 것이다.

1849년 리만은 가우스의 지도 아래 박사학위 논문을 끝마치기 위하여 괴팅겐으로 돌아왔다. 이 해는 가우스가 엥케에게 편지를 써서 소년 시절에 발견한 소수의 분포와 로그함수 사이의 관계를 알린 해이기도 하다. 어쩌면 가우스는 그동안 괴팅겐의 다른 교수들과 소수에 대해 논의해 왔을지도 모

1854년 무렵의 괴팅겐대학교 도서관

른다. 하지만 리만은 아직 소수에 별 마음을 두지 않았다. 리만은 파리에서
전해 온 새 수학을 탐구하느라 바빴으며 특히 복소수를 포괄하는 함수의 세
계에 많은 관심을 쏟았다.

코시는 오일러가 처음 열어젖힌 새 영토를 엄밀한 수학적 주제로 가다듬
는 과제를 떠맡았다. 프랑스 수학자들은 수식과 방정식을 다루는 데에 매우
능숙했지만 리만은 이때쯤 독일 교육혁명의 물결을 타고 추상적 세계로 나
아갈 선봉에 설 준비를 갖추게 되었다. 1851년 리만은 마침내 자신의 아이
디어를 결집한 박사학위 논문을 완성했다. 이를 받아 보고 크게 감동한 가
우스는 "과감하고 창의적이며 진정한 수학적 정신이 스며 있다. 참으로 비
옥한 독창성의 영광스런 산물이다"라고 격찬했다.

자신의 진보를 하루빨리 아버지께 알리고 싶었던 리만은 다음과 같은 내
용의 편지를 썼다. "저의 논문은 앞날을 밝게 비춰 준 것으로 보입니다. 앞
으로 저는 특히 사람들과 잘 어울리면서 차츰 더 빠르고 유창하게 쓸 수 있
게 되기를 바랍니다." 하지만 괴팅겐의 대학 문화는 베를린의 그것처럼 활

기찬 게 아니었다. 괴팅겐의 분위기는 외부와 단절되어 답답한 편이었으며 그렇다고 리만이 오랫동안 전해 내려온 지적 권위 체계에 잘 어울려 들어갈 성품도 아니었다. 이곳에서는 같이 어울릴 만한 학생들도 많지 않았다. 나아가 그는 사람들을 쉽게 믿지 못하는 성격이었으므로 어떤 인간관계에서든 마음 편하게 지낸 적은 한 번도 없었다. 그의 동료 가운데 한 사람인 데데킨트Richard Dedekind는 "아무도 자신을 받아들이지 못한다고 생각한 탓에 리만은 여기서 아주 기이한 생활을 하며 지냈다"라고 썼다. 리만은 우울증을 앓았고 이 증세가 몰려올 때마다 고통을 겪었다. 턱에 검은 수염이 자라감에 따라 그것이 안겨 주는 묘한 편안함에 끌려 얼굴을 더욱 깊이 숨겼다. 그에게 배우는 학생들은 대여섯에 지나지 않아 이들로부터 받는 불규칙적이면서도 매우 적은 수입 때문에 경제적으로도 많은 곤란을 받았다. 마침내 1854년 무렵에는 지나친 연구부담과 경제적 궁핍 때문에 신경쇠약에 빠지기도 했다. 하지만 그런 와중에도 베를린의 수학적 전통을 세워 가는 스타로 각광 받고 있는 디리클레가 괴팅겐을 방문할 때면 언제나 다시금 활기를 되찾았다.

리만이 괴팅겐에서 어렵사리 친밀한 관계를 맺은 한 사람의 교수는 저명한 물리학자 베버Wilhelm Weber였다. 베버는 가우스와 괴팅겐에서 함께 지내는 동안 여러 가지 연구과제에서 서로 협력했다. 이들의 관계는 과학계의 셜록 홈스Sherlock Holmes와 왓슨 박사라고 말할 수 있다. 가우스가 이론적 바탕을 제시하면 베버는 이를 실행에 옮긴다. 두 사람이 이룩한 발명 가운데 가장 유명한 것으로는 전자기 현상을 이용하여 멀리 떨어진 곳 사이에서의 통신에 성공한 것을 들 수 있다. 가우스의 천문대와 베버의 연구실 사이에 전신선을 개설한 뒤 두 사람은 서로 메시지를 주고받았던 것이다.

가우스는 이 발명을 단순한 호기심의 산물로 간주했지만 베버는 거기에 커다란 가능성이 숨어 있음을 깨달았다. 베버는 "지구를 철도와 전신망으로 뒤덮는다면 마치 인체의 신경망에 비교할 정도의 서비스를 제공할 수 있을 것이다. 하나의 그물은 운송수단으로 쓰이며 다른 하나의 그물은 사상과 감정을 번개와 같은 속도로 전달할 수 있다"라고 썼다. 이후 실제로 전신망은 빠르게 퍼져 나갔다. 여기에 앞서 이야기했듯 컴퓨터 보안과 관련된 가우스의 시계산술을 합쳐서 생각해 보면 가우스와 베버는 사실상 인터넷과 전자거래의 할아버지라고 말할 수 있다. 이 두 사람의 협력 관계는 괴팅겐 시에 함께 세워진 동상에 의해 영원히 기려지게 되었다.

당시 괴팅겐으로 베버를 방문했던 어떤 사람은 어딘지 약간 미친 듯한 발명가의 전형적인 모습을 가진 그에 대하여 다음과 같이 묘사했다. "호기심을 끄는 작은 체구의 이 사람은 귀에 거슬리는 떨리는 목소리로 머뭇거리며 말한다. 끊임없이 더듬거리며 말하므로 그 앞에서는 그저 듣고 있는 수밖에 없다. 때로 아무 이유도 없이 웃음을 터뜨릴 때면 그와 공감할 수 없어서 황당한 기분이 든다." 베버는 협력자인 가우스보다 저항적 기질이 조금 더 많았다. 그는 1837년 하노버 왕의 자의적 통치에 반대하다가 일시적으로 교수직을 박탈당한 '괴팅겐의 7인Göttingen Seven' 가운데 한 사람이었다. 박사학위 논문을 마친 리만은 한동안 베버의 조수로 일했다. 이 기간 중 리만은 베버의 딸에 연정을 품었는데, 짝사랑에 그치고 말았다.

1854년 리만은 아버지께 "가우스 교수님은 아주 위독한 상태가 되었고 의사는 죽음이 임박했다고 합니다"라고 썼다. 리만은 자신이 교수자격학위 habilitation를 받기 전에 가우스가 세상을 뜰까 염려했다. 이 학위는 독일의 대학교에서 박사학위를 얻은 다음 교수가 되기 위해 거쳐야 할 단계이다. 다행히 가우스는 리만을 실망시키지 않을 정도로 오래 살았다. 이 학위과정에서 리만은 베버와 일하면서 떠올린 기하학과 물리학 사이의 관계를 발표했다. 리만은 물리학의 근본적인 문제들은 모두 수학만으로 대답할 수 있다고 믿었다. 이후 물리학이 발전함에 따라 수학에 대한 리만의 신념은 타당한 것으로 드러났다. 많은 사람들이 리만의 기하학 이론을 과학에 대한 그의 가장 중요한 기여 가운데 하나로 꼽는다. 실제로 아인슈타인이 20세기에 들어 과학적 혁명을 이끌었을 때 리만이 제공한 토대 위에서 출발했다.

이듬해 가우스는 세상을 떴다. 하지만 그가 남긴 아이디어 때문에 그의 뒤를 잇는 여러 세대의 수학자들은 바쁜 세월을 보내야 했다. 이들 세대는 그가 남긴 소수의 분포와 로그함수 사이의 관계를 되새겼으며, 천문학자들은 어떤 소행성에 '가우시아Gaussia'란 이름을 붙여 하늘에 올림으로써 이 위인을 영원히 찬양토록 했다. 심지어 괴팅겐대학교는 가우스의 뇌를 해부학적 수집 목록에 올려 방부 처리를 하여 보관했다. 조사에 따르면 그의 대뇌 표면에는 지금껏 해부된 그 어떤 사람의 뇌보다 더 많은 주름이 발달해 있는 것으로 밝혀졌다.

리만은 베를린에 있을 때 디리클레의 강의를 들었는데, 가우스가 죽자 디리클레가 그 자리를 계승했다. 디리클레는 리만이 베를린에서 맛보았던 지적 환희의 일부를 괴팅겐으로 가져올 참이었다. 당시 괴팅겐으로 디리클레를 방문했던 한 영국 수학자는 그가 받은 인상을 다음과 같이 기록했다. "디리클레는 키가 좀 크고 호리호리했으며 콧수염과 턱수염이 모두 희끗희끗했다. … 목소리는 약간 거칠었고 가는귀가 먹었다. 내가 일찍 방문했던 탓인지 아직 씻지도 면도하지도 않았으며 실내 가운을 걸쳤는데, 커피를 들고 시가를 문 채 슬리퍼를 끌고 나타났다." 디리클레의 외모는 이처럼 자유분방한 스타일이었지만 내면적으로는 증명과 논리 전개의 엄밀성에 대해 당대의 누구도 따라올 수 없는 강한 열정을 불태우는 사람이었다. 베를린의 동료였던 야코비는 디리클레의 첫 후원자였던 알렉산더 폰 훔볼트에게 다음과 같이 썼다. "완벽하게 엄밀한 증명이 무엇인지 아는 사람은 나도 코시도 가우스도 아니고 오직 디리클레뿐입니다. 코시가 뭔가 증명했다고 말하면 나는 옳을 가능성이 반반이라고 봅니다. 가우스가 그랬다면 거의 옳다고 봅니다. 하지만 디리클레가 그랬다면 확실합니다."

괴팅겐의 사교계는 디리클레의 정착을 계기로 크게 바뀌었다. 그의 아내 레베카Rebecka는 유명한 작곡가 멘델스존Felix Mendelssohn의 누이였는데 괴팅겐의 따분한 분위기에 짜증이 났다. 그래서 어쩔 수 없이 떠나야만 했던 베를린의 사교계 분위기를 되살리기 위하여 자주 파티를 열었다.

디리클레는 교육계의 권위적 체계를 좋아하지 않았으므로 리만은 새로 온 이 교수와 수학에 대해 자유롭게 토론할 수 있었다. 베를린에서 괴팅겐으로 돌아온 리만은 그동안 약간 외톨이로 지냈었다. 만년의 가우스는 엄격한 성품의 사람인 데다 리만은 또 수줍은 성격이었으므로 애석하게도 리만은 이 위대한 스승과 많은 대화를 나누지 못했다. 가우스와 대조적으로 디리클레는 편안한 사람이었다. 따라서 그는 리만처럼 토론의 분위기에 민감한 사람에게는 완벽한 상대였고 이에 따라 리만은 마음을 열기 시작했다. 새 교수에 대하여 리만은 아버지께 다음과 같이 썼다. "다음 날 아침 저는 디리클레 교수와 두 시간 동안 이야기를 나누었습니다. 그 분은 제 학위논문을 읽고 매우 친근하게 대해 주셨습니다. 저와 그 분 사이의 지위 차이를 생각하면 이는 감히 바라지도 못할 호의였습니다."

반대로 디리클레는 리만의 겸손함과 논문의 독창성을 높이 평가했다. 심지어 때때로 디리클레는 도서관에 있던 리만의 옷자락을 끌고 괴팅겐의 교외로 나가 함께 산책하기를 즐겼다. 리만은 이에 대하여 변명에 가까운 투로 아버지께 편지를 써서 이처럼 수학을 잠시 잊는 것이 오히려 집에서 책 속에 계속 몰입하는 것보다 과학적 측면에서는 더 많은 도움이 되었다고 말했다. 이와 같이 디리클레와 함께 니더작센 주의 숲을 거닐면서 나누었던 대화를 통해 리만은 자신이 다음 단계로 나아갈 방향에 대한 영감을 얻게 되었다. 바야흐로 리만은 완전히 새로운 소수의 세계를 열어젖히게 되었던 것이다.

제타함수 – 수학과 음악 사이의 대화

1820년대 파리에서 살던 디리클레는 청년 가우스가 펴낸 위대한 논문 「정수론 연구Disquisitiones Arithmeticae」를 보고 열광에 휩싸였다. 나중에 이 책은 수론을 독립적 분야로 확립시킨 기념비적 업적으로 평가 받게 된다. 하지만 처음에 사람들은 가우스가 좋아하는 간결한 문체를 꿰뚫어 보지 못해서 이를 이해하는 데에 많은 어려움을 겪었다. 이 점은 디리클레도 마찬가지였지만 대하는 마음 자세는 사뭇 달랐다. 디리클레는 난관을 극복하면서 문장 하나하나를 읽어 내려갈 때마다 희열을 만끽했다. 저녁이면 그는 이 책을 베개 밑에 깔고 자면서 다음 날 아침에 다시 읽으면 난해했던 구절이 깨끗하게 이해될 수 있기를 바랐다. 가우스의 이 논문은 '일곱 겹으로 봉인된 책book of seven seals' 이라는 별명이 붙을 정도였다. 하지만 디리클레의 꿈과 노력 덕분에 봉인들은 마침내 모두 헤쳐졌고 본래의 가치를 모든 사람들로부터 인정받게 되었다.

디리클레는 가우스의 시계산술로부터 많은 흥미를 느꼈다. 특히 그는 일찍이 페르마가 주목했던 패턴에서 유래하는 추측에 관심을 가졌다. 페르마는 문자판이 N시간으로 만들어진 시계계산기에 소수를 넣으면 바늘이 1시를 가리키는 경우가 무한히 나타날 것이라고 추측했다. 예를 들어 문자판에 4시까지 그려진 시계계산기에 여러 가지 소수를 계속 넣으면 페르마의 추측에 따를 경우 4로 나누어 1이 남는 소수들, 곧 5, 13, 17, 29와 같은 소수들이 무한히 나타난다.

1838년 서른세 살이 된 디리클레는 페르마의 직관이 옳다는 증명을 내놓음으로써 수론에 자신의 흔적을 남겼다. 디리클레는 언뜻 보기에 아무 관련도 없을 것 같은 수학 여러 분야의 내용들을 잘 결합해서 이 결론을 이끌어냈다. 고대 그리스의 유클리드는 소수가 무한히 많다는 사실을 증명할 때 교묘하기는 하지만 아주 초보적인 논리를 이용했다. 하지만 디리클레는 이때 오일러 시대의 수학계에 처음 소개된 사뭇 복잡한 모습의 함수를 동원했다. 그 이름은 제타함수zeta function이고 기호로는 그리스 문자 제타(ζ)를 사용하는데, 구체적인 모습은 다음과 같다.

$$\zeta(x) = \frac{1}{1^x} + \frac{1}{2^x} + \frac{1}{3^x} + \cdots + \frac{1}{n^x} + \cdots$$

제타함수에 x를 대입했을 때 나오는 값을 계산하려면 3단계의 과정을 거쳐야 한다. 먼저 $1^x, 2^x, 3^x, \cdots, n^x, \cdots$의 값을 계산한다. 다음으로 이 각각에 대한 역수의 값을 계산한다(예를 들어 2^x의 역수는 $1/2^x$이다). 끝으로 둘째 단계에서 얻은 역수들을 모두 더한다.

이런 과정은 좀 복잡하게 보인다. 하지만 1, 2, 3, ⋯ 이라는 자연수가 제타함수의 정의에 포함된다는 사실로부터 수론 연구가들은 이 함수가 수론의 연구에 뭔가 유용할 것이라는 암시를 받는다. 그런데 이 식에 무한개의 합이 내포되어 있다는 사실은 불리한 점으로 여겨진다. 어쨌든 이 함수가 소수의 연구에 최적의 도구로써 막강한 위력을 발휘하리라는 점을 처음부터 내다볼 수학자는 거의 없었을 것이다. 실제로 이는 거의 우연적으로 발견되었다.

이와 같은 무한합에 대한 수학자들의 흥미는 음악에 대한 고대 그리스인들의 발견에까지 거슬러 올라간다. 음악과 수학 사이에 뭔가 근본적인 관계가 있다는 사실을 처음 깨달은 사람은 피타고라스였다. 그는 항아리에 물을 가득 채우고 망치로 두드렸을 때 나오는 음에 귀를 기울였다. 다음으로 그는 항아리에 물을 절반만 채우고 두드렸을 때 나오는 음과 처음 음을 비교했다. 그랬더니 둘째 음은 첫째 음과 화음을 이루는 한 옥타브 높은 소리임을 알 수 있었다. 또한 이런 과정을 되풀이하여 물을 삼분의 일, 사분의 일로 줄이면서 나오는 소리를 처음 소리와 함께 울리면 계속해서 화음이 만들어진다는 점도 알게 되었다. 하지만 이런 비율이 아닌 경우에는 불협화음이 되었다. 다시 말해서 음들 사이에 어떤 특정의 비율이 성립할 때 우리의 귀에 아름다운 화음으로 들린다. 피타고라스는 1, 1/2, 1/3, 1/4, ⋯ 로 계속되는 수들이 조화를 이룬다는 사실로부터 전 우주는 음악에 의하여 제어된다는 믿음을 갖게 되었다. 그리고 이것이 바로 그가 '천상의 음악the music of the spheres'이라고 불렀던 표현의 유래이기도 하다('the music of the spheres'는 태양·달·행성 등이 조화로운 운행을 한다는 사실을 가리킨다. 이런 뜻으로의 music은 통상적인 '음악'이 아니라 고대 그리스인들이 품었던 특수한 철학적 또는 수학적 관념을 나타낸다: 옮긴이).

피타고라스가 음악과 수학 사이의 산술적 관계를 발견한 이래 많은 사람들은 이 두 분야가 공유하는 미학적 및 물리적 특성을 비교해 왔다. 바로크 시대 프랑스의 작곡가인 라모Jean-Philippe Rameau는 1722년 "음악과 그토록 오래 함께 해 왔음에도 불구하고 음악에 대한 지식을 진정으로 이해하게 된 것은 수학의 도움에 의해서였다는 사실을 고백하지 않을 수 없다"라고 썼다. 오일러도 음악이론을 수학의 일부로 편입하려고 했다. 이 과정에서 그는 "올바른 원리들을 이용하여 서로 잘 섞여 들어가 조화를 이루는 음들에 관한 모든 것을 체계적으로 기술하고자" 했다. 오일러는 어떤 음들이 아름답게 들리는 이유의 배경에는 소수가 있을 것이라고 믿었다.

많은 수학자들이 자연스럽게 음악에 끌린다. 오일러는 하루의 힘든 일과가 끝나면 클라비어clavier를 연주하며 피로를 풀었다. 대학교의 수학과들 가운데 구성원들로 교향악단을 만들고자 할 경우 어려움을 겪는 곳은 거의 없다. 두 분야 모두 세기(헤아리기)를 근본으로 한다는 점에서 밀접한 수적 관련이 있다. 라이프니츠Gottfried Leibniz는 "음악은 인간의 마음에 세는 줄 모르는 채 세는 즐거움을 선사해 준다"라고 말했다. 하지만 두 분야 사이에는 이보다 훨씬 심오한 공명이 울려 퍼진다.

수학은 도처에서 아름다운 증명과 우아한 해법이 강조되는 미학적 분야다. 오직 특별한 미적 감각을 가진 사람들만이 수학적 발견을 할 수 있다. 수학자들은 애타게 찾던 섬광이 머릿속을 문득 스칠 때 서로 다른 음으로 표시되지만 내적인 조화를 가진 여러 음을 발견하고 이것들을 피아노의 건반에 쏟아 내는 것과 같은 느낌을 받는다.

하디는 자신이 수학에 끌린 이유는 오직 그 창조적 측면 때문이라고 말했다. 심지어 나폴레옹이 설립한 학교들에서 연구하던 프랑스 수학자들 가운데도 수학을 연구하는 이유는 실용적 응용성이 아니라 그 내적 아름다움 때문이라고 말한 사람들이 있었다. 수학을 탐구할 때와 음악을 들을 때 느끼는 심미적 경험에는 공통점이 많다. 어떤 음악을 되풀이해 듣노라면 이전에 놓쳤던 음률들이 자꾸만 새롭게 발견되듯, 수학자들도 어떤 증명을 여러 번 읽음으로써 거기에 담긴 미묘한 뉘앙스들이 새롭게 드러나고 갈수록 면밀히 엮어짐을 자연스럽게 깨닫는다. 하디는 어떤 증명을 좋은 증명이라 할 것인지에 대해 다음과 같이 말했다. "궁극적 판단은 모든 아이디어들이 조화롭게 맞아 들어가는지에 달려 있다. 요컨대 제일의 기준은 아름다움이다. 추한 수학에 영원한 안식처라고는 없다." 하디는 또한 "수학적 증명은 단순하고 선명한 별자리와 같아야 한다. 은하수처럼 산만해서는 안 된다"라고 말했다.

수학과 음악 모두 고유의 전문 기호로 나타낸다. 이를 통해 수학자들은 각자 발견하거나 창조해 낸 패턴을 명확히 기술한다. 하지만 음악은 단순히 오선지 위에 그려진 여러 음표들 이상의 것이다. 마찬가지로 수학적 기호들도 우리들 마음속에서 연주될 때에야 비로소 생생하게 살아난다.

피타고라스가 발견했듯 수학과 음악이 미학적 분야에서만 겹치는 것은 아니다. 음악의 물리적 원리는 수학의 기초에 뿌리를 내리고 있다. 병의 입구 위로 바람을 불면 '웅' 하는 울림소리가 나온다. 다음으로 약간의 기교를 써서 좀더 세게 불면 이보다 높은 소리들을 들을 수 있는데, 이것들은 처음 소리보다 진동수가 2배, 3배, … 등으로 증가하는 배음(倍音)들이다. 실제로 음악가들이 악기로 연주를 할 때면 병의 입구로 바람을 불어서 얻은 것과 같은 배음들이 무한히 만들어진다. 각 악기들이 고유의 소리를 내는 것은 이러한 배음들 때문이다. 악기들은 모두 서로 다른 모습을 가지는데, 이 구조의 차이 때문에 악기들이 내는 배음들의 구성도 달라진다. 예를 들어 클라리넷의 경우 기본음에 더하여 진동수가 3배, 5배, 7배, …로 올라가는 홀수의 배음들만 만들어진다. 그러나 바이올린의 현을 켜면 피타고라스가 항아리로 만들었던 것처럼 진동수가 2배, 3배, 4배, …로 올라가는 자연수의 배음들이 모두 만들어진다.

진동하는 바이올린의 현에서 나오는 소리가 기본음 및 배음들의 무한합이므로 수학자들은 당연히 수학적으로 이에 대응하는 식에 흥미를 가졌다. 진동수가 2배, 3배, 4배, …로 된다는 것은 현의 길이를 1/2, 1/3, 1/4, …로 줄여서 소리를 내는 것에 해당한다. 따라서 수학적으로 이는 $1+(1/2)+(1/3)+\cdots$ 라는 무한합으로 나타낼 수 있는데, 언제인가부터 이 합은 조화급수harmonic series라고 불려졌다. 조화급수는 이미 소개한 제타함수의 x에 1을 대입해서 나오는 식과 같다. 이 식의 모습에서 알 수 있듯, 나중에 더해지는 항의 크기는 갈수록 줄어든다. 하지만 14세기 때부터 이미 수학자들은 이 합이 결국에는 무한대가 된다는 점을 알고 있었다.

다시 말해서 제타함수에 1을 대입한 결과는 무한대이다. 그렇지만 1보다 큰 수를 대입하면 무한대로 발산하지 않는다. 예를 들어 $x = 2$를 넣으면 다음 식이 나온다.

$$\frac{1}{1^2} + \frac{1}{2^2} + \frac{1}{3^2} + \frac{1}{4^2} + \cdots = 1 + \frac{1}{4} + \frac{1}{9} + \frac{1}{16} + \cdots$$

이 식을 좀 자세히 살펴보면 조화급수에 들어 있는 항들 가운데 일부만 모아 놓은 것과 같음을 알 수 있다. 따라서 그 합도 조화급수의 합보다 작을 것이라고 예상할 수 있다. 오일러는 이런 예상을 토대로 그 합은 무한대가 아니라 어떤 일정한 수가 될 것이라고 보았다. 실제로 이 합이 정확히 얼마인가 하는 문제는 오일러 시대에 제기된 유명한 문제 가운데 하나였다. 그때까지 최선의 추측은 8/5 부근의 어떤 값일 것이라는 정도였다. 1735년 오일러는 "이 급수에 대해 그토록 많은 연구가 이뤄졌음에도 앞으로 어떤 새로운 돌파구가 열릴 것 같지는 않다. … 나 또한 이에 대해 계속 생각해 왔지만 대충 어림잡을 수 있을 뿐 정확한 답은 여전히 오리무중이다"라고 썼다.

하지만 오일러는 이전의 연구 결과들로부터 용기를 얻어 이 무한합에 다시 도전했다. 그는 루빅스 큐브Rubik's cube를 맞추기 위해 무작정 이리저리 돌리듯 이 급수에 대해서도 온갖 방법을 적용해 보았다. 그러던 어느 날 오일러는 이 급수가 돌연 다른 모습으로 바뀔 수 있음을 발견했다. 루빅스 큐브의 색깔들이 차례로 맞춰져 가듯, 이 과정에서 급수는 처음과 전혀 다른 패턴으로 탈바꿈되었다. 오일러는 이에 대해 "나는 애초에 거의 예상할 수 없었던 우아한 결과를 얻었는데 이는 원주율과 밀접한 관련이 있었다"라고 썼다.

어쩌면 무모하다고 할 분석을 거쳐 오일러는 마침내 이 급수의 합이 원주율의 제곱을 6으로 나눈 것과 같다는 점을 밝혀냈다.

$$1 + \frac{1}{4} + \frac{1}{9} + \frac{1}{16} + \cdots = \frac{1}{6}\pi^2$$

한 가지 특기할 것은 $\frac{1}{6}\pi^2$도 무리수이므로 소수로 쓸 경우 π처럼 소수점 아래로 불규칙적인 수가 무한히 이어진다는 점이다. 그런데 오일러는 그 혼돈 속에 이와 같은 질서가 내포되어 있다는 점을 보여 주었다.

실로 이는 오늘날에 이르도록 수학의 전 분야에 걸쳐 가장 흥미로운 계산 결과 가운데 하나로 꼽힌다. 따라서 오일러 당시의 수학자들이 커다란 충격으로 받아들였을 것은 당연한 일이었다. 언뜻 아주 단순하게 보이는 1+(1/4)+(1/9)+(1/16)+⋯이라는 무한합이 π와 마찬가지의 혼란스런 모습을 보이리라고 그 누가 예상할 수 있었을 것인가?

이상과 같은 성공을 거둔 오일러는 제타함수에 다른 값을 대입했을 때의 결과에 대해서도 조사해 보기로 했다. 그는 제타함수에 1보다 큰 수를 대입하면 어떤 유한한 값이 되리란 점을 알고 있었다. 이후 여러 해 동안 외로운 탐구를 계속한 그는 모든 짝수에 대한 제타함수의 값을 밝혀냈다. 하지만 제타함수에는 또 다른 불만족스런 점이 있었다. 제타함수에 1보다 작은 값을 대입하면 언제나 무한대로 발산한다. 예를 들어 −1을 넣으면 그 결과는 $1 + 2 + 3 + 4 + \cdots$로서 무한대가 된다. 요컨대 제타함수는 1보다 큰 값을 대입할 때만 일정한 값에 수렴한다.

$\frac{1}{6}\pi^2$과 같은 무리수가 아주 단순한 분수들의 합으로 표현된다는 점을 보여 준 오일러의 연구 성과는 제타함수가 전혀 관계없을 것으로 여겨지는 수학의 여러 분야를 한데 엮을 고리가 될 수도 있다는 점을 보여 주는 첫 암시

가 되었다. 하지만 오일러는 이보다 더욱 예측불가능한 수열을 사용하여 두 번째의 기이한 연결고리를 찾아냈다.

다시 써 보는 고대 그리스의 소수 이야기

소수의 이야기는 어느덧 오일러의 이야기로 접어드는데, 그 계기는 $\frac{1}{6}\pi^2$에 대한 그의 허술한 분석을 엄밀한 수학적 토대 위에 새로 정립하는 데에서 찾을 수 있다. 오일러는 모든 수를 소수의 곱으로 나타낼 수 있다는 고대 그리스인의 발견과 자신이 만든 무한합을 비교해 보았다. 그랬더니 놀랍게도 제타함수를 이용한 또 다른 소수 표현이 떠올랐다. 예를 들어 1/60의 경우 아래 식과 같이 모든 수는 소수의 곱으로 표현된다는 사실을 이용해서 소수의 역수라는 분수들의 곱으로 나타낼 수 있다.

$$\frac{1}{60} = \frac{1}{2} \times \frac{1}{2} \times \frac{1}{3} \times \frac{1}{5} = \left(\frac{1}{2}\right)^2 \times \frac{1}{3} \times \frac{1}{5}$$

이런 방법을 이용하면 조화급수를 굳이 모든 분수의 무한합으로 표현할 필요가 없다. 곧 모든 분수는 소수를 분모로 갖는 분수들로 분류하고 이것들의 곱으로 나타내면 되며, 이 새로운 방법은 오늘날 '오일러곱Euler's product'으로 불린다. 이 식은 덧셈과 곱셈의 세계를 서로 연결해 주는데, 아래의 맨 마지막 식에 "모든 수는 소수의 곱으로 표현된다"는 사실이 내포되어 있다.

$$\zeta(x) = \frac{1}{1^x} + \frac{1}{2^x} + \frac{1}{3^x} + \cdots + \frac{1}{n^x} + \cdots$$
$$= \left(1 + \frac{1}{2^x} + \frac{1}{4^x} + \cdots\right) \times \left(1 + \frac{1}{3^x} + \frac{1}{9^x} + \cdots\right) \times \cdots \times \left(1 + \frac{1}{p^x} + \frac{1}{(p^2)^x} + \cdots\right) \times \cdots$$

언뜻 보면 오일러곱은 소수를 이해하려는 우리의 노력에 별 도움을 줄 것 같지 않다. 고대 그리스인들이 2,000년 전부터 알고 있는 사실을 약간 달리 표현한 것에 지나지 않는다고 할 수 있기 때문이다. 실제로 오일러도 자신이 이렇게 바꿔 쓴 것의 중요성을 미처 다 헤아리지 못했다.

오일러곱의 중요성은 다시 백 년의 세월을 기다려 디리클레와 리만의 통찰에 의하여 드러났다. 이들이 19세기의 새로운 관점으로 고대 그리스의 보석을 응시했더니 옛 사람들은 전혀 상상하지도 못했던 새로운 수학적 지평이 떠올랐다. 베를린에 있을 때 디리클레는 오일러가 제타함수를 이용해서 그리스인들이 2,000년 전에 증명했던 소수의 성질을 나타냈다는 데에 흥미를 느꼈다. 오일러가 제타함수에 1을 대입했더니 $1 + (1/2) + (1/3) + \cdots$ 이라는 조화급수가 나왔고 그 합은 무한대로 발산한다. 이런 결과는 바로 소수의 개수가 무한임을 보여 준다. 이를 이해하는 핵심적 열쇠는 제타함수와 소수 사이의 밀접한 관계를 보여 주는 오일러곱에 있다. 고대 그리스의 유클리드는 아득히 오래 전에 이미 소수가 무한하다는 사실을 증명했지만 오일러의 증명은 유클리드가 사용했던 것과 전혀 다른 개념들에 근거한 것이었다.

평소 잘 알고 있는 것이라도 새로운 말로 표현하면 새삼스레 도움이 되는 경우가 많다. 디리클레는 오일러의 새 표현에서 자극을 받아 무한히 많은 소수가 시계계산기의 1시를 가리킬 것이라는 페르마의 추측을 증명하는 데에 제타함수를 사용했다. 유클리드의 방법은 페르마의 추측을 증명하는 데에 아무런 도움이 되지 않았다. 이에 디리클레는 오일러의 방법을 사용함으로써 1시를 가리키는 소수들만 추려 내고자 했다. 기대했던 대로 이 시도는 성공했다. 그리하여 디리클레는 소수의 새로운 성질을 밝혀내는 데에 오일러의 방법을 이용한 첫 번째의 수학자가 되었다. 이 성공은 독특한 소수의 세계로 다가가는 큰 발걸음으로 평가 받았다. 하지만 궁극적으로 찾는 성배(聖杯 Holy Grail)는 아직도 요원했다.

디리클레가 괴팅겐으로 옮겨 온 뒤 제타함수에 대한 그의 흥미가 리만에게 전염되는 것은 오직 시간 문제에 지나지 않았다. 당연히 디리클레는 이 무한합의 위력에 대해서도 리만에게 이야기해 주었을 것으로 보인다. 하지만 이때 리만의 머리를 가득 채운 것은 코시가 섭렵하고 있는 기묘한 복소수의 세계였다. 다른 수학자들은 제타함수에 보통의 수를 넣으며 연구를 진행했지만 리만이 보기에 제타함수는 복소수를 넣으면서 분석해 볼 여러 함수들 가운데 하나였을 따름이었다.

그런데 이 과정에서 리만의 눈앞에 신기하고도 새로운 광경이 펼쳐졌다. 자신의 책상을 덮고 있는 종이에 수많은 식을 써 내려가면서 리만은 더욱 깊은 흥분에 빠졌다. 그는 자신을 추상적인 복소함수의 세계로부터 빼내 소수의 세계로 끌고 가는 웜홀wormhole(웜홀은 만물을 빨아들이기만 하는 블랙홀과 토해 내기만 하는 화이트홀을 연결하는 통로로 시공간 여행의 지름길이 될 수 있다. 벌레가 지나가는 길을 연상케 하므로 이런 이름을 붙였지만, 화이트홀의 존재가 입증되지 않았으므로 이 또한 현재로서는 가상적 경로에 지나지 않는다: 옮긴이)에 빨려 드는 것처럼 느껴졌다. 갑자기 그는 소수의 개수에 대한 가우스의 추측이 왜 가우스가 예측한 것처럼 행동하는지에 대해 설명할 방법을 찾을 수 있을 것처럼 여겨졌다. 리만은 제타함수를 사용한다면 가우스의 소수추측에 대한 열쇠가 금방이라도 손아귀에 들어올 듯 보였다. 어쩌면 가우스가 그토록 바라던 증명을 이룰 수 있을지도 모른다. 그러면 수학자들은 가우스의 로그적분과 소수의 실제 개수 사이의 차이가 갈수록 줄어든다는 사실을 확신하게 될 것이다. 하지만 리만의 발견은 이런 수준을 훨씬 뛰어넘는다. 그는 자신이 소수를 전혀 새로운 관점에서 쳐다보고 있다는 사실을 깨달았다. 제타함수는 갑자기 소수의 비밀이 담긴 음악을 연주하기 시작했던 것이다.

그런데 학창시절 그토록 리만을 괴롭혔던 완벽주의의 잔재는 그로 하여금 자신의 발견에 대한 기록을 거의 남기지 못하게 했다. 리만은 또한 가우스의 영향을 받아 논리적 흠결이 전혀 없는 완벽한 증명이 이뤄진 다음에야 공표한다는 자세를 갖게 되었다. 하지만 아무리 그렇다 하더라도 리만은 자신이 듣고 있는 이 새로운 음악에 대해서는 뭔가 약간의 풀이나 설명을 하고자 하는 욕망에 휩싸였다. 게다가 그는 최근에 베를린아카데미의 회원으로 선출되었는데, 새 회원은 자신의 연구 분야를 소개하는 게 관례였다. 사정이 이렇게 되자 리만은 이 새로운 아이디어에 대한 논문을 써야 했다. 이를 발표할 때 베를린대학교에서 박사학위 과정의 학생으로 2년을 지내는 동안 디리클레로부터 많은 영향과 지도를 받은 데 대해 감사의 뜻을 표하는 게 적절할 것이다. 베를린은 또한 복소수가 펼쳐 보이는 놀라운 세계를 맛보게 해 준 곳이기도 하니까 말이다.

1859년 11월 리만은 베를린아카데미의 월간지에 자신의 발견을 담은 논문을 발표했다. 밀도 있는 수학적 논의로 가득 찬 10쪽의 이 논문은 리만이 소수에 관해 쓴 유일한 것이었지만 그것을 이해하는 데에 심대한 영향을 미쳤다. 제타함수는 리만에게 소수를 보는 새로운 관점을 제공했다. 마치 『이상한 나라의 앨리스』처럼 리만의 논문은 수학자들을 익숙한 세계로부터 토끼구멍으로 끌어들여 새로울 뿐 아니라 때로 직관에 어긋나는 수학적 영토로 인도했다. 하지만 이후 수십 년 동안 이 새로운 관점에 점점 익숙해짐에 따라 수학자들은 리만의 아이디어에 담긴 필연성과 천재성을 깊이 깨닫게 되었다.

비록 최상의 업적이기는 했지만 이 10쪽짜리 논문은 많은 사람들을 좌절케 하기도 했다. 리만도 가우스처럼 자기의 글에 지나온 자취를 남기지 않았다. 나아가 그중 많은 주장들에 대하여 리만은 증명할 수는 있지만 아직 출판할 준비는 되지 않았다는 감질나는 구절을 덧붙여 놓았다. 따라서 어떤 면에서 보자면 리만과 같은 성품의 수학자가 이토록 논리적 흠결이 많은 논문을 썼다는 것은 기적이라고 말할 수도 있다. 만일 리만이 준비가 미흡하다는 이유로 이 논문을 계속 미뤘더라면 스스로도 증명할 수 없었다고 고백한 놀라운 추측 하나는 영원히 햇빛을 볼 수 없었을 것이다. 그의 이 10쪽짜리 논문에서 거의 숨겨지다시피 삽입된 이 추측에는 오늘날 백만 달러의 꼬리표가 붙어 있는데, 이른바 '리만 가설'이란 게 바로 그것이다.

리만은 이 논문에 실린 다른 많은 주장과 달리 이 가설에 대해서는 자신의 한계를 깨끗이 고백하고 있다. "이 가설에 대한 엄밀한 증명을 얻는다면 물론 좋을 것이다. 하지만 나는 몇 번의 공허한 시도 끝에 잠시 접어 두기로 했다. 이 문제가 지금 당면한 여러 연구 과제에 꼭 필요한 것은 아니기 때문이다." 베를린아카데미에 제출한 이 논문의 주된 목표는 소수의 개수를 헤아려 갈수록 가우스가 제시한 함수는 소수의 진짜 개수에 대해 점점 더 좋은 어림이 된다는 점을 밝히는 데에 있었다. 당시 수학자들은 그들의 계산 범위를 초월하므로 실제로 확인할 수는 없었지만 리만은 가우스의 소수추측이 옳다는 점을 궁극적으로 확립할 수단은 찾아 놓았다. 리만은 모든 답을 제시하지는 않았다. 하지만 그의 논문에는 오늘날에 이르도록 수론이 나아갈 방향을 제시하는 완전히 새로운 접근법이 담겨 있다.

리만의 발표를 들었더라면 그 누구보다 기뻐했을 디리클레는 이 논문이 나오기 몇 달 전인 1859년 5월 5일에 숨을 거두었다. 리만은 이 연구 성과에 힘입어 가우스를 계승하여 디리클레가 차지했지만 그의 죽음으로 다시 공석이 된 교수직에 취임했다.

제 4장

리만 가설, 무질서의 소수에서 질서의 영점으로

리만 가설은 소수를 음악으로 풀어 쓸 수 있다는 뜻의 수학적 서술이다.
소수에 음악이 들어 있다는 말은 이 수학적 정리의 시적 표현이다.
하지만 고도의 포스트모던 음악이다.
마이클 베리, 브리스틀대학교 교수

리만은 친숙한 수의 세계로부터 2,000년 전 소수를 탐구했던 고대 그리스인들은 꿈에도 생각하지 못할 생소한 수학의 세계로 가는 길을 발견했다. 그는 처음에 별 생각 없이 제타함수에 복소수를 대입하면서 이리저리 그 귀결을 조사했다. 비유하자면 수학적 연금술사라 하겠는데, 놀랍게도 이 혼합물로부터 여러 세대의 수학자들이 애타게 찾아 왔던 수학적 보물이 떠올랐다. 리만은 이렇게 얻은 아이디어를 10쪽짜리 논문에 꾸려 넣었으며, 이것이 소수에 관해 근본적으로 새로운 지평을 열게 되리란 사실을 잘 알고 있었다.

제타함수의 잠재력을 한껏 이끌어 낸 리만의 능력은 베를린에 있을 때 얻은 중요한 발견 그리고 이후 괴팅겐에서 진행된 박사과정 연구에서 유래한다. 리만의 박사학위 논문을 점검하면서 가우스는 이 젊은 수학자가 여러 함수에 복소수를 대입하고 조사하는 과정에서 보여 준 강렬한 기하학적 직관으로부터 커다란 감명을 받았다. 사실 가우스 자신도 복소수를 이용한 수학적 증명을 할 때 최종 단계에서 관념적 비계를 제거하기 전까지는 스스로 고안한 복소수의 기하학적 표현을 맘껏 활용했다. 복소함수에 대한 리만의 이론은 코시의 연구로부터 출발한다. 그런데 코시는 함수를 수식으로 정의한 반면 리만은 비록 수식이 출발점이기는 하지만 정말로 중요한 것은 이런 수식들로 규정되는 그래프의 기하학적 형태라는 생각을 덧붙였다.

그런데 문제는 복소수를 대입해서 얻어지는 함수의 그래프는 그릴 수 없다는 데에 있었다. 리만이 생각하는 그래프를 그리려면 4차원의 공간이 필요하기 때문이다. 수학자들이 생각하는 넷째 차원이란 것은 무엇일까? 스티븐 호킹Stephen Hawking의 책을 읽은 사람들은 '시간'이라고 대답할지도 모른다. 하지만 차원이란 본래 우리가 관심을 가진 어떤 것을 추적하는 데에 쓰이는 것이다. 물리학에서는 공간에 대해 셋, 그리고 시간에 대해 하나의 차원을 부여한다. 그런데 어떤 경제학자가 이자율, 인플레이션, 실업률, 국채 사이의 관계를 탐구하고자 한다면 경제를 4차원의 공간에서 분석하는 것에 해당한다. 이 공간에서 이자율이 증가하는 방향으로 움직이면서 함수의 모습을 관찰하면 어떤 특별한 경향을 발견하게 될 것이며, 이런 분석은 다른 차원들에 대해서도 마찬가지로 적용할 수 있다. 우리가 생활하는 공간은 3차원으로 되어 있으므로 이와 같은 4차원의 경제 모델을 직접 그려 낼 수는 없다. 하지만 그런 가능성 여부와 상관없이 이 모델은 4차원의 공간 안에서 여러 봉우리와 계곡들로 구성된 특유의 지형으로 나타날 것이란 점은 분명하다.

리만이 다루는 제타함수도 4차원의 공간에 있는 지형처럼 묘사된다. 이 가운데 두 차원은 제타함수에 대입할 복소수를 나타내는 데에 사용되며, 다른 두 차원은 대입한 결과로 나오는 두 가지의 함수값을 나타내는 데에 사용된다.

문제는 우리가 생활하는 일상 공간은 3차원 공간이기 때문에 복소함수의 그래프를 시각적으로 그려 낼 수 없다는 데에 있다. 수학자들은 수학 고유의 언어를 사용하여 고차원의 구조를 상상으로나마 볼 수 있다. 그런데 이와 같은 수학적 렌즈를 갖추지 못한 일반인이라고 해서 고차원의 세계를 전혀 파악할 수 없다는 뜻은 아니다. 이를 위한 한 가지 방법은 그림자를 생각하는 것이다. 우리 몸은 3차원 입체이지만 햇빛 때문에 땅에 비치는 그림자는 2차원의 도형이다. 해를 등지고 그림자를 만든다면 이것을 보고 그 사람이 누구인지 알아보기는 어려울 것이다. 하지만 옆모습을 비춘다면 얼굴의 윤곽을 통해 그림자의 주인을 식별할 수도 있을 것이다. 이런 방법을 응용하면 리만이 제타함수를 사용해서 만든 4차원의 지형에 대한 3차원의 그림자가 얻어지며, 우리는 이를 통해 리만이 품었던 아이디어를 충분히 만족스럽게 이해할 수 있다.

가우스가 복소수를 나타내기 위하여 만든 2차원의 지도는 제타함수에 대입할 수들이 살고 있는 공간이다. 동서로 뻗은 방향은 실수 그리고 남북으로 뻗은 방향은 허수의 크기를 나타낸다. 이 지도 자체는 2차원이므로 보통의 종이처럼 책상 위에 펼칠 수 있다. 다음으로 할 일은 이 지도 위에 어떤 3차원의 지형을 만드는 것이다. 그러면 그 지형은 바로 제타함수의 그림자에 해당하며, 우리는 거기에 담긴 봉우리와 계곡들을 조사함으로써 제타함수의 성질을 이해하게 된다.

제타함수에 어떤 복소수를 대입해서 얻은 함수값은 2차원 지도에 있는 복소수의 수직 방향 위의 높이로 표현된다. 그런데 사람의 그림자가 주인의 세밀한 모습들을 완벽하게 재현할 수 없는 것처럼 이렇게 얻은 제타함수의

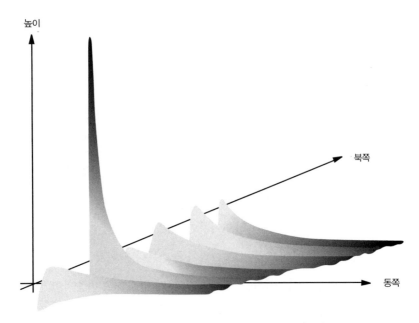

제타함수의 경관 — 리만은 이 그림의 서쪽 모습이 어떤지도 밝혀냈다.

그림자도 제타함수의 모든 정보를 다 드러내지는 못한다. 하지만 사람을 여러 방향에서 비추면 다양한 그림자가 만들어지고 이를 통해 아쉬운 대로 점점 더 많은 정보를 얻을 수 있다. 이와 마찬가지로 책상 위에 올려놓은 복소수 지도 위의 제타함수 그림자도 원하는 정보에 따라 다양한 모습으로 구축할 수 있다. 다행히도 이 다양한 모습 가운데 리만 가설을 이해하는 데에 충분한 정보를 제공해 주는 것이 하나 존재한다. 이것은 리만이 복소함수라는 거울 속 세상을 여행하면서 많은 도움을 얻었던 바로 그 경관에 해당한다. 그렇다면 제타함수의 특별한 모습을 드러낼 이 경관의 모습은 과연 어떤 것일까?

리만은 이 경관의 모습을 자세히 탐구하는 과정에서 몇 가지 핵심적 구조들을 마주쳤다. 이 지형의 동쪽 좌표축 어느 곳에 서서 멀리 동쪽으로 내다보면 땅의 높이는 부드러운 곡선을 그으며 계속 낮아지는데 무한히 먼 곳의 높이는 가상적인 바다 표면으로부터 한 단위에 해당한다. 다음에 리만은 몸을 돌려 서쪽을 향해 걸으면서 남북 방향의 모습이 어떤지 살펴보았다. 그러자 풍경은 사뭇 바뀌어 굽이치는 파도와 같은 모습이 한없이 펼쳐졌다. 이 파도들의 가장 높은 곳은 동쪽으로 한 단위 떨어진 곳에서 남북으로 그은 직선 위에 되풀이되어 나타난다(이 직선을 특이선critical line이라고 부른다). 그리고 이 직선과 동서로 달리는 좌표축이 마주치는 곳에는 엄청나게 높은 봉우리가 솟아 있는 게 보였다. 그런데 정확히 조사해 보니 이 봉우리의 높이는 무한대였다. 오일러가 이미 밝혔듯 제타함수에 1을 대입하면 무한대로 발산하는 조화급수가 나오며, 이 봉우리는 바로 이 경우에 해당한다. 위에 말했듯 이 봉우리의 남북 방향으로도 다른 봉우리들이 나타나지만 이것들은 모두 유한한 높이를 가진다. 북쪽으로 열 걸음 정도 걸어가면 첫 봉우리가 나오는데 그곳은 $1 + (9.986\cdots)i$라는 복소수가 위치해 있으며 봉우리의 높이는 고작 1.4 단위에 지나지 않는다.

만일 리만이 동쪽 좌표축의 1 단위에 해당하는 점에서 남북으로 이 지형을 잘라 그 단면을 보면 152쪽의 그림과 같을 것이다. 그런데 이 지형에서 리만은 한 가지 두드러진 특징에 눈길을 돌리지 않을 수 없었다. 특이선보다 서쪽에서는 제타함수의 산맥들이 어떻게 펼쳐질 것인지에 대해 아무것도 알 수 없었다는 사실이다. 오일러는 제타함수에 보통의 수를 대입하면서 난관에 처했는데 이제 리만도 똑같은 상황에 봉착한 것이었다. 특이선보다 서쪽에 있는 수에 어느 것을 대입하든 제타함수의 값은 무한대로 발산하고 만다. 하지만 특이선을 따라 남북으로 자리 잡은 봉우리들은 특이선이 동서로 뻗은 좌표축과 마주치는 점에 위치한 무한대의 봉우리를 제외한다면 모두 등반 가능한 것들이다.

제타함수에 대입한 결과야 어떻든 왜 이 경관은 특이선 서쪽으로도 굽이

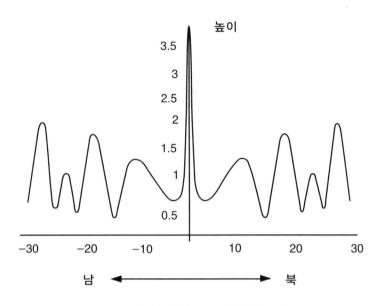

동쪽으로 한 단위 떨어진 곳에 위치한 특이선을 따라
남북으로 잘라서 살펴본 제타함수의 모습

치는 산맥들의 모습을 계속 보여 주지 않는 것일까? 아무리 생각해도 이 경관의 서쪽 모습이 특이선을 따라 꽉 막혀 있지는 않을 것 같다. 과연 이 장벽을 제거할 방법은 전혀 없는 것일까? 만일 제타함수를 철저히 믿는다면 이 경관은 오직 특이선의 동쪽으로만 펼쳐진다고 믿을 수밖에 없다. 특이선의 서쪽에서 제타함수는 사실상 아무런 의미가 없기 때문이다. 리만은 과연 이 난관을 돌파할 수 있을까? 한다면 어떻게?

다행히도 리만은 언뜻 불가능으로 여겨지는 이 난관을 끝내 극복했다. 독일의 교육혁명은 리만에게 프랑스 수학자들이 갖지 못했던 것을 갖추도록 해 주었다. 그는 위에서 본 가상적 지형을 낳은 수식은 단지 부차적인 모습일 따름이라고 믿었다. 정말 중요한 것은 본래의 4차원 그래프에 내포된 지형적 특성들이다. 그러므로 특이선 서쪽에서 제타함수는 무용지물처럼 보이지만 그곳의 지형은 다른 방식으로 나타낼 수 있을 것이다. 리만은 미지의 특이선 서쪽 경관을 보여 줄 새로운 수식을 만드는 데에 성공했다. 그리고 이것을 특이선 동쪽의 경관과 합쳐 보았더니 놀랍게도 아무런 균열 없이 매끄럽게 연결되었다. 따라서 예를 들어 이 가상적인 복소 지형을 탐사하는 여행자가 있다면 그는 오일러의 식으로 이미 알려진 특이선 동쪽으로부터 리만의 식으로 새롭게 알려진 특이선 서쪽으로 넘어가는 동안 거기에 어떤 '특이한 경계'가 있다는 사실을 전혀 알아차리지 못한다.

이렇게 해서 복소수 지도 전체를 덮는 완전한 경관을 파악하게 된 리만은 다음 단계로 접어들 수 있게 되었다. 박사학위 과정에서 이 단계에 이른 리만은 가상적인 복소수 경관에서 우리의 직관에 약간 어긋나지만 두 가지의 중요한 새 사실을 발견했다. 첫째, 이 지형은 매우 견고한 안정성을 갖고 있다. 특이선 서쪽의 영역을 펼치는 데에는 오직 한 가지 방법밖에 없다. 실제로 특이선 동쪽으로 오일러가 펼친 지형 자체로 이미 특이선 서쪽의 지형은 결정되어 버린다. 이 때문에 리만은 자신이 발견한 새 영토이면서도 그곳에 마음대로 언덕이나 골짜기를 만들 수 없었다. 새 영토를 조금만 변형시켜도 두 영역 사이에는 균열이 생기고 만다.

복소 지형의 이와 같은 견고성은 충격적 발견이었다. 이 지형의 지도 제작자가 그곳의 어느 작은 영역을 그리기만 하면 이를 기초로 나머지 전 영역의 지형이 결정되어 버린다는 뜻이기 때문이다. 바꿔 말하면 우리가 이 지형의 어느 좁은 영역에 있는 봉우리와 골짜기의 정보를 얻기만 하면 다른 모든 영역의 지형적 특성도 알게 된다는 뜻이다. 이는 실제 세계에 살고 있는 우리의 일상적 직관과 어긋난다. 예를 들어 어떤 지도 제작자가 옥스퍼드 부근의 지도를 그렸다고 해서 그것만으로 영국 전체의 지도를 자연스럽게 도출할 수 있다고 어떻게 장담할 수 있단 말인가?

하지만 리만은 이 새로운 수학 분야에서 또다시 두 번째의 중요한 발견을 했다. 그는 이 복소 지형의 DNA라 부를 만한 것을 찾아냈던 것이다. 2차원의 복소수 평면에서 지도를 그리는 사람은 이 지형 가운데 그 높이가 해수면과 닿는 지점, 곧 높이가 0인 지점들만 알면 전체 지형을 그려낼 수 있다는 사실이 그것이다. 따라서 이런 점들만 모은 지도는 어떤 복소 지형의 보물지도라고 말할 수 있다. 이는 참으로 놀라운 발견이었다. 실제 세계에 살고 있는 지도 제작자는 전 세계의 지형들 가운데 해수면과 같은 높이에 있는 모든 지점의 정보를 알고 있다 하더라도 그것만으로는 알프스산에 대해 아무것도 그려 낼 수 없다. 그러나 이 가상적인 복소 지형에서는 함수값이 0이 되는 곳들만 정해지면 나머지 지형이 모두 결정된다. 이 특이한 성질을 가진 지점들을 일컬어 제타함수의 근zeros of zeta function이라고 부른다.

천문학자들은 아주 먼 곳의 별에 직접 가 보지 않더라도 그곳의 화학적 조성을 분석해 낼 수 있다. 별이 방출하는 빛의 스펙트럼을 분광학적 분석법으로 조사해 보면 그 별에 있는 화학 성분들의 종류를 알아낼 수 있기 때문이다. 말하자면 제타함수의 근들은 화학 성분들의 정보가 담긴 스펙트럼과 같다. 따라서 리만은 복소 지형의 높이가 0인 곳들만 조사하고 표시하면 된다. 해수면과 같은 곳들의 좌표만 알면 해수면 이상의 어떤 지형도 모두 그려 낼 수 있기 때문이다.

리만은 자신의 출발점을 잊지 않았다. 이 제타 지형에서의 놀라운 발견은 제타함수에 대한 오일러의 식에서 유래했다. 게다가 모든 소수는 오일러곱의 형태로 쓰여질 수 있다. 리만은 만일 소수와 영점들이 같은 지형을 만들어 낸다면 이 둘 사이에는 뭔가 필연적인 관계가 존재할 것임에 틀림없다고 믿었다. 한 대상은 두 방법으로 만들어질 수 있다. 리만의 천재성은 다시 빛을 뿜어 이 두 가지가 한 수식의 두 측면이란 점을 밝혀냈다.

소수와 영점

리만이 어렵사리 찾아낸 소수와 제타 지형의 해수면 지점들 사이의 관계는 우리가 바랄 수 있는 가장 직접적인 결과이다. 가우스는 1부터 N까지 사이에 얼마나 많은 소수가 있는지 대략 추산하고자 했다. 하지만 리만은 영점들의 좌표를 이용해서 1부터 N까지 사이에 존재하는 소수의 정확한 개수를 알려 줄 식을 찾을 수 있게 되었다. 리만이 만들어 낸 식은 두 가지의 핵심적 요소를 갖고 있다.

첫째는 새로운 함수 $R(N)$으로 N보다 작은 소수의 개수를 추산하는 것인데 이는 가우스가 처음 내놓았던 식보다 상당히 개선된 형태의 것이다. 물론 리만의 이 식도 가우스의 식처럼 오차가 있기는 하다. 그러나 둘을 비교해 보면 리만의 식이 훨씬 작은 오차를 보여 준다. 예를 들어 가우스의 로그함수는 100만 이하의 범위에서 실제 소수의 개수보다 754개 더 많은 결과를

N	1부터 N까지에 있는 소수의 개수($\pi(N)$)	리만함수($R(N)$)의 오차	가우스함수($Li(N)$)의 오차
10^2	25	1	5
10^3	168	0	10
10^4	1,229	−2	17
10^5	9,592	−5	38
10^6	78,498	29	130
10^7	664,579	88	339
10^8	5,761,455	97	754
10^9	50,847,534	−79	1,701
10^{10}	455,052,511	−1,828	3,104
10^{11}	4,118,054,813	−2,318	11,588
10^{12}	37,607,912,018	−1,476	38,263
10^{13}	346,065,536,839	−5,773	108,971
10^{14}	3,204,941,750,802	−19,200	314,890
10^{15}	29,844,570,422,669	73,218	1,052,619
10^{16}	279,238,341,033,925	327,052	3,214,632

내놓는다. 반면 리만의 새 함수는 97개 더 많은 결과를 내놓는데 그 오차는 대략 1%의 1000분의 1 정도이다. 아래 표는 10^2부터 10^{16}까지의 여러 범위에 대하여 리만의 함수가 얼마나 더 정확한지 잘 보여 주고 있다.

리만의 새 함수는 가우스의 것을 토대로 개선한 것이지만 여전히 오차가 있다. 그런데 복소수 영역의 여행으로부터 그는 가우스가 꿈도 꾸지 못했던 새로운 방법을 찾아낼 수 있게 되었으며, 이는 바로 오차를 완전히 없애는 정확한 식이었다. 리만은 복소수 지도에서 제타 지형의 높이가 해수면과 같은 곳들의 지점들만 이용하면 이 오차를 없앨 수 있음을 깨달았다. 곧 소수의 개수를 정확히 계산할 식을 얻을 수 있다는 뜻이며, 이것이 바로 리만의 식에 내포된 둘째 요소이다.

오일러는 지수함수에 허수를 넣을 경우 사인파sine waves가 만들어진다는 놀라운 발견을 했다. 지수함수의 그래프는 매우 빠르게 증가하는데 허수와 관련을 지어 줌으로써 음파를 나타내는 데에 쓰이는 그래프로 탈바꿈되었다. 오일러의 이 발견은 일종의 도화선으로 작용하여 많은 수학자들로 하여금 이 기이한 관계를 보다 깊이 연구하도록 이끌었다. 리만은 복소수 평면에 그려진 영점들을 이용하면 오일러의 발견을 더욱 확장할 수 있을 것이란 점을 깨달았다. 이 거울 속 세상에서 리만은 이 영점들이 제타함수를 통해 고유의 특수한 파동으로 변환되는 방식을 알아냈다. 비유하자면 이 각각의 파동은 굽이치는 사인파의 변주곡과 같다.

이렇게 만들어진 파동의 특성은 이 파동에 대응하는 영점의 위치에 의하여 결정된다. 영점이 북쪽으로 멀리 떨어질수록 파동은 빠르게 진동한다. 이 파동을 음파로 본다면 제타 지형의 영점이 북쪽으로 멀리 떨어질수록 높은 소리가 나온다.

왜 이 파동 또는 음이 소수를 세는 데에 도움이 될까? 리만은 이 파동들의 세기를 조절해서 더해 주면 소수를 세도록 고안된 자신의 식에 내포된 오차가 말끔히 제거될 수 있다는 놀라운 발견을 했다. 리만이 만든 $R(N)$ 함수는 N까지 들어 있는 소수의 개수를 꽤 정확하게 계산해 준다. 하지만 여기에 N보다 큰 영점들에서 울려 나오는 적절한 세기의 음들을 더해 주면 소수의 개수를 완전히 정확하게 셀 수 있다. 오차가 완전히 사라지는 것이다. 리만은 가우스가 찾아 헤매던 성배, 곧 N까지의 소수를 정확하게 셀 수 있는 식을 얻어 낸 것이다.

리만의 발견을 간단히 요약하자면 "소수 = 영점 = 파동"이라고 말할 수 있다. 영점을 기초로 얻은 소수의 개수에 관한 리만의 식은 질량과 에너지의 관계를 직접적으로 밝힌 아인슈타인의 $E = mc^2$이란 식에 못지않을 극적인 식이다. 이 식은 관계와 변환의 식이다. 리만은 이를 통해 소수가 차례로 변환되는 모습을 목격했다. 소수는 제타 지형을 창조했으며 이 지형의 영점들은 소수의 비밀을 파헤치는 열쇠가 된다. 그런 다음 영점들이 파동과 같은 역할을 한다는 사실로부터 새로운 관계를 얻었다. 마지막으로 리만은 이 파동들을 이용하면 소수를 정확히 셀 수 있다는 사실을 보임으로써 전체 과정을 마무리지었다. 이 변환이 이토록 극적으로 완성된다는 데에서 리만은 벅찬 감동을 느꼈을 것임에 틀림없다.

리만은 소수의 개수가 무한하므로 제타 지형에 있는 영점의 개수도 무한하다는 사실을 잘 알고 있었다. 따라서 자신의 식에 내포된 오차를 제거하려면 무한히 많은 파동을 더해야 한다. 이와 같은 이야기는 그림으로 살펴보면 훨씬 깨끗하게 이해할 수 있다. 다음의 첫 그림에서 보듯 영점들의 파동을 더하지 않은 상태에서 리만함수 $R(N)$의 그래프는 매끄러운 곡선으로 그려진다. 반면 소수의 정확한 개수를 나타내는 $\pi(N)$의 그래프는 둘째 그림과 같은 계단의 모습이 된다. 하나는 매끄럽지만 다른 하나는 꺾임의 연속

이다.

  $R(N)$을 정확히 $\pi(N)$과 같은 모습으로 만들려면 제타 지형의 북쪽에 자리 잡은 무한개의 파동이 필요하다. 그러나 아래 셋째 그림에서 보듯 이 파동들 가운데 처음부터 차례로 30개만 골라서 더해도 상당히 극적인 변화를 보여 준다. 애초 $R(N)$의 매끈한 모습에 조그만 굴곡들이 더해져서 계단과 같은 $\pi(N)$의 모습이 드러남을 분명히 알 수 있다. 이처럼 파동들을 하나씩 더

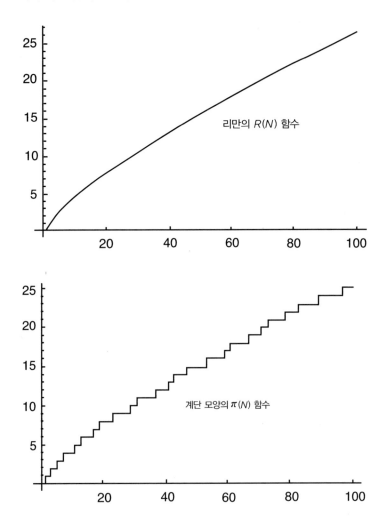

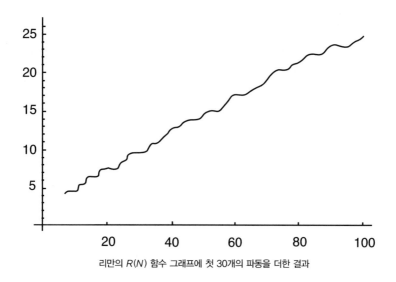

리만의 R(N) 함수 그래프에 첫 30개의 파동을 더한 결과

해 가면 매끄러운 그래프는 그에 대응하여 조금씩 변해 간다. 이렇게 하여 리만은 제타 지형의 북쪽에 있는 무한개 영점들의 파동을 모두 더하면 결국 $R(N)$은 $\pi(N)$과 정확히 일치될 것임을 깨닫게 되었다.

한 세대 전에 가우스는 자연이 소수를 택하기 위해 동전던지기와 비슷한 방식을 사용하리라는 생각을 했다. 그런데 이제 리만이 발견한 파동은 자연이 행하는 동전던지기의 실제 결과라고 말할 수 있다. 어떤 수 N에 작용하는 이 파동들의 세기는 이 수에 대해 자연이 던지는 동전의 면이 어느 것인지를 결정해 준다. 소수와 로그함수 사이의 관계에 대한 가우스의 발견은 소수의 개략적 행동을 보여 줄 뿐이다. 하지만 리만은 각각의 소수에 내포된 미세한 조정을 낱낱이 파헤쳤다. 이를테면 리만은 소수가 걸린 복권 번호의 비밀스런 기록을 발굴해 낸 것이다.

소수의 음악

여러 세기에 걸쳐 수학자들은 소수에 귀를 기울여 왔지만 불협화음만 들려왔다. 소수들은 수학적 악보 위에 어지러이 흩어져 있었기에 이것들로부터는 어떤 화음도 식별해 낼 수 없었다. 이제 리만은 이 신비로운 소리에 귀기울일 새로운 방법을 찾아냈다. 제타 지형의 영점들이 창조해 내는 사인파와 같은 모습의 파동들은 그동안 듣지 못했던 숨은 화음들을 드러내기 시작했다.

피타고라스는 일련의 항아리들에 여러 비율로 물을 채우고 두드림으로써 화음의 본질을 파악했다. 소수의 장인들이라고 할 메르센과 오일러는 화음에 대한 수학적 이론을 정립했다. 하지만 이들 가운데 누구도 소수와 음악 사이에 직접적 관계가 있다는 암시를 알아차리지 못했다. 이 음악을 듣는 데에는 19세기의 수학적 귀가 필요했다. 리만의 복소수 세상은 수많은 단순한 파동들을 쏟아 냈고 이것들을 적절히 더함으로써 소수가 흘리는 미묘한 화음을 듣게 되었다.

소수의 숨은 화음이 구체적으로 어떻게 이뤄지는가에 대해 획기적 기여를 한 수학자가 한 사람 있다. 조셉 푸리에Joseph Fourier란 이름의 이 수학자는 고아로 자랐는데 베네딕트 교단이 운영하는 군사 학교에서 교육을 받았다. 열세 살이 되도록 거칠게 살았던 이 소년은 차츰 수학의 매력에 빠져들었다. 푸리에는 성직자의 길을 가도록 예정되어 있었다. 하지만 1789년의 혁명은 그 전에 정해진 운명으로부터 그를 해방시켰다. 그리하여 그는 자신의 정열을 수학과 군사 분야에 몰입시킬 수 있었다.

푸리에는 혁명의 열렬한 지지자였고 덕분에 얼마 가지 않아 황제 나폴레옹의 눈에 띠게 되었다. 황제는 자신이 꿈꾸는 문화와 군사적 혁명을 이루기 위하여 새로운 학교들을 세워가고 있었으며 교사와 기술자들은 그 선봉에 나서게 되었다. 나폴레옹은 푸리에가 수학자로서뿐 아니라 교육자로서도 탁월한 능력이 있음을 보고 에콜 폴리테크니크의 수학 교육을 책임질 자리에 앉혔다.

이후 나폴레옹은 푸리에의 성취에 깊은 감명을 받았다. 그리하여 1798년 '개화'라는 명목으로 이집트를 침공할 때 '문화 군단Legion of Culture'이라고 편성한 부대에 그를 배치했다. 나폴레옹의 침공은 식민지배의 패권을 확대하는 영국을 견제하기 위해서였다. 하지만 이를 통해 고대 세계의 문화를 연구할 기회를 가진다는 목적도 포함되어 있었다. 나폴레옹의 지성적 군단은 북아프리카로 향하는 나폴레옹의 기함 로리앙L' Orient에 오르자마자 분주한 탐구 활동을 시작했다. 매일 아침 나폴레옹은 자신의 학문적 대사들에게 몇 가지의 주제를 던져 주고 저녁에 토론을 벌여 흥취를 돋우도록 했다. 선원들이 닻을 비롯한 항해 장비들과 씨름하는 동안 푸리에가 속한 문화 군단의 사람들은 지구의 나이라든지 다른 행성들에도 인간과 같은 생명체가 살고 있는지 등과 같은 나폴레옹의 다양한 지적 관심에 대처하느라 바빴다.

이집트에 도착한 이후 모든 게 계획대로 잘 진행되지는 않았다. 1798년 7월 나폴레옹은 피라미드 전투Battle of the Pyramids로 카이로를 점령했다. 하지만 그는 이집트인들이 푸리에와 같은 사람들에 의하여 추진되는 강제적 문화정책을 그다지 달가워하지 않는 것을 보고 실망했다. 어느 날 이집트인들의 야간 습격을 받아 300명에 이르는 부하들이 목을 베였다. 그런데 파리에 소요(騷擾)가 일어났다는 소식을 들은 나폴레옹은 이집트에서의 손실을 감수하고 프랑스로 회군하고 말았다. 이때 나폴레옹은 문화 군단에게 아무 말도 하지 않은 채 이들을 버리고 떠났다. 푸리에는 계급이 충분히 높지 못했기에 탈주를 감행했다가는 사살될 수 있었다. 그래서 사막 한가운데의 카이로에서 옴짝달싹도 못하고 머물게 되었다. 나중에 프랑스는 이른바 이집트의 '개화'를 영국에게 떠넘겼다. 그리하여 1801년 푸리에는 어찌어찌 프랑스로 다시 돌아올 수 있었다.

이집트에 있는 동안 푸리에는 사막의 찌는 듯한 열기에 매료되었다. 그래서 파리에 돌아온 뒤에도 자신의 방을 매우 높은 온도로 유지했으며 친구들은 지옥의 불길과 같다고 말했다. 푸리에는 뜨거운 열기가 건강에 좋을 뿐 아니라 어떤 병들은 치료까지 해 준다고 믿었다. 친구들은 그가 이집트의 미라처럼 천으로 몸을 둘둘 말 채 사하라와 같이 뜨거운 방에서 땀 흘리고 있는 모습을 보곤 했다.

열에 대한 푸리에의 유별난 기호는 그의 학문적 연구에도 영향을 미쳤다. 수학사에서 푸리에의 발자취는 열의 전달에 대한 분석에서 찾아볼 수 있다. 이 연구에 대해 영국의 물리학자 켈빈 경(卿)Lord Kelvin(본명은 윌리엄 톰슨 William Thomson인데 1892년 작위를 받아 켈빈 경으로 불리게 되었다: 옮긴이)은 '위대한 수학적 시'라고 평가했다. 1812년 파리아카데미는 열이 물체 속에서 어떻게 전달되는지에 관한 신비를 밝혀내는 사람에게 수리과학대상 Grand Prix des Sciences Mathematiques을 수여하겠다고 발표했는데 이를 들은 푸리에는 자신의 연구에 박차를 가했다. 그리하여 거기에 담긴 아이디어가 참신하고 중요하다는 이유로 이 상을 받게 되었다. 하지만 푸리에는 르장드르를 비롯한 몇 사람의 비평을 감내해야 했다. 수학 대상의 심사위원들은 푸리에가 여러 가지 실수를 저질렀으며 수학적 설명도 엄밀함과는 동떨어진 것이라고 지적했다. 푸리에는 이런 비판에 대해 마음속 깊이 분개했지만 사실 더 연구할 여지가 많다는 점도 깨닫게 되었다.

자신의 분석에 담긴 오류를 교정하는 동안 푸리에는 물리적 현상을 표현하는 그래프의 본질에 대해 좀더 깊이 이해하고자 했다. 이런 그래프의 예로는 시간에 따라 변해 가는 온도나 음파의 모습을 들 수 있다. 음파의 경우를 더 구체적으로 보면 이는 수평축으로 시간을 나타내고 수직축에는 음파의 세기와 진동수를 그려서 나타낼 수 있다.

푸리에는 먼저 가장 단순한 소리의 그래프로부터 시작했다. 만일 소리굽쇠를 진동시키고 그 파동을 그래프로 나타낸다면 순수하고도 완전한 사인파를 얻는다. 푸리에는 이와 같은 단순한 사인파를 여러 개 합칠 경우 점점 복잡한 모양의 파동이 만들어진다는 데에 관심을 가졌다. 예를 들어 바이올린으로 소리굽쇠의 음과 같은 높이의 음을 내면 진동수는 같지만 음색은 아주 다르다. 이미 이야기한 적이 있지만 바이올린의 현이 진동할 경우 꼭 기본음만 나오는 게 아니다. 여기에는 기본음의 진동수보다 2배, 3배, … 등의 진동수를 갖는 수많은 배음들이 더해진다. 이런 배음들의 진동수는 기본음을 내는 현의 길이를 1/2, 1/3, … 등으로 줄여서 냈을 때의 기본진동수와 같다. 이와 같은 배음들의 그래프도 모양 자체는 사인파이지만 진동수가 더 많을 뿐이다. 바이올린의 독특한 소리는 기본음이 가장 큰 영향을 발휘하는 가운데 수많은 배음들이 작으나마 고유의 영향을 미치며 함께 더해진 결과다. 그리고 이처럼 한데 합쳐진 음파의 그래프는 매끈한 사인파가 아니라 작은 톱니를 덧붙여 그린 사인파의 모습이 된다.

그렇다면 똑같은 높이의 음을 내는 바이올린과 클라리넷의 소리는 왜 또 서로 확연히 다르게 들릴까? 클라리넷으로 만들어지는 소리의 그래프는 사각 파동함수의 모습, 곧 성벽 꼭대기에 사각형으로 들쭉날쭉 만들어진 총안(銃眼)의 모습과 같다. 이처럼 클라리넷 음파의 그래프가 바이올린의 것과 다른 이유는 클라리넷의 구조가 기본적으로 양쪽 끝이 열린 관과 같기 때문이다. 반면 바이올린은 양쪽 끝이 고정된 현으로 구성되어 있다. 이와 같은 두 악기의 차이 때문에 같은 높이의 음이라도 파동의 구체적인 모습으로 결정되는 음색은 확연히 구별된다. 다시 말해서 두 악기의 음을 만들어 내는 데에 참여하는 배음들의 영향력은 서로 다르며, 이 때문에 이들이 합쳐져서 만들어지는 최종적인 파동의 모습에 차이가 난다.

푸리에는 여기서 한 걸음 더 나아갔다. 그는 각각의 악기뿐 아니라 심지어 어떤 오케스트라 전체가 내는 음도 구체적으로 분석하면 어떤 기본음에 수많은 배음들이 서로 다른 영향력을 미치면서 합쳐진 결과에 지나지 않는다는 점을 깨달았다. 그런데 소리굽쇠는 애초 어떤 기본음만 순수하게 울리도록 만들어졌다. 따라서 이론적으로 말하자면 수많은 악기들로 구성된 오케스트라의 음도 서로 다른 순수한 음만 울리도록 만들어진 엄청나게 많은 수의 소리굽쇠를 동시에 울림으로써 똑같이 만들어 낼 수 있다. 만일 어떤 사람의 눈을 가리고 이 두 음을 듣게 한다면 어느 게 오케스트라의 것이고 소리굽쇠의 것인지 구별할 수 없다. 실제로 이 원리는 오늘날 보는 CD에 음을 기록하는 데에 쓰인다. 이렇게 기록된 정보는 스피커로 하여금 음악을 구성하는 수많은 사인파를 동시에 울리도록 지시한다. 그러면 우리는 웅장한 오케스트라가 마치 우리의 거실에서 연주를 하는 것 같은 놀라운 체험을 하게 된다.

진동수가 다른 순수한 사인파들을 합쳐서 만들 수 있는 것은 음악뿐이 아니다. 예를 들어 주파수가 잘 맞지 않아서 만들어지는 라디오의 잡음이나 수돗물이 흐를 때 수도꼭지에서 만들어지는 소리도 무한히 많은 사인파의 합으로 표현된다. 차이가 있다면 오케스트라의 음은 어떤 기본음과 그 배음들의 합이지만 일반적인 잡음은 기본음이나 배음 등의 관계가 없는 모든 종류의 음들이 섞여 있다는 것이다.

이와 같은 푸리에의 혁명적 아이디어는 음을 만들어 내는 데에 그치지 않는다. 그는 사인파를 이용하여 여러 가지의 수학적 및 물리학적 현상에 관련되는 그래프를 그리는 데까지 확장하고자 했다. 푸리에와 동시대의 학자들은 사인파와 같은 단순한 그래프를 이용하여 오케스트라나 수도꼭지의 소리와 같은 복잡한 음의 그래프를 그려 낼 수 있다는 사실을 좀체 믿을 수 없었다. 실제로 당시 프랑스의 원로 수학자들은 푸리에의 아이디어에 대해 한목소리로 격렬히 반대했다. 하지만 나폴레옹과 특별한 관계에 있던 푸리에는 전혀 위축되지 않고 그들의 권위에 맞섰다. 그는 서로 다른 진동수를 가진 여러 사인파를 적절히 선택할 경우 아무리 복잡한 모습의 그래프라도 전 범위에 걸쳐 그대로 재현할 수 있음을 실제로 보여 주었다. 필요한 것은 각 그래프의 모양에 맞도록 사인파의 세기를 알맞게 조절해서 더하는 것으로, 소리굽쇠의 순수한 음들을 합쳐 복잡한 음악을 만들어 내는 것과 다를 게 없다.

리만이 10쪽짜리 논문에서 보여 준 것도 바로 이것이었다. 그는 소수의 개수를 정확히 헤아려 줄 그래프를 만드는 데에 제타 지형의 영점들로부터 만들어지는 파동함수들을 모두 더하는 방법을 사용했다. 이 때문에 푸리에는 리만의 식이 소수의 음악을 구성하는 수많은 음을 밝혀낸 것이란 점을 곧 이해할 수 있었다. 이 복잡한 선율은 계단 모양의 그래프로 나타내진다. 제타 지형의 한 영점에서 만들어지는 파동은 소리굽쇠에서 만들어지는 음처럼 배음이 전혀 섞이지 않은 순수한 사인파에 해당한다. 그리고 이런 순수한 파동들을 동시에 울리면 소수의 음악이 만들어진다. 그렇다면 리만이 만든 소수의 음악은 과연 어떻게 들릴까? 오케스트라의 음악과 같을까 아니면 수도꼭지에서 들리는 잡음과 같을까? 만일 리만의 음악에 섞인 순수한 사인파들이 모든 진동수를 망라한다면 수도꼭지의 잡음과 같을 것이다. 반대로 똑똑 떨어진 독립적인 소리들로 구성되어 있다면 오케스트라의 음과 같을 것이다.

소수의 분포는 임의적이다. 따라서 리만의 제타 지형에 있는 영점들이 함께 창조해 내는 소수의 음악은 잡음에 지나지 않을 것처럼 여겨진다. 각 영점의 수직 좌표는 거기에서 나오는 음의 진동수를 결정한다. 만일 소수의 음악이 정말로 잡음과 같다면 제타 지형에는 영점들이 잔뜩 몰려 있어야 한다. 하지만 리만은 가우스에 제출한 논문에서 이미 그럴 수는 없음을 보였다. 영점이 그렇게 몰려 있다면 영점의 존재가 제타 지형 전체의 모습을 결정한다는 결론에 비춰 볼 때 제타 지형 전체가 해수면과 같은 평면이 되어야 한다는 불합리한 결과가 나오기 때문이다. 따라서 소수의 음악은 잡음이 될 수 없다. 해수면과 같은 높이의 영점들은 몰려 있는 게 아니라 띄엄띄엄 떨어져 있으며, 영점들의 소리는 고립된 소리들의 집합이다. 요컨대 자연은 소수 속에 신비로운 수학적 오케스트라를 숨겨 두고 있다.

리만 가설 – 혼돈 속의 질서

리만이 한 일은 복소수 세상의 지도에서 해수면과 같은 높이에 있는 점들을 택한 것이었다. 이 점들로부터 그는 어떤 수학적 악기에서 나오는 것과 같은 음을 만들어 냈다. 이 음들을 모두 더하면 소수의 음악을 연주하는 오케스트라가 된다. 남북으로 달리는 축의 좌표는 각 음의 진동수, 곧 얼마나 높은 음으로 울릴 것인지를 결정한다. 이에 비해 동서로 달리는 축의 좌표는 오일러가 알아냈듯 각 음의 세기, 곧 얼마나 세게 울릴 것인지를 결정한다. 음의 세기가 크면 클수록 그래프가 굽이치는 폭도 커진다.

리만은 영점들 가운데 어느 것들은 다른 것들에 비해 특히 크게 울리지 않을까 궁금했다. 만일 그런 영점들이 있다면 그 그래프는 더욱 세게 굽이칠 것이고 소수를 헤아리는 데에도 다른 영점들보다 더 큰 기여를 할 것이다. 다시 말해서 가우스의 추측과 소수들의 진짜 개수들 사이의 차이는 이 파동들의 세기에 달려 있다. 과연 오케스트라에서 독주를 하듯 다른 모든 영점들의 음보다 더 센 음을 내는 영점이 있을까? 영점이 동쪽으로 멀리 떨어져 있을수록 그것이 내는 소리도 더 커진다. 따라서 오케스트라가 내는 음의 전체적 균형을 파악하려면 복소수 지도에 있는 영점들의 위치를 다시 점검해 봐야 한다.

놀랍게도 지금껏 그의 분석은 영점들의 정확한 위치와 관계없이 진행될 수 있는 것이었다. 한편 그는 특이선 서쪽으로 위치가 쉽게 드러나는 영점들이 있음을 알고 있었다. 하지만 이것들은 진동수가 0이므로 소수의 음악에 아무런 기여도 하지 않는다. 이에 따라 수학자들은 이런 영점들을 무기영점(無機零點 trivial zero)이라 부르게 되었으며, 리만이 찾아 나설 영점들은

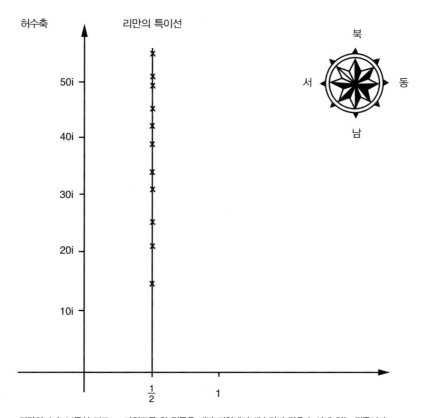

리만의 소수 보물섬 지도 — 가위표를 한 점들은 제타 지형에서 해수면과 같은 높이에 있는 점들이다.

이것들을 제외한 다른 영점, 곧 유기영점(有機零點 nontrivial zero)들이다(보통 그냥 '영점'이라 하면 '유기영점'을 가리키며, 이후 이에 따른다: 옮긴이).

리만은 영점들을 조사하는 과정에서 놀라운 발견을 했다. 언뜻 제타 지형의 여기저기에 불규칙하게 분포되어 있으리라 예상했던 영점들이 마치 기적과도 같이 모두 남북으로 뻗은 어느 직선 하나 위에 자리 잡고 있는 것처럼 보였던 것이다. 이 직선은 바로 이미 이야기했던 특이선이며 제타 지형의 원점에서 동쪽으로 1/2 떨어진 곳에서 남북으로 그은 직선이다. 만일 이게 사실이라면 모든 영점들은 완전한 균형을 이룬다는 뜻이다. 곧 어느 영점도 다른 영점들보다 더 크게 울리지도 작게 울리지도 않고 모두 똑같은 세기로 울린다.

리만이 계산한 첫째 영점의 좌표는 (1/2, 14.134725…)이므로 제타 지형의 원점에서 동쪽으로 1/2 북쪽으로 14.134725…만큼 가면 거기에 이른다. 둘째와 셋째 영점의 좌표는 (1/2, 21.022040…)과 (1/2, 25.010856)인데, 리만이 이 영점들의 좌표를 어떻게 얻었는지는 한동안 미스터리였다. 어쨌든 이 영점들은 그저 무질서하게 흩어져 있는 것으로 보이지는 않았다. 리만의 계산 결과는 영점들이 제타 지형의 어떤 신비로운 직선을 따라 늘어서 있음을 보여 주고 있었다. 리만은 몇 개 되지 않지만 이 결과가 단순한 우연은 아니라고 생각했다. 실제로 그는 모든 영점들이 제타 지형의 동쪽으로 1/2 떨어진 특이선을 따라 배열되어 있을 것이라고 믿었으며 이후 이 추측은 '리만 가설Riemann Hypothesis'로 불리게 되었다.

리만은 제타 지형이라는 거울 속 세상에서 현실 세계에 존재하는 소수의 영상을 바라보았다. 들여다본 결과 그는 거울 한쪽에서 마냥 무질서하게 보이던 소수들의 분포가 다른 한쪽에서는 영점들의 직선이라는 엄격한 질서로 변환되어 감을 알게 되었다. 수학자들이 소수에 대한 탐구를 시작한 이래 오랜 세월 동안 애타게 찾아 왔던 신비의 패턴이 마침내 리만의 눈앞에 그 모습을 드러냈던 것이다.

이 패턴의 발견은 전혀 예기치 못한 사건이었다. 리만은 적기(適期)에 적소(適所)에 있었던 적재(適材)가 되는 행운을 누렸다. 애초 그 또한 거울 속 세상에서 무얼 발견할지 아무것도 예상하지 못했기 때문이다. 그 속에 자리 잡고 있던 사실은 소수의 신비에 대한 수학자들의 관점을 완전히 새롭게 탈바꿈시켰다. 수학자들은 이제 새로운 영토를 탐험하게 되었다. 만일 제타 지형을 탐사하면서 해수면과 같은 높이의 지점들을 모두 알아내게 된다면 소수의 비밀도 이해하게 될 것이다. 리만은 한 걸음 더 나아가 이런 영점들이 제타 지형을 가로지르는 신비의 직선을 따라 배열되어 있을 것이라고 믿었다. 이후 이 직선은 수학에서 핵심적인 중요성을 띠게 되었으며, '특이선 critical line'이라는 특별한 이름을 갖게 되었다. 그리하여 실제 세계에서 드러나는 소수의 임의성에 대한 연구는 어느 날 갑자기 상상 속 거울 세상에서의 화음을 이해하는 연구로 대체되었다.

영점의 개수는 무한개이다. 따라서 리만이 얻은 몇 가지의 증거만으로 이 모두에 대한 추측을 내세우는 것은 너무 성급한 행동이라고 볼 수도 있다. 그러나 리만은 여기서 머물지 않고 특이선에 또 다른 중요성이 숨어 있을 것이라는 생각으로 나아갔다. 그는 제타 지형이 동서로 뻗은 축을 중심으로 대칭이 된다는 사실을 알고 있었다. 따라서 이 축의 북쪽 풍경은 남쪽에 그대로 복제된다. 그런데 특이선은 남북으로 달린다. 따라서 특이선 또한 하나의 중요한 대칭축으로 작용한다. 이와 같은 생각에 이른 리만은 자연이 이 대칭축을 이용하여 영점들에게 질서를 부여했다고 믿게 되었을 것으로 여겨진다.

제타함수를 중심으로 이루어진 리만의 획기적 발견에는 이 밖에도 아주 예외적인 사실들이 눈길을 끈다. 리만은 처음 몇 개의 영점들을 계산해 냈지만 베를린아카데미에 제출한 10쪽짜리의 밀도 높은 논문에는 그 방법에 대한 언급이 없다. 실제로 사람들은 그의 출판물 모두를 뒤지면서 이에 대한 언급을 찾느라 많은 고생을 했다. 리만은 그 논문에서 많은 영점들이 특이선 위에 있으며, 영점들 모두 그럴 가능성이 '매우 높다'고 썼다. 하지만 동시에 그는 자신의 가설을 증명하는 데에 그다지 많은 힘을 쏟지는 않았다고 털어놓았다.

이때 리만의 당면 목표는 가우스의 소수추측, 곧 소수의 개수를 많이 헤아릴수록 가우스의 추측은 정말로 점점 더 정확해지는지에 대한 증명이었다. 이에 대한 증명 또한 여의치 않았다. 하지만 리만은 특이선에 대한 자신의 추측이 옳다면 가우스의 소수추측 역시 옳다는 사실을 깨달았다. 리만이 발견했다시피 가우스 식의 오차는 영점들의 위치에 의하여 결정된다. 영점들이 동쪽으로 멀리 떨어져 있을수록 파동의 진폭은 커지며, 파동의 진폭이 커질수록 오차도 커진다. 영점들의 위치에 대한 리만의 예측이 수학에서 커다란 중요성을 갖는 이유는 바로 여기에 있다. 그가 정말 옳다면 모든 영점들은 특이선 위에서만 발견된다. 그리고 특이선 위에 머무는 소수의 개수를 많이 헤아릴수록 가우스의 추측은 점점 더 정확해진다.

이 10쪽짜리 논문을 펴낸 시기는 리만의 생애에서 짧지만 행복했던 기간에 해당한다. 이것에 힘입어 그는 가우스와 디리클레라는 스승들이 차지했던 자리를 물려받았다. 1857년 남동생이 죽자 그의 도움을 받던 누이들이 괴팅겐으로 와서 리만의 보살핌을 받게 되었다. 리만은 가족을 곁에서 돌본다는 생각 때문에 기운이 솟아 지난 몇 해 동안 그를 괴롭혀 왔던 우울증에도 쉽게 빠져 들지 않게 되었다. 그는 이제 교수로서의 연봉을 받고 있으므로 학생 시절의 가난을 더 이상 겪지 않아도 되었다. 마침내 그는 적당한 집도 사고 심지어 가정부까지 고용함으로써 일상사에 얽매이지 않고 머릿속을 분주히 맴도는 온갖 아이디어에 모든 정열을 쏟을 수 있게 되었다.

하지만 리만은 이후 다시는 소수의 연구로 돌아오지 않았다. 그는 자신의 기하학적 직관을 따라 공간의 구조에 대한 여러 관념들을 발전시켜 나아갔다. 이러한 그의 연구 성과는 나중에 아인슈타인의 일반상대성이론에 큰 도움을 주는 기념비적 업적이 되었다. 리만의 행복한 시절은 1862년 누이동생의 친구인 엘리제 코흐Elise Koch와의 결혼으로 절정을 이룬다. 그리고 바로 몇 달 뒤 리만은 늑막염에 걸려 앓아누웠는데, 이때부터 그는 건강 문제로 계속 시달렸다. 리만은 건강이 나쁠 때면 이탈리아의 전원 마을을 자주 찾았다. 특히 그는 피사Pisa에 애착을 가졌는데 1863년 8월 외동딸 이다Ida를 낳은 곳도 거기였다. 리만이 이탈리아를 자주 여행한 것은 좋은 날씨뿐 아니라 거기서 맛보게 되는 지적 분위기도 마음에 들었기 때문이었다. 사실 평생 그의 혁명적 아이디어를 가장 호의적으로 받아들인 곳은 바로 이탈리아의 수학계였다.

리만이 이탈리아를 마지막으로 방문한 것은 괴팅겐의 음습한 분위기에서 탈출하려는 것 때문이 아니라 전쟁 때문이었다. 1866년 하노버와 프러시아의 군대가 괴팅겐에서 충돌했다. 리만은 성곽의 밖에 있는 거처, 곧 가우스가 살던 옛 천문대에 하릴없이 갇히는 신세가 되었다. 하지만 어디로 피난해야 좋을지 곰곰 생각한 끝에 리만은 서둘러 이탈리아로 떠났다. 그런데 허약한 그에게 이 사태는 너무 큰 충격이었다. 결국 리만은 소수에 관한 논문을 쓴 지 7년 만에 폐병으로 39세라는 짧은 인생을 마감하고 말았다.

리만이 떠난 집에 남은 가정부는 집안 정리를 하면서 아직 출판되지 않은 수많은 연구 성과를 없애 버렸고, 나중에 괴팅겐대학교의 동료 교수가 이를 말렸을 때는 그 가운데 조금밖에 남지 않았다. 이렇게 남은 연구물은 미망

인에게 건네졌는데 그나마도 어디론지 사라져 한동안 행방을 알 수 없었다. 만일 가정부가 그의 서재를 정리하지 않았더라면 어떤 성과를 찾을 수 있었을까 생각해 보는 것은 흥미로운 일이다. 리만은 10쪽짜리 논문의 한 구절에서 대부분의 영점들이 특이선 위에 있다는 사실을 스스로 증명할 수 있으리라 믿는다고 썼다. 하지만 아마 마음속의 완전주의가 가로막았는지 리만은 아직 출판할 정도에는 이르지 못했다는 글귀만 남겼다. 이렇게 언급된 증명은 살아남은 자료에서는 발견되지 않았으며 오늘날에 이르도록 어떤 수학자도 이를 재현해 내지 못했다. 이와 같은 리만의 언급은 페르마의 마지막 정리에 얽힌 페르마의 말처럼 수많은 수학자들을 애타게 만들었다.

가정부의 손을 벗어났지만 행방을 알 수 없었던 리만의 연구 성과는 50여 년이 흐른 뒤에야 발견되었다. 이 자료들에는 리만이 출판했던 것보다 훨씬 많은 것들을 증명했다는 사실이 암시되어 있다. 하지만 안타깝게도 이를 뒷받침할 구체적인 기록들은 찾을 수 없었다. 불멸의 위업이 될 수도 있었던 그의 수많은 연구는 감질난 여운만 남긴 채 지나치게 부지런한 가정부에 의해 부엌의 불 속에 던져져 영원히 사라지고 말았다.

-제 5 장-

수학적 계주,
리만 혁명의 이해

수론의 문제는 진정한 예술 작품처럼 시간을 초월한다.

다비드 힐베르트, 라이트의 저서

〈대수수(代數數) 원론〉의 서론

알렉산드리아의 유클리드, 상트페테르부르크의 오일러, 괴팅겐의 삼총사(가우스, 디리클레, 리만). 소수에 관한 문제는 세대에 세대를 이어 계주의 배턴baton처럼 전해 내려왔다. 각 세대의 새로운 관점은 트랙을 따라 신선한 물결이 일어날 계기를 만들어 주었다. 각각의 수학자들이 만든 파도는 소수의 세계에 특유의 흔적을 남겼는데, 이는 수학적 세계에 대해 그들이 살았던 시대 특유의 시각이 그대로 반영된 것이라고 말할 수 있다. 이 가운데 리만의 기여는 시대를 한참 앞서 간 것이었다. 그리하여 다른 사람들이 그가 쏟아놓은 새로운 아이디어를 따라잡는 데에는 거의 30년의 세월이 걸려야 했다.

그러던 1885년 어느 날 갑자기 이 모든 게임이 끝장난 것처럼 보일 사건이 터졌다. 당시는 이메일이 없었으므로 이 소식이 봄비에리의 만우절 소동처럼 빨리 퍼지지는 못했다. 하지만 어쨌든 거의 무명에 가까운 인물이 리만의 배턴을 물려받았는가 싶더니 결승선을 통과해 버렸다는 소문이 빠르게 퍼져 나갔다. 토마스 스틸체스Thomas Stieltjes라는 네덜란드 출신 수학자가 제타함수의 영점들이 모두 특이선 위에 존재한다고 말하는 리만 가설이 옳다는 사실을 증명했노라고 발표했던 것이다.

스틸체스의 이력을 보면 승리자가 될 소지는 별로 보이지 않는다. 대학 다닐 때 그는 시험을 세 번이나 망쳐서 아버지를 크게 실망시켰다. 그의 아버지는 네덜란드의 국회의원이자 저명한 기술자로 로테르담 항구의 부두를 건설하는 책임자이기도 했다. 그런데 스틸체스가 게을러서 시험에 실패한 것은 아니었다. 그는 라이덴Leiden에서 지낼 당시 도서관에서 진짜 수학에 관해 읽기를 좋아해서 온통 정신이 팔려 있었다. 그래서 시험에 필요한 기교적 풀이를 숙달하지 못했고 때문에 시험을 망치고 말았다.

스틸체스는 가우스의 전기를 아주 좋아했고 이 위인의 자취를 따르고자 마음먹었다. 그는 가우스가 괴팅겐 천문대에서 일했듯 라이덴 천문대에서 일자리를 얻게 되었다. 사실 이 자리는 영향력 있는 아버지가 라이덴 천문대의 소장에게 부탁해서 마련된 것이었지만 스틸체스는 이런 내막을 전혀 알지 못했다. 그는 망원경을 밤하늘로 향하면서 새로운 별들의 위치를 측정하는 것보다 여러 천체들의 운행을 지배하는 수학적 원리들에 더욱 관심이 끌렸다. 이런 과정에서 자신의 아이디어들이 어느 정도 무르익자 스틸체스는 프랑스 아카데미 회원이자 저명한 수학자인 샤를 에르미트Charles Hermite에게 편지를 썼다.

에르미트는 1822년, 리만보다 4년 앞서 태어났다. 이제 60대에 이른 그는 복소함수에 대해 많은 연구 성과를 남긴 코시와 리만의 열렬한 지지자가 되어 있었다. 에르미트에 끼친 코시의 영향은 수학 분야를 넘어선다. 젊은 시절 에르미트는 불가지론자인 반면 코시는 독실한 로마 가톨릭 신자였다. 그런데 코시는 에르미트가 크게 아파 허약해진 틈을 타 마음을 흔들었고 결국 가톨릭 신자로 만들어 버렸다. 그 결과 에르미트는 기이한 수학적 신비주의에 빠졌으며, 어떤 점에서는 피타고라스 학파가 품었던 밀교와도 비슷했다. 에르미트는 수학적 존재가 불멸의 초자연적 지위를 가지며 따라서 유한한 생명체에 지나지 않는 수학자들은 때때로 그 존재를 어렴풋이 감지할 수밖에 없다고 믿었다.

어쩌면 이런 배경이 에르미트로 하여금 잘 알지도 못하는 라이덴 천문대의 한 조수에게 기꺼운 마음으로 답장을 쓰게 했을 것이다. 에르미트는 별을 관측하는 이 젊은이가 한껏 고양된 수학적 시각을 지닌 축복 받은 사람이라고 여겼던 모양이다. 이후 스틸체스와 에르미트는 수학에 관하여 맹렬하다 싶을 정도로 많은 서신 교환을 했으며 모두 합치면 12년 동안 무려 432통에 이른다. 에르미트는 이 네덜란드 청년이 가진 아이디어로부터 깊은 감명을 받았다. 그리하여 스틸체스가 정식 학위를 받지 못했음에도 불구하고 툴루즈대학교University of Toulouse에서 교수직을 얻도록 지원을 아끼지 않았다. 스틸체스에게 보낸 한 편지에서 에르미트는 "내가 항상 그른 반면 당신은 항상 옳습니다"라고 쓰기도 했다.

스틸체스가 리만 가설을 증명했다고 주장한 것도 에르미트에게 보낸 편지를 통해서였다. 에르미트는 자신의 젊은 학문적 동료를 깊이 신뢰했기에 스틸체스가 정말로 옳은 증명을 했다고 믿어 의심치 않았다. 사실 스틸체스는 수학의 여러 분야에서 이미 많은 기여를 했지 않은가 말이다.

당시만 해도 리만 가설이 오늘날처럼 난공불락의 도전과제로 드높여지지는 않은 상태였다. 따라서 이를 증명했다는 스틸체스의 발표도 요즘 예상하는 것과 같은 엄청난 열광을 이끌지는 못했다. 리만은 제타함수의 영점들에 대한 자신의 직관을 떠벌리지 않았고 그의 10쪽짜리 논문에도 거의 아무런 자취 없이 깊이 파묻혀 있었다. 그리하여 리만 가설의 중요성이 충분히 인식되는 데에는 다시 한 세대가 필요했다. 이런 사정에도 불구하고 스틸체스의 발표는 나름대로 큰 흥분을 불러일으켰는데 그 이유는 리만 가설이 증명되면 당시 수론의 성배로 여겨지던 가우스의 소수추측도 자연스럽게 증명될 것으로 예상되었기 때문이다. 백만까지의 범위에서 소수의 실제 개수와 비교할 때 가우스의 추측은 0.17퍼센트의 오차를 보여 준다. 그런데 범위를 10억까지 늘리면 오차는 0.003퍼센트로 떨어진다. 가우스는 범위를 넓혀 갈수록 이 오차가 더욱 줄어들 것이라고 믿었다. 하지만 19세기 말에 이르도록 가우스의 소수추측은 증명되지 않은 반면 이것이 옳을 것이라는 확신은 갈수록 고조되었다. 그리하여 수학계에는 누구라도 이를 정복하는 사람은 위대한 영예를 얻을 것이라는 공감대가 무르익었다.

스틸체스가 에르미트에게 자신의 증명에 대해 쓸 무렵까지 이루어진 가우스의 추측에 대한 최선의 진보는 오일러의 무대였던 상트페테르부르크에서 1850년대에 나온 것이었다. 러시아 수학자 파프누티 체비셰프Pafnuty Chebyshev가 그 주인공인데 흥미로운 것은 그가 가우스의 추측과 소수의 실제 개수 사이의 오차가 갈수록 줄어든다는 사실을 직접 증명하지는 않았다는 점이다. 대신 그는 이 둘 사이의 오차가 조사하는 수의 범위를 아무리 크게 잡더라도 항상 11퍼센트보다는 작다는 사실을 보였다. 언뜻 이 내용은 10억까지의 범위에서 가우스의 추측이 보여 주는 0.003%의 오차에 비하면 황당하게 들린다. 하지만 체비셰프의 증명이 갖는 중요성은 조사 범위를 아무리 크게 잡더라도 이 오차가 갑자기 증폭되어 치솟는 현상은 있을 수 없다는 점을 보장해 준다는 데에 있다. 체비셰프의 증명이 나오기 전까지 가우스의 추측은 이론적 분석이 아닌 작은 범위의 실험적 증거에 의하여 지지되어 왔을 뿐이다. 따라서 체비셰프는 로그함수와 소수 분포 사이에 정말로 어떤 관계가 있다는 점을 뒷받침하는 최초의 이론적 증거를 제시한 셈이다. 하지만 가우스의 추측이 서술된 그대로 직접 증명된 것은 아니므로 가야할 길은 아직도 요원하게 보였다.

체비셰프는 따지고 보면 매우 기초적인 기법을 사용하여 그의 증명을 이끌어 냈다. 리만은 이때 괴팅겐에서 복잡한 복소 지형과 씨름하고 있었지만 체비셰프의 성과도 전해 듣고 있었다. 리만이 남긴 자료에 따르면 스스로 그때까지 이룬 진보에 대하여 체비셰프에게 편지로 알리려 했다는 사실이 드러난다. 리만의 노트에 몇 가지의 초안이 있는데 거기에는 체비셰프라는 러시아 이름을 여러 가지의 서로 다른 철자로 나타내려는 시도의 흔적이 남아 있다. 리만이 실제로 편지를 보냈는지는 알 수 없지만 어쨌든 체비셰프는 이후 소수 헤아리기에 대한 자신의 증명에 나오는 오차를 더 이상 줄이지 못했다.

스틸체스의 발표에 대하여 당시의 수학자들이 열광한 데에는 위와 같은 배경이 깔려 있었다. 그때까지 리만 가설의 증명이 얼마나 어려운 것일지 아무도 제대로 파악하지 못했지만 가우스의 추측을 증명하는 것은 공인된 위업으로 여겨질 참이었다. 에르미트는 스틸체스가 해냈다는 증명의 세부 내용을 보고 싶어했지만 스틸체스는 어딘지 다소 자제하는 모습을 보였다. 그 증명은 아직 완성되지 못했던 것이다. 에르미트는 이후 5년이라는 세월이 더 흐르도록 여러 번 촉구했지만 스틸체스는 자신의 주장을 뒷받침할 어떤 증거도 내놓지 못했다. 에르미트는 스틸체스가 머뭇거릴수록 안달이 났다. 그래서 이를 이끌어 내기 위하여 교묘한 전략을 써 보기로 했다. 에르미트는 파리아카데미에 제안하여 1890년의 수리과학대상은 가우스의 소수추측을 증명하는 사람에게 수여하도록 했다. 이렇게 상황을 조성해 둔 에르미트는 대상이 스틸체스에게 가리라고 확신하면서 느긋하게 기다렸다.

에르미트의 생각은 다음과 같았다. 수리과학대상을 차지하기 위하여 스틸체스가 반드시 리만 가설과 같은 인상적인 위업을 성취할 필요는 없다. 그보다는 복소 지형의 일부, 예를 들어 오일러의 영역과 이를 연장한 리만의 영역 사이에 자리 잡은 작은 부분을 잘 조사하는 연구만으로도 충분하다. 더 구체적으로 말하면 복소 지형의 원점으로부터 동쪽으로 1만큼 떨어진 곳에서 남북으로 달리는 직선 위에는 영점이 전혀 존재하지 않는다는 사실을 보이는 것도 좋을 것이다. 리만의 복소 지형은 가우스 식의 오차를 가늠하는 데에 쓰이는데, 영점들이 동쪽으로 멀리 떨어질수록 오차도 증가한다. 따라서 리만 가설이 옳다면 이 오차는 극히 작아질 수 있지만, 중요한 것은 리만 가설이 틀리더라도 가우스의 추측은 옳을 가능성이 있다는 점이다. 예를 들어 모든 영점이 동쪽으로 1만큼 떨어져 남북으로 달리는 직선의 서쪽에만 존재한다면 이런 가능성이 충족된다.

수리과학대상의 마감 시한이 지나도록 스틸체스는 침묵을 지켰다. 하지만 에르미트는 완전히 실망할 필요도 없었다. 뜻밖에도 그의 학생인 자크 아다마르Jacques Hadamard가 응모를 했기 때문이었다. 아다마르의 논문도 완벽한 증명이라고 보기는 어려웠지만 대상을 수여하기에 부족함은 없었다. 대상을 받아 사기가 오른 아다마르는 연구에 더욱 박차를 가하여 1896년 마침내 지난번 증명의 흠결을 메우게 되었다. 그의 이번 증명도 모든 영점이 특이선 위에 존재한다는 사실을 보인 것은 아니었다. 그러나 동쪽으로 1만큼 떨어진 곳에서 남북으로 그은 직선에는 영점이 없음을 보였다.

이렇게 하여 가우스가 로그함수와 소수의 분포 사이의 관계를 발견한 지 한 세기가 지난 후 마침내 가우스의 소수추측에 대한 증명은 완성되었다. 그리고 이로써 추측의 단계를 벗어난 이 명제는 소수정리prime number theorem로 불리게 되었다. 고대 그리스에서 소수가 무한하다는 사실이 증명된 이래 이 증명은 소수에 관한 최고의 성과로 받아들여졌다. 우리는 결코 소수 세계의 끝까지 가지 못하지만 아무리 멀리 가더라도 이 정리를 벗어난 뜻밖의 사태가 일어나지는 않는다는 확신을 갖게 되었다. 순수하게 실험적 관찰을 통해 얻은 가우스의 추측은 자연의 짓궂은 장난만은 아니라는 점이 밝혀진 것이다.

리만의 선구적 연구가 없었더라면 아다마르의 증명도 이뤄질 수 없었다. 아다마르는 증명의 아이디어를 제타 지형에 대한 리만의 분석으로부터 얻었지만 리만 가설을 증명하기에는 아직도 까마득한 길이 남아 있다. 증명을 실은 논문에서 아다마르는 자신의 성과가 스틸체스의 것에는 미치지 못한다는 겸손의 말을 남겼다. 1894년 서른여덟 살이라는 젊은 나이로 죽을 때까지 스틸체스는 리만 가설을 증명했노라고 주장해 왔기 때문이었다. 하지만 여전히 최종 결과는 내놓지 못했다. 그리하여 스틸체스는 리만 가설에 매달린 수많은 유명한 수학자들 가운데 증명을 주장하면서도 결과는 내놓지 못한 첫 번째 사람으로 기록되고 있다.

얼마 가지 않아 아다마르는 소수정리의 증명이란 영예를 다른 사람과 공유해야 함을 알게 되었다. 벨기에의 수학자 발레푸생Charles de la Vallée-Poussin이 그와 독립적으로 증명에 성공했기 때문이었다. 아다마르와 발레푸생의 위대한 업적은 20세기 들어 계속 이어질 여행의 새로운 출발점으로 자리 매김되었다. 이를 바탕으로 많은 수학자들은 리만의 복소 지형에서 더욱 치열한 경쟁을 벌이게 되었다. 아다마르와 발레푸생은 리만의 특이선을 정복하는 데에 필요한 베이스 캠프의 역할을 한다고 볼 수 있는데, 대략 이때로부터 리만 가설은 수학적 탐구의 에베레스트에 해당하는 지위를 차지하게 되었다. 아이러니컬한 것은 수학의 에베레스트를 정복하려면 오히려 제타 지형의 가장 낮은 곳에 있는 영점들을 찾아 나서야 한다는 사실이다.

어쨌든 가우스의 소수정리가 정복되고 난 후 리만의 위대한 문제는 밀도 높은 베를린의 논문 깊숙한 곳으로부터 그 웅장한 모습을 서서히 드러내고 있었다.

이와 같은 리만 가설로 세상 사람들의 눈길을 돌리도록 한 사람은 또 다른 괴팅겐 수학자 다비드 힐베르트였다. 카리스마가 넘치는 이 수학자는 리만 가설이라는 최고의 대상을 향해 20세기의 모든 수학적 역량을 집결시키도록 하는 데에 더할 나위 없는 적임자였다.

힐베르트 – 수학적 선동가

프러시아의 쾨니히스베르크는 18세기 중에 시내를 흐르는 프레골랴강 가운데의 두 섬을 연결하는 일곱 개의 다리를 한 번씩만 통과하는 산책 문제로 수학계에 일종의 악명을 떨쳤는데 1735년 오일러가 불가능하다는 결론을 내렸다. 그후 쾨니히스베르크는 19세기 들어 다시금 수학의 지도에 이름을 내민다. 이번에는 다비드 힐베르트의 출생지로서인데 나중에 그는 20세기의 수학적 거인 가운데 한 사람이 되었다.

힐베르트는 고향을 매우 사랑했다. 하지만 수학의 불꽃이 가장 밝게 타오르는 곳은 괴팅겐임을 알아차렸다. 가우스, 디리클레, 데데킨트, 리만 등의 전설에 힘입어 괴팅겐은 수학의 메카로 떠올랐다. 특히 리만은 수학의 바다에 격랑을 불러일으켰는데, 아마 당시의 누구보다도 힐베르트가 이를 가장 잘 간파했던 것으로 보인다. 리만은 각각의 식이나 지겨운 계산에 집중하느니보다 수학적 세계를 지탱하는 패턴과 구조를 이해하는 게 훨씬 더 유익함을 깨달았다. 이에 따라 수학자들은 수학적 오케스트라의 연주를 새로운 방식으로 듣게 되었다. 이제 각각의 음에 현혹되지 않고 추구하는 수학적 대상의 배경에 깔린 음악 전체에 귀를 기울이기 시작했다. 리만은 수학적 사고의 르네상스를 열었는데 이런 사조는 다가오는 힐베르트의 세대를 붙들었다. 힐베르트는 1897년 "수학적 증명은 계산이 아니라 오직 사고에 의하여 이뤄져야 한다"라는 리만의 주의를 따르고자 한다고 썼다.

힐베르트는 이런 주의에 투철함으로써 독일의 학계에 두각을 드러냈다. 어린아이 때 그는 모든 수를 만들어 내는 데에 필요한 소수의 개수가 무한하다는 점을 고대 그리스인들이 증명했다는 사실을 배웠다. 그리고 학창 시절에는 수가 아니라 수식에 주목할 경우 같은 대상이라도 다르게 보인다는 사실을 배웠다. 19세기 말에 들어 수학계에는 하나의 중요한 문제가 제기되었다. 소수와 달리 수식의 경우 유한개의 기본 수식만으로 무한개의 수식을 만들어 낼 수 있지 않을까 하는 게 그것이었다. 당시 다른 수학자들은 수많은 수식들을 힘겹게 구성함으로써 이를 증명하려고 애썼다. 하지만 힐베르트는 실제로 구성해 보지 않더라도 그런 유한한 수식의 집합이 존재한다는

다비드 힐베르트 (1862-1943)

방식으로 이를 증명함으로써 수학계를 놀라게 했다. 가우스의 어린 시절 학교 선생님은 가우스가 1부터 100까지의 수를 일일이 더하지 않고도 그 합을 구했다는 데에 놀라움을 감추지 못했다. 이와 마찬가지로 힐베르트의 선배 수학자들은 고된 과정을 거치지 않고도 수식에 관한 이론이 설명될 수 있다는 사실에 적잖이 의심의 눈초리를 보냈다.

당시의 수학적 정통성에 비춰 볼 때 이는 사뭇 도전적인 방식이었다. 아무리 어떤 유한한 집합의 존재가 증명되었다 하더라도 실제로 보지 않는 한 그 존재를 인정하기란 쉬운 일이 아니다. 아직도 분명한 수식적 표현을 요구하는 프랑스적 전통에 젖어 있는 사람들은 어떤 것이 존재하기는 하지만 보이지 않는다는 말을 듣고 당황하지 않을 수 없었다. 이 분야의 전문가 가운데 한 사람인 폴 고르단Paul Gordan은 힐베르트의 성과를 가리켜 "이것은 수학이 아니라 신학이다"라고 말했다. 이 당시 20대에 지나지 않았음에도 힐베르트는 자신의 방식을 견지했다. 결국 힐베르트의 관점은 올바른 것으로 받아들여졌으며 고르단마저도 "나는 신학도 나름대로 가치가 있다는 사실을 내 스스로에게 확신시켰다"라고 말했다. 이후 힐베르트는 수에 관한 연구로 돌아섰는데, 수에 대해 그는 "보기 드물게 아름답고 조화로운 건물"이라고 평가했다.

1893년 독일수학회는 힐베르트에게 세기말에 이른 수론의 현황이라는 개괄적 논제를 주면서 이에 관한 글을 써 달라고 요청했다. 이제 막 30대 초반에 접어든 수학자에게 이는 분명 벅찬 과제였다. 불과 백 년 전만 하더라도 수론 분야는 어떤 일관된 체계를 갖추지 못했다. 하지만 1801년 가우스가 「정수론 연구」를 펴내 그 비옥한 토양을 파헤치자 수많은 연구가 꽃을 피우게 되었고 세기말에 들어서서는 지나치게 성장했다는 평가를 받을 정도가 되었다. 이 방대한 주제의 가닥을 잡기 위해 힐베르트는 오랜 친구인 헤르만 민코프스키Hermann Minkowski에게 도움을 구했다. 두 사람은 일찍이 쾨니히스베르크의 학창 시절부터 알고 지내던 사이였다. 민코프스키는 18살의 나이에 수론에 관한 연구로 파리아카데미의 수리과학대상을 수상함으로써 이름을 떨쳤다. 그는 힐베르트의 과제에 참여하게 되어 매우 기뻤는데, 그 이유는 이 연구가 스스로 "장엄한 음악 속에 스며 있는 선율"에 생기를 불어넣을 것이라고 여겼기 때문이었다. 민코프스키와의 협동으로 힐베르트의 소수에 대한 열정은 더욱 연마되어 갔는데 민코프스키는 소수들이 두 사람의 조명을 받아, 기쁨에 날뛰었다고 말했다.

힐베르트의 '신학theology'은 유럽의 여러 영향력 있는 수학자들 사이에서 많은 존경을 불러일으켰다. 1895년 힐베르트는 괴팅겐의 펠릭스 클라인 Felix Klein이라는 수학자로부터 신성한 괴팅겐대학교로 와 달라는 제안이 담긴 편지를 받았다. 힐베르트는 조금도 망설이지 않고 즉각 수락했다. 그런데 그의 지명을 놓고 열린 교수회의에서 어떤 사람들은 클라인의 천거를 받은 힐베르트가 제 앞가림도 제대로 하지 못할 인물이 아닐까 하는 의구심을 나타냈다. 이에 클라인은 정반대로 "나는 가장 모시기 어려운 분을 천거했습니다"라고 적극 설득했다. 그해 가을 힐베르트는 수학적 혁명을 이어가리라는 기대를 한 몸에 받으면서 그가 숭배해 마지않는 리만이 몸담았던 이 대학으로 옮겨 왔다.

얼마 가지 않아 힐베르트는 이곳 분위기를 마땅치 않게 여겨 권위를 타파하고 나섰다. 교수 부인들은 새로 교수진에 합류한 이 신참의 행동에 질겁했다. 그중 한 사람은 "그는 여기의 모든 것을 뒤엎고 있다. 언젠가는 어느 식당의 은밀한 방에서 학생들과 함께 당구를 쳤다고 한다"라고 썼다. 하지만 시간이 지남에 따라 힐베르트는 괴팅겐 여인들의 마음을 사로잡게 되었으며 심지어 그의 성품이 여성화되었다는 평판까지 듣게 되었다. 50세의 생일잔치에서 힐베르트의 학생들은 축가를 불렀는데, 그 가사는 알파벳의 각 글자마다 힐베르트에게 마음을 빼앗긴 여자들의 이름을 나열해서 만든 것이었다.

보헤미안 기질의 이 교수는 언젠가 자전거를 하나 얻더니 아주 흠뻑 빠져버렸다. 힐베르트는 자전거를 몰고 괴팅겐 시내를 자주 돌아다녔으며, 연인들에게 주려고 그의 꽃밭에서 가져온 꽃을 들고 가는 모습이 눈에 띄기도 했다. 그는 셔츠 바람으로 강의하곤 했는데 당시로서는 볼 수 없는 광경이었다. 외풍이 심한 식당에서 그는 여자 손님의 털목도리를 빌려 자신의 목에 감기도 했다. 힐베르트가 고의로 이런 말썽을 부린 것인지 아니면 단지 모든 문제에 가장 단순한 해결책을 찾으려 했던 것인지는 알 수 없다. 오직 분명한 것은 그의 마음이 세련된 사회적 예절보다 수학적 의문들에 대해 깊이 빠져 있었다는 사실이다.

힐베르트는 자기 정원에 6미터 넓이의 칠판을 설치했다. 그러고는 꽃밭을 가꾸거나 자전거 묘기를 부리던 가운데 뭔가 아이디어가 떠오르면 칠판에서 내려갔다. 그는 파티를 즐겼으며 축음기로 음악을 틀 때는 가장 큰 바늘을 사용하여 볼륨을 한껏 높이도록 했다. 한번은 성악가 카루소Caruso의 실황 공연을 들었는데 "카루소는 작은 바늘로 노래한다"라는 말로 실망을 나타냈다.

하지만 힐베르트의 수학은 매우 뛰어나서 이와 같은 엉뚱한 성격의 흠집을 모두 뒤덮고도 남는다. 1898년 그는 수학적 관심을 수론으로부터 기하학 쪽으로 돌렸다. 19세기에 들어 몇 사람의 수학자들은 고대 그리스에서 완성된 기하학의 근본 가정 가운데 하나를 수정한 새로운 기하학을 내놓았으며, 힐베르트도 이 분야에 흥미를 느끼게 되었다. 힐베르트는 수학의 추상적 위력을 깊이 믿고 있었으므로 대상의 물리적 실체성은 그에게 거의 아무런 의미가 없었다. 중요한 것은 대상들 사이의 관계였으며 이에 따라 그는 새로운 기하학의 배경에 자리 잡은 추상적 구조와 이들 사이의 연결 관계를 연구하기 시작했다. 언젠가 그는 기하학의 이론에 대해 널리 회자되는 말을 남겼는데, 이에 따르면 기하학은 점과 선과 면이란 개념을 책상과 걸상과 찻잔으로 바꿔도 여전히 의미를 가진다.

한 세기 전에 가우스가 이미 이 새로운 기하학의 가능성을 탐구했다. 하지만 그는 이로부터 유래하는 이교도적 결론을 퍼뜨리고 싶어하지 않았다. 분명 고대 그리스인들이 틀렸다고 보기는 어렵다. 그럼에도 불구하고 가우스는 유클리드가 정립한 기하학의 근본 가정 가운데 평행선의 존재에 관한 것에 대하여 의문을 품었다. 유클리드는 다음과 같이 물었다. "어떤 직선을 긋고 그 직선 밖의 한 점을 생각하자. 이 점을 지나면서 이미 그어 놓은 직선과 평행인 직선은 몇 개나 있을까?" 누구나 쉽게 파악할 수 있듯 이런 평행선은 단 하나 존재할 것으로 보이며 유클리드에게도 이는 자명하게 여겨졌다.

그런데 가우스는 16살이란 어린 나이에 이미 다른 생각을 품었다. 이런 경우 평행선이 전혀 존재하지 않는다고 보아도 아무런 모순이 없는 새로운 기하학이 성립한다는 게 그의 생각이었다. 하지만 이게 전부는 아니다. 이와 반대로 이런 경우 다수의 평행선이 존재한다고 보면 제3의 기하학이 성립한다. 이와 같이 고대 그리스의 기하학과 다른 기하학들을 상정할 경우 삼각형의 세 내각의 합은 반드시 180도라고 할 수 없다. 가우스는 이처럼 다양한 기하학을 눈앞에 두고 한 가지 의문에 빠졌다. 이론적으로는 세 가지의 기하학이 가능한데, 실제의 물리적 세계를 나타내는 기하학은 이 가운데 어느 것일까? 다른 가능성을 몰랐던 고대 그리스인들은 당연히 물리적 세계도 그들의 기하학에 따를 것으로 여겼다. 하지만 가우스는 그들이 정말로 옳을 것인지에 대해 아무런 확신도 가질 수 없었다.

나이가 든 후 가우스는 하노버의 지형을 탐사하면서 자신의 생각을 점검해 보았다. 괴팅겐 주변의 세 언덕 꼭대기에서 삼각형 모양으로 빛을 비추고 내각의 합이 180도가 되는지 살펴보았던 것이다. 가우스는 빛줄기를 따라 그은 선이 우리가 사는 공간 중에서 구부러질 수도 있을 것이라고 생각했다. 비유하자면 3차원 공간도 지구 표면과 같은 2차원 공간처럼 휘어져 있을지도 모른다. 가우스는 지구본에 그어진 경선과 같은 대원(大圓)을 마음 속에 그렸는데 지구 표면과 같은 구면에서 어떤 두 점을 잇는 가장 가까운 경로를 계속 연장하면 언제나 대원이 된다. 그런데 지구본의 경선들을 보면 드러나듯 모든 경선은 남극과 북극에서 만나므로 구면에서는 평행선이란 게 존재할 수 없다. 한편 3차원 공간도 이처럼 굽어 있지 않을까 생각해 본 사람은 이제껏 아무도 없었다.

오늘날 우리는 가우스의 탐사가 너무 좁은 지역에서 이루어졌기 때문에 실제 세계가 유클리드의 기하학을 따르지 않는다 하더라도 그 차이를 발견할 수 없었다는 점을 알고 있다. 하지만 1919년 아서 에딩턴Arthur Eddington은 일식 때 태양 주위를 지나는 별빛이 구부러진다는 사실을 확인함으로써 가우스의 직관이 옳았음을 밝혔다. 가우스는 이 아이디어를 공개하지 않았다. 아마 그의 새로운 기하학이 물리적 세계를 표현해야 한다는 수학의 임무에 어긋난다고 여겼기 때문인 듯하다. 가까운 친구들에게 이야기하기는 했지만 비밀을 지켜 달라고 요구했다.

새 기하학에 대한 아이디어는 1830년대 들어 러시아 수학자 로바체프스키Nikolai Ivanovic Lobachevsky와 헝가리 수학자 보여이János Bolyai가 독립적으로 재발견함에 따라 세상에 알려지게 되었다. 가우스에 의하여 '비유클리드 기하학non-Euclidean geometry'으로 이름 붙여진 이 기하학의 발견은 가우스가 우려했던 것만큼 수학계를 뒤흔들지는 않았다. 오히려 너무 추상적이라는 이유로 그냥 무시되어 버렸으며, 이 때문에 꽤 오랫동안 잊혀지다 시피 했다. 하지만 힐베르트가 수학적 세계를 향한 자신의 추상적 접근 방식에 대한 최적의 표현으로 활용하기 시작함에 따라 다시금 세상의 주목을 끌게 되었다.

어떤 수학자들은 유클리드의 평행선 가정을 충족하지 않는 기하학은 어느 것이든 숨겨진 자체 모순을 품고 있으며, 결국 이 때문에 붕괴하게 될 것이라고 주장했다. 힐베르트는 이 가능성이 사실인지 조사하고 나섰는데, 이 과정에서 그는 유클리드 기하학과 비유클리드 기하학 사이에 강한 논리적 연결 고리가 있음을 발견했다. 그는 만일 비유클리드 기하학에 어떤 자체 모순이 있다면 유클리드 기하학에도 역시 자체 모순이 있어야 함을 알게 되었다. 분명 이는 일종의 진보라고 할 수 있었다. 당시 수학자들은 유클리드 기하학이 논리적으로 완벽하다고 믿었다. 그런데 힐베르트에 의하면 비유클리드 기하학도 유클리드 기하학만큼 논리적으로 완벽하다. 따라서 하나의 기하학이 무너지면 다른 기하학도 함께 무너진다. 한편 힐베르트는 이보다 한 단계 더 나아갔는데 이번에 나온 주장은 많은 사람들을 다소 언짢게 만들었다. 그는 유클리드 기하학의 무모순성이 실제로는 증명된 적이 없었음을 지적했던 것이다.

힐베르트는 유클리드 기하학에 아무런 모순도 없음을 어떻게 증명할 것인지 생각해 보았다. 유클리드 이래 2,000년 동안 아무도 이를 발견하지 못했지만 증명되지 않은 이상 모순이 없다고도 말할 수 없다. 힐베르트는 맨 먼저 할 일이 기하학을 수식으로 재구성하는 일이라고 여겼다. 이런 일은 이미 데카르트가 처음 시도했고(그래서 좌표계를 이용한 기하학을 데카르트기하학Cartesian geometry이라고 부르기도 한다) 18세기의 프랑스 수학자들에 의해 채택되었다. 선과 점을 묘사하는 수식에 의하여 기하학은 산술로 변환될 수 있는데, 이때 점은 공간상의 좌표로 바뀐다. 수학자들은 수론이 무모순임을 믿고 있었다. 따라서 힐베르트는 기하학을 수론으로 변환함으로써 기하학의 무모순성이란 의문이 해결될 수 있을 것이라고 보았다.

힐베르트는 이 과정에서 답을 얻기는커녕 오히려 더 곤혹스런 사태를 맞이했다. 수론이 무모순이라고 믿어 오기는 했지만 이 또한 아무도 증명한 적이 없었다. 힐베르트는 갑자기 현기증을 느꼈다. 수학자들은 여러 세기 동안 수학을 탐구해 오면서 이론적으로나 실제적으로나 모순에 마주친 적이 없었으므로 자연스럽게 자신들이 하는 일을 신뢰하게 되었다. 18세기 프랑스 수학자 달랑베르Jean Le Rond d' Alembert는 어떤 주제의 근본에 대한 의문이 제기되자 "전진하라. 그러면 믿음은 따라온다"라고 대답했다. 수학자들에 있어 그들의 연구 대상인 수의 존재성은 생물학자들이 분류하고자 하는 생물체들 못지않게 실체적이다. 수학자들은 수에 관해 자명한 진실로 믿어지는 명제들을 가정으로 내세우고 이로부터 수많은 결론들을 도출해 내는 과정을 힘들지만 행복으로 여기며 탐구해 왔다. 이 가정들 자체에 어떤 모순이 숨어 있지 않을까 하는 의문은 아무도 제기해 본 적이 없었다.

힐베르트는 통상적 연구와는 반대 방향으로 수학의 근본에 대해 계속 의문을 제기한 결과 수학의 기초 자체에 대한 의문에 이르게 되었다. 이제 이와 같은 근본적 의문이 정식으로 제기된 이상 이를 무시하고 나아갈 수는 없다. 힐베르트 자신도 수학에 어떤 모순이 있으리라고 믿지는 않았다. 그래서 수학자들이 이미 갖고 있는 논리적 도구들을 잘 이용하기만 하면 수학이 견고한 기초 위에 서 있다는 점을 증명할 수 있으리라고 예상했다. 가부간(可否間)에 그의 생각은 수학사의 새 기원을 열었다. 이를 계기로 수학은 19세기의 수작업적인 실용적 과학으로부터 근본 진리에 대한 이론적 탐구로 전환되어 갔다. 그리하여 이전에 쾨니히스베르크에 살았던 칸트

Immanuel Kant가 추구한 철학적 탐구에 가까워졌다. 수학의 근본 구조에 대한 힐베르트의 사색은 이와 같은 추상적 수학을 발진(發進)시킬 토대가 되었고, 마침내 20세기의 수학을 규정하는 주요 특징으로 자리 잡았다.

1899년이 저물 무렵 힐베르트는 기하학과 수론 그리고 수학의 논리적 기초에 대한 자신의 아이디어로부터 유래한 극적인 변화들을 두루 엮어 펼쳐낼 절호의 기회를 얻게 되었다. 이듬해 파리에서 열리는 국제수학자회의에 초청되어 주요 강연 가운데 하나를 맡기로 했던 것이었다. 아직 마흔이 되지 않은 수학자에게 이는 커다란 영예이기도 했다.

새 세기를 여는 시점에서 수학계에 대해 강연을 하게 된 힐베르트는 설레는 한편 걱정이 앞섰다. 때가 때인 만큼 이 강연은 기대에 어긋나지 않을 정도를 넘어 참으로 기념비적인 것이어야 했다. 힐베르트는 수학의 미래를 고찰해 보기로 하고 이런 생각에 대해 친구들로부터 자문을 구했다. 그의 시도는 오직 완전히 확립된 결과만을 대중 앞에 공개한다는 당시의 묵시적 전통을 크게 벗어나는 것이었다. 어떤 정리에 대한 증명을 완성하고 발표하는 것은 안전한 길이었지만 불확실한 미래를 이야기하자면 상당한 배짱이 필요했다. 하지만 힐베르트는 결코 논쟁을 피해 갈 사람이 아니었다. 마침내 그는 여러 나라의 수학자들이 모인 자리에서 아직 증명되지 않은 미래의 문제를 다루기로 결정했다.

물론 마음 한구석에 약간의 의구심이 남았다. 과연 이런 기회에 그토록 새로운 시도를 할 필요가 있을까? 어쩌면 그 또한 아직 풀지 못한 과제들보다 이미 해결된 문제만 다루는 전통을 따르는 게 좋을 듯싶었다. 이렇게 망설이는 동안에도 시간은 흘러 강연의 제목을 제출할 기한이 지나 버렸고 힐베르트의 이름은 강연자의 목록에 오르지도 않았다. 1900년 여름이 되자 친구들은 그의 아이디어를 널리 알릴 완벽한 기회를 놓치는 게 아닐까 염려했다. 그러던 어느 날 그들의 책상 위에 힐베르트의 강연 원고가 놓여졌다. 제목은 달랑 '수학적 문제들'이라고 쓰여 있을 뿐이었다.

힐베르트는 수학에서의 문제들이란 수학적 활력의 근원이기는 하지만 조심스럽게 선택되어야 한다고 생각했다. 그래서 그는 "수학적 문제는 우리들의 흥미를 끌 정도로 어려워야 하지만 모든 노력을 헛되게 할 정도로 접근 불가능해서는 안 된다. 이것들은 숨겨진 진실에 이르는 미로를 헤쳐 갈 안내판의 역할을 해야 하며, 궁극적으로 성공적 해답을 얻었을 때의 기쁨을 충분히 떠올려 줄 것들이어야 한다"라고 썼다. 힐베르트가 발표하기로 한 23개의 문제들은 이와 같은 그의 엄격한 기준을 완벽히 충족하는 것들이었다. 찌는 듯이 무더운 8월 파리의 소르본대학교에서 행한 역사적 강연을 통해 힐베르트는 전 세계의 수학적 탐구가들에게 이렇게 엄선된 새 세기의 도전 과제를 던져 주었다.

19세기 말, 여러 학문 분야는 저명한 생리학자 뒤보아레몽Emil du Bois-Reymond의 철학적 주장으로부터 큰 영향을 받고 있었다. 그는 자연에 대한 인간의 인식능력에는 본질적 한계가 있으며, 이에 따라 철학계에는 "우리는 무지하며 무지한 채로 남을 것이다"라는 사고가 팽배했다. 하지만 새 세기를 향한 힐베르트의 꿈은 그런 비관주의에 대해 코웃음 쳤다. 그는 23개의 문제를 소개하는 자신의 강연을 사뭇 선동적인 말로 마무리지었다. "수학의 모든 문제가 반드시 해결된다고 보는 신념은 강력한 자극제가 됩니다. 우리는 내면으로부터 끊임없는 소명의 목소리를 듣습니다. '여기 문제가 있다. 해답을 찾아라. 해답은 순수한 추측의 힘으로 찾을 수 있다. 수학에 영원한 무지란 없기 때문이다.'"

힐베르트가 새 세기에 제기한 문제들은 리만의 혁명적인 정신을 담고 있다. 목록에 오른 첫 두 문제는 힐베르트를 사로잡기 시작한 것들로 수학의 근본에 관한 것이지만 다른 문제들은 수학적 지형의 광범위한 분야에 걸쳐 있다. 이 가운데 어떤 것들은 언뜻 분명한 답을 요구하는 것처럼 보이지만 문제라기보다 열린 가능성을 가진 연구 주제에 가까웠다. 예를 들어 한 가지는 리만의 꿈과 관련된 것인데, 장차 물리학의 근본적 의문들은 모두 수학만으로 대답할 수 있으리라는 예상이었다.

다섯 번째 문제는 리만이 주목한 사실에서 유래한 것으로 수학의 서로 다른 분야들, 예를 들어 대수학, 해석학, 기하학 등의 분야들이 아주 긴밀하게 관련되어 있으므로 완전히 분리해서 이해할 수는 없다는 것이었다. 리만은 어떤 방정식들로 규정된 그래프의 기하학적 형상으로부터 방정식의 대수적 성질을 어떻게 도출할 수 있는지 보여 주었다. 지금껏 기하학은 사람을 착각에 빠뜨릴 우려가 있으므로 대수학이나 해석학과 따로 떼어서 다루어야 한다는 도그마가 팽배했으며 이를 깨뜨리자면 상당한 용기가 필요했다. 오일러나 코시를 추종한 사람들이 복소수의 그래프 표현을 그토록 반대한 이유도 여기에 있었다. 이들에게 허수는 $x^2 = -1$과 같은 방정식의 해일 뿐이므로 그림과 같은 것으로 혼란스럽게 나타내서는 안 된다는 것이었다. 그러나 리만이 보기에 이 두 분야는 분명 긴밀하게 연결되어 있었다.

힐베르트는 23개의 문제를 발표하는 강연의 머리말에서 페르마의 마지막 정리도 언급했다. 이 문제는 당시에 이미 가장 유명한 미해결 문제의 하나로 알려져 있었다. 하지만 힐베르트는 자신이 제기한 문제들에는 포함시키지 않았다. 힐베르트의 견해에 따르면 이는 "과학에 중요한 영향을 미치지는 않겠지만 우리의 영혼을 강하게 자극하는 특이한 예"에 지나지 않았기 때문이었다. 가우스도 마찬가지의 심정을 피력한 적이 있다. 그는 원한다면 이와 같은 식을 얼마든지 잔뜩 만들어 놓고 해답의 존재 여부를 생각해 볼 수 있다고 말했다. 이런 관점에서 보자면 페르마가 선택한 식은 자체적 흥미 이상의 특별한 의미를 갖지 않는다.

힐베르트는 페르마의 마지막 정리에 대한 가우스의 비판을 그의 열 번째 문제에 반영했다. "임의의 방정식이 해를 갖는지의 여부를 유한한 시간 안에 판정할 알고리듬algorithm(컴퓨터의 프로그램과 비슷하게 진행되는 수학적 절차)이 존재하는가?" 이 문제를 제기함으로써 힐베르트는 수학자들의 관심을 어떤 특정한 문제로부터 추상적 측면으로 돌리려 했다. 예를 들어 힐베르트는 소수의 새로운 측면을 드러내는 가우스와 리만의 업적을 항상 경외해 왔다. 수학자들은 이제 어떤 특정한 수가 소수인지에 대해서는 더 이상 별 관심을 쏟지 않는다. 대신 모든 소수들이 함께 자아내는 음악을 이해하고자 한다. 힐베르트는 방정식에 관한 이 문제로부터 비슷한 효과가 나오길 기대했다.

회의를 취재한 한 기자는 이 강연이 산만하다고 썼다. 하지만 이는 8월의 찌는 듯한 더위 탓일 뿐 힐베르트의 강연에 내포된 지적 호소력이 부족했기 때문은 아니었다. 힐베르트의 가장 친한 친구인 민코프스키는 "세계의 모든 수학자들은 이 강연의 원고를 예외 없이 읽게 될 것이며, 이를 통해 젊은 수학자들은 힐베르트에게 더욱 깊이 빠져 들 것이다"라고 평했다. 힐베르트는 전통을 벗어난 강연에 내포된 위험성을 기꺼이 감수했는데, 결과적으로 그는 이 때문에 20세기의 새로운 수학적 사고를 이끌 선구자로 우뚝 서게 되었다. 민코프스키는 이 23개의 문제가 엄청난 파급 효과를 불러일으킬 것으로 예상했다. 그는 힐베르트에게 "20세기의 수학이 짊어질 모든 짐을 부려 놓았다"라고 말했는데, 실제로 이 말은 앞날을 훤히 내다본 예언과 같았다.

그가 제시한 열린 가능성을 가진 문제들 가운데 내용상으로는 매우 구체적인 것이 하나 있으며, 여덟 번째의 리만 가설에 대한 증명이 바로 그것이다. 어느 인터뷰에서 힐베르트는 리만 가설이 가장 중요하다고 믿는다면서

"수학에서 뿐 아니라 절대적 관점에서도 가장 중요합니다"라고 말했다. 같은 인터뷰에서 무엇이 가장 중요한 기술적 성과로 여겨질 것인가 하는 질문을 받고서는 다음과 같이 답했다. "달에서 파리를 잡는 것이죠. 왜냐하면 그런 성과를 얻었다는 것은 그에 앞서 수많은 부수적 문제들이 먼저 해결되었다는 것을 뜻하며 다시 이는 인류가 가진 물질적 어려움이 거의 극복되었다는 것을 뜻하기 때문입니다."

힐베르트는 리만 가설의 증명이 수학에 미치는 영향은 달에서의 파리 잡기가 기술에 미치는 영향과도 같을 것이라고 믿었다. 국제수학자회의의 청중들에게 리만 가설을 여덟 번째 문제로 제시하고 난 그는 좀더 구체적인 설명을 덧붙였다. 힐베르트는 우리가 소수에 대한 리만의 식을 완전히 이해하고 나면 소수와 관련된 다른 미스터리들도 이해할 지위에 올라설 것이라고 말했다. 그런 예들로 그는 골드바흐추측과 쌍둥이소수 추측을 언급했다. 이런 점에서 리만 가설의 증명이 갖는 의의는 두 가지라고 말할 수 있다. 한편으로 수학사의 한 장(章)을 접는 마지막 페이지임과 동시에 수많은 새로운 문을 여는 첫 페이지이기도 하다.

처음에 힐베르트는 리만 가설이 이토록 오랫동안 증명되지 않을 줄 몰랐다. 1919년에 행한 한 강연에서 그는 자신이 살아 있는 동안 리만 가설이 증명되는 것을 보게 될 것이며, 청중 가운데 젊은 수학자들은 페르마의 마지막 정리가 증명되는 것도 볼 수 있을 것이라는 낙관적 예상을 했다. 반면 일곱 번째 문제, 곧 $2^{\sqrt{2}}$과 같은 수는 통상적인 방정식의 해가 아니라는 점에 대한 증명은 그 자리의 누구도 살아 생전에 볼 수 없을 것이라고 감히 단언했다. 힐베르트는 놀라운 수학적 통찰력을 지녔지만 예언력은 그에 미치지 못했다. 이로부터 10년도 되지 않아 일곱 번째 문제가 해결되었다. 또한 1919년의 이 강연에 참석했던 젊은 대학원생들 가운데 몇 사람은 1994년 페르마의 마지막 정리에 대한 와일즈의 증명을 볼 수 있었다. 한편 지난 수십 년 동안 주목할 만한 발전이 이뤄졌음에도 불구하고 리만 가설의 증명은 나오지 않았다. 어쩌면 스스로 말했듯 힐베르트가 500년 뒤 바르바로사처럼 다시 깨어날 때에도 미해결로 남을지 모른다.

실제로 힐베르트가 그처럼 오래 기다릴 필요가 없을 것이라는 생각을 하게 될 정도의 사건이 일어나기도 했다. 어느 날 그는 리만 가설을 증명했다고 주장하는 한 학생의 편지를 받았다. 하지만 곧 흠결이 발견되었는데, 그럼에도 불구하고 증명 방법 자체는 퍽 인상적이었다. 그런데 이듬해 힐베르트는 그 학생이 사망했다는 비극적 소식을 들었으며, 묘지에서 추모사를 해 달라는 부탁을 받았다. 힐베르트는 소년의 아이디어를 찬양하면서 언젠가 이것이 이 위대한 가설의 증명에 기여하게 되기를 희망했다. 여기까지는 좋았다. 갑자기 힐베르트는 "만일 네가 복소수에 대한 함수를 정의하고자 했다면…"이라는 엉뚱한 말을 꺼냈다. 그러고는 소년이 보내온 증명의 어디가 잘못되었는지 파헤쳐 들어가기 시작했다. 장례식 중에 너무나 어울리지 않은 일이었지만 수학자들이 사회와 동떨어져 살아간다는 일반적 선입관을 뚜렷이 보여 주는 예임에 틀림없다. 그런 점에서 이 이야기가 사실이든 아니든 수긍할 만하다. 수학자들의 시야는 때로 매우 좁을 수 있기 때문이다.

힐베르트의 강연으로 리만 가설은 빠르게 세상 사람들의 주목을 받게 되었다. 이제 수학의 가장 유명한 미해결 문제 가운데 하나로 떠오르게 된 것이다. 힐베르트는 리만 가설에 깊이 심취하기는 했지만 여기에 직접적으로 기여한 것은 없다. 하지만 20세기의 수학을 향해 내던진 그의 프로그램은 매우 큰 영향을 미쳤다. 심지어 물리학에 관한 질문 그리고 수학의 공리에 대한 근본적 질문도 20세기 말에 이르도록 소수에 대한 우리의 이해를 넓히는 데에 나름대로의 역할을 해 왔다. 그런 한편 힐베르트는 가우스에서 디리클레 그리고 리만으로 전해져 온 괴팅겐 수학의 배턴을 누구에게 전해 줄 것인가 하는 책임도 떠맡았다.

란다우, 최고의 괴짜

힐베르트의 가장 친한 친구인 민코프스키Hermann Minkowskii (1864 ~1909)가 45세라는 이른 나이에 비극적 죽음을 맞은 후 그의 자리는 공석으로 남아 있었다. 민코프스키는 치명적인 맹장염을 앓았다. 힐베르트는 이때 막 워링의 문제Waring's problem를 해결했는데, 이는 어떤 하나의 수를 다른 여러 수들의 세제곱, 네제곱, … 등의 합으로 풀어쓰는 것과 관련된 문제였다(에드워드 워링Edward Waring은 1736~1798 사이에 살았던 영국의 수학자: 옮긴이). 힐베르트는 민코프스키가 이 성과를 높이 평가하리라고 믿었다. 민코프스키는 불과 18살에 파리아카데미의 수리과학대상을 받았는데, 힐베르트의 결과는 이때 제출한 민코프스키의 연구를 더욱 확장한 것이었기 때문이다. "나는 그에게 다음번 세미나에서는 워링의 문제에 대한 나의 해답을 다룰 예정이라고 말했다. 그러자 그는 병원의 침대에서 목숨이 경각에 달려 있음에도 세미나에 참석하지 못할까 염려했다."

민코프스키의 죽음은 힐베르트의 마음을 크게 흔들었는데, 괴팅겐의 한 학생은 이렇게 썼다. "수업시간에 힐베르트 교수는 민코프스키 교수가 돌아가셨다고 말하면서 흐느꼈다. 당시 교수는 매우 높은 신분으로 여겨졌으며, 따라서 그와 학생 사이의 격차도 그만큼 컸기에, 민코프스키 교수의 죽음을 단순히 통보하는 것이 아니라 이처럼 흐느끼면서 전해 주는 것을 보고 우리는 깊은 충격을 받았다." 힐베르트는 민코프스키의 후임으로 수론에 대해 그에 못지않은 열정을 지닌 사람을 찾느라 많은 신경을 썼다.

누구 이야기에 따르든 힐베르트가 선택한 에드문트 란다우Edmund Landau

에드문트 란다우(1877–1938)

는 호락호락한 인물이 아니었다. 란다우가 선택될 가능성은 아마도 반반이
었던 것 같다. 힐베르트는 동료에게 란다우와 경쟁자를 두고 "누가 더 대하
기 어렵습니까?"라고 물었다. "의심할 바 없이 란다우"라는 대답이 돌아오
자 힐베르트는 "괴팅겐은 란다우를 택해야 합니다"라고 말했다. 괴팅겐의
수학과는 고분고분한 사람을 원하지 않았다. 힐베르트는 그의 동료로서 사
회적으로뿐 아니라 수학적으로도 전통에 도전하는 사람을 원했다.

란다우는 학생들에게 엄격했으며 몸값에 걸맞은 수학과의 괴짜로 살았
다. 학생들은 주말에 그의 집으로 초대받는 것을 끔찍하게 여겼는데, 거기
에 가면 수학적 게임에 대한 그의 열정에 장단을 맞춰야 했기 때문이다. 란
다우의 한 학생이 신혼여행을 떠날 때의 일이었다. 란다우가 역에 폭풍처럼
내달려 왔을 때 기차는 막 떠날 참이었다. 란다우는 창틀 사이로 최근에 쓴
책의 원고를 들이밀면서 외쳤다. "돌아올 때까지 교정하게!"

얼마 가지 않아 란다우는 가우스와 리만의 전통을 이어받아 아다마르와 발레푸생의 업적을 더욱 발전시키는 데에 있어 유럽의 핵심적 인물로 떠오르게 되었다. 그의 기질은 선구자들이 꾸며 놓았던 베이스캠프를 박차고 나와 장엄한 리만산의 기슭을 오르기에 가장 적합했다. 아다마르와 발레푸생은 원점에서 동쪽으로 1만큼 떨어진 곳을 지나 남북으로 뻗은 직선 위에는 영점이 전혀 존재하지 않는다는 사실을 보임으로써 가우스의 소수정리를 증명했다. 이제 다음으로 할 일은 리만의 특이선, 곧 원점에서 동쪽으로 1/2만큼 떨어진 곳을 지나 남북으로 뻗은 직선에 이를 때까지는 영점이 아무 곳에도 없다는 사실을 증명하는 것이었다.

란다우는 하랄드 보어Harald Bohr와 함께 연구를 진행했다. 보어는 코펜하겐에 살았는데 유럽대륙을 가로질러 규칙적으로 괴팅겐을 방문하는 수학적 순례자 가운데 한 사람이었다. 그의 형인 닐스 보어Niels Bohr는 양자역학의 창조자 가운데 한 사람이며 이로써 나중에 세계적 명성을 얻었다. 하랄드는 덴마크의 축구 국가대표로 이미 이름을 떨쳤는데 1908년 런던올림픽에 참가하여 은메달을 차지했다.

란다우와 보어는 공동연구를 통해 리만의 지형에서 해수면과 같은 높이에 있는 지점을 탐험하는 데에 성공적인 진척을 이루었다. 대부분의 영점들이 특이선 주변에 몰려 있는 것처럼 보인다는 사실을 밝혔던 것이다. 두 사람은 원점에서 동쪽으로 0.5와 0.51 사이라는 좁은 띠에 들어 있는 영점의 수와 그 밖의 지역에 있는 영점의 수를 비교해 보았다. 그 결과 이 좁은 띠에 들어 있는 영점의 수가 훨씬 많다는 사실이 드러났다. 리만은 모든 영점이 동쪽으로 0.5만큼 떨어진 직선 위에만 존재한다고 예언했다. 란다우와 보어의 연구 결과는 아직 이를 확증한 것은 아니지만 앞으로의 여정에 대한 하나의 출발점으로 평가 받았다.

두 사람의 연구로 개발된 논리를 적용할 때 띠의 폭을 반드시 0.01로 할 필요는 없다. 사실 이 폭은 원하는 대로 얼마든지 좁게 잡을 수 있다. 예를 들어 $1/10^{30}$과 같이 극히 좁게 잡아도 대부분의 영점이 그 안에 존재하는 것으로 판명된다. 하지만 둘 중 누구도 대부분의 영점들이 정확히 특이선 위에 존재한다는 증명을 내놓지는 못했다. 이런 결과는 언뜻 우리의 직관과 어긋나는 것으로 보인다. 모든 영점들이 한없이 좁은 띠에 들어간다고 하면서 그중 대부분이 정확히 특이선에 존재한다는 결론을 왜 내리지 못한단 말인가? 애석하지만 바로 이런 게 수학의 신비이다. 예를 들어 어떤 수 N에 대해 10^N개의 영점이 $1/2+1/10^N$과 $1/2+1/10^{N+1}$ 사이의 좁은 띠에 있다고 하자. 이 가상적 상황은 란다우와 보어가 구성한 논리를 충족하지만 이 영점들 가운데 1/2이란 직선 위에 있는 것은 하나도 없다.

당시 괴팅겐 사람들은 시청 청사를 가로질러 새겨진 "괴팅겐을 벗어나면 삶이 없다"라는 문구를 가슴에 품고 살아가고 있었다. 그런데 다른 무엇보다 힐베르트의 등장으로 괴팅겐은 크게 달라졌다. 리만이 있을 때 조용한 대학 도시였던 괴팅겐은 20세기에 들어 수학적 발전소로 탈바꿈했다. 리만의 시대에는 베를린에 지성의 에너지가 넘쳤다. 그러나 힐베르트가 베를린의 교수직을 제의 받았을 때 그는 이를 거절했다. 가우스의 유업(遺業) 위에 우뚝 선 작은 중세풍의 도시는 이제 수학적 활동에 대한 완벽한 환경을 갖추었다.

힐베르트는 1908년에 죽은 수학자 파울 볼프스켈Paul Wolfskehl이 남긴 돈 덕택에 세계 최고의 수학자들을 괴팅겐으로 모아들일 수 있었다. 볼프스켈은 또한 페르마의 마지막 정리를 증명한 사람을 위해 10만 마르크의 상금도 마련해 두었다. 와일즈는 아직 어린아이였을 때 이 상금에 대한 이야기를 읽고 페르마의 수수께끼를 증명하고자 하는 노력에 불을 당겼다. (나중에 와일즈가 이 상금을 받았을 때는 두 차례의 세계대전 와중에 독일이 겪었던 상상을 초월하는 초(超)인플레이션hyperinflation 때문에 초라한 액수밖에 되지 않았다.) 볼프스켈은 페르마의 마지막 정리가 증명되지 않고 지나는 동안 매년 얻어지는 이자를 이용하여 괴팅겐으로 학자들을 초청하는 데에 쓰도록 유언을 남겼다.

괴팅겐의 교수들에게 보내오는 해답을 점검하는 책임은 란다우에게 맡겨졌다. 그런데 갈수록 보내오는 해답이 늘어나 혼자서는 도저히 감당할 수 없게 되었다. 란다우는 거절할 때 쓸 표준적 답장을 만들어 자신이 거느린 학생들과 함께 사용하면서 이 책임을 나누어 맡았다. 그 내용의 일부를 보면 "페르마의 마지막 정리에 대한 해답을 보내 주서서 감사합니다. 귀하의 첫째 오류는 …쪽 …째 줄에 나타나며, …"로 되어 있다. 힐베르트는 정답이 오지 않아 자꾸 발생하는 이자를 사용하는 재미가 쏠쏠했다. 페르마의 마지막 정리가 증명되지 않는 한 더욱 많은 수학자들을 괴팅겐에 초청할 수 있으므로 그로서는 이 상태가 계속되기를 바랐다. 그래서 그는 "황금알을 낳는 거위를 왜 죽인단 말인가?"라고 묻곤 했다.

이런 분위기가 계속되자 세계 최고 수준의 수학자가 되려는 젊은이들은 괴팅겐으로 몰려들었다. 한 학생은 수학에 대한 힐베르트의 영향력을 독일 전설에 나오는 '피리 부는 사나이Pied Piper'에 비유하며 다음과 같이 말했다(어떤 마을의 쥐를 없애 주었지만 대가를 받지 못하자 마을 어린이들을 피리로 꾀어내 산속에 숨겨 버렸다고 함: 옮긴이). "피리 부는 사나이의 달콤한 피리 소리에 홀려 수많은 쥐들이 그를 따라 깊은 수학의 강물에 빠져 들었다." 19세기의 정치적 및 지적 혁명이 휩쓸고 간 유럽 대륙의 여러 학교들로부터 수많은 수학적 쥐들이 몰려든 것은 어쩌면 당연한 일이었다.

이와 대조적으로 영국은 대륙의 좋은 아이디어를 잘 소화해 내지 못하는 전통적 경향 때문에 많은 어려움을 겪고 있었다. 영국 해안이 그 소란스러웠던 프랑스혁명의 물결에도 별다른 동요를 보이지 않은 것처럼 영국의 수학은 리만 혁명을 제대로 감지하지 못했다. 이에 따라 허수도 위험한 대륙적 관념의 하나로 여겨졌다. 실제로 영국의 수학은 17세기에 벌어진 뉴턴과 라이프니츠 사이의 미적분에 대한 선취권 논쟁 이래 별다른 발전을 보이지 못했다. 뉴턴이 라이프니츠보다 미적분을 먼저 수립한 것은 사실이다. 하지만 이후의 이론적 전개는 라이프니츠가 더 앞섰는데, 뉴턴의 영광에 취한 영국은 이를 오랫동안 인정하지 않은 탓에 상당히 뒤쳐지고 말았다. 하지만 상황은 서서히 바뀌기 시작했다.

하디, 수학적 심미가

1914년 란다우와 보어는 대부분의 영점이 특이선 주변에 몰려 있다는 연구를 완성했다. 그런데 지금껏 정확히 특이선 위에 있는 것으로 알려진 영점은 모두 몇 개나 될까? 해수면과 같은 지점을 차지하는 영점들의 개수는 무한이지만 그때까지 수학자들에 의해 특이선 위에 있다고 확인된 것은 겨우 71개에 지나지 않았다.

그러던 도중 중요한 돌파구가 열렸다. 그것도 두 세기가 넘도록 유럽대륙의 아이디어에 관심을 기울이지 않아 황무지처럼 메말랐던 영국에서 이루어졌다. 하디는 리만의 배턴을 이어받아 특이선에 정말로 무한개의 영점이 존재한다는 사실을 증명하게 되었다. 힐베르트는 하디의 공헌으로부터 깊은 감명을 받았다. 그래서 심지어 이런 일도 있었다. 어느 날 힐베르트는 하디가 케임브리지에 있는 트리니티대학Trinity College(영국의 명문 케임브리지 대학교의 한 단과대학: 옮긴이) 본부와 연구실 문제 때문에 갈등을 겪고 있다는 소식을 들었다. 힐베르트는 트리니티대학 학장에게 편지를 써서 하디가 트리니티대학뿐 아니라 전 영국에서 최고의 수학자이므로 마땅히 대학 내의 가장 좋은 방을 차지해야 한다고 말했다.

수학계 밖에서 하디의 명성은 주로 유려한 필치의 회고록『어느 수학자의 변명』덕택인 반면 수학적 영예는 소수 이론과 리만 가설에 대한 기여에서 유래한다. 과연 하디가 특이선 위에 무수히 많은 영점들이 존재함을 보였으므로 리만 가설은 증명된 것인가? 정녕 게임은 이로써 끝난 것인가? 다시 말해서 영점들의 수가 무한개임은 이미 알고 있는데, 이제 하디가 무수히 많은 영점들이 특이선 위에 존재함을 보인 이상 목적은 달성된 것인가?

'무한infinite'이란 개념에는 모호한 구석이 많다. 무한에 담긴 한 가지 신비를 설명하기 위하여 힐베르트는 가상의 호텔을 만들었는데 이 호텔은 무한개의 방을 갖고 있다. 예를 들어 어느 날 이 호텔의 홀수 번호 방들이 모두 가득 찼다고 하자. 그러면 무한히 많은 투숙객이 있는 셈이다. 하지만 짝수 번호 방들은 모두 비어 있다면 아직도 무한히 많은 손님을 받을 수 있다. 하디의 경우와 비교해 보면, 각각의 방이 찼는지 조사하는 것은 각각의 영점이 특이선 위에 존재하는지 점검하는 것에 해당한다. 그런데 홀수 번째의 영점들을 모두 점검해서 무한히 많은 수의 영점들이 특이선 위에 존재하는 것을 보였다 해도 무한히 많은 짝수 번째의 영점들이 여전히 남아 있다. 실제로 하디의 증명은 영점들의 절반이 특이선 위에 존재한다는 증명도 되지 못한다. 왜냐하면 무한히 많은 영점들이 특이선 위에 있다 하더라도 남아 있는 모든 영점들의 수에 비하면 그 비율은 사실상 0%에 지나지 않을 수도 있기 때문이다. 하디의 증명은 그 자체로 분명 걸출한 업적이다. 그러나 갈 길은 아직도 아득하다. 하디는 영점들의 일부를 뜯어냈지만 엄청나게 많은 다른 영점들은 예전과 다름없이 신비에 휩싸여 있다.

한번 입맛을 들인 하디는 마약중독자처럼 이 문제에 빠져 들었다. 다른 어느 것도 모든 영점들이 특이선 위에 있음을 증명하는 것보다 하디의 욕구를 붙들지 못했다. 예외가 있다면 크리켓에 대한 열정과 신의 관념에 대한 오랜 씨름 정도일 것이다. 힐베르트와 마찬가지로 하디도 희망 사항의 목록 제1순위에 리만 가설의 증명을 올려놓았는데, 이는 어느 해의 신년 결심을 엽서에 적어 여러 친구와 동료들에게 보낸 데에서도 잘 드러난다.

(1) 리만 가설을 증명할 것

(2) 오벌Oval 경기장에서 열리는 크리켓 최종 결승전의 넷째 이닝inning에서 200 이후의 첫 소수인 211번의 연속 출루not out를 기록하는 것

(3) 신의 부재에 대해 대중이 확신할 정도의 논리를 개발할 것

(4) 사상 최초로 에베레스트산을 정복할 것

(5) 영국과 독일로 구성된 소비에트연방의 초대 대통령이 되는 것

(6) 무솔리니를 살해할 것

하디는 어렸을 때부터 소수에 열광했다. 소년 시절 교회에 가면 찬송가의 번호를 소인수분해하면서 혼자 즐겼다. 그는 이 근본적인 수들에 대해 호기심을 끌 사실이 담긴 책들을 즐겨 탐독했으며, "아침 식사 때의 가벼운 읽을거리로 축구 기사보다 더 낫다"라고 말했다. 실제로 하디는 축구 기사를 좋아하는 사람이라면 소수의 즐거움도 만끽할 수 있으리라 믿었다. "수론은 특이하게도 대부분의 내용이 〈데일리 메일Daily Mail〉과 같은 신문에 실어도 될 수준이며 또한 분명 많은 새 독자들을 끌어들일 것이다"라고 그는 말했다. 하디는 소수가 많은 독자를 매료시키기에 충분한 신비를 갖고 있을 뿐 아니라 그 내용은 누구라도 탐구할 수 있을 정도로 단순하다고 믿었다. 실제로 그는 당시의 어떤 수학자들보다 열정적으로 자신의 주제를 다른 사람들과 공유하려 했고, 이런 내용들이 상아탑 안에 갇힌 비밀스런 즐거움이어

서는 안 된다고 여겼다.

세 번째의 신년 결심에서 보듯 찬송가의 번호를 소인수분해하면서 다니던 교회는 하디에게 깊은 영향을 미쳤다. 아주 어렸을 때부터 그는 신의 관념과 종교의 함정에 대해 격렬히 반대했다. 그리하여 일생을 통해 신의 관념과 맞서면서 그 불가능성을 증명하려고 줄기차게 노력했다. 이와 같은 신과의 싸움은 아주 개인적인 것이 되어 갔고, 그에 따라 역설적이게도 하디는 그토록 완강히 부정하려는 신의 존재를 오히려 뚜렷이 상정하게 되었다. 크리켓 경기를 구경하려 갈 때면 그는 비가 올 가능성을 없애기 위하여 신에 대항하기 위한 장비로 중무장하고 나섰다. 하늘에 구름 한 점 없을 때도 스웨터 네 벌과 우산 그리고 연구물을 잔뜩 꾸려 왔다. 이웃 관중들이 쳐다보면 하디는 신으로 하여금 자신이 조금이라도 연구할 시간을 얻기 위해 비가 오기를 바란다고 착각하게 만들기 위함이라고 설명했다. 그러면 하디 개인에겐 적(敵)이었던 신은 오히려 밝은 햇살을 비추어 수학 연구에 몰두하려는 자신의 계획을 완전히 무산시킬 것이라는 게 그의 생각이었다.

어느 여름날 타자의 항의 때문에 크리켓 경기가 갑자기 중단되어 하디는 몹시 짜증이 났다. 건너편 관중석에서 햇빛이 강하게 반사되어 타격에 집중할 수 없다는 게 그 이유였다. 그런데 정확한 원인을 알고 나자 하디의 분노는 희열로 바뀌었다. 관중석에 거구의 목사가 있었는데 목에 걸친 커다란 은(銀) 십자가가 햇빛을 반사했던 것이다. 심판은 그에게 부탁하여 십자가를 잠시 풀어 놓도록 했다. 하디는 너무나 기쁨에 겨운 나머지 점심시간에 급히 친구에게 크리켓이 목사를 이겼노라는 내용의 엽서를 써서 보냈다.

9월이 되어 크리켓 시즌이 끝나면 하디는 영국의 학기가 시작되기 전에 코펜하겐에 있는 보어를 방문하곤 했다. 그들은 일종의 의식을 치르면서 하루 일과를 시작했다. 매일 아침 책상 위에 놓인 쪽지에 하디가 그날 할 일을 적는다. "리만 가설의 증명." 하디는 보어가 괴팅겐을 방문하면서 발전시킨 아이디어를 통해 리만 가설의 증명에 이르는 길이 열리기를 줄곧 희망했다. 이렇게 하루가 시작되면 남은 시간은 산책하고 이야기하고 많은 수식을 갈겨쓰면서 보냈다. 하지만 시간이 하염없이 지나도록 하디가 바라는 다음 돌파구는 끝내 열리지 않았다.

그런데 언젠가 한번, 하디가 새 학기를 시작하기 위해 영국으로 돌아간 지 얼마 되지 않아 보어는 하디로부터 엽서를 하나 받았다. 보어는 거기 적힌 글을 읽으면서 가슴이 벅차오름을 느꼈다. "리만 가설을 증명했습니다. 하지만 엽서가 너무 작아 다 적을 수 없군요." 마침내 하디는 난국을 타파했다. 그런데 엽서는 뭔가 친근한 암시를 풍겼다. 페르마의 감칠난 낙서가 보어의 머리를 스친 것이었다. 하디는 엽서에 충분히 그런 낙서를 남길 만한 괴짜였다. 보어는 축하인사를 미루고 하디가 진짜 증명을 보내오기를 기다렸다. 아닌 게 아니라 엽서는 보어가 기다리던 돌파구가 아니었다. 하디는 신과 또 하나의 게임을 벌였던 것이었다.

하디가 배를 타고 덴마크를 떠나 영국으로 가기 위하여 북해를 건널 때 파도가 아주 높이 일었다. 그런데 배가 그다지 크지 않아 하디는 생명에 위협을 느낄 정도의 두려움에 떨었다. 이에 하디는 개인적으로 간직한 비장의 보험 수단을 동원했다. 보어에게 보낸 거짓 내용의 엽서는 바로 이때 작성된 것이었다. 하디의 첫째 목표가 리만 가설의 증명이라면 둘째 목표는 신과의 싸움이었다. 그는 신이 자신을 결코 승리자로 남게 하지는 않을 것이라고 믿었다. 다시 말해서 사람들로 하여금 하디가 리만 가설을 증명했지만 물에 빠져 죽는 바람에 증명도 영원히 묻혀 버리게 되었다고 믿게 하지는 않으리라 생각했다. 이 전략이 적중했던지 하디는 무사히 영국에 도착했다.

리만 가설이 수학 최고의 문제로 떠오르게 된 것은 이 문제에 대한 하디의 열정과 다채롭고도 카리스마에 넘치는 그의 성격에 힘입은 바가 크다고 말해야 타당할 것이다. 『어느 수학자의 변명』에서 보듯 그의 유려한 필치는 수론은 물론 그가 핵심적이라고 보는 것의 중요성을 부각시키는 데에 큰 역할을 했다. 그런데 하디가 『어느 수학자의 변명』에서 수학의 아름다움을 그토록 찬양했음에도 불구하고 정작 하디 자신이 내놓은 증명들에 담긴 아름다움은 대개의 경우 결론에 이르기 위하여 거쳐야 할 수많은 전문적 세부 사항들 때문에 흐려져 보인다는 점은 참으로 대조적인 현상이라고 하지 않을 수 없다. 대략 반반이라고 하듯, 성공은 역시 훌륭한 아이디어 못지않게 힘겨운 노력의 산물이기도 하다.

하디로 하여금 수학자가 되기로 결심하게 한 책은 수학과는 전혀 상관없는 것으로 트리니티대학의 교수 자리에서 누릴 수 있는 영광스런 생활에 대한 이야기를 담은 책이었다. 『트리니티의 교수A Fellow of Trinity』에는 시니어 컴비네이션 룸Senior Combination Room에 자리 잡은 술을 마실 수 있는 휴게소를 묘사한 대목이 나오는데 하디는 이 이야기에 완전히 매료되었다. 그는 수학을 택한 이유에 대하여 "내가 잘할 수 있는 유일한 것이기 때문"이라고 했으며 "교수가 되기 전까지 수학은 트리니티대학의 교수직에 오르기 위한 관문과 같은 것이었다"라고 말했다.

이 목표를 손에 넣기 위하여 하디는 케임브리지의 교육과정이 요구하는 일련의 혹독한 시험들을 통과해야 했다. 그런데 나중에 깨달았지만 수학적 퍼즐과 작위적으로 만든 문제들을 주로 다루는 이 시험제도는 참된 교육과는 거리가 먼 것이었다. 실제로 이런 식으로 학위과정을 마친 사람들조차 자신이 배운 것들의 진정한 의미를 제대로 이해하는 사람들은 드물었다. 1904년에 괴팅겐의 한 교수는 영국 학생들이 대답해야 할 문제를 다음과 같이 풍자적으로 묘사했다. "탄성을 가진 어떤 다리 위에 무시해도 좋을 만한 무게를 가진 코끼리가 서 있고 코 위에는 질량이 m인 모기가 앉아 있다. 코끼리가 코를 돌려 모기를 회전시킬 때 다리의 진동수는 얼마인가?" 학생들은 문제를 풀 때면 뉴턴의 프린키피아Principia를 마치 성경처럼 인용해야만 했는데, 결과는 진정한 의미가 아니라 인용했다는 사실만으로 정당화되었다. 하디는 이와 같은 교육과정도 영국이 수학적 황무지의 시기를 맞게 된 한 원인이라고 믿었다. 영국 수학자들은 수학적 악보를 더욱 빨리 연주하도록 교육받았지만 이렇게 악보를 통달한다 하더라도 거기에 담긴 아름다운 수학적 음악은 전혀 감지하지 못했다.

하디가 수학에 눈을 뜬 것도 프랑스의 수학자 카미유 조르당Camille Jordan이 쓴 『해석학Cours d' Analyse』이란 책을 통해서였다. 이로써 대륙에 만발한 수학의 진면목을 보게 된 하디는 다음과 같이 썼다. "이 놀라운 책을 보고 받은 감동은 평생 잊지 못할 것이다. … 나는 이를 통해 난생 처음으로 수학의 진정한 의미를 알게 되었다." 1900년 트리니티대학의 교수로 취임한 하디는 마침내 시험의 짐을 벗었고, 참된 수학을 탐구할 자유에 흠뻑 젖을 수 있게 되었다.

리틀우드, 수학계의 건달

1910년 하디는 그보다 여덟 살 아래인 존 에덴서 리틀우드John Edensor Littlewood를 트리니티대학 수학과의 동료 교수로 맞게 되었다. 이들은 이후 37년 동안 마치 수학의 스코트와 오츠Scott and Oates처럼 대륙에 펼쳐진 신천지를 함께 탐험하며 지냈다(스코트와 오츠는 1911년 영국의 남극 정복 탐험대원들인데 노르웨이의 아문젠Amundsen이 12월 14일에 먼저 정복하고 생환한 반면 이보다 35일 뒤 극점에 도달한 두 사람은 조난되어 모두 사망했다: 옮긴이). 이 공동연구로부터 거의 100편에 가까운 논문이 쏟아져 나왔다. 보어는 이 시기에 영국

1924년 트리니티대학에서의 하디와 리틀우드

에는 세 사람의 위대한 수학자가 있다는 농담을 했는데, '하디'와 '리틀우드' 그리고 '하디-리틀우드'가 그들이라고 했다.

두 수학자들은 나름의 개성을 견지하면서 공동연구에 기여했다. 리틀우드는 건달처럼 갖고 있는 온갖 무기를 자랑하며 문제에 도전하고 나섰다. 그는 어려운 문제의 정복 자체를 즐겼고, 해결하고 나면 그 정복감에 한껏 도취됐다. 하디는 이와 대조적으로 아름다움과 우아함도 소중히 여겼다. 이와 같은 차이는 논문을 쓰는 데에도 반영되었다. 먼저 리틀우드가 대략의 초안을 잡으면 하디는 이를 세밀히 가다듬었다. 그들은 이를 가리켜 '향기'를 뿌린다고 불렀는데, 금상첨화라고나 할까, 이 때문에 그들의 증명에는 거의 언제나 우아한 문구가 곁들여지게 되었다.

흥미롭게도 두 사람의 스타일은 외모에서도 잘 드러난다. 하디는 젊은 시절의 모습이 오랜 세월이 지나도록 유지된, 아름다운 풍모를 지닌 사람이었다. 아직 신참 교수 시절 시니어 컴비네이션 룸에 들를 때면 그를 모르는 교수들은 어떤 학부생이 미로와 같은 복도에서 길을 잃고 들어온 것으로 여기곤 했다. 반면 리틀우드는 대충 깎아 만든 사람 같았는데 어떤 수학자는 그를 가리켜 "디킨스Charles Dickens의 작중인물이 그대로 튀어나온 것 같다"라고 평했다(『올리버 트위스트』로 잘 알려진 영국 소설가 디킨스는 사회 밑바닥의 다양한 인물들을 생생히 잘 묘사하는 점으로도 유명하다: 옮긴이). 리틀우드는 몸과 마음이 모두 강하고도 민첩했다. 하디처럼 그도 크리켓을 좋아했으며 강한 타구를 잘 날렸다. 또한 음악을 좋아했는데 하디는 평생 이에 아무 흥미도 갖지 않았다. 리틀우드는 어른이 된 뒤에도 혼자 피아노를 배웠으며, 바흐, 베토벤, 모차르트의 작품을 특히 사랑했다. 심지어 인생은 너무 짧아 이보다 열등한 작곡가들을 둘러볼 시간이 없다고 말하기도 했다.

성(性)에 대한 태도에서도 두 사람의 차이는 두드러진다. 하디는 거의 확실히 동성애자였던 것으로 알려져 있다. 하지만 그는 이에 대해 아주 신중하게 행동했다. 그런데 당시 케임브리지에서는 결혼보다 오히려 동성애에 더 관대한 듯한 분위기가 감돌았다는 점도 주목할 필요가 있다. 이 시절 케임브리지와 옥스퍼드의 연구원들은 결혼을 할 경우 연구직을 그만두고 떠나야 하기도 했다. 리틀우드는 하디가 '비상습적 동성애자'라고 단언했다. 반면 리틀우드는 힐베르트만큼은 못하지만 여자들에게 자못 인기가 많았다. 한때 그는 그 지역 한 의사의 부인과 가까이 지냈으며, 여름 휴가를 콘월Cornwall(영국 남서부의 주(州). 관광산업이 발달한 휴양지로 알려져 있다: 옮긴이)에서 함께 보내기도 했다. 여러 해가 지난 뒤, 부인의 한 아이가 거울을 들여다

보더니 "존 아저씨하고 너무 닮았어!"라고 외쳤다. 이에 부인은 "애야, 놀랄일이 아니다. 그 분이 네 아빠란다"라고 말했다.

어쨌든 호흡이 잘 맞았던 두 수학자는 자신들의 공동연구를 아래와 같은 아주 명확한 공리적 기초 위에서 이끌어 갔다.

공리 1: 상대방에게 써 보낸 내용이 옳든 그르든 상관없다.

공리 2: 상대방에게 보낸 편지를 읽었든 안 읽었든 반드시 답장을 할 의무는 없다.

공리 3: 같은 것을 연구하는 것은 가급적 피한다.

공리 4: 논쟁의 소지를 없애기 위해, 상대방의 기여가 어느 정도이든 묻지 않고 모든 논문을 공저로 한다.

이 가운데 넷째 공리가 가장 중요하다. 보어는 그들의 관계에 대해 다음과 같이 말했다. "그토록 중요하고 조화로운 공동연구가 외관상 그토록 부당한 공리에 입각해서 이루어진 적은 없다." 오늘날의 수학자들도 공동연구를 할 때면 이른바 '하디-리틀우드 규칙'에 따르기로 약속하기도 한다. 보어는 코펜하겐에서 하디와 공동연구를 하던 도중 하디가 위의 둘째 공리를 어떻게 실천하는지 살펴볼 수 있었다. 리틀우드가 매일같이 보내오는 수학에 관한 수많은 편지를 하디는 "언젠가 읽기는 읽어야겠지"라고 말하면서 방 한구석으로 조용히 밀어 놓곤 했다. 코펜하겐에서 하디는 오직 리만 가설에만 온 정신을 쏟았다. 따라서 리틀우드의 편지에 이에 관한 내용이 없으면 곧장 방 한구석으로 밀려날 뿐이었다.

리틀우드의 학생이었던 해럴드 데븐포트Harold Davenport가 전하는 이야기에 따르면 두 사람은 리만 가설 때문에 거의 틀어질 뻔했다. 언젠가 하디는 살인사건이 나오는 추리소설을 썼다. 한 수학자가 리만 가설을 증명했는데 다른 수학자가 그를 살해하고 그 영예를 차지해 버린다는 내용이었다. 이에 대해 리틀우드가 가장 흥분했는데, 그 이유는 공리 4를 위반하고 자신을 이 소설의 공동 저자에서 제외했다는 게 아니었다. 리틀우드는 자신이 책 속 살인자의 모델이라고 믿으면서, 책이 나온 이래 줄곧 항의하고 나섰다. 결국 하디가 양보했고 수학계는 문학적 보석 하나를 잃게 되었다.

리틀우드는 수학과의 학부과정에서 요구하는 일련의 시험과정을 모두 거치면서 떠오른 인물이었다. 그는 이 시험들의 통과에 필요한 모든 기법을 훌륭히 펼쳐 보였다. 결국 그는 수학 학위시험에서 제임스 머서James Mercer 와 함께 모든 학생들의 선망의 대상인 수석 합격자의 영예를 안았다. 수학 학위시험의 수석 합격자는 케임브리지대학교에서 유명 인사로 여겨져 그들의 사진은 그 해의 학년도가 끝날 무렵 판매에 부쳐졌다. 그런데 동료 학생들은 리틀우드의 화려한 경력이 이제 막 시작되는 데에 지나지 않는다는 것을 간파했던 모양이었다. 한 친구가 리틀우드의 사진을 사려고 했으나 다음과 같은 말을 듣고 물러설 수밖에 없었다. "리틀우드씨의 사진은 다 떨어졌습니다. 하지만 머서씨의 사진은 아직 많이 있습니다."

리틀우드도 시험들이 수학에서 진정으로 요구되는 것은 아님을 깨달았다. 다만 다음 단계로 올라서는 데에 필요한 기교적 게임에 지나지 않았다. 한편으로 그는 "이 게임에 별다른 거리낌은 없었다. 사실 필요한 기법에 통달하게 되어 만족감을 느끼기도 했다"라고 말했다. 리틀우드는 학부생으로서 배워야 할 기법을 익히는 데에 열중했고 나중에 좀더 창의적 연구에 잘 활용했다. 그런데 처음으로 진지한 수학적 연구에 들어섰을 때 그는 괴로운 시련을 겪게 되었다.

긴 여름 방학 동안 시험에서 해방된 리틀우드는 본격적 연구를 시작할 참이었다. 그래서 당시 지도교수로서 나중에 버밍엄Birmingham의 주교가 된 어네스트 반스Ernest Barnes에게 첫 경험을 쌓는 데에 적절한 문제를 제시해 달라고 요청했다. 반스는 잠시 생각하더니 그때까지 아무도 확실하게 통달하지 못했던 함수를 떠올렸다. 어쩌면 리틀우드는 이 함수가 어디서 영이 되는지 찾아낼 수 있을지도 모른다. 반스는 그 정의를 써 주면서 "이것은 제타함수라고 부른다네"라고 무덤덤하게 말했다. 리틀우드는 반스의 쪽지를 손에 들고 그의 방을 나섰다. 반스는 리틀우드가 여름 내내 리만 가설의 증명에 빠져 드는 것을 좋아하게 될 것이라는 암시를 던진 셈인데 리틀우드는 이를 전혀 알아차리지 못했다.

반스는 이 문제에 담긴 어려움을 잘 보여 줄 역사적 배경에 대해서는 설명해 주지 않았다. 어쩌면 반스는 제타함수의 영점과 소수 사이의 관계를 미처 몰라서 "이 함수의 값이 영인 곳은 어디인가?"라는 의문을 단지 하나의 흥미로운 문제 정도로 여겼을 수도 있다. 리만 가설을 현대적으로 접근하고 있는 주요 인물들 가운데 한 사람인 피터 사르낙Peter Sarnak은 "이것은 20세기에 들어서도록 수학자들이 잘 이해하지 못하고 있는 유일한 해석함수analytic function이다"라고 말했다. 리틀우드의 제자였던 피터 스위너튼 다이어 경(卿)Sir Peter Swinnerton-Dyer은 리틀우드의 추모식에서 다음과 같이 회상했다. "리틀우드 선생님이 아무리 뛰어난 학생이었다 하더라도 반스 교수가 리만 가설을 적절한 문제라고 제시한 사실, 그리고 선생님은 또 아무런 주저 없이 거기에 뛰어든 사실은 모두 하디와 리틀우드 선생님이 강한 영향을 미치기 전 영국의 수학 수준이 어땠는지를 잘 보여 줍니다."

리틀우드는 여름 내내 언뜻 단순하게 보이는 이 문제와 씨름했다. 그동안 비록 영점의 위치를 찾는 행운을 누리지는 못했지만 우연히 얻은 새로운 발견 때문에 매우 흡족했다. 약 50년 전 리만이 깨달았던 것과 똑같이 리틀우드도 영점들이 소수에 대해 뭔가 말해 줄 수 있다는 사실을 발견한 것이었다. 대륙에서는 이미 리만 시절부터 두루 퍼졌던 제타함수와 소수 사이의 관계가 영국에서는 이때까지도 전해지지 않았다. 리틀우드는 이것을 새로운 관계로 여겼고 1907년 트리니티대학의 교수직을 얻는 데에 도움이 될 학위논문에 포함시켰다. 이처럼 리틀우드가 자신의 발견을 독창적이라고 본 데에서도 영국의 수학이 얼마나 고립되었는지 잘 드러난다.

영국에 살면서도 아다마르와 발레푸생의 최근 업적을 알고 있는 몇 안되는 사람들에 속했던 하디는 이 결과가 리틀우드의 희망과 달리 독창적인 것이 아님을 바로 알아차렸다. 리틀우드는 이 해에 교수로 선발되지 못했는데, 그럼에도 불구하고 하디는 리틀우드의 잠재력을 높이 평가했다. 다른 교수들의 견해도 하디와 대략 같았으므로 다음에 적절한 기회가 오면 다시 선발하기로 의견이 모아졌다. 리틀우드는 결국 1910년 10월 트리니티대학의 교수진에 합류했다.

영국 해협을 가로질러 대륙의 지성적 전통에 문을 연 케임브리지는 이내 꽃을 피우기 시작했다. 이즈음 영국과 대륙 사이의 교통은 한결 편해졌으므로 많은 영국 학자들은 유럽의 학문적 중심지를 열심히 찾아다녔다. 이 새로운 접촉에 따라 대륙으로부터 수많은 책과 잡지와 아이디어가 쏟아져 들어왔다. 20세기 초, 트리니티대학은 특히 아주 활기찬 모습을 보여 주었다. 이제 시니어 컴비네이션 룸은 신사의 사교 활동이 아니라 연구 장소가 되었다. 포도주와 휴식이 어울려 고담준론이 오갔던 테이블에서는 날마다 새로운 아이디어가 흘러넘쳤다. 하디와 리틀우드 외에도 트리니티대학에는 당시 가장 이름 높은 두 사람의 철학자도 함께 있었다. 버트런드 러셀Bertrand Arthur William Russell과 루트비히 비트겐슈타인Ludwig Josef Johann Wittgenstein이 그들인데, 이 두 철학자는 힐베르트가 우려해 마지않았던 수학의 근본에 대한 문제와 씨름했다. 케임브리지는 또한 물리학 분야에서도 새로운 돌파구를 열고 있었다. 조셉 톰슨Joseph John Thomson은 전자를 발견하여 노벨 물리학상을 받았고 아서 에딩턴Arthur Eddington은 우리가 살고 있는 공간이 휘어져 있음을 보임으로써 가우스와 아인슈타인의 생각이 옳았음을 밝혔다.

하디와 리틀우드의 위대한 공동연구는 괴팅겐으로부터 소수에 관해 쓴 란다우의 책이 때맞춰 도착함에 따라 더욱 불이 붙었다. 1909년 두 권으로 발간된 『소수분포론Handbuch der Lehre von der Verteilung der Primzahlen』은 리만의 제타함수와 소수 사이의 관계에 담긴 신비를 온 천하에 퍼뜨렸다. 란다우의 책이 나오기 전에는 수학계의 대다수가 이 관계를 알지 못했다. 한스 하일브론Hans Heilbronn과 함께 작성한 란다우의 사망을 알리는 글에서 하디는 "지금까지 모험을 즐기는 몇몇 영웅들의 사냥터였던 주제가 이 책에 힘입어 지난 30년 동안 가장 풍성한 열매를 맺는 곳으로 탈바꿈했다"라고 말했다. 1914년 하디가 리만의 특이선 위에 무수히 많은 영점이 존재한다는 증명을 내놓은 것도 이 책의 영향 때문이라고 말할 수 있다. 학생 시절 제타함수와 씨름했던 경험을 가진 리틀우드도 이 관계에 대해 위대한 첫 기여를 할 생각으로 전의를 가다듬었다.

가우스가 옳다고 생각했지만 증명하지는 못했던 정리를 증명하는 일은 수학자의 기개를 가늠하는 진정한 시험과 같다고 일반적으로 여겨졌다. 이와 반대로 가우스가 옳다고 생각한 것이 잘못임을 증명하는 일에도 한 무리의 사람이 모여들었다. 가우스의 직관이 오류인 것으로 드러나는 일은 흔히 있는 일이 아니었다. 가우스는 $Li(N)$이라는 로그적분을 만들어 내면서 N이 커질수록 거기까지 들어 있는 실제 소수의 개수와 이 함수값 사이의 오차는 더욱 줄어들 것이라고 예언했다. 아다마르와 발레푸생은 가우스가 옳다는 점을 증명함으로써 수학사에 그들의 이름을 아로새겼다. 그런데 가우스는 또 다른 추측을 내놓았다. 이 오차가 줄어들기는 하는데, $Li(N)$의 값이 실제 소수의 개수보다 항상 클 것이라는 게 그것이었다. 이 예상은 리만이 개선한 내용과 대조적이다. 리만이 만든 함수의 값은 정확한 소수의 개수를 중심으로 커지기도 하고 작아지기도 한다.

리틀우드가 가우스의 둘째 추측을 생각해 볼 무렵, 10,000,000에 이르기까지는 옳다는 사실이 밝혀져 있었다. 실험적 사실을 중요시하는 과학자라면 누구나 이 정도의 자료가 확보된 이상 가우스의 추측이 완전히 옳다고 확신할 것이다. 다시 말해서 증명에 집착하기보다 실험적 증거를 더욱 중요시하는 과학 분야에서는 가우스의 추측을 기꺼이 받아들이고 이를 바탕으로 새로운 이론을 건설해 갈 것이다. 그리하여 이렇게 세워진 수학적 탑은 약 100년의 세월이 지난 리틀우드의 시대에는 이미 엄청나게 높이 치솟아 있었을 것임에 틀림없다. 하지만 1912년 리틀우드는 일반적 예상과 달리 가우스의 둘째 추측은 신기루였음을 밝혔다. 그의 분석 때문에 엄청난 탑을 지탱하던 주춧돌은 한 줌의 먼지로 사라지고 말았다. 리틀우드는 범위를 넓혀 가게 되면 언젠가는 소수의 개수가 로그적분의 값을 추월하는 때가 생기며, 이후 로그적분은 실제 소수의 개수보다 더 큰 값이 되거나 작은 값이 되는 행동을 자꾸 되풀이함을 증명했다.

리틀우드는 이때쯤 또 다른 디딤돌이 되어 가려고 하는 아이디어도 허물어뜨렸다. 많은 사람들은 가우스의 추측을 개선한 리만의 함수는 범위를 넓혀 갈수록 가우스의 함수보다 언제나 더 정확할 것이라고 보았다. 그러나 리틀우드는 10,000,000까지의 범위에서는 리만의 함수가 더 정확하지만 범위를 이보다 더 넓히면 가우스의 함수가 더 정확해지는 때도 있다는 사실을 증명했다.

가우스의 추측이 잘못임을 밝힌 리틀우드의 발견은 아주 놀라운 것이었는데, 그 이유는 가우스 함수가 실제 소수의 개수보다 작아지는 시점이 상상할 수 없는 큰 값이어서 도저히 계산해 낼 수 없을 것으로 여겨졌기 때문이었다. 리틀우드는 심지어 어느 정도까지 가야 이런 현상이 관측될 수 있을 것인지에 대한 예상마저도 내놓지 못했다. 실제로 오늘날에 이르도록 가우스의 함수가 소수의 개수보다 작아지는 시점을 알아낸 사람은 아무도 없다. 그럼에도 불구하고 우리가 가우스의 추측이 언젠가는 역전된다는 사실을 확신할 수 있는 것은 오직 리틀우드의 이론적 분석으로 도출된 수학적 증명의 위력 때문이다.

이로부터 얼마가 지난 1933년에 리틀우드의 대학원생인 스탠리 스큐어스 Stanley Skewes가 $10^{10^{10^{34}}}$까지 올라가면 마침내 가우스의 함수가 실제 소수의 개수보다 작아지는 현상을 목격하게 될 것이라는 점을 알아냈다. 이 수는 황당할 정도로 큰 수이다. 이처럼 너무나 커서 언뜻 실감하기 어려운 수를 대할 때 자주 쓰는 비교 기준은 현재까지 망원경으로 관측할 수 있는 우주 전체에 존재하는 원자의 수이다. 이에 대한 최선의 어림값은 10^{78}으로 알려져 있는데 스큐어스가 내놓은 수는 심지어 이것조차도 도저히 비교할 수 없을 정도로 크다. 100, 1,000, 10,000 …과 같이 보통의 수를 쓰듯 이 수를 1 다음에 0을 나열하는 방식으로 쓸 경우, 1 다음에 우주 전체에 존재하는 원자의 수만큼 0을 계속 나열하더라도 그 발끝에도 미치지 못할 정도에 지나지 않는다. 이 수는 이후 '스큐어스 수Skewes Number'라 불리게 되었는데, 하디는 그 엄청난 크기에 주목하여 조사해 본 결과 수학사를 통틀어 어떤 증명 과정에서 등장한 수 가운데 가장 큰 수라고 단언했다.

스큐어스의 추산에 쓰인 증명은 또 다른 이유로 우리의 흥미를 끈다. "만일 리만 가설이 옳다면"이라는 가정으로 시작하는 수천 가지의 증명들 가운데 하나이기 때문이다. 스큐어스는 리만의 추측, 곧 "리만 지형에서 해수면과 같은 높이에 있는 점들은 모두 특이선 위에 존재한다"는 전제 위에서 그의 증명을 구축할 수 있었다. 이런 가정을 하지 않을 경우 1930년대의 수학자들은 범위를 얼마나 넓혀야 가우스의 추측이 잘못임을 보일 수 있는지에 대해 아무런 추산도 할 수 없었다. 이처럼 어떤 특정한 문제의 경우 수학자들은 '리만산'을 직접 오르지 않고 단지 존재한다고 가정한 다음 이를 우회함으로써 원하는 목적을 일단 달성할 수밖에 없다. 1955년 스큐어스는 더욱 큰 수를 만들어 냈는데, 이 또한 리만 가설이 틀리지 않는다는 전제 위에서만 의의를 가진다.

가우스의 둘째 추측을 받아들이는 데에는 주저했던 수학자들이 리만 가설의 진실성에 대해서는 이처럼 많은 신뢰를 보낸다는 점은 어딘지 묘한 뉘앙스를 풍긴다. 수학자들은 리만 가설이 증명되지 않았는데도 충분한 믿음을 갖고 그 위에 기꺼이 새로운 이론을 세우고 있다. 실제로 오늘날 리만 가설은 거대한 수학의 전당을 받치는 핵심적 구조물 가운데 하나가 되었다. 어쩌면 이는 믿음의 문제 못지않게 실용적 문제라고 말할 수도 있다. 갈수록 많은 수학자들이 각자의 연구 과정에서 리만 가설에 맞닥뜨리며 수학적 진전을 이루는 데에 커다란 장애물로 여기고 있다. 이 상황에서 앞으로 나아가려면 현재로서는 옳다고 가정할 수밖에 없다. 하지만 가우스의 둘째 추측을 무너뜨린 리틀우드의 사례에서 보듯, 수학자들은 언젠가 리만 가설이 틀릴 수도 있다는 상황에 대비해야 한다. 누군가 특이선 밖에 있는 영점을 하나라도 발견하기만 하면 지금껏 리만 가설의 진실성 위에 구축되었던 모든 것은 한순간에 허물어지고 만다.

리틀우드의 증명은 수학적 인식에 대하여 커다란 심리학적 충격을 주었고 특히 소수 분야에서 더욱 그랬다. 이는 엄청나게 많은 개수의 증거를 확보하고 이를 신뢰하는 사람들에게 보내진 엄중한 경고와도 같았다. 그의 증명은 또한 소수가 변장의 명수임을 보여 주었다. 소수는 그 진면목을 수학적 우주의 깊은 곳에 감추고 있는데, 너무나 깊어서 그 진정한 본질은 인간의 계산 능력을 초월하는 것으로 여겨진다. 따라서 소수의 참된 행동은 오직 수학의 추상적 증명을 꿰뚫어 보는 혜안으로 파악할 수밖에 없다.

리틀우드의 증명은 수학이 다른 과학과 본질적으로 다른 학문이라고 주장하는 사람들에게 큰 힘을 보태 주었다. 17세기와 18세기의 수학자들은 몇 가지의 계산만 점검하고 특별한 문제가 없으면 이를 토대로 이론을 구축해 갔다. 하지만 이와 같은 실험주의는 더 이상 통하지 않는다. 분명한 증명이 없는 한 수학자들은 조금도 마음을 놓을 수 없다. 수학적 세계를 여행하는 데에 경험주의라는 차량은 적합하지 않다(과학철학에서 실험주의(experimentalism)와 경험주의(empiricism)는 거의 동의어로 쓰인다: 옮긴이). 다른 과학 분야라면 수백만의 자료가 쌓이면 충분한 증거로 간주될 수도 있다. 그러나 리틀우드가 보여 준 바에 따르면 수학의 경우 이런 행동은 살얼음 위를 걷는 것과 같다. 이제부터는 증명이 모든 것이다. 확실한 증명이 없는 한 아무것도 믿을 수 없다.

갈수록 많은 수학자들이 각자의 연구 과정에서 리만 가설의 진실성을 가정할 수밖에 없는 상황에 처하고 있다. 따라서 리만의 지형 아주 먼 곳에 이르도록 특이선 이외의 지역에서 영점을 전혀 발견할 수 없어야 한다는 확증을 갖는 일이 더욱 중요해지고 있다. 이것이 확인되지 않는 한 수학자들은 리만 가설이 언젠가 오류로 판명될지도 모른다는 불안 속에서 하루하루 살아갈 수밖에 없다.

―제6장―

수학의 기인,
라마누잔

신의 생각을 담지 않은 수식은 내게 아무 의미가 없다.

스리니바사 라마누잔

하디와 리틀우드가 리만의 기이한 지형에서 길을 찾기 위해 헤매는 동안 약 8,000킬로미터 떨어진 인도에서 한 청년이 소수의 신비에 끌려 외로운 투쟁을 벌이고 있었다. 인도의 마드라스 항만청에 근무하는 젊은 사무원 스리니바사 라마누잔은 언젠가부터 사람을 홀리는 소수의 물결에 심취하게 되었다. 라마누잔은 본래 회계 업무를 담당하도록 고용되었지만 아주 지겨운 이 일 대신 그는 눈만 뜨면 거의 모든 시간을 무엇이 이 신비로운 소수가 출현하도록 하는지를 찾고 계산하면서 그 결과를 기록해 갔다. 라마누잔은 소수에 이토록 열중하면서도 멀리 서쪽 나라들에서 일어나고 있는 복잡다단한 양상에 대해서는 아무것도 알 수 없었다. 그는 정규교육도 받지 못했다. 따라서 하디와 리틀우드가 경외해 마지않는 수론, 특히 하디가 '순수수학의 모든 분야 가운데 가장 어려운 주제'라고 말한 소수이론에 대해서 별

다른 존경심도 가질 수 없었다. 수학적 전통에 전혀 얽매이지 않은 채 라마누잔은 어린애와 같은 순수한 열정에 휩싸여 소수의 세계로 빠져 들었다. 이와 같은 순수성은 숨어 있던 놀라운 수학적 재능과 결합하여 그의 막강한 장점으로 떠오르게 되었다.

케임브리지에서 하디와 리틀우드는 소수에 관한 란다우의 책이 보여 주는 경이로운 이야기에 몰두하고 있었다. 인도에서 소수에 홀린 라마누잔은 이보다 훨씬 기초적인 책에서 자극을 받았지만 그가 발견한 사실은 서쪽 나라 일류 수학자들의 성과 못지않게 뛰어난 것이었다. 젊은 과학자들의 삶을 살펴보면 장래의 발전에 핵심적 역할을 하는 중대한 계기가 눈에 띄곤 한다. 리만의 경우 소년 시절에 받았던 르장드르의 책이 그것이었다. 이 책에서 그는 장래의 삶을 결정할 씨앗을 얻게 되었다. 하디와 리틀우드의 경우 란다우의 책이 그와 비슷한 영향력을 발휘했다. 라마누잔의 경우는 어땠을까? 1903년 열다섯 살의 소년 라마누잔은 조지 카George Carr가 쓴 『순수수학의 기본적 성과 개요A Synopsis of Elementary Results in Pure and Applied Mathematics』라는 책을 보고 수학에 눈을 떴다. 이 책은 라마누잔과의 관계 외의 내용이나 저자에 대해 주목할 것은 거의 없다. 중요한 것은 이 책의 구성이다. 거기에는 4,400가지의 고전적 결과들이 나열되어 있는데 증명은 없다. 라마누잔은 이를 붙들고 몇 해 동안 씨름하면서 각각의 결론들을 홀로 증명해 갔다. 정규교육을 받지 못해 서구의 증명법에 익숙하지 않은 그는 이 과정에서 자신만의 수학을 창조하게 되었으며, 엄격한 사고체계에 얽매이지 않고 자유롭게 떠돌 수 있었다. 얼마 가지 않아 그의 노트는 카의 책을 뛰어넘는 수많은 아이디어와 결론들로 가득 채워지게 되었다.

오일러는 페르마가 증명 없이 남긴 수많은 문제들을 풀면서 수학자로서의 초기 경험을 쌓았다. 이와 같은 오일러의 태도는 라마누잔에게서도 찾아

스리니바사 라마누잔(1887-1920)

볼 수 있다. 라마누잔은 수식을 꿰뚫어 보는 직관적 능력이 환상적이라 할 정도로 뛰어났다. 그래서 어떤 수식을 이리저리 바꿔 보면서 수많은 새로운 통찰을 이끌어 내곤 했다. 라마누잔은 복소수가 지수함수와 음파를 묘사하는 방정식을 서로 연결해 줄 수 있다는 점을 발견하고 흥분에 들떴다. 하지만 며칠 후 약 150년 전에 오일러가 이미 이 위대한 발견을 했다는 사실을 알고 거꾸로 실망에 휩싸였다. 굴욕감에 젖어 낙심한 그는 자신이 계산했던 내용을 그의 방 천장에 감춰 버렸다.

수학적 창의력은 상황이 가장 좋은 때라도 그 정체를 파악하기가 어렵다. 그런데 라마누잔의 경우는 이보다 더욱 심해서 거의 언제나 신비로움으로 감싸져 있는 듯했다. 그는 자신의 아이디어가 꿈속에 나타나는 나마기리

Namagiri라는 여신으로부터 받는 것이라고 말하곤 했다. 이 여신은 그의 집 안에서 대대로 섬겨 왔는데 힌두교 3대 신 가운데 하나인 비슈누Vishnu의 넷째 화신(化身)으로 사자의 얼굴을 가진 나라심하Narasimha의 아내이다. 라마누잔이 살았던 마을의 다른 사람들은 이 여신이 주술의 힘으로 악마를 쫓을 수 있다고 믿었다. 하지만 라마누잔은 그 여신이 끊임없는 수학적 발견을 계시해 주는 통찰력의 근원이라고 설명했다.

꿈을 수학적 탐구의 비옥한 토양으로 활용한 수학자가 라마누잔뿐인 것은 아니다. 디리클레는 가우스의 「정수론 연구」를 베개 밑에 넣고 자면서 가끔씩 눈에 띄었던 난해한 부분들이 잠을 자는 동안에 풀려지기를 바랐다. 마치 수면 중에는 마음이 현실 세계로부터 벗어나 눈을 떴을 때 굳게 닫아 놓았던 세계를 자유롭게 탐험한다고 여기는 듯했다. 라마누잔은 눈을 뜨고 있는 동안에도 몽환상태를 이끌어 낼 수 있었던 것처럼 보인다는 점에서 더욱 특이하다. 사실 말하자면 이러한 황홀경은 대부분의 수학자들이 의식적으로 추구하고자 하는 마음 상태에 아주 가까운 것이라고 할 수 있다.

소수정리를 증명하여 이름을 날린 아다마르는 창의적인 수학자의 마음속에서 벌어지는 일을 경이롭게 여겼다. 그는 이에 대한 자신의 생각을 1945년 『수학적 발명의 심리학The Psychology of Invention in the Mathematical Field』이란 책으로 펴냈는데, 여기서 그는 무의식의 역할을 특히 강조했다. 신경학자들은 수학적 사고 과정에 갈수록 많은 관심을 보이고 있다. 이를 통해 뇌의 작동 방식을 밝혀낼 수도 있지 않을까 여기기 때문이다. 휴식 때 심지어 꿈을 꿀 때도 우리의 마음은 의식적 활동을 하는 동안 뿌려 놓았던 아이디어들 사이를 자유롭게 누비면서 열매를 거둬들이는 듯싶다.

아다마르는 위의 책에서 수학적 발견 과정을 준비preparation, 배양 incubation, 조명illumination, 증명verification의 네 단계로 나누었다. 라마누잔은 셋째 단계에 천부적 재능을 타고났지만 정식 교육을 받지 못해서 넷째 단계에는 능숙하지 못했다. 어쩌면 라마누잔은 조명만으로도 충분한지 모른다. 그는 증명의 필요성을 절실히 느끼지 않았다. 사실 그가 수학적 광야를 자유롭게 누비면서 새로운 길을 찾곤 했던 것은 증명이란 멍에를 목에 걸치지 않았기 때문으로 보인다. 서구의 과학적 전통에서 보면 이와 같은 직관적 방식은 사뭇 괴이하기도 하다. 리틀우드는 라마누잔에 대해 다음과 같이 말했다. "그는 증명이 무엇인지에 대해 선명한 이해를 갖지 못한 것 같다. 직관과 증거가 확신을 주기만 하면 그는 더 이상 돌아보지 않았다."

인도의 학교 제도는 영국의 영향을 많이 받았다. 하지만 하디와 리틀우드를 잘 길러 낸 영국의 교육제도는 인도에서 어린 라마누잔을 길러 내는 데는 완전히 실패했다. 1907년 케임브리지에서 리틀우드의 논문이 많은 찬사를 받았을 때 라마누잔은 세 번째와 네 번째의 졸업시험에서 잇달아 고배를 마셨다. 만일 수학만 따진다면 분명 통과했겠지만 그는 영어, 역사, 산스크리트Sanskrit와 함께 심지어 생리학도 공부해야 했다. 정통 브라만Brahman 계급에 속한 라마누잔은 엄격한 채식주의자였으므로 개구리나 토끼의 해부는 그의 행동 한계를 벗어난 일이었다. 이 때문에 그는 마드라스대학교에 들어가지 못했다. 하지만 이런 장애에도 불구하고 안에서 불타오르는 수학적 재능은 꺼지지 않았다.

1910년 라마누잔은 자신의 아이디어를 어떻게든 인정받고자 했다. 특히 그는 소수의 개수를 매우 정확하게 산출해 내는 식을 발견한 데에 대해 스스로 열광했다. 대다수의 사람들이 그렇듯 라마누잔도 처음에는 너무나 불규칙하게 튀어나오는 이 수들을 어찌 다룰지 몰라 좌절감에 빠졌다. 그러나 수학에서 차지하는 소수의 중요성을 잘 알고 있는 라마누잔은 그 특성을 해명할 수식이 반드시 존재할 것이라는 믿음을 버리지 않았다. 그는 이때까지 모든 수학과 그 패턴이 수식과 방정식으로 정확히 표현될 수 있으리라는 순수한 믿음을 견지하고 있었다. 나중에 리틀우드는 "라마누잔이 100년이나 150년 전에 태어났다면 얼마나 위대한 수학자가 되었을까? 만일 그가 오일러와 적절한 시간에 만날 수 있었다면 어떤 일이 일어났을까? … 하지만 애석하게도 수식의 좋았던 시절은 이미 지난 것 같다"라고 썼다. 그러나 라마누잔은 리만에 의해 촉발된 19세기와 20세기의 수학적 혁명으로부터 영향을 받지 않았다. 따라서 소수를 창출하는 식의 발견에 매진할 수 있었다. 소수표를 앞에 두고 많은 계산을 한 결과 그는 어떤 패턴이 떠오름을 알게 되었으며, 이 잠정적 발견을 누군가 이해해 줄 만한 사람에게 꼭 설명해 주고 싶었다.

라마누잔은 인상적인 수학 노트와 브라만 계급의 막강한 인맥 덕분에 마드라스 항만청 회계원직을 어렵잖게 구할 수 있었다. 그는 자신의 아이디어를 〈인도수학회지Journal of the Indian Mathematical Society〉에 싣기 시작했다. 마다라스공대의 영국인 교수 그리피스C. L. T. Griffith는 라마누잔의 연구 성과가 '경이로운 수학자'의 것임을 알기는 했지만 그 내용을 정확히 이해하거나 비평할 수 없었다. 그래서 자신이 영국에 있을 때 가르쳤던 제자 가운데 수학교수가 된 사람의 의견을 들어 보기로 했다.

정식교육을 받지 못한 라마누잔은 수학도 아주 개인적인 방식으로 펼쳐냈다. 이런 점을 생각하면 런던대학의 힐M. J. M. Hill 교수가 라마누잔의 논문 가운데 다음 식을 비롯한 대다수의 결과들을 무의미한 것으로 간주해 버린 것도 그다지 놀랄 일은 아니다.

$$1 + 2 + 3 + \cdots + \infty = -\frac{1}{12}$$

사실 위의 결과는 누구의 눈에도 어이없게 보인다. 모든 자연수를 더한 결과가 분수일 뿐 아니라 음수라고 하니 미친 사람의 헛소리가 아닌가 말이다. 힐 교수는 "라마누잔씨는 발산급수라는 아주 어려운 주제의 함정에 빠진 것으로 보입니다"라고 그리피스 교수에게 썼다.

하지만 힐도 모든 것을 물리친 것은 아니었다. 라마누잔은 힐이 보내온 의견에 고무되었고 자신의 운을 더욱 시험해 보기 위하여 케임브리지의 몇몇 수학자들에게 직접 편지를 써 보냈다. 두 사람의 응답자는 라마누잔의 기이한 산술 뒤에 숨어 있는 내용을 간파하지 못했고 이에 따라 도움을 주지 못하겠노라고 했다. 그러나 라마누잔이 쓴 또 하나의 편지가 하디의 책상에 전달되었다.

수학은 괴짜를 만들어 내는 듯하며, 어쩌면 페르마가 부분적 책임을 져야 할 것 같다. 란다우는 페르마의 마지막 정리를 풀었다면서 볼프스켈이 내건 상금을 달라고 주장하는 수많은 괴짜들을 물리치기 위하여 거절할 때 쓰는 표준적 답장을 마련해야 했다. 수학자들은 미친 듯한 수비학(數秘學) 신봉자들로부터 원하지도 않은 편지를 받는 데에 어느 정도 익숙해져 있기도 했다. 하디도 이런 종류의 주장을 내세우는 편지의 홍수에 시달렸다. 그의 친구인 스노C. P. Snow에 따르면 그 가운데는 쿠푸왕의 대피라미드Great Pyramid of Khufu에 숨겨진 신비의 예언이나 셰익스피어의 희곡에 비밀스럽게 담겨진 프란시스 베이컨Francis Bacon의 암호문을 해독했다는 것들도 있었다.

라마누잔은 이즈음 마드라스대학교의 수학 교수인 가나파시 아이어Ganapathy Iyer를 통해 하디가 지은 『무한의 위계(位階)Orders of Infinity』란 책을 보게 되었다. 두 사람은 저녁이면 마드라스의 해변에서 규칙적으로 수학을 논의하곤 하던 사이였다. 하디의 책을 훑어본 라마누잔은 마침내 자신의 아이디어를 알아줄 사람을 찾은 기분이 들었다. 하지만 나중에 그는 "하디가 무한수열에 관한 나의 수식을 보고 최종 목적지로 정신병원을 제시하지 않을까 두려웠다"라고 털어놓았다. 라마누잔은 하디의 책에서 "어떤 범위까지에 들어 있는 소수의 개수를 정확히 산출하는 식은 아직껏 만들어지지 않았다"라는 구절을 보고 특히 흥분에 들떴다. 그 자신이 이를 매우 정확히 산출할 식을 이미 만들었기 때문이었다. 그래서 하디가 이를 본다면 어찌 생각할 것인지 궁금하기 짝이 없었다.

어느 날 아침 인도의 우편 소인(消印)이 찍힌 라마누잔의 편지를 받아 본 하디의 첫인상은 그다지 우호적인 것은 아니었다. 거기에는 소수의 개수를 헤아리는 경이로우면서도 거친 정리도 있었지만 이미 잘 알려진 것인데도 마치 독창적 성과처럼 기술한 내용들도 많았다. 편지의 머리말에서 라마누잔은 "소수의 개수를 정확히 나타내는 함수를 발견했다"라고 선언했다. 하디는 이를 보고 깜짝 놀랐지만 애석하게도 이 함수의 수식은 써 있지 않았다. 게다가 더욱 곤란한 것은 모든 결론에 아무런 증명이 없었다는 점이다! 하디에게 증명은 모든 것이었다. 언젠가 하디는 트리니티대학 휴게소에서 버트런드 러셀에게 다음과 같이 말했다. "내가 당신이 5분 후에 죽는다는 것을 논리적으로 증명할 수 있다고 합시다. 그러면 물론 당신의 죽음을 슬퍼하겠지만, 그 슬픔은 증명의 환희 덕분에 많이 줄어들 것입니다."

친구인 스노에 따르면 하디는 라마누잔의 편지에 나온 결과들을 쭉 훑어보더니 "지겹고 짜증난다. 마치 호기심을 자극하는 사기 같다"라고 말했다. 하지만 저녁 무렵 그 생소한 정리들은 마술을 부리기 시작했으며, 식사 후 하디는 리틀우드를 불러 이에 대해 토론을 했다. 자정 무렵 두 사람은 돌파구를 열기 시작했다. 이때쯤 라마누잔의 비정통적 용어와 표현에 어느 정도 익숙해진 두 사람은 이 성과가 어떤 괴짜의 것이 아니라 다듬어지지는 않았지만 눈부신 수학적 천재의 작품임을 깨닫게 되었다.

하디와 리틀우드는 라마누잔의 엉뚱한 듯한 무한합이 본래의 제타 지형에서 빠졌던 부분을 새롭게 정의한 리만의 방법을 재발견하는 것에 다름 아니란 점을 알아차리게 되었다. 라마누잔의 식에 담긴 수수께끼를 푸는 실마리는 이 식을, 예를 들어 2를 1/2⁻¹로 쓰듯, 모든 자연수를 '역수의 분수'로 쓰는 데에 있다(2⁻¹은 1/2의 다른 표현이다). 이 방법을 모든 자연수에 적용하면 라마누잔의 식은 다음과 같이 쓰여진다.

$$1 + 2 + 3 + \cdots + n + \cdots = 1 + \frac{1}{2^{-1}} + \frac{1}{3^{-1}} + \cdots + \frac{1}{n^{-1}} + \cdots = -\frac{1}{12}$$

이 식은 제타함수에 −1을 대입했을 경우 어떤 값이 나올 것인가에 대한 리만의 답과 같다. 아무런 정식 훈련도 받지 않은 라마누잔은 나름대로의 경주를 펼쳐 제타 지형에 대한 리만의 발견을 재구성해 낸 것이다.

라마누잔의 편지는 더 이상 때맞춰 도착할 수 없었다. 마침 란다우의 책 때문에 하디와 리틀우드는 리만의 제타함수와 소수와의 관계라는 신비에 사로잡혀 있었다. 그런데 라마누잔은 어떤 범위든 소수의 개수를 극도로 정확하게 추산하는 식을 만들었다고 주장한다. 아침까지만 해도 하디는 라마누잔이 수학적 괴짜 가운데 하나에 지나지 않는다고 보았다. 하지만 저녁에 다시 점검해 본 결과 이 인도인의 성과는 전혀 다른 모습으로 다가왔다.

하디와 리틀우드는 1억까지의 실제 소수의 개수와 비교할 때 "일반적으로는 아무 오차도 없고 있다 해도 1이나 2에 지나지 않을 정도의 극히 정교한 추산식을 만들었다"는 라마누잔의 주장을 보고 깜짝 놀랐음에 틀림없다. 그러나 문제는 이 식 자체는 편지에 쓰지 않았다는 것이다. 이 밖에도 편지의 전반적 내용은 엄밀한 증명을 절대적 요소로 여기는 두 수학자가 보기에 매우 실망스러웠다. 수많은 수식만 잔뜩 쓰여 있을 뿐 어떻게 얻었는지에 대한 증명은커녕 간단한 설명조차도 없었다.

하디는 라마누잔에게 아주 긍정적인 답장을 보내면서 소수 추산식에 대한 자세한 내용과 증명을 보내 달라고 간곡히 요청했다. 리틀우드도 이 추산식의 증명을 "가능한 한 빨리, 그리고 자세하게" 알려 달라는 구절을 덧붙였다. 두 수학자는 라마누잔의 응답을 초조히 기다리는 동안 많은 저녁식사를 함께 하면서 라마누잔의 첫 편지에 나오는 내용들을 계속 파헤쳐 갔다. 버트런드 러셀은 한 친구에게 보낸 편지에서 다음과 같이 썼다. "나는 식당에서 하디와 리틀우드가 강한 흥분에 휩싸여 있는 것을 보았다. 이들은 제2의 뉴턴을 발견했다고 믿었는데, 그는 마드라스에서 연봉 20파운드를 받으며 지내는 힌두교도 회계원이라고 한다."

라마누잔의 둘째 편지도 때맞춰 도착했다. 그런데 소수에 대한 몇 가지의 수식이 담겨 있기는 했지만 증명은 여전히 없었다. 리틀우드는 "참으로 사람 미치게 하는군"이라고 말하는 한편 어쩌면 라마누잔은 하디가 자신의 발견을 가로채려는 게 아닌가 의심한다고 여겼다. 라마누잔의 둘째 편지를 점검하던 하디와 리틀우드는 라마누잔이 리만의 또 다른 발견도 재발견해 냈다는 점을 깨달았다. 리만은 소수의 개수를 추산하는 가우스의 식을 개선하여 오차를 크게 줄였다. 나아가 리만은 제타 지형의 영점들을 이용하여 이 오차마저 말끔히 없앨 수 있는 방법을 찾아냈다. 그런데 라마누잔은 전혀 새로운 출발점에서 리만이 50여 년 전에 만들었던 식의 일부를 다시 구성해 냈다. 라마누잔의 식은 가우스의 식을 개선한 리만의 식을 포함하고 있다. 다만 제타 지형의 영점을 이용하여 오차를 없애는 부분만 빠졌을 뿐이다.

그렇다면 라마누잔은 과연 제타 지형의 영점들에서 유래하는 오차들이 어떤 기적적인 방식을 통해 서로 상쇄된다고 말하고 있다는 것일까? 푸리에는 오차의 유래에 대한 음악적 관점을 제시했다. 각각의 영점들은 서로 다른 소리굽쇠의 역할을 하며 이런 소리굽쇠들을 모두 함께 울리면 소수의 잡음이 만들어진다. 그런데 어떤 경우 소리들은 서로 상쇄되도록 결합할 수 있고 이때는 결과적으로 아무 소리도 나지 않는다. 실제로 어떤 비행기들은 엔진에서 나오는 소음을 줄이기 위해 객실 안에서 이와 상쇄되는 음을 발생시킨다. 라마누잔은 과연 영점들에서 나오는 리만의 파동들이 서로 상쇄될 수 있다고 주장한단 말일까?

부활절 휴가 동안 리틀우드는 정부(情婦)와 정부의 가족들과 함께 콘월로 휴가를 떠나면서 라마누잔의 편지도 갖고 갔다. 거기서 그는 "하디씨에게, 소수에 관한 라마누잔의 주장은 잘못입니다"라는 내용의 편지를 보냈다. 하디와 리틀우드는 돈독한 유대관계에도 불구하고 어쩐 일인지 편지에서 서로를 언제나 성으로 부를 뿐 이름으로 부르지 않았다. 리틀우드는 어찌어찌 해서 영점들로부터 나오는 파동들은 결코 서로 상쇄될 수 없음을 증명했다. 이는 리만의 식을 재구성한 라마누잔의 식이 아무리 정확하다 하더라도 오차를 완전히 없애지는 못함을 뜻한다. 곧 아무리 작더라도 소음은 분명 존재한다.

그렇지만 라마누잔의 편지에서 자극을 받아 이루어진 리틀우드의 분석은 리만의 연구에 대해 새롭고도 흥미로운 통찰을 이끌어 냈다. 리만 가설은 수학자들에게 다음과 같은 이유로도 중요해졌다. 리만 가설이 옳을 경우 어떤 N까지의 범위에서 가우스의 추측과 실제 소수 개수 사이의 차이를 N의 크기와 비교해 보면 아주 작으며, 실질적으로 N의 제곱근보다 작다는 뜻이 되기 때문이다. 하지만 영점이 특이선 밖에도 존재한다면 오차는 이보다 더 크게 된다. 그런데 라마누잔의 편지는 리만의 어림값보다 더 좋은 게 있을 수 있다고 주장한다. 범위를 넓혀 감에 따라 오차는 N의 제곱근보다 더욱 작아질 수 있다는 뜻이다. 콘월에서 보내온 리틀우드의 편지는 이런 희망을 무너뜨렸다. 리틀우드는 범위를 무한히 넓혀 가면 오차가 N의 제곱근만큼

될 경우도 무한히 일어난다는 사실을 증명한 것이다. 따라서 리만 가설이 최선의 시나리오이다. 라마누잔은 비록 틀렸지만 하디는 깊은 감명을 받았다. 나중에 하디는 "어떤 점에서 라마누잔의 실패는 그의 성공 못지않게 경이로웠다"라고 말했다.

리틀우드는 하디에게 보낸 편지에서 "나는 그의 오류가 어디서 유래했는지 어렴풋이 알 것 같습니다"라고 썼다. 그가 보기에 라마누잔은 제타 지형에 해수면과 같은 지점이 전혀 없다고 여긴 듯싶었다. 실제로 이 생각이 옳다면 라마누잔의 식도 정확히 옳다. 리틀우드는 흥분에 겨워 "그는 적어도 야코비의 수준이다"라고 단언하면서 라마누잔을 리만 시대의 수학 스타 가운데 한 사람으로 꼽혔던 사람과 동등하다고 보았다. 하디는 라마누잔에게 편지를 보내면서 "당신이 주장한 것을 증명하기만 한다면 수학사를 통틀어 가장 위대한 업적을 이룬 사람으로 여겨질 것입니다"라고 썼다. 그런데 라마누잔의 재능은 분명 놀라운 것이지만 한편으로 현대의 지식 수준에 걸맞은 지적 재충전을 절실히 필요로 한다는 점도 사실이었다. 리틀우드는 하디에게 쓴 편지에서 "그가 소수에 내재한 악마적 속성을 의식하지 못한 채 홀려서 빠져 들었다고 봐도 놀랄 일은 아닐 것입니다"라고 자신의 느낌을 피력했다. 한편 하디는 다음과 같이 말했다. "라마누잔은 가난하고 외로운 힌두교도로서 방대하게 누적된 서구의 지혜와 맞서야 한다는 극복할 수 없는 약점을 갖고 있다."

하디와 리틀우드는 어떻게든 라마누잔을 케임브리지로 데려오기로 마음을 모았다. 그들은 트리니티대학의 연구원인 네빌E. H. Neville을 인도로 급히 보내 라마누잔을 설득하도록 했다. 처음에 라마누잔은 인도를 떠나고자 하지 않았다. 엄격한 힌두교도인 그는 해외로 여행할 경우 브라만 계급에서 추방될 것으로 믿었기 때문이었다. 그런데 친구인 나라야나 아이어Narayana

Iyer는 라마누잔이 케임브리지로 가기를 간절히 원한다는 사실을 간파했고, 이에 한 가지 계략을 생각해 냈다. 아이어는 라마누잔의 마음을 붙들고 있는 두 가지, 곧 수학에 대한 열정과 나마기리 여신에 대한 신앙이 잘 결합되면 케임브리지로 떠나라는 계시가 내려질 수 있을 것으로 생각했다. 그는 라마누잔과 함께 신성한 계시를 받기 위하여 나마기리를 모신 사원으로 떠났다. 그곳의 돌로 된 바닥에서 지낸 지 사흘째 되던 날 밤 라마누잔은 깜짝 놀라면서 깨어났다. 곧장 친구를 깨운 그는 "찬란한 불빛과 함께 나마기리 여신이 나타나 바다를 건너도록 명했다"라고 말했다. 자기의 계획이 성공한 것을 본 아이어는 조용히 미소지었다.

라마누잔은 가족이 승인할지도 염려되었다. 그런데 가문의 신인 나마기리 여신이 다시 개입했다. 라마누잔의 어머니는 꿈속에서 아들이 커다란 방에서 유럽 사람들에게 둘러싸여 자리 잡고 있는 모습을 보았다. 이때 나마기리 여신이 나타나더니 그녀에게 아들의 길을 가로막지 말라는 명령을 내렸다. 라마누잔의 남은 걱정거리는 자신도 케임브리지의 굴욕적 시험제도를 거쳐야 하는지에 관한 것이었다. 네빌은 이 마지막 장벽도 허물었다. 마침내 라마누잔을 비좁은 집들이 무질서하게 늘어선 마드라스로부터 어머니의 꿈에 보였던 케임브리지의 도서관과 커다란 방으로 안내할 준비가 모두 갖추어졌다.

케임브리지의 문화적 충돌

1914년 라마누잔은 케임브리지에 도착했고, 이로부터 수학사상 가장 위대한 공동연구 가운데 하나가 시작되었다. 하디는 라마누잔과 함께 연구하던 시절을 돌이킬 때면 언제나 열정적 분위기에 휩싸였다. 그들은 서로의 수학적 아이디어를 나누면서 한껏 즐거워했고 수를 사랑하는 마음이 서로 통한다는 점을 발견하고 기쁨에 겨웠다. 나중에 하디는 라마누잔과 보낸 나날을 자기 생애의 가장 행복했던 시절에 속한다고 회상했다. 심지어 그는 그들의 관계를 "내 삶의 가장 로맨틱한 사건"이라고 표현하기도 했다.

하디와 라마누잔의 공동연구는 마치 고전적인 수사팀과도 같았다. 한 사람은 광분하지만 다른 사람은 치밀하다. 먼저 한 사람이 한없는 낙관주의에 취해 미친 듯이 수많은 제안을 쏟아 놓으면, 비관주의에 젖은 다른 사람은 소매 속에 숨긴 카드를 찾아내듯 모든 것을 의심하며 점검한다. 수학적 용의자를 취조하는 과정에서 라마누잔의 거친 열정에 이은 하디의 냉정한 비판은 필수적 요소였다.

하지만 공통의 기반을 찾는 게 항상 쉬웠던 것은 아니었다. 특히 문화적 충돌이 그랬다. 하디와 리틀우드가 서구적 스타일의 엄격한 증명을 고집하는 것과 달리 라마누잔은 나마기리 여신의 계시를 따라 수많은 정리들을 거침없이 쏟아 냈다. 하디와 리틀우드는 때로 새로운 젊은 동료의 아이디어가 어디서 어떻게 오는지 도무지 종잡을 수 없었다. 하디는 이에 대해 다음과 같이 말했다. "그가 거의 매일 대여섯 가지의 정리를 보여 줄 때마다 느낀 것이지만 그에게 이것들을 어찌 얻었는가 묻는 것은 어이없는 일인 듯싶었다."

라마누잔이 극복해야 했던 것은 수학분야에서의 문화적 충격만은 아니었다. 그는 사각모와 검은 가운이 드리워진 낯선 세계에 홀로 서 있었다. 채식주의자를 위한 음식을 찾을 수 없었던 그는 고향에 편지를 써서 타마린드 tamarind와 코코넛 기름을 한 꾸러미 보내 달라고 부탁해야 했다. 수학이라는 익숙한 세계가 없었더라면 이처럼 이질적인 문화에 적응하기란 불가능했을 것이다. 인도에서 라마누잔의 신뢰를 받았던 네빌은 라마누잔의 초기 영국 생활에 대해 다음과 같이 썼다. "그는 낯선 사회에서 서럽게 살아가고 있다. 이름 모를 채소는 입맛에 맞지 않고, 26년 동안 자유로웠던 발은 신발에 가두어져 고통을 겪고 있다. 하지만 그는 행복하다. 자신이 그토록 좋아하는 수학의 세계에서 한껏 즐기고 있기 때문이다." 날마다 그는 케임브리지 대학 구내를 영국식 구두는 내팽개친 채 슬리퍼를 끌고 어슬렁거리며 돌아다녔다. 하지만 눈앞에 그의 노트가 놓여진 하디의 연구실에 들어서기만 하면 수식과 방정식의 세계로 도피할 수 있었다. 이런 순간 하디는 라마누잔의 매혹적인 정리들의 그물에 걸려 꼼짝도 않고 응시하곤 했다. 라마누잔은 인도에서의 수학적 고립을 영국에서의 문화적 외로움과 맞바꿨다. 하지만 여기에는 수학적 세계를 함께 누빌 동반자들이 있었다.

하디는 라마누잔의 교육적 배경이 위태로운 균형 위에 자리 잡고 있음을 발견했다. 그는 자신이 라마누잔에게 엄밀한 증명을 너무 강요하게 되지나 않을까 염려스러웠다. "나는 어쩌면 그의 자신감이나 영감의 원천을 해칠 수도 있습니다." 하디는 라마누잔이 현대의 엄밀한 수학에 익숙해지도록 하는 임무를 리틀우드에게 떠맡겼다. 하지만 리틀우드는 이게 거의 불가능함을 깨달았다. 어느 것이든 라마누잔에게 조금이라도 설명하려고 하는 순간 라마누잔으로부터 독창적인 아이디어가 눈사태처럼 쏟아져 나왔고 이 때문에 리틀우드가 먼저 길을 잃어버리곤 했다.

라마누잔이 배를 타고 영국으로 오게 된 주요 계기는 소수의 개수를 정확하게 헤아리는 식이었지만 정작 그가 두드러지게 기여한 곳은 이와 관련된 다른 분야였다. 그는 소수가 얼마나 악마적인 속성을 지녔는지에 대한 하디와 리틀우드의 비관적 설명을 읽고 난 후 이에 대한 정면도전에서 좀 물러나기로 했다. 만일 라마누잔이 소수에 대한 유럽인들의 두려움을 알지 못했다면 얼마나 높은 경지에 이를 수 있었을 것인지는 오직 추측에 맡겨질 뿐이다. 그는 하디와 함께 수론의 관련 특성들을 연구해 나갔다. 이들의 공동연구로부터 나온 성과는 골드바흐추측, 곧 모든 짝수는 두 소수의 합으로 표현

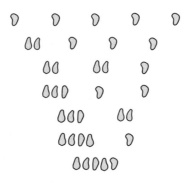

다섯 개의 돌을 분할하는 일곱 가지 방법

될 수 있다는 추측에 대한 첫 번째의 주요 진전을 이루게 했다. 이 진전은 약간 우회적으로 도출되었는데, 그 출발점은 소수의 개수와 같은 중요한 수열에는 분명 이를 정확히 표현할 수식이 존재할 것이라는 라마누잔의 순수한 믿음이었다. 이런 수식을 발견했다고 주장한 라마누잔의 편지에는 또 다른 중요한 내용이 있었으며, 그것은 소수처럼 여태껏 길들여지지 않은 수열, 곧 분할수partition numbers라는 수열을 표현하는 수식에 관한 것이었다.

예를 들어 다섯 개의 돌을 몇 개로 나누어 놓는 방법은 몇 가지일까? 가장 극단적으로는 다섯 개를 한 묶음으로 하는 것, 그리고 하나씩 다섯 묶음으로 나누는 방법이 있다. 그리고 이 두 극단 사이에 다른 여러 가지 방법들이 있다. 이렇게 어떤 대상들을 여러 묶음으로 나누어 놓는 것을 '분할', 그 방법의 수를 '분할수'라 부른다. 여기서 예로 든 5의 분할수는 아래의 그림에서 보듯 7이다.

아래의 표는 1부터 15까지의 수에 대한 분할수를 나타낸다.

수	1	2	3	4	5	6	7	8	9	10	11	12	13	14	15
분할수	1	2	3	5	7	11	15	22	30	42	56	77	101	135	176

이 분할수의 수열은 우리가 2장에서 보았던 수열 가운데 하나인데, 물리적 세계에서 피보나치 수열 못지않게 자주 찾아볼 수 있다. 예를 들어 어떤 간단한 양자역학적 계에서 도출되는 에너지 레벨들의 운명은 이 분할수가 어떻게 증가하는지를 이해하는 것으로 귀결된다.

언뜻 보기에 분할수의 수열은 소수만큼 무질서한 것 같지는 않다. 하지만 실제로 부딪혀 보면 너무나 어려워 하디 세대의 수학자들은 이 수열의 정확한 값을 내놓는 수식 찾기를 포기하는 수밖에 없었다. 그들은 기껏해야 어떤 어림값을 주는 식밖에 찾을 수 없을 것으로 여겼는데, 이 상황은 소수의 정확한 개수를 어림잡아 산출하려고 한 가우스의 처지와 비슷했다. 그러나 어떤 수열에서나 직접적인 두려움을 느껴 본 적이 없었던 라마누잔은 달랐다. 그리하여 5개의 경우 7가지, 그리고 200개의 경우 3,972,999,029,388가지라는 정확한 답을 내놓는 수식을 찾아 나섰다.

라마누잔은 소수의 경우에는 실패했지만 분할수의 경우에는 경이로운 성공을 거두었다. 복잡한 증명을 잘 조절하는 하디의 능력과 어떤 수식이 분명 존재한다고 믿는 라마누잔의 맹목적 고집이 결합되어 이 과정을 열어 갔다. 리틀우드는 라마누잔이 그 수식의 존재에 대하여 "어쩌면 그토록 강한 확신을 가질 수 있는지" 도무지 이해할 수 없었다. 마침내 그 식은 얻어졌는데, 놀랍게도 거기에는 2의 제곱근, π, 미분, 삼각함수, 복소수 등이 한데 어울려 있으며, 일반 수학자들은 그 유래에 대해 한 올의 실마리도 찾지 못한 채 오직 놀라움 속에서 감상할 따름이었다.

$$p(n) = \frac{1}{\pi\sqrt{2}} \sum_{1 \le k \le N} \sqrt{k} \left(\sum_{h \bmod k} \omega_{h,k}\, e^{-2\pi i \frac{hn}{h}} \right) \frac{d}{dn} \left(\frac{\cosh\left(\frac{\pi\sqrt{n-\frac{1}{24}}}{k} \sqrt{\frac{2}{3}} \right) - 1}{\sqrt{n-\frac{1}{24}}} \right) + O(n^{-1/4})$$

리틀우드는 나중에 이에 대해 다음과 같이 말했다. "우리가 이 결과를 얻게 된 것은 비상한 재능을 가진 두 수학자가 서로의 개성을 최선의 형태로 결합하여 각자 발휘할 수 있는 최고의 성과를 이끌어 낸 행운 덕분입니다."

이 이야기에는 한 가지 묘한 구석이 있다. 하디와 라마누잔이 얻은 식은 곧바로 정확한 값을 주는 게 아니라 반올림했을 때 정확한 값이 된다. 예를 들어 위의 식에 200을 대입하면 3,972,999,029,388에 가장 가까운 값을 내놓는다. 따라서 앞의 식은 정확한 값을 가리킨다는 점에서는 만족스럽다고 하겠으나, 분할수를 완전히 정복한 것이 아니란 점에서는 불만스럽다(나중에 이 식을 개량한 것으로 정확한 답을 주는 식이 얻어졌다).(원서의 이 대목에는 약간 오류가 있다. 하디와 라마누잔이 얻은 식은 $p(n) \cong e^{\pi\sqrt{2n/3}}/4n\sqrt{3}$ 으로 위의 식과 비교할 때 간단하지만 오차는 크다. 그리고 위의 식이 바로 나중에 독일 수학자 한스 라데마허Hans Rademacher에 의해 얻어진 정확한 식이다. 하지만 라데마허의 식도 반올림해야 정확한 값이 된다는 점에서는 여전히 어림식이라고 볼 수 있다: 옮긴이)

라마누잔은 소수에 대해서는 이 같은 기법을 얻어 낼 수 없었다. 하지만 분할함수partition function에 대한 하디와의 공동연구는 소수 분야의 미해결 문제 가운데 최고의 난제로 꼽히는 골드바흐추측의 연구에 상당한 영향을 주었다. 대부분의 수학자들은 이에 대한 시도조차 포기했으므로 이를 공격할 어떤 아이디어도 제시되지 못했다. 나중에 란다우는 이 문제가 단순히 공격 불가능하다고 선언해 버렸다.

분할함수에 대한 하디와 라마누잔의 연구로부터 오늘날 하디-리틀우드 원적법(圓積法)Hardy-Littlewood Circle Method이라고 부르는 기법이 얻어졌다. '원적법' 이란 이름이 붙은 이유는 계산 과정에서 수반되는 작은 도형들이 복소수의 지도 위에서 원의 모습을 띠기 때문이며 라마누잔과 하디는 그 주위를 따라가면서 적분을 했다. 또한 라마누잔 대신 리틀우드의 이름이 붙은 것은 골드바흐추측을 증명하는 데에 이 방법을 사용하도록 처음으로 상당한 기여를 한 사람이 하디와 리틀우드였기 때문이다. 물론 이 두 사람도 모든 짝수가 두 소수의 합으로 표현된다는 것을 증명하지는 못했다. 하지만 1923년 수학자들에게 그 다음의 좋은 소식이라고 할 수 있는 명제를 증명하는 데에 성공했다. 어떤 매우 큰 수보다 더 큰 홀수는 세 소수의 합으로 표현될 수 있다는 게 그것이었다. 그런데 여기에는 한 가지, 곧 리만 가설이 옳아야 한다는 조건이 따른다. 다시 말해서 이는 '리만 가설'이 '리만 정리'가 될 것이라는 전제 아래 도출되는 결론이다.

라마누잔은 이 기법의 개발을 도왔지만 불행하게도 이것이 수학에서 경이로운 역할을 하는 것은 목격하지 못하고 세상을 떠났다. 1917년 라마누잔은 차츰 깊이 침울해졌다. 영국은 제1차 세계대전의 나락으로 빠져 들어갔는데, 트리니티대학은 라마누잔을 특별연구원으로 채용하는 데에 실패했다. 러셀은 반전운동에 참여했다는 이유로 특별연구원 자격을 박탈당했고 대학 당국은 라마누잔의 평화주의적 입장에 우호적이지 않았다. 라마누잔은 이때쯤 서구문화에 적응할 태세가 된 것도 같고 사각모와 검은 가운에 도전할 수도 있었을 것이다. 하지만 그의 영혼은 여전히 인도 남부를 떠돌고 있었다.

라마누잔에게 케임브리지는 감옥처럼 되어 갔다. 인도에 있을 때 그는 자연의 은총처럼 주어진 자유를 만끽하며 살았다. 따뜻한 기후 때문에 사람들은 거의 밖에서 생활했다. 하지만 케임브리지에서 그는 북해를 몰아치는 찬바람에 쫓겨 대학의 건물 안으로 뛰어들어야 했다. 또한 사회적으로 격리되었다시피 했기 때문에 대학 안에서의 공식적 접촉을 제외한 다른 생활은 거의 하지 못했다. 엄격한 수학적 증명을 고집하는 하디의 태도도 갈수록 부담이 되었다. 이 때문에 그는 자신의 마음이 수학적 지형을 자유롭게 거닐도록 하기가 차츰 어려워졌다.

정신적 고난과 더불어 육체도 피폐해져 갔다. 트리니티대학은 라마누잔의 엄격한 종교적 식사습관을 이해하지 못했다. 인도에서 라마누잔은 노트에 뭔가를 적고 있는 동안에도 아내가 먹을 것을 손에 쥐어 주는 데에 익숙해져 있었다. 케임브리지에서도 하디나 리틀우드와 같은 교수들에게는 같은 서비스가 제공되기도 했지만 그곳에서 먹을 수 있는 음식들은 라마누잔의 입에 전혀 맞지 않았다. 한마디로 그는 케임브리지에서 홀로 설 수 없었으며 아내와 가족을 인도에 둔 채 끔찍한 외로움에 젖어 살아야 했다. 결국 그는 영양실조 때문에 결핵으로 의심되는 병에 걸렸고 여러 요양원을 전전하게 되었다.

라마누잔은 수학에만 전념함으로써 자신을 지켜 내고자 노력했지만 별 성공을 거두지는 못했다. 꿈속에서도 그는 수학적 망상에 시달렸다. 배에 통증이 있었는데 라마누잔은 이것이 리만의 제타 지형에 있는 무한대 높이의 첨탑 때문에 일어나는 것이라고 여겼다. 과연 이는 바다를 건너지 말라는 힌두교 교리를 위배한 데에 대한 가혹한 벌이었을까? 혹시 그가 나마기리 여신의 계시를 잘못 이해한 것은 아닐까? 그의 아내는 케임브리지에 단 한 번의 편지만 보낸 후 아무 소식이 없었다. 결국 그는 이런저런 스트레스를 더 이상 견뎌 낼 수 없게 되었다.

부분적으로 회복되었지만 여전히 깊은 우울증에 빠져 있던 라마누잔은 어느 날 스스로 목숨을 끊고자 런던 지하철에 몸을 던졌다. 하지만 경비원이 열차를 막아, 엎드린 라마누잔의 몸 바로 앞에 세움으로써 자살 시도는 실패로 끝났다. 1917년 당시 자살은 범죄로 여겨졌으나 하디가 개입하여 그에게 혐의는 씌워지지 않았다. 대신 더비셔Derbyshire 주의 매틀록Matlock에 있는 요양원에서 12개월 동안 부단한 치료 감독을 받으면서 지내야 한다는 조건이 붙었다.

　라마누잔은 이제 어느 도시에서나 한참 떨어진 외딴 곳에서 하디와 매일 만나 지적 자극을 받는 일도 없이 꼼짝도 못하고 처박혀 지내게 되었다. 그는 하디에게 "여기서 지낸 지도 한 달이 넘었습니다. 그런데 단 하루도 방에 불을 피워 주지 않습니다. 사람들은 제가 진지한 수학적 연구를 하는 날에는 불을 피워 주기로 약속했지만 그런 날은 아직 오지 않았고 저는 끔찍하게 추운 방에 버려져 있습니다"라는 편지를 썼다.

　여러모로 노력한 끝에 하디는 라마누잔을 런던의 푸트니Putney에 있는 요양원으로 옮겨 주었다. 하디는 자신의 생애에서 가장 사랑하는 사람이 라마누잔이라고 말한 적이 있다. 하지만 수학의 공동연구에서 맛보는 희열을 제외하고는 메워지지 않는 감정의 골이 여전히 깊었다. 어느 날 라마누잔을 문병한 하디는 적당한 위안의 말이 생각나지 않았다. 그래서 자신이 타고 온 택시의 번호가 1729라는 별 특징도 없는 숫자였다는 말로 입을 열었다. 놀랍게도 라마누잔의 재능은 이런 순간에도 빛을 발했다. "아닙니다, 하디 교수님. 아니에요. 그건 아주 흥미로운 숫자입니다. 두 세제곱 수의 합으로 표현할 수 있는 가장 작은 수입니다." 라마누잔은 옳았다. $1729 = 1^3 + 12^3 = 10^3 + 9^3$이기 때문이었다.

　이후 라마누잔에게 상당한 경사가 따랐다. 우선 영국에서 최고의 과학적 지위로 이름 높은 왕립학회Royal Society의 회원이 되었고, 이어서 트리니티 대학의 특별연구원으로도 뽑혔다. 이는 하디의 강한 영향력과 노력으로 이루어졌는데 그는 자신의 사랑을 오직 이런 식으로밖에 표현할 줄 몰랐다. 하지만 라마누잔은 건강을 되찾지 못했다. 제1차 세계대전이 끝났을 때 하디는 라마누잔이 인도로 잠시 돌아가 건강을 회복하는 게 좋겠다고 말했다. 1920년 4월 26일 라마누잔은 마드라스에서 33세의 나이로 숨을 거두었다.

오늘날 그의 병은 아메바성 대장염으로 믿어지는데 영국을 떠나기 전에 이미 감염되었던 것으로 보인다.

결국 라마누잔은 소수의 세계를 정복하지 못했다. 하지만 하디에게 보낸 첫 편지는 소수의 이야기에 오래도록 많은 영향을 미치게 되었다. 수학자들은 이 미해결의 문제에 대한 해답이 언제 어디서든 불쑥 나타날 수 있다고 믿는다. 어떤 새로운 통찰을 한 가지만 내놓더라도 무명의 주인공이 한순간에 각광을 받을 수 있다. 라마누잔이 예시해 주었듯 때로는 지식과 명성이 오히려 장애가 되기도 한다. 학교교육은 전통적인 지식의 전당을 지탱하고 있지만 과연 틀을 깨는 데에도 가장 적합한 장소일까? 언젠가 또 하나의 우편물이 어느 수학자의 책상 위에 던져질 수 있다. 그때 이것은 소수의 수수께끼를 깨고자 했던 라마누잔의 꿈을 실현할 미지의 천재가 도래했음을 세상에 널리 알리게 될지도 모른다.

라마누잔이 남긴 아이디어들은 다음 세대 수학자들의 일거리가 되었고 현재까지도 그렇다. 사실 말하자면 최근 몇 십 년에 들어서야 비로소 라마누잔의 아이디어를 제대로 이해하게 되었다고 말할 수 있다. 하디가 죽을 때까지도 라마누잔의 식이 어떤 중요성을 품고 있는지 분명하지 않았다. 하디 자신도 어떤 논문에서 라마누잔의 추측 가운데 하나에 대하여 "이 식은 우리로 하여금 또 하나의 수학적 역류에 휩쓸리게 한다"라고 별 가치를 부여하지 않았다. 하지만 '라마누잔의 타우추측Tau Conjecture'으로 이름 붙여진 이 추측의 중요성은 여러 해가 지난 뒤 재평가되었다. 그 최종 해법을 찾은 피에르 들리뉴Pierre Deligne가 1978년에 필즈상을 받았다는 데에서 이를 잘 알 수 있다. 라마누잔의 숭배자 가운데 한 사람인 브루스 번트Bruce Berndt는 그를 죽은 뒤 오랫동안 거의 잊혀졌던 음악가 바흐J. S. Bach에 비교하기도 했다.

번트는 생애의 많은 시간을 출판되지 않은 라마누잔의 노트를 연구하는 데에 바쳤다. 라마누잔이 만든 엄청난 수식과 방정식에 빠져 든 수많은 수학자들의 뒤를 이은 셈이다. 그 과정에서 번트는 1억 이하의 수를 여러 단계로 나누어 각 단계까지의 소수의 개수를 추산한 표에 호기심이 끌렸다. 그 추산 결과는 정확하거나 아주 거의 정확했는데, 라마누잔이 하디에게 처음 보낸 식의 결과보다 더 우월했다. 하지만 어떻게 얻었는지에 대해서는 아무런 언급이 없었다.

라마누잔은 분할함수에 대한 그의 성공적인 수식과도 같은 것을 소수에 대해서도 갖고 있었단 말일까? 그의 노트에는 아직도 숨겨진 실마리들이 있단 말일까? 1976년에 수학계는 새로운 수학들로 가득 찬 라마누잔의 또 다른 노트를 발견하여 흥분에 휩싸였다. 이에 따라 트리니티대학 문서고나 마드라스의 상자에 보관된 라마누잔의 유품들에서 소수를 그토록 정확히 헤아리는 그의 능력을 설명할 수 있는 근거가 발견되지 않을까 하는 예상이 더욱 고조되었다.

하디에게 라마누잔의 죽음은 커다란 충격이었다. 바로 두 달 전에 하디는 "활기차고 수학적 아이디어가 넘치는" 편지를 받았기에 더욱 그랬다. 하디는 수학적 지형을 가로질러 경이로운 탐구의 여행을 함께할 최고의 동반자를 잃게 되어 망연자실했다. "그를 처음 안 이래 그의 독창성은 내게 있어 끊임없이 샘솟는 아이디어의 원천이었으며, 그의 죽음은 내 생애 동안 겪은 가장 심각한 타격이었다."

나이가 들어 감에 따라 하디도 우울증에 빠져 들었다. 그는 언제나 스스로 젊다고 생각해 온 사람이었다. 이제 그는 나이 든 자신의 얼굴을 대면하기가 싫어졌고, 방에 들어서면 모든 거울을 뒤집어 버리곤 했다. 하디는 수학적 능력에 미치는 나이의 영향력을 증오했으며, 『어느 수학자의 변명』은 수학자로서 막바지에 다다른 사람의 심경을 묘사한 책이었다. "수학을 하기 위해 수학자는 너무 늙어서는 안 된다. 수학은 사색적이라기보다 창의적인 분야이다. 창의적 능력이나 의욕을 잃은 수학자는 어디서도 위안을 찾을 수 없다. 특히 수학자에게 이런 현상은 일찍 찾아온다."

이전에 라마누잔이 그랬듯, 하디도 자신의 목숨을 스스로 거두려고 했다. 다만 열차에 뛰어들지 않고 약을 택했는데, 모두 토해 내고 망신만 당했다. 병상의 하디를 방문한 스노는 "그는 자신을 비웃었다. 참으로 한껏 조롱했는데, 그토록 깊이 자학하는 사람이 또 있을까 싶었다"라고 말했다. 『어느 수학자의 변명』에서 하디는 라마누잔으로부터 위안을 얻는다고 썼다. "나는 아직도 우울증에 빠지거나 젠체하는 지겨운 사람들의 이야기를 어쩔 수 없이 듣고 있어야 할 때면 스스로에게 이렇게 말하곤 했다. '그래, 나는 당신들이 결코 해내지 못할 일을 했다. 리틀우드, 라마누잔과 아무런 격의 없이 지내면서 함께 연구했단 말이다'라고."

-제 7장-

수학적 탈출,
괴팅겐에서
프린스턴으로

수학은 매우 방대하고도 다양하므로 문화적으로 지역화할 필요가 있다.
인간의 모든 활동은 지역과 사람의 영향을 받기 때문이다.
다비드 힐베르트, 1913년 란다우의 괴팅겐대학교
교수 취임을 축하하는 파티에서

란다우Landau의 아버지 레오폴트Leopold는 베를린의 자기 동네에 젊은 수학 천재 한 사람이 살고 있음을 발견했다. 그의 재능에 흥미를 느낀 레오폴트는 차라도 한잔 같이하자고 집으로 초대했다. 칼 루트비히 지겔Carl Ludwig Siegel은 수줍어하는 성격이었지만 초대에 응하여 괴팅겐대학교에 있는 위대한 수학자의 아버지를 만나게 되었다. 서재에서 레오폴트는 소수에 대해 란다우가 쓴 두 권으로 된 책을 꺼내서 지겔에게 주었다. 그러고는 "지금은 아마 너무 어렵겠지만 언젠가 읽을 수 있게 될 것"이라고 말했다. 지겔은 에드문트 란다우의 책을 보물처럼 여겼고, 이는 이후 그의 수학적 발전에 항구적인 영향을 미쳤다.

지겔이 18세의 성인 연령에 이른 해에 제1차 세계대전이 일어났다. 과묵한 성격이었던 지겔은 군대에 복무할 생각을 하기만 해도 공포에 떨었으며,

이후 군대에 관한 모든 것에 깊은 거부감을 갖게 되었다. 란다우의 아버지가 수학으로 그를 이끌었지만 처음에 그는 베를린대학교에서 천문학을 공부하는 쪽으로 마음이 쏠렸다. 천문학은 전쟁과 아무런 관련이 없을 것으로 여겨기 때문이었다. 그런데 천문학 강좌가 늦게 시작했고 그 사이에 시간을 때우기 위해 몇 가지의 수학 강좌를 들었다. 여기서 지겔은 수학에 붙들렸으며, 수의 세계에 대한 탐구에 열정을 쏟기 시작했다. 얼마 가지 않아 그는 란다우의 아버지가 준 소수에 관한 책을 볼 수 있을 정도의 수준에 오르게 되었다.

1917년 전쟁은 결국 지겔의 인생에도 영향을 미치기 시작했다. 지겔이 군 복무를 거부하자 당국은 이에 대한 벌로 그를 정신병원에 감금했다. 란다우의 아버지가 개입해서 석방되었는데 나중에 지겔은 "란다우가 없었다면 나는 죽었을 것이다"라고 회상했다. 1919년 끔찍한 경험에서 회복 중이던 젊은 천재는 괴팅겐대학교에 있는 수학적 우상 란다우를 찾아 나섰고 그의 수학적 재능은 이때부터 꽃을 피우기 시작했다.

지겔은 란다우의 다소 격정적인 성격을 감내하면서 지내야 함을 깨달았다. 후일 지겔도 이미 중견 수학자가 되어 베를린으로 란다우를 방문했을 때의 일이었다. 저녁 식사를 하는데 식사를 다 마치도록 란다우는 어떤 증명의 극히 세부적인 사항까지 들먹이며 끈질긴 설명을 계속했다. 지겔은 꾹 참고 들을 수밖에 없었다. 마침내 모든 설명이 끝났을 때는 숙소로 돌아올 마지막 버스가 끊길 정도로 시간이 지나 걸어서 돌아와야 했다. 한참 동안 걸으면서 지겔은 란다우의 증명에 대해 생각해 보았다. 그 내용은 리만이 구축했던 것과 비슷한 것으로 해수면과 같은 높이에 있는 점들에 관한 것이었다. 숙소에 도착할 무렵 그의 머리에는 란다우가 막차를 놓치게 할 정도로 오래 끌었던 증명을 대체할 교묘한 대안이 떠올랐다. 다음 날 우쭐해진 지겔은 란다우에게 저녁에 초대해 줘서 감사하다는 뜻을 담은 엽서를 보냈는데, 거기에 자신이 찾은 간결한 증명도 함께 기술했다. 이 모든 게 작은 엽서에 충분히 잘 어울려 들어갔다.

지겔이 괴팅겐에 도착했을 때 독일의 경제는 전쟁 준비 비용 때문에 기울어 가고 있었으므로 그는 같은 과의 교수와 숙소를 함께 써야 했다. 한편 다른 교수 한 사람이 자전거를 선사하여 그는 괴팅겐의 중세풍 거리를 누비고 다닐 수 있었다. 처음에 지겔은 괴팅겐의 수학적 위계질서로부터 위압감을 느꼈으며 특히 위대한 힐베르트David Hilbert 앞에서는 더욱 그랬다. 그래서 그는 혼자 조용히 일하면서 획기적인 성과를 거두어, 날마다 복도에서 마주치는 거인들에게 깊은 인상을 남기기로 마음먹었다. 지겔은 힐베르트의 강의를 들으면서 위명 높은 그의 아이디어를 모두 흡수하고자 했다. 힐베르트가 제시한 23개 문제 가운데 하나만 해결하더라도 성공에 이르는 탄탄대로가 열릴 것으로 굳게 믿었다.

한동안 지겔은 힐베르트와 같은 거인 앞에서 자신의 아이디어를 발표할 때 지나치게 위축되었다. 그런데 어느 날 몇 사람의 고참 교수들이 라인강River Leine으로 수영하러 가면서 함께 가자고 초청한 것을 계기로 용기를 얻을 수 있게 되었다. 수영복을 입은 힐베르트는 훨씬 가깝게 느껴졌으며 이에 마음이 누그러진 지겔은 리만 가설에 대한 자신의 생각을 힐베르트에게 이야기할 수 있었다. 힐베르트는 아주 진지하게 들어 주었을 뿐 아니라 이 수줍은 수학자를 도와 1922년에는 프랑크푸르트대학교의 교수직까지 확보해 주었다.

생애를 통해 지겔은 힐베르트가 제시한 문제들 중 여러 가지에 대해 상당한 기여를 했다. 하지만 그 가운데서도 수학의 지도 위에 그의 이름을 확실하게 새기도록 한 것은 여덟째 문제, 곧 리만 가설에 관한 획기적 연구였다.

리만을 돌아보며

힐베르트의 여덟째 문제에 전념해 가는 동안 지겔은 이 문제에 대한 수학자들의 태도가 차츰 환상을 깨는 방향으로 진행되고 있음을 알게 되었다. 어쩌면 지겔의 지도교수인 란다우가 바로 리만이 1859년의 논문을 통해 해낸 일을 가장 소리 높여 비판하고 나선 사람인지도 모른다. 란다우도 이 논문을 "가장 탁월하고 풍성한 논문 가운데 하나"라고 인정하기는 했다. 그러나 이어서 "리만의 식은 소수에 관해 가장 중요한 식이라고 하기에는 너무 거리가 멀다. 그는 단지 좀더 가다듬을 경우 뒤이어 나올 여러 문제의 증명에 도움이 될 도구를 개발한 것에 지나지 않는다"라고 말했다.

한편 케임브리지에서도 하디와 리틀우드가 그동안의 태도를 바꿔 가고 있었다. 1920년대 말쯤에도 리만 가설을 해결하지 못한 하디는 차츰 좌절감을 느끼게 되었다. 리틀우드도 그들이 리만 가설의 진실 여부를 증명하지 못하는 것은 결국 진실이 아니기 때문이 아닐까 하는 생각 쪽으로 기울어졌다.

> 나는 이것이 거짓이라고 믿는다. 물론 이에 대해서는 아무런 증거가 없다. 그런데 아무런 증거가 없을 경우 믿어서는 안 될 것으로 생각된다. 나는 또한 이것이 진실이어야 한다는 점에 대해 그 어떤 적절한 이유도 떠올릴 수 없다는 느낌도 기록해야 한다는 생각이 든다. … 어쨌든 이 가설이 거짓이라고 믿어 버려야 삶이 더 편해질 것 같다.

사실 리만이 그의 가설을 처음 내놓았을 때 제시한 근거도 명확한 증거라기에는 너무 미흡했다. 그의 10쪽짜리 논문을 아무리 뒤져 봐도 해수면 높이에 있는 영점의 위치에 대한 계산은 단 하나도 찾을 수 없다. 따라서 하디는 영점의 위치에 대한 리만의 주장은 어떤 진지한 계산이 아니라 직관적 예지력에서 나온 것이라고 믿었다.

리만이 자신의 논문에서 영점의 위치에 대한 계산을 제시하지 않음으로써 사람들은 그가 사색과 아이디어의 창출에만 흥미를 가질 뿐 자질구레한 계산으로 손을 더럽히고 싶어하지 않는 수학자라는 인상을 갖게 되었다. 사실 이런 모습이야말로 리만에 의해 촉발된 수학적 혁명이 추구하는 이상적 자세이기도 하다. 힐베르트도 거의 모든 생애를 이와 같은 새로운 접근법을 고양시키는 데에 바쳤다. 어떤 논문에서 힐베르트는 "나는 에른스트 쿠머 Ernst Kummer의 방대한 계산법을 가능한 한 회피하고자 하는데, 여기서는 리만의 정신, 곧 수학적 증명은 계산이 아니라 오직 사색만으로 추구되어야 한다는 자세가 바탕이 되어야 하기 때문이다"라고 말했다(쿠머는 베를린대학교에서 디리클레의 지위를 이어받은 수학자이다). 힐베르트의 동료 교수인 펠릭스 클라인Felix Klein은 즐겨 "리만은 주로 원대한 일반적 아이디어에 따라 연구했고 가끔씩 직관에 의지했다"라고 말하곤 했다.

하디는 직관에 의지하는 것을 좋아하지 않았다. 그와 리틀우드는 어찌어찌해서 처음 몇 영점들의 위치를 정확히 계산할 방법을 찾아내게 되었다. 만일 리만 가설이 거짓이라면, 비록 확률은 아주 낮지만, 그들의 계산법을 통해 특이선을 벗어나 있는 영점을 찾아낼 수도 있을 것이다. 이들이 개발한 방법은 리만이 발견한 대칭성, 곧 리만 지형이 특이선을 중심으로 동서 양쪽의 모습이 같은 형태를 띤다는 사실을 이용한 것이었다. 두 사람은 여기에 무한히 많은 수를 더하기 위해 오일러가 고안한 효율적인 방법을 결합했다. 케임브리지의 수학자들은 이를 토대로 1920년대 말까지 138개에 이르는 영점들의 위치를 계산해 냈는데, 이것들은 리만의 주장대로 모두 특이선 위에 있었다. 하지만 하디와 리틀우드의 식은 대략 여기까지가 한계였다. 계산이 갈수록 너무 복잡해져서 이 138개보다 더 북쪽에 있는 영점들의 위치는 더 이상 정확히 알아낼 수 없었다.

따라서 계산으로 리만 가설이 거짓임을 보이는 것은 거의 포기해야 했다. 하디는 이미 무한히 많은 영점들이 특이선 위에 있음을 이론적으로 증명해 냈다. 그런데 특이선 밖에 있는 영점을 어느 하나라도 발견하려면 리만 지형의 북쪽으로 아주 멀리 나아가야 할 것처럼 보였다. 리틀우드가 지적했듯 소수는 수학적 동물원에 있는 다른 어떤 동물들보다 더 깊이 그들의 진짜 색깔을 감추고 있어서 인간의 눈길이 도저히 미치지 못할 것 같았다. 이에 따라 수학자들은 영점들의 위치를 정확히 계산하는 데에 초점을 맞추기보다 리만 가설의 미스터리를 드러낼 수도 있는 리만 지형의 독특한 이론적 특징을 찾아 나서기 시작했다.

이런 상황은 예기치 못한 발견으로 돌변했다. 프랑크푸르트에서 리만 가설과 씨름하던 도중 지겔은 리만의 출판되지 않은 노트를 조사하고 있던 수학사가(數學史家) 에리히 베셀하겐Erich Bessel-Hagen으로부터 한 통의 편지를 받았다. 리만의 아내 엘리제는 리만의 많은 노트를 불태워 버린 가정부로부터 그나마 약간 남은 몇몇 자료를 되찾아 보관해 왔다. 그녀는 이 대부분을 리만의 동료인 데데킨트에게 넘겼다. 그런데 몇 해가 지난 뒤 그녀는 그 자료들이 혹시 개인적 내용도 함께 담고 있지나 않을까 염려스러워졌다. 그녀는 데데킨트에게 자료를 돌려 달라고 요구했다. 그것들의 대부분이 수학적 내용들로 가득 차 있겠지만 가족, 친구들의 이름이라든지 장보기 목록이라든지 등의 사소한 것들이라도 있다면 남김없이 되찾고 싶었다.

데데킨트는 돌려주고 남은 과학적 자료들은 괴팅겐대학교의 도서관에 기증했다. 베셀하겐은 문서고에서 이 자료들을 세밀히 점검하며 뭔가 좀 알아내려고 했지만 진척은 거의 없었다. 수학자들이 개인적으로 휘갈긴 메모들이 대개 그렇듯 이 자료들에도 설익은 아이디어와 어설픈 수식들이 혼란스럽게 널려 있을 뿐이었다. 베셀하겐은 문득 지겔이라면 상형문자와도 같은 이 자료들을 해독해 낼 수도 있으리라는 생각이 들었다.

지겔은 이후 '유작(遺作)'이란 뜻의 '나흘라스Nachlass'로 불리는 이 자료를 얻기 위해 괴팅겐대학교 도서관의 사서에게 편지를 써서 이를 보내 달라고 요청했다. 사서가 프랑크푸르트대학교 도서관으로 나흘라스를 보내오자 지겔은 곧바로 고대하던 작업에 착수했다. 그동안 혼자 연구했는데도 별 진척이 없어 좌절감에 빠졌던 터라 언뜻 귀찮아 보일 이 작업은 오히려 즐거운 여흥과 같았다. 자료의 묶음을 열자 계산들로 빼곡히 가득 찬 문서들이 쏟아져 나왔다. 이 자료들은 리만에게 70여 년 동안 각인되어진 이미지가 그릇된 것임을 분명히 보여 주었다. 그는 자신의 아이디어를 뒷받침할 견고한 증거를 제시하지 못하는 직관적이고도 관념적인 수학자가 결코 아니었다. 방대한 계산을 가리키면서 지겔은 아이러니컬한 표현으로 소리쳤다.

"여기에 리만의 원대한 일반적 아이디어가 있다!"

이전에도 변변찮은 몇몇 수학자들이 리만 가설에 대한 실마리를 찾기 위해 이 자료들을 섭렵했다. 하지만 조각조각 흩어진 수식들로부터 아무도 의미 있는 내용을 추출해 낼 수 없었다. 가장 황당한 것은 리만이 남는 시간을 이용해서 했던 것으로 보이는 엄청난 분량의 산술적 계산들이었다. 이 계산들은 도대체 뭘 하자는 것이었을까? 리만이 했던 계산의 정체를 꿰뚫어 보는 데에는 지겔 정도의 탁월한 수학자가 필요했다.

페이지마다 점검해 가던 지겔은 리만이 스승의 지침에 충실히 따랐음을 발견했다. 가우스가 항상 지적했듯, 건물이 완성되면 건축가는 비계를 제거한다. 지겔의 손에 들린 바삭바삭한 잎사귀와 같은 종이들은 여백이 거의 없다시피 계산으로 가득 차 있었다. 누이동생들을 부양하느라 늘 가난했던 리만은 저질의 종이를 사서 조금의 여백도 남기지 않고 사용했어야 했다.

힐베르트가 사색가라고 불렀던 수학자는 알고 보니 계산의 대가였다. 리만은 이 방대한 계산들로부터 패턴을 찾아냈고, 그렇게 수집한 증거들 위에 그의 관념적 세계를 구축했다. 무의미하게 보이는 계산들도 있었다. 예를 들어 리만은 2의 제곱근을 38자리까지 계산해 놓기도 했다. 그런데 일찍이 본 적이 없는 새로운 계산들이 지겔의 눈길을 끌었다. 그 페이지들을 철저히 분석해 들어가자 무질서한 혼돈의 계산 속에서 뭔가 의미 있는 내용이 떠오르기 시작했다. 리만은 바로 영점들의 위치를 계산했던 것이다.

지겔은 리만이 독특한 식을 사용하여 리만 지형의 높이를 매우 정확하게 계산했음을 발견했다. 이 식의 첫 부분은 하디와 리틀우드가 발견한 것과 같은 기법을 사용했다. 리만은 약 60년 전에 이미 이들의 기법을 만들었던 것이다. 그런데 식의 나머지 부분은 전혀 새로웠다. 리만은 남아 있는 무한개의 항을 모두 더하는 방법을 개발했는데, 이는 지겔 당시의 수학자들이 사용하는 것보다 훨씬 교묘한 것이었다. 처음 138개 영점의 위치를 계산하는 것만으로 한계에 도달한 오일러의 방법과 달리 리만의 식은 훨씬 북쪽에 이르도록 사용될 수 있는 뛰어난 능력을 갖고 있었다.

죽은 뒤 65년이 지났지만 위풍당당한 이 수학자는 지금도 경쟁에서 선두를 달리고 있었던 셈이다. 하디와 란다우는 리만의 논문이 단지 놀라운 직관적 예지력의 산물이라고 보는 잘못을 저질렀다. 오히려 그것은 견고한 계산과 이론적 근거 위에서 작성된 것이었는데, 다만 리만은 이를 세상에 알리지 않기로 했을 따름이다. 지겔이 리만의 비밀스런 식을 발견한 뒤 몇 년 사이에 하디의 학생들은 이를 이용하여 계산한 결과 첫 1,041개의 영점이 특이선 위에 있음을 확인했다. 하지만 이 식의 진정한 위력은 나중에 컴퓨터 시대의 개막과 함께 드러나게 된다.

돌이켜 보면 리만의 노트에 이런 보석이 숨겨져 있다는 사실을 수학자들이 일찍 깨닫지 못한 것은 기이한 일이라고 볼 수 있다. 리만의 10쪽짜리 논문은 물론 다른 수학자들에게 보낸 편지에도 그가 무엇인가 했다는 점에 대한 약간의 실마리가 분명 담겨 있었다. 논문을 보면 새로운 식의 존재가 언급되어 있으며, 이에 이어 "발표하기에는 아직 충분히 단순화되지 않았다"라는 구절도 나온다. 괴팅겐의 수학자들은 70년 동안 이 논문을 들여다봐왔지만 지척의 거리에 영점의 위치를 계산하는 마술의 식이 있다는 점은 까맣게 몰랐다. 클라인과 힐베르트와 란다우는 모두 리만에 대해 나름대로의 평가를 내리면서 만족스럽게 생각했지만 출판되지 않은 나흘라스를 간과한 데에 대해서는 아쉬움을 느껴야 했다.

공정히 말하자면 리만의 노트를 잠시 훑어보는 것만으로도 이 작업의 방대함을 충분히 짐작할 수 있다. 지겔이 썼듯, "제타함수에 대한 리만의 서술 가운데 출판할 수 있을 정도로 정리된 부분은 없다. 같은 페이지에 쓰여진 식들이 서로 동떨어진 경우도 있으며, 식 가운데 일부만 쓰여진 경우도 많았다." 비유하자면 미완성교향곡의 초고를 쏟아 놓은 것과 같았다. 최종 악보가 완성되는 데에는 혼란스런 리만의 노트로부터 필요한 식을 성공적으로 추출해 낸 지겔의 수학적 혜안이 결정적 역할을 했다. 따라서 오늘날 이 식을 '리만–지겔 공식Riemann-Siegel formula'이라고 부르는 것은 당연한 일이라고 하겠다.

지겔의 끈질긴 노력에 의하여 리만의 또 다른 측면이 드러났다. 리만은 추상적 사고와 일반적 관념의 중요성을 일깨우는 데에 그 누구 못지않게 큰 기여를 했다. 하지만 산술적 실험과 계산의 위력을 무시하지 않는 것 또한 중요하다는 점을 잘 알고 있었다. 리만은 자신의 수학이 뿌리를 내리고 있는 18세기의 수학적 전통을 결코 잊지 않았던 것이다.

리만의 가정부로부터 구해진 자료는 괴팅겐대학교의 도서관에 보관된 나홀라스 말고도 또 있었다. 1875년 5월 1일, 리만의 미망인 엘리제는 데데킨트에게 리만의 유품 가운데 개인적인 것을 되돌려 받고 싶다는 뜻의 편지를 썼다. 거기에는 "1860년 봄 리만이 파리에 머물 때 쓴 작은 검은 책"도 포함되어 있었다. 리만이 그의 위대한 10쪽짜리 논문을 쓴 것은 이 시기보다 불과 몇 달 전의 일이었다. 그는 베를린아카데미의 회원으로 선출된 때에 맞추기 위하여 상당히 서둘러서 이를 완성했다. 그 바쁜 시간이 지난 후 파리에 머무는 동안 리만은 자신의 아이디어를 보다 살찌울 시간을 갖게 되었다. 이 동안 파리의 날씨는 아주 험악했다. 광풍과 눈이 몰아쳐 리만은 시가지를 구경할 생각도 하지 못했다. 대신 그는 방에 앉아 논문에 쏟았던 아이디어를 가다듬었을 것이다. 따라서 그 '작은 검은 책'에는 파리에 대한 리만의 개인적 인상과 함께 제타 지형에서 해수면과 같은 높이에 있는 점들에 대한 그의 생각이 기록되어 있으리라 추측해 보는 것도 무리는 아니다. 하지만 이 책은, 최종 운명에 대한 약간의 실마리는 있지만, 이후 다시 발견되지 못했다.

1892년 7월 22일, 리만의 사위는 하인리히 베버Heinrich Weber에게 다음과 같은 내용의 편지를 썼다. "처음에 어머님은 아버님의 저작물들이 더 이상 사적으로 보관되어서는 안 된다는 생각을 받아들일 수 없었던 것으로 보입니다. 이는 어머님께 성스러운 것이고, 여백까지 빼곡히 쓰여진 내용 중에는 순수한 개인적 사항들도 있는데, 아무 학생들이나 들춰 볼 수 있도록 한다는 것은 생각하기 싫었던 것입니다." 페르마의 조카는 삼촌이 여백에 기록한 것들을 적극적으로 펴내고자 한 반면, 리만의 가족들은 리만이 펴내고자 하지 않은 것들을 공개하고 싶지 않았다(원서의 이 구절에는 오류가 있다. 페르마가 죽은 뒤 그의 노트를 정리하여 책으로 펴낸 사람은 조카가 아니라 아들이었다: 옮긴이). 따라서 적어도 이 시점에서 '작은 검은 책'은 아직 가족들의 손에 있었던 것으로 보인다.

이 책의 소재에 대한 관심은 한창 무르익었다. 베셀하겐이 리만 가족들의 수중에 있던 유품들을 더 확보했다는 증거가 있다. 그가 이것을 개인적으로 접촉해서 얻었는지 아니면 경매를 통해 구입했는지는 확실하지 않다. 이 가운데 일부는 베를린대학교의 문서고에 보관되었다. 그러나 나머지는 베셀하겐 자신이 보관한 것으로 보인다. 1946년 겨울 베셀하겐은 제2차 세계대전 이후의 혼돈 상황에서 먹을 것을 구하지 못해 굶어 죽었다. 그런 뒤 그의 소장품들은 모두 사라지고 말았다.

또 다른 이야기는 이 책이 란다우의 손에 들어갔다고 한다. 란다우는 전쟁이라는 불확실한 상황에 대처하기 위해 1930년 미국으로 탈출한 그의 사위인 쇤베르크I. J. Schoenberg에게 주었다. 하지만 이 이야기도 여기서 끝이다. 오늘날 리만 가설에 백만 달러의 상금이 걸려 있으므로 이 작은 검은 책은 보물찾기의 대상이라고도 말할 수 있다.

리만의 노트와 지겔의 끈질긴 노력이 없었다면 이 마술의 식을 찾아내는 데에 얼마나 오랜 세월이 걸렸을까? 그 형태가 매우 복잡하다는 것을 감안해 볼 때 어쩌면 우리는 아직도 모르고 있을 가능성이 높다. 작은 검은 책이 사라짐으로써 잃어버리게 된 다른 보석들은 또 얼마나 될까? 리만은 대부분의 영점들이 특이선 위에 있음을 증명할 수 있었다고 주장했다. 하지만 지금껏 이런 주장에 부응할 정도의 증명을 한 사람은 없다. 독일 도서관의 문서고에는 무엇이 또 묻혀 있을까? 작은 검은 책은 정말 미국으로 왔을까? 일껏 가정부의 손을 벗어나더니 제2차 세계대전의 불길에 사그라졌단 말일까?

1933년까지 독일 전역의 수학자들은 수학에만 전념하기가 점점 어려워짐을 깨달았다. 나치의 완장이 괴팅겐대학교의 도서관에도 들이닥쳤다. 그동안 교수직은 많은 유태인과 좌익 수학자들의 안전한 은신처와 같았다. 거리에는 특히 수학과를 '마르크스주의자들의 요새'라고 외치는 구호들이 넘쳤다. 히틀러의 대학정화정책 때문에 1930년대 중반까지 대부분의 교수들이 자리를 빼앗겼다. 이 가운데 많은 사람들은 해외로 빠져나갔다. 란다우는 유태인이었지만 제1차 세계대전이 일어나기 전에 교수가 되었다고 해서 쫓겨나지는 않았다. 1933년 4월에 발효되어 아리안Aryan 계통 이외의 사람들에게 적용된 복무규정은 오래 봉직한 교수들이나 참전용사들은 예외로 했다.

상황은 갈수록 악화되었다. 1933년 겨울 란다우의 강의는 나치에 가입한 학생들의 피켓 시위에 부딪혔다. 이 가운데는 나중에 그들 세대에서 가장 뛰어난 수학자로 꼽히게 된 오스발트 타이히뮐러Oswald Teichmüller도 있었다. 괴팅겐대학교의 한 유태인 교수는 타이히뮐러에 대해 "젊고 과학적 재능이 뛰어나지만 사고가 매우 혼란스럽고 미친 듯한 행동으로 악명이 높다"라고 말했다. 어느 날 강의실로 들어서는 란다우의 앞을 이 혈기왕성한 젊은이가 가로막았다. 타이히뮐러는 란다우의 미적분 강의가 유태인 방식이어서 아리안 민족의 사고체계와 근본적으로 어긋난다고 말했다. 강압적 분위기에 위축된 란다우는 교수직을 물러나 베를린으로 은신하고 말았다. 가르칠 기회를 박탈당한 것은 그에게 커다란 충격이었다. 그를 케임브리지로 초청하여 몇몇 강의를 부탁했던 하디는 후일 다음과 같이 회상했다. "다시 칠판 앞에 서게 되어 환희에 넘쳤지만 끝낼 시간이 다가와 슬픔에 잠기게 된 그의 모습을 보는 것은 참으로 마음 아픈 일이었다." 란다우는 그리운 조국을 떠날 생각은 하지 못했다. 독일로 다시 돌아온 그는 1938년에 숨을 거두었다.

이 해에 지겔은 프랑크푸르트를 떠나 괴팅겐으로 옮겨 왔다. 유태인 혈통과 전혀 관계가 없는 그는 무너져 가는 괴팅겐대학교 수학과의 명성을 되살리려는 목적을 품고 있었다. 하지만 1940년 그는 전쟁의 참사에 대한 항거의 표시로 스스로를 추방하여 미국으로 건너갔다. 어린 시절 제1차 세계대전을 통해 끔찍한 경험을 한 그는 조국이 다시 전쟁을 일으킨다면 결코 남아 있지 않으리라고 맹세했다. 지겔은 제2차 세계대전 동안 프린스턴의 고등과학원에서 지냈다. 이로써 괴팅겐대학교의 위대한 수학적 전통을 세운 사람들 가운데 오직 힐베르트만 독일에 남게 되었다. 그는 괴팅겐대학교의 수학적 지배력에 항상 홀려서 지내다시피 했다. 이제 노인이 된 그는 자신의 주위에서 모든 것이 무너져 내려가는 과정을 도무지 이해할 수 없었다. 지겔은 힐베르트에게 왜 많은 교수들이 떠나야만 하는지 설명하려고 했는데, 나중에 이에 대해 "힐베르트는 우리가 그를 두고 짓궂은 농담을 하는 것으로 받아들이는 듯했다"라고 회상했다.

단지 몇 주 만에 히틀러는 가우스, 리만, 디리클레, 힐베르트로 이어지는 위대한 괴팅겐대학교의 수학적 전통을 허물고 말았다. 어떤 사람은 이를 가리켜 "르네상스 이래 인간 문화가 받은 가장 비극적 경험 가운데 하나"라고 말했다. 괴팅겐대학교의 수학적 금자탑은 1930년대 나치에 의해 파괴된 이래 다시는 본래의 모습을 회복하지 못했다(더 크게는 독일 수학이 그렇다고 말하는 사람도 있다). 힐베르트는 괴팅겐의 중세풍 거리가 몰락하는 모습을 지켜보면서 1943년 성발렌타인데이St. Valentine's Day (2월 14일)에 숨을 거두었다. 그의 죽음으로 '수학의 메카Mecca of mathematics'라 불렸던 이 도시의 지위에도 마침표가 찍혔다.

또 다른 의미로 유럽 전역의 수학에도 위기가 닥쳤다. 각 나라가 피할 수 없는 난국을 맞음에 따라 추상적 관념 자체를 추구한다는 명분은 갈수록 지탱하기가 어려워졌다. 다시금 유럽의 과학은 군사적 목적에 내몰리게 되었다. 많은 수학자들은 지겔처럼 유럽을 떠나 미국으로 향했다. 대서양 건너

편의 번영, 그리고 이로부터 주어지는 지원에서 그들 대부분은 순수수학의 연구를 위한 이상적 환경을 얻게 되었다. 미국은 이와 같은 학문적 이민을 통해 막대한 이득을 보았지만 유럽은 이후 수학적 발전소라는 세계적 지위를 다시 되찾지 못했다.

어떤 수학자들은 다시 돌아오기도 했다. 지겔도 그중 한 사람으로 전쟁이 끝나자 독일로 돌아왔다. 프린스턴에 은둔한 동안 그는 유럽의 수학적 발전에 대해 조금도 들은 게 없었고, 실제로 그가 떠나 있는 동안 거의 아무런 진보가 이뤄지지 못했을 것이라고 믿었다. 그런데 놀라운 소식이 그를 기다렸다. 대부분의 수학자들이 도망치거나 수학을 그만두고 지내는 동안 한 가지의 좋은 소식이 떠오르고 있었다. 하디가 코펜하겐에 있을 때 리만 가설을 함께 연구했던 하랄드 보어는 지겔의 친구이기도 했다. 오랜 친구를 만난 지겔은 "내가 프린스턴으로 쫓겨난 동안 별일은 없었나?"라고 물었다. 이에 보어는 간단히 "셀베르그Selberg!"라고 대답했다.

셀베르그, 외로운 스칸디나비아인

1940년 지겔은 노르웨이를 거쳐 프린스턴으로 떠났다. 그는 오슬로대학교의 초청을 받아 강연을 하기로 했는데, 독일 당국은 지겔이 이 초청을 이용하여 탈출하려는 계획을 눈치 채지 못하고 이를 승인했다. 지겔은 오슬로에서 미국으로 떠나는 배를 탈 생각이었다. 배가 항구를 떠날 즈음 지겔은 한 무리의 독일 상선들이 다가오는 것을 보았다. 나중에 그는 이게 침공해 들어오는 나치 독일의 선발 부대였음을 알게 되었다. 지겔은 이렇게 탈출했는데, 오슬로대학교의 수학과에는 아틀레 셀베르그Atle Selberg라는 젊은 수학자가 남아 있었다. 이 젊은 천재는 주변에서 일어나는 온갖 소동을 잊기 위하여 수학이란 모래밭에 머리를 묻고 살아갔다.

아틀레 셀베르그, 프린스턴 고등과학원의 수학 교수

전쟁이 몰아치기 전부터도 셀베르그는 홀로 외롭게 연구하며 지내기를 좋아했다. 수도사와 같은 생활은 수학자로 하여금 전혀 새로운 방향으로 들어서게 하기도 한다. 사실 셀베르그는 이미 그 지역의 어떤 사람도 잘 모르는 분야의 수학을 하기로 작심하고 있었다. 그가 동료들로부터 수학에 관한 도움을 받을 수 없을 것이라는 점은 별문제가 되지 않았다. 오히려 그는 이와 같은 고립을 즐기는 듯했다. 전쟁이 다가오면서 노르웨이도 세상에서 고립되어 갔다. 이에 따라 외국의 과학 잡지들도 끊겨 갔는데 셀베르그는 이런 침묵 속에서 영감을 찾았다. "마치 감옥에 갇힌 것 같았다. 완전히 단절된 것이다. 이제 오직 내 자신의 아이디어에 집중할 기회가 왔다. 다른 사람이 무엇을 하든 흔들릴 필요가 없다. 이런 점에서 나는 이 상황이 여러모로 볼 때 내 연구에 오히려 도움이 된다고 여겼다."

이와 같은 자기충족성은 셀베르그의 수학적 세계를 규정하는 주요 특징이다. 이 특징은 어릴 때부터 배양되었는데, 그 시절 셀베르그는 아버지의 개인 서재에서 수많은 수학책들에 파묻혀 오랜 시간을 보내곤 했다. 셀베르그가 노르웨이수학회에서 발행하는 잡지에 실린 라마누잔의 논문에 눈길이 끌린 것도 이 당시의 일이었다. 뒷날 셀베르그는 거기에 실린 "기이하고도 아름다운 수식들은 내게 영원토록 잊혀지지 않을 깊은 인상을 남겼다"고 회상했다. 이후 라마누잔의 연구는 셀베르그가 품은 영감의 주된 원천이 되었다. "마치 이는 계시와도 같았다. 상상의 날개를 활짝 펼치게 하면서 완전히 새로운 세계를 내게 보여 주었다." 이런 그에게 아버지는 라마누잔의 논문 전집을 선물로 사 주었는데, 지금도 이를 소중히 간직하고 있다. 1935년 셀베르그는 오슬로대학교에 입학했다. 아버지가 구비한 수많은 수학책에 둘러싸여 열심히 독학한 그는 이때 이미 독창적 성과를 내놓을 정도의 수준에 이르렀다.

셀베르그는 특히 분할수에 대하여 하디와 함께 개발한 라마누잔의 식에 열광했다. 라마누잔의 식은 분명 놀라운 업적이었지만 아직도 어딘지 불만족스러운 데가 있었다. 이 식은 분할수를 정수값으로 내놓지 않으며, 소수 이하의 수를 반올림해야 진짜 분할수가 나온다. 분명 정확한 분할수를 내놓는 식이 존재할 것이다. 1937년 셀베르그는 라마누잔의 식보다 한 단계 더 나아가 정확한 값을 주는 식을 얻는 데에 성공했다. 이로부터 얼마 후 그는 자신의 첫 논문에 대한 비평을 읽는 도중 바로 옆에 있는 또 다른 비평에 눈길이 끌렸다. 실망스럽게도 그는 한스 라데마허Hans Rademacher가 바로 지난해에 발표한 논문에 의하여 결승선을 눈앞에 두고 경쟁에서 패배했다. 라데마허는 1934년 나치 독일을 피해 미국으로 탈출했다. 평화운동에 동참했다는 이유로 브레슬라우Breslau(현재는 폴란드의 도시로 브로츠와프Wroclaw로

불린다: 옮긴이)의 교수직을 박탈당했기 때문이었다. 셀베르그는 이에 대해 "그때는 심각한 충격이었지만 시간이 지남에 따라 나는 이런 일에 아주 익숙해졌다!"라고 말했다. 셀베르그가 라데마허의 연구를 알지 못했다는 사실은 당시 노르웨이가 수학적으로 다른 지역과 얼마나 고립되어 있었는지를 잘 보여 준다.

셀베르그가 보기에 하디와 라마누잔이 정확한 식을 이끌어 내지 못했다는 것은 약간 놀라운 일이었다. "나는 그 책임이 하디에게 있다고 본다. … 하디는 라마누잔의 직관과 통찰을 완전히 믿지 못했다. … 만일 하디가 라마누잔을 좀 더 믿었더라면 결국 라데마허가 얻었던 결과를 미리 얻어 냈을 것이다. 여기에 대해서는 의심의 여지가 없다." 어쩌면 그랬을지도 모른다. 하지만 어쨌든 그들이 택했던 길로부터 하디와 리틀우드는 골드바흐추측에 기여할 방법을 찾아냈으며, 그 길이 아니었다면 이런 일은 없었을 수도 있다.

셀베르그는 케임브리지의 삼총사인 라마누잔과 하디와 리틀우드의 연구 성과를 힘이 닿는 데까지 읽어 가기 시작했다. 그는 특히 소수와 제타함수 사이의 관계에 대한 연구에 깊은 흥미를 느꼈다. 그 가운데서도 더욱 흥미를 끈 것은 하디와 리틀우드가 펴낸 논문에 나오는 한 구절이었다. 그들은 현재 사용하고 있는 방법으로는 대부분의 영점들이 특이선 위에 존재한다는 주장을 증명할 가능성이 거의 없다고 썼다. 하디는 특이선 위에 무한히 많은 영점들이 존재함을 보임으로써 리만 가설의 증명 과정에 획기적 전환점을 마련했다. 하지만 이 무한개의 영점도 전체 영점들의 수에 비하면 한 줌에 지나지 않는다는 점을 증명하는 데에는 실패했다. 그와 리틀우드가 함께 노력하여 상당한 진척을 보였음에도 불구하고 발견된 영점들은 발견되지 않은 영점들의 바다에 하릴없이 잠겨 들어 버렸다. 이에 그들은 스스로 개발한 방법으로는 더 이상 진전이 없을 것이라고 단언하고 말았다.

셀베르그는 하디와 리틀우드처럼 비관적이지 않았다. 그는 그들의 방법에 아직도 개선의 여지가 있다고 보았다. "나는 하디와 리틀우드의 논문 가운데 왜 그들의 방법이 더 이상 개선될 수 없는지를 설명하는 대목에 집중했다. 그것을 읽고 또 읽으면서 과연 정말로 그런지 계속 생각해 보았다. 그러다 돌연 나는 그들의 생각이 터무니없다는 것을 깨닫게 되었다." 하디나 리틀우드보다 더 나아갈 수 있다는 셀베르그의 느낌은 옳았다. 셀베르그 또한 모든 영점들이 특이선 위에 있음을 증명하지는 못했다. 하지만 자신의 방법으로 계산해 보면 특이선 위에 있는 영점들의 비율이 북쪽으로 갈수록 하염없이 0%로 줄어드는 것도 아니란 사실이 드러났다. 그렇다면 그 비율이 얼마인가 하는 문제가 제기되는데, 셀베르그 자신도 이에 대해서는 확실한 답을 할 수 없었다. 돌이켜 보면 그의 방법으로 계산된 비율은 아마 5%에서 10% 사이였을 것으로 여겨진다. 다시 말해서 리만 지형의 북쪽으로 계속 나아가면서 조사해 보면 적어도 이 비율만큼의 영점은 특이선 위에 존재한다는 뜻이다.

이것으로 리만 가설이 증명된 것은 아니다. 하지만 셀베르그의 기여는 심리적으로 커다란 돌파구의 역할을 했다. 다만 아직 아무도 이에 대해서 알지 못했다. 셀베르그 자신도 혹시 이번에도 다른 수학자가 이미 발표해 버린 내용이 아닐까 걱정되었다. 전쟁이 이미 끝난 1946년 여름 셀베르그는 코펜하겐에서 열리는 스칸디나비아수학자회의Scandinavian Congress of Mathematicians에서 강연해 달라는 요청을 받았다. 정확한 분할수의 공식을 얻어 냈지만 경쟁에서 패배한 적이 있었던 그는 영점에 관한 이번 발견도 다른 사람이 이미 이룬 것인지 미리 점검하는 게 좋겠다는 생각이 들었다. 그러나 오슬로대학교는 전쟁이 끝난 뒤에도 여전히 외국의 잡지를 잘 받아 보지 못하고 있었다. "나는 트론헤임공과대학Trondheim Institute of

Technology의 도서관이 외국 잡지를 받아 보고 있다는 소식을 들었다. 그래서 오직 잡지를 보겠다는 목적으로 트론헤임까지 올라갔으며, 약 일주일을 그곳 도서관에서 지냈다."

셀베르그는 염려할 필요가 없었다. 그는 리만 지형의 영점에 대한 자신의 연구가 다른 누구보다 더 앞서 있다는 사실을 확인했던 것이다. 코펜하겐에서 행한 그의 강연은 미국에서 온 지겔에게 보어가 유럽의 수학 뉴스는 "셀베르그!"라고 대답할 만한 것임을 분명히 보여 주었다. 셀베르그는 리만 가설에 대한 자신의 관점을 수학자들에게 소개했다. 그는 리만 가설의 증명에 한 가지의 중요한 기여를 했지만 아직도 리만 가설의 진실성을 뒷받침할 증거는 거의 없다는 점을 강조했다. "저는 우리가 리만 가설이 옳다고 여기고 싶어하는 이유는 이것이 영점들에 대해 우리가 가질 수 있는 가장 단순하고도 아름다운 분포이기 때문이라고 생각합니다. 이 분포는 특이선 위에 대칭성으로 존재합니다. 또한 이것은 소수의 가장 자연스런 분포로도 이어집니다. 이 우주에는 적어도 뭔가 옳은 게 있다는 생각이 듭니다."

그런데 어떤 사람들은 셀베르그의 취지가 리만 가설의 진실성을 부정하는 데에 있다고 오해했다. 리틀우드는 긍정적 증거가 없는 것은 리만 가설이 틀리다는 것을 보여 준다는 비관적 태도를 취했지만 셀베르그는 그렇지 않았다. "나는 지금껏 언제나 리만 가설이 옳다고 믿어 왔으며 앞으로도 결코 부정하지 않을 것이다. 다만 그때 나는 리만 가설의 진실성을 강력히 지지하는 어떤 이론적 및 계산적 근거도 아직 없다는 점을 강조하고자 했을 뿐이다. 현재 여러 결과들은 이것이 거의 옳다는 것을 가리키고 있다." 다시 말해서 리만이 약 백 년 전에 증명할 수 있다고 주장한 것처럼 대부분의 영점들은 특이선 위에 있을 것이라는 뜻이다.

전쟁 중에 이룬 셀베르그의 성과는 유럽 수학의 힘겨운 마지막 숨결과 같왔다. 프린스턴의 고등과학원에 있는 헤르만 바일Hermann Weyl은 셀베르그의 연구를 높이 평가하여 그를 스카우트했기 때문이다. 바일은 괴팅겐대학교에 있다가 상황이 악화되자 1933년 미국으로 탈출한 수학자였다. 제2차 세계대전 동안 험난한 세월을 유럽에서 보낸 외로운 수학자 셀베르그는 대서양의 다른 쪽에서 손짓해 오는 유혹을 뿌리칠 수 없었다. 그는 새로운 영감을 얻을 수 있으리라는 희망에 들떠 바일의 초청을 받아들였다. 번잡하기 짝이 없는 뉴욕에 도착한 그는 맨해튼 남쪽으로 얼마 되지 않은 곳에 자리잡은 꿈꾸는 듯 한적한 프린스턴으로 향했다.

미국은 이즈음 다른 나라들로부터 밀려들어 오는 수많은 수학자들 덕분에 큰 혜택을 보게 되었고 셀베르그도 그중 한 사람이었다. 한때 수학의 변방이었던 미국이 이제 선도적 지위에 올라섰으며 실제로 오늘날에도 마찬가지이다. 한마디로 미국은 수학의 중심지가 되어 전 세계로부터 수학자들을 끌어들였다. '수학의 메카'라 불렸던 괴팅겐대학교의 명성은 히틀러와 제2차 세계대전으로 한순간에 붕괴되었지만 마치 불사조처럼 프린스턴의 고등과학원에서 다시 떠오르고 있었다.

고등과학원은 1932년 루이스 뱀버거Louis Bamberger와 그의 누이 캐롤라인 뱀버거 펄드Caroline Bamberger Fuld가 내놓은 5백만 달러의 후원금으로 설립되었다. 이들은 평화로운 안식처와 고액의 연봉을 제시하여 세계의 최상급 학자들을 끌어 모으고자 했다. 실제로 이 기관은 '고액과학원Institute for Advanced Salary'이라는 별명으로 불리기도 한다. 이곳 환경은 영국 옥스퍼드와 케임브리지의 대학 분위기를 본떠 조성되었으며, 여러 분야의 학자들이 서로 어울리면서 모두 이익을 얻도록 하는 게 주요 목표였다.

그런데 모델로 삼은 영국의 진부하고 고풍스런 분위기와 달리 이곳 프린스턴은 젊고 신선한 삶과 아이디어가 넘치는 활기찬 사회가 되었다. 처음 설립할 때는 옥스퍼드와 케임브리지의 모조품처럼 고담준론이 오가는 장소가 되도록 하려 했지만 프린스턴은 그런 겉멋에 흐르지 않았다. 고등과학원의 연구자들은 각자 하는 일에 대해 원한다면 언제나 자유롭게 토론했다. 아인슈타인은 이곳을 "아직 담배를 태워 본 적이 없는 파이프"에 비유하면서, "프린스턴은 불가사의한 곳으로, 과대평가된 하찮은 우상들이 사는 묘하게도 엄숙한 마을이다. 하지만 몇 가지의 사회적 관습을 무시함으로써 나는 미혹에 빠지지 않고 연구에 전념할 수 있는 나름의 분위기를 만들어 냈다. 외부 사람들의 혼란스런 다툼 소리는 이 작은 대학 도시에 거의 스며들 수 없었다"라고 말했다.

고등과학원은 애초 모든 분야의 지원을 목표로 세워졌다. 그러나 시작할 때는 프린스턴대학교의 오래된 수학과 건물에 터를 잡았고, 수학과는 나중에 '파인홀Fine Hall'이라 불리는 프린스턴의 유일한 마천루로 옮겨 갔다.

프린스턴의 고등과학원

아마 최초의 기반이 영향을 미쳤는지 고등과학원은 특히 수학과 물리학 분야에서 두드러지게 되었다. 교수 휴게실의 벽난로 위에는 아인슈타인이 가끔 말했던 "신은 오묘할 뿐 심술궂지 않다"는 문구가 새겨져 있다. 하지만 수학자들은 이 말의 진실성에 다소 회의적이다. 하디가 라마누잔에게 말했듯 "소수는 악마적 속성을 갖고 있다".

1940년 고등과학원은 새로운 터전으로 옮겨 왔다. 숲으로 둘러싸인 프린스턴의 교외에 자리 잡은 이곳은 험난한 바깥 세상으로부터 단절되어 있다. 아인슈타인은 여기로 오게 된 것을 "천국으로의 추방"이라 비유하면서 "나는 평생 이런 식의 고립을 원해 왔는데, 마침내 프린스턴에서 이루게 되었다"라고 말했다. 고등과학원은 많은 면에서 선조 격인 괴팅겐대학교를 닮았다. 우선 이곳은 고립을 통해 번영했다. 멀고도 넓은 지역의 최고급 인재들이 이 자기충족적 사회로 빨려 들어왔다. 어떤 사람들은 프린스턴의 자기충족성이 자기만족성으로 발전했다고 말하기도 했다. 고등과학원은 괴팅겐의 수학자들뿐 아니라 그곳 시청 건물에 쓰인 다음과 같은 문구도 받아들였다. '고등과학원의 사람들에게 프린스턴을 벗어난 삶이란 존재하지 않는다.' 숲 속의 고립된 터전에서 고등과학원은 유럽에서 추방되거나 피난해 온 학자들에게 최상의 연구 환경을 제공했다.

에어디시, 부다페스트에서 온 마술사

유럽에서 고등과학원으로 온 수학자 가운데 한 사람이 셀베르그의 삶과 얽히게 되었다. 라마누잔의 신비로운 이야기가 노르웨이의 젊은 셀베르그에게 영감을 불러일으키는 동안 헝가리의 또 다른 청년도 그 신비에 이끌렸다. 폴 에어디시Paul Erdős란 이름의 이 젊은이는 20세기 후반에 세계에서 가장 흥미로운 수학자가 된다. 그런데 셀베르그와 에어디시를 잇는 끈은 라마누잔만이 아니었는데, 여기에는 약간의 논란이 있다.

혼자 연구하기를 좋아한 셀베르그와 대조적으로 에어디시는 공동연구를 통해 많은 성과를 거두었다. 전 세계 대학교의 수학과 휴게실에 모인 사람들은 샌들을 신은 꾸부정한 에어디시의 모습에 차츰 익숙해졌다. 그는 새로운 협력자를 옆에 끼고 노트 위에 웅크려 수에 관한 여러 문제들을 풀었는데, 다른 사람들은 그의 열정에 끌려 주변에 자꾸 몰려들었다. 에어디시가 평생 쓴 논문의 수는 놀랍게도 1,475편이나 된다. 수학사상 그보다 많은 논문을 쓴 사람은 오일러가 유일하다. 에어디시는 일생의 과업으로 여기는 수학 연구로부터 마음이 떠나지 않도록 개인적 소유물을 거의 모두 포기했다는 점에서 수학적 수도승이라고 할 수 있다. 그는 돈이 생기면 학생들에게 나눠 주거나 자기가 제시한 문제의 상금으로 내걸었다. 한 세대 앞선 하디의 경우와 마찬가지로 신은 에어디시를 이끌었는데, 그의 세계관에 따르면 신의 역할은 사뭇 독특하다. 에어디시는 풀렸든 안 풀렸든 모든 수학적 문제에 대해 가장 정밀하고도 우아한 증명이 수록된 가상의 책을 '위대한 책 Great Book'이라 불렀고 신은 이를 지키는 '최고의 독재자 Supreme Fascist'로 여겼다. 어떤 증명에 대해 에어디시로부터 들을 수 있는 최상의 찬사는 "위대한 책에서 바로 나온 것!"이라는 말이었다. 에어디시는 수학자들이 아주 작은 양을 가리킬 때 쓰는 그리스 글자 'ε'을 따서 어린이들을 '엡실론 epsilon'이라고 불렀다. 그에 따르면 어린이들은 태어날 때 위대한 책에 쓰여진 리만 가설의 증명을 알고 있다. 하지만 문제는 여섯 달이 지나면 이를 잊어버린다는 점이다.

에어디시는 음악을 들으며 수학 연구에 몰두하곤 했다. 그래서 음악회에서 넘치는 새로운 아이디어를 주체하지 못하고 노트에 기록하는 모습이 자주 눈에 띄었다. 그는 뛰어난 공동연구가로서 홀로 있기를 싫어했지만 신체적 접촉은 극히 꺼렸다. 에어디시가 즐기는 것은 정신적 안락감이었으며 특히 늘 먹고 마시는 카페인 정제와 커피가 있으면 더욱 좋았다. 언젠가 그는 "수학자란 커피를 정리theorem로 바꾸는 기계"라는 유명한 말을 남기기도 했다.

많은 위대한 수학자들이 그랬듯 에어디시도 수에 대한 열정이 샘솟도록 지적으로 적절한 자극을 제공한 아버지에게서 자라는 행운을 누렸다. 어느 날 아버지는 에어디시에게 소수의 개수가 무한하다는 사실에 대한 유클리드의 증명을 보여 주었다. 그런데 아버지는 여기서 한 걸음 더 나아가 이 증명을 약간 변형함으로써 에어디시를 매료시켰다. 아버지는 소수가 나오지 않는 구간을 우리가 원하는 대로 얼마든지 늘려 잡을 수 있음을 보여 주었던 것이다.

예를 들어 죽 이어지는 100개의 수들 가운데 소수가 하나도 없게 하려면 어떻게 하면 될까? 단순히 101까지의 모든 수를 한데 곱하면 된다. 이렇게 연이은 수를 한데 곱하는 것을 가리켜 '계승(階乘 factorial)'이라 부르고 마지막 수에 '!'를 붙여 나타낸다. 따라서 $1 \times 2 \times 3 \times \cdots \times 101$을 뜻하는 '101의 계승'은 '101!'로 쓰면 된다. 이제 101!을 살펴보면 이 수는 1부터 101까지의 모든 수로 나누어떨어진다. 그리고 이 사이의 어떤 수를 N이라고 하면 '101!+N'이란 수는 N으로 나누어떨어지는데, 왜냐하면 101!과 N이 모두 N으로 나누어떨어지기 때문이다. 따라서

$101!+2, 101!+3, \cdots, 101!+101$

은 모두 소수가 아니다. 다시 말해서 이 방법으로 우리는 소수가 없이 이어지는 100개의 수를 얻게 된다.

그런데 에어디시의 흥미는 이내 미묘한 짜증으로 바뀌었다. 그렇다면 101!로부터 얼마나 더 나아가면 소수를 만나게 될까? 유클리드의 증명으로

언젠가 반드시 소수를 만난다는 것은 확실하다. 그러나 어떤 수 다음에 소수가 나올 때까지에 대해 아무런 예상도 할 수 없는 것일까? 만일 소수의 출현이란 게 자연이 동전던지기를 해서 결정되는 것이라면 이에 대해 정확한 예측을 한다는 것은 본질적으로 불가능하다. 예를 들어 동전의 앞면만 1,000번 계속 나온다는 것은 매우 드문 일이기는 하지만 전혀 일어나지 않는다고 볼 수는 없다. 이에 대해 계속 생각해 본 결과 에어디시는 소수의 출현과 동전던지기는 결코 같지 않다는 점을 깨달았다. 언뜻 보기에 소수도 아주 무질서하게 보인다. 하지만 완전히 임의적인 것은 아니다.

사실 1845년 프랑스의 수학자 조셉 베르트랑Joseph Bertrand이 이미 "어떤 수로부터 얼마나 더 가면 반드시 소수를 만나게 될 것인가?" 하는 문제를 생각했다. 그는 예를 들어 1,009란 수가 있으면 그 두 배, 곧 2,018까지 가면 그 사이에서 반드시 소수를 만나게 될 것이라고 믿었다. 실제로 조사해 보면 1,009와 2,018 사이에는 가장 작은 1,013부터 시작하여 상당히 많은 소수가 있다. 과연 이 추측이 어떤 수에 대해서도 언제나 그럴까? 그는 어떤 수 N과 $2N$ 사이에 항상 소수가 존재한다는 자신의 주장을 증명하지는 못했다. 하지만 23세에 내세운 이 가설은 이후 '베르트랑 공준Bertrand's Postulate'이라고 불리게 되었다.

이 문제는 리만 가설처럼 오랫동안 미해결 상태로 남지는 않았다. 7년도 되지 않아 러시아의 수학자 파프누티 체비셰프가 증명해 버렸기 때문이다. 체비셰프는 자신이 개발하여 소수정리에 대한 돌파구를 여는 데에 기여했던 방법, 곧 가우스의 추측과 소수의 실제 개수 사이의 오차가 항상 11퍼센트보다 작다는 사실을 보이는 데 썼던 것과 비슷한 방법을 사용했다. 리만의 탁월한 방법과 비교해 보면 체비셰프의 방법은 그다지 정교하지는 않지만 나름대로 효과적이다. 어쨌든 이런 증명을 통해 체비셰프는 소수의 출현이 동전던지기와 같이 완전히 임의적이지는 않고 약간이나마 예측가능성이 있음을 보여 주었다.

1931년 열여덟 살에 지나지 않은 에어디시가 내놓은 성과 가운데 하나는 베르트랑 공준에 대한 새로운 증명이었다. 하지만 어떤 사람이 라마누잔의 연구를 조회해 보라고 해서 살펴봤더니 자신의 증명이 그다지 새로운 게 아니란 사실이 드러나 실망하게 되었다. 라마누잔의 최근 성과 가운데 하나는 베르트랑 공준에 대한 체비셰프의 증명을 매우 단순하게 바꾼 것이었다. 젊은 에어디시는 조금 기분이 상했지만 라마누잔이란 사람을 알게 된 기쁨이 워낙 커서 아쉬운 마음은 이내 잊혀졌다.

에어디시는 자신이 체비셰프는 물론 라마누잔보다 더 잘 해낼 수 있는지 알아보기로 마음먹었다. 그리하여 소수와 소수 사이의 간격이 얼마나 되는가 하는 문제에 도전했다. 그런데 이 '소수 간격 문제' 는 에어디시의 일생을 통해 계속 경이로운 문제로 남게 되었다. 그는 자신이 제시한 추측의 증명에 대해 상금을 내거는 것으로도 유명했다. 이 문제에는 10,000달러를 걸었는데 이는 그가 내건 상금 가운데 두 번째로 큰 것이었다. 지금껏 이 문제는 미해결이며 에어디시는 이미 세상을 떠나 증명이 나와도 감상할 수 없겠지만 상금은 그대로 걸려 있다. 생전에 그는 설령 이 문제가 풀린다 하더라도 이 상금만으로는 어쩌면 최저임금 규정에 위배될 것이라는 조크를 남겼다. 한때 그는 성급하게도 일반화된 가우스의 소수정리에 대한 증명에 '100억! 달러', 곧 1부터 100억까지의 수를 모두 곱한 액수의 금액을 상금으로 걸었다. '100!' 만 해도 현재 우리가 아는 우주에 있는 원자들의 개수보다 더 큰 수이므로 이 상금은 참으로 터무니없는 액수이다. 그런데 1960년대에 누군가 이를 증명해 버렸다. 하지만 다행히도 그는 상금을 청구하지 않아 에어디시는 한숨을 돌릴 수 있었다.

1930년대 말, 에어디시는 고등과학원에 도착하자마자 두각을 나타냈다. 마르크 카츠Mark Kac도 유럽의 험난한 정세를 피해 미국으로 건너온 폴란드 인인데, 연구 분야는 확률론이었지만 에어디시의 흥미를 끄는 주제에 대하여 강연할 예정이었다. 카츠는 "어떤 수를 소인수분해할 때 몇 개의 서로 다른 소수가 필요한가?"라는 문제를 연구했다. 예를 들어 "15 = 3 × 5"이므로 2개의 소수가 필요하지만 "16 = 2 × 2 × 2 × 2"이므로 1개의 소수만 있으면 된다. 그는 서로 다른 소수의 개수에 따라 각각의 수에 점수를 부여하면서 이 과정을 적절한 정도의 큰 수에 이르도록 계속 되풀이했다.

에어디시는 하디와 라마누잔이 이 점수가 어떻게 변화하는지에 흥미를 가진 것으로 기억한다. 그런데 그 경향이 완전히 임의적인 모습을 띠었으므로 이를 분석하는 데에는 카츠와 같은 통계학자가 필요했다. 카츠는 각각의 수를 소인수분해하는 데에 필요한 서로 다른 소수의 개수를 그래프로 나타내 보았다. 그러면 통계학자들에게 매우 친숙한 종 모양의 그래프가 나오는데, 이는 바로 임의성의 증거로 알려져 있다. 한편 카츠는 소인수분해에 필요한 소수의 개수를 분석할 수는 있었지만 왜 이런 임의성을 보이는지에 대한 그의 추측을 증명할 수론적 기법은 잘 알지 못했다. "나는 이 추측을 1939년 3월 프린스턴의 강연에서 처음으로 발표했습니다. 나는 물론 수학에도 다행이었던 것은 에어디시가 그 자리에 있었다는 사실입니다. 청중에 파묻혀 있던 에어디시는 곧바로 뭔가 활기찬 반응을 보였는데, 강연이 끝나기도 전에 이에 대한 증명을 마쳐 버렸습니다."

이 성공을 계기로 에어디시는 평생 수론과 확률론의 융합에 많은 열정을 쏟았다. 언뜻 이 두 분야는 마치 분필과 치즈의 관계만큼이나 엉뚱하게 보인다. 하디는 언젠가 거부하는 듯한 태도로 "확률은 순수수학이 아니라 철학 또는 물리학적 관념이다"라고 선언했다. 수론 학자들의 연구 대상은 태

초부터 놓여 있는 돌처럼 움직이지도 변하지도 않는다. 하디가 말했듯 317은 우리가 좋아하든 싫어하든 소수이다. 반면 확률론은 본질적으로 불확실성을 다룬다. 연구 대상에 다음번에는 무슨 일이 일어날지 아무도 확신할 수 없다.

영점의 질서는 소수의 무질서

가우스는 소수의 개수를 추측할 때 동전던지기의 비유를 사용했다. 그런데 다른 수학자들은 20세기가 되어서야 수론과 확률론의 다양한 측면을 융합하는 데에 관심을 쏟게 되었다. 20세기 초의 몇 십 년 동안 물리학자들은 원자나 소립자들의 세계와 같은 자연의 근본적 구조는 확률론이 지배하고 있다는 이론을 정립했다. 전자는 마치 극히 작은 당구공처럼 행동하지만 그 위치를 정확히 알아낼 수는 없다. 많은 물리학자들은 이런 이론에 대해 거부감을 표시했다. 하지만 전자의 위치를 알아내려면 양자역학적 주사위를 굴릴 수밖에 없다는 주장이 옳은 것으로 보인다. 어쩌면 새로 떠오르는 양자역학에서 벌어지는 자연계의 근본 현상에 대한 확률론적 논쟁이 소수와 같은 결정론적 현상에 확률론은 아무런 역할도 할 수 없다는 견해를 뒤흔드는 계기가 되었다고 볼 수도 있다. 아인슈타인이 신은 자연에 대해 주사위 놀이를 하지 않는다고 주장하는 동안, 고등과학원의 한구석에서 에어디시는 수론의 핵심에는 주사위 던지기가 자리 잡고 있다는 점을 증명하고자 노력하고 있었다.

실제로 수학자들이 리만 가설이 주장하는 것처럼 리만 지형 안에서 엄격히 통제된 영점들의 위치가 오히려 이와 극히 대조적인 현상, 곧 소수들의 매우 임의적이고 혼란스런 행동을 어떻게 설명할 수 있는지에 대해 숙고하기 시작한 것은 바로 이 무렵의 일이었다. 영점의 질서와 소수의 무질서라는 극단적 대립 관계를 이해할 최선의 길은 임의성의 본질을 다시 돌이켜 보는 것이다. 그런데 이에 대해서는 동전던지기와 같은 매우 단순한 과정으로도 충분히 깊게 살펴볼 수 있다.

만일 동전을 백만 번 던진다면 앞면과 뒷면이 반반씩 나올 것이다. 하지만 실제로 우리는 정확히 50만 번씩일 것이라고 예상하지는 않는다. 특별한 변형이 없는 정상적인 동전이라면 우리가 예상하는 임의적 행동을 할 것이고, 그럴 경우 50만 번을 기준으로 1,000번 정도 오차가 나오는 것은 그다지 놀랄 일은 아니다. 확률론은 어떤 실험의 근원에 임의적 현상이 자리 잡고 있을 때 그 오차가 얼마나 되는지에 대한 척도를 제공한다. 이에 따르면 만일 동전던지기처럼 기본 확률이 1/2일 경우 N번 시도했을 때 예상되는 오차는 대략 N의 제곱근 정도라고 한다. 백만의 제곱근은 1,000이다. 따라서 동전을 백만 번 던진다면 앞면 또는 뒷면이 나올 횟수는 대략 499,000과 501,000 사이가 된다. 만일 동전이 구부러지거나 해서 완전히 임의적이지 않다면 오차는 이보다 더 커진다.

가우스는 동전던지기를 모델로 삼아 소수에 관한 그의 이론을 이끌어 냈다. 그의 분석에 따르면 N이라는 수가 소수가 될 확률은 동전던지기처럼 1/2이 아니라 $1/\log N$이다. 그런데 동전던지기에서 앞면이나 뒷면이 정확히 반반씩 나오지 않는 것처럼 어떤 수가 소수가 될 확률에도 오차가 존재할 것이다. 그렇다면 과연 이 오차는 얼마나 되고 그 본질은 무엇일까? 동전던지기처럼 완전히 임의적 영역에 머물까 아니면 어떤 경향성을 띠어 어느 영역에서는 많은 소수를 만드는 반면 다른 어느 영역은 황무지처럼 내버려 둘까?

이에 대한 해답은 영점의 위치에 대한 예상을 담은 리만 가설에서 찾을 수 있다. 리만 지형의 영점들은 소수에 대해 가우스가 내린 추측의 오차를 제어하는데, 특이선 위에 자리 잡은 어떤 영점 N의 오차는 그 제곱근이다. 따라서 만일 영점의 위치에 대한 리만의 예상이 옳다면 N보다 작은 소수의 실제 개수와 이에 대한 가우스의 추측과의 차이는 N의 제곱근 정도가 된다. 이는 동전에 특별한 변형이 없어서 완전히 임의적으로 행동한다는 전제 아래 확률론이 제시하는 오차의 한계에 해당한다.

하지만 리만 가설이 틀리다면 특이선을 벗어난 영점들이 존재하며, 특이선에서 멀리 떨어진 영점들일수록 N의 제곱근보다 많은 오차를 발생한다. 이 상황은 구부러진 동전을 사용할 경우 앞면이 나올 확률은 1/2에서 많이 벗어난다는 것에 비유할 수 있다. 리만 가설이 틀리다면 소수를 만들어 내는 동전이 구부러졌다는 뜻이고, 특이선에서 벗어난 정도가 바로 동전의 구부러진 정도에 해당한다.

정상적인 동전은 완전히 임의적으로 행동함에 비하여 변형된 동전은 어떤 경향성을 띤다. 이 말은 리만 가설이 옳을 경우 소수가 왜 그토록 임의적인지 설명할 수 있다는 뜻을 나타낸다. 리만은 놀라운 통찰력을 발휘하여 영점들과 소수 사이의 관계를 밝힘으로써 소수가 가진 임의성의 방향을 설정했다. 소수가 정말로 완전히 임의적임을 보이려면 리만이 상상하는 거울 속 세계에 자리 잡은 영점들은 특이선 위를 따라 정렬해 있음을 보여야 한다.

에어디시는 리만 가설에 대한 이와 같은 확률론적 해석이 마음에 들었다. 우선 이 해석은 수학자들에게 애초에 왜 그들이 리만의 거울 속 세계로 들어가는지 설명해 준다. 에어디시는 수론이 본질적으로 무엇에 대한 것인지를 상기시켜 주고 싶었다. 그것은 바로 수에 대한 것이다. 놀랍게도 리만의 웜홀wormhole(웜홀은 만물을 빨아들이기만 하는 블랙홀과 토해 내기만 하는 화이트홀을 연결하는 통로로 시공간 여행의 지름길이 될 수 있다. 벌레가 지나는 길을 연상케 하므로 이런 이름을 붙였지만, 화이트홀의 존재가 입증되지 않았으므로 이 또한 현재로서는 가상적 경로에 지나지 않는다: 옮긴이)이 열린 이래 많은 수학자들이 이 새로운 세계에 빨려 들어가면서 수 자체에 대해 이야기하는 수론 학자들의 수는 갈수록 줄어들었다. 이들은 리만이 보여 준 제타 지형에서 영점의 위치를 찾는 데에 많은 관심을 쏟으면서 정작 소수 자체에 대해서는 입을 다물어 가고 있었다. 에어디시는 이런 상황에 전환점을 마련하여 소수 자체에 대해 이야기하고자 했는데, 얼마 가지 않아 이런 뜻을 가진 사람이 혼자만은 아님을 깨닫게 되었다.

수학적 논쟁

셀베르그는 본래 리만의 제타 지형에 열광했지만 프린스턴에 있는 동안 그의 관심은 제타 지형을 떠나 소수 자체에 대한 직접적 연구로 서서히 돌아서게 되었다. 미국으로의 수학적 탈출을 계기로 리만의 거울 속 세상으로부터 현실 세계로 빠져나오게 된 셈이다.

아다마르와 발레푸생이 소수정리를 증명하기는 했지만 수학자들은 로그 함수와 소수 사이의 관계에 대한 가우스의 추측을 더욱 쉬운 방법으로 증명할 길을 찾지 못해 좌절감에 젖었다. 소수의 개수에 대한 가우스의 추측을 증명하는 데에 반드시 리만의 제타 지형과 같은 상상 속의 복잡한 세상을 동원해야 한단 말일까? 수학자들은 이처럼 복잡한 방법은 소수의 발견 확률에 대한 오차가 리만 가설이 암시하는 것처럼 N의 제곱근 정도일 것이라는 점을 증명하는 데는 필요하리라고 인정한다. 그러나 소수의 개수에 대한 가우스의 첫 추측과 같은 단순한 내용에 대해서는 뭔가 더 간단한 증명이 있을 것이라고 믿었다. 이들은 가우스의 추측이 적어도 11% 이내의 오차를 가진다는 점을 보인 체비셰프의 단순한 증명법을 확장하여 이를 이루어 볼 희망을 품었다. 그런데 이런 시도 속에서 어언 50년의 세월이 흘러갔다. 그리하여 희망은 시들었고 결국 리만이 제시했고 아다마르와 발레푸생이 탐구한 그 복잡한 방법이 필수적일 수밖에 없을 것이라는 생각으로 차츰 기울어져 갔다.

하디도 이에 대해 어떤 간단한 증명이 있으리라고 믿지 않았다. 물론 그가 이를 바라지 않은 것은 아니다. 수학자들은 증명 자체에 못지않게 간결성도 중요하다고 여기기 때문이다. 하디는 상황을 지켜본 결과 단순히 그런 게 없으리라 믿고 비관적으로 되었을 뿐이다. 그런데 1947년 그가 죽은 뒤 몇 달도 되지 않아 에어디시와 셀베르그가 바로 이런 증명을 완성했다. 하디가 살았더라면 이 결과를 아주 높이 평가했을 게 틀림없는데, 다른 한편으로 크게 실망할 수도 있다. 이 간결한 증명에 걸린 영예를 둘러싸고 논쟁이 일어났기 때문이다. 이 이야기는 에어디시에 대한 두 전기를 비롯한 많은 자료에 실려 있다. 그런데 에어디시의 방대한 공동연구망 및 이와 특히 대조적인 셀베르그의 고립성을 생각해 볼 때 이 이야기는 주로 에어디시의 관점에서 기술되었으리라고 쉽게 짐작할 수 있다. 따라서 셀베르그의 입장에서 이 과정을 살펴보는 것도 나름대로 의미가 있을 것이다.

역사적으로 제타함수라는 복잡한 도구를 처음으로 휘두른 사람은 디리클레였다. 그는 이를 이용하여 페르마의 추측 가운데 하나를 증명했다. 디리클레는 시계산술에 쓸 문자판이 N시간을 나타내도록 만들고 여기에 소수를 집어넣으면 바늘이 1을 가리키는 경우가 무수히 많다는 사실을 증명했다. 다시 말해서 N으로 나누었을 때 나머지가 1인 소수는 무한히 많이 존재한다는 뜻이다. 디리클레의 이 증명은 제타함수를 이용하는 복잡한 내용의 것이었으며, 나중에 리만의 위대한 발견을 이끈 촉매가 되었다.

그런데 1946년, 디리클레의 발견 후 거의 110년이 지났을 때 셀베르그는 디리클레의 정리Dirichlet's Theorem에 대한 아주 단순한 증명을 찾아냈다.

이것은 내용상 제타함수보다 소수의 무한성을 보인 유클리드의 간결한 증명에 더욱 가까운 것이었다. 이와 같은 셀베르그의 증명은 소수의 이론을 구축하자면 리만의 아이디어를 외면할 수 없을 것이라고 믿었던 당시의 수학자들에게 커다란 심리적 돌파구를 마련해 주었다. 이 증명에도 물론 약간의 미묘한 구석이 있었다. 하지만 19세기 수학의 복잡한 내용을 사용하지 않았기 때문에 고대의 그리스인들도 쉽게 이해할 수 있었다.

폴 투란Paul Turan은 헝가리의 수학자인데 고등과학원을 방문한 동안 셀베르그와 함께 지내면서 서로 친해졌다. 그는 또한 에어디시의 친구이기도 했는데 여기에는 재미있는 일화가 있다. 1945년 해방된 부다페스트 거리를 투란이 걷고 있을 때 순찰을 돌던 어떤 소련 군인이 그를 멈춰 세웠다. 이때 그는 신분증이 없었는데 마침 에어디시와 함께 썼던 논문이 있어서 이를 내밀었다. 순찰대는 이에 상당한 감명을 받았던 것으로 보이며 투란은 이 논문 때문에 강제수용소로 끌려가는 것을 면할 수 있었다. 나중에 투란은 이 사건을 가리켜 "수론의 가장 놀라운 응용 가운데 하나"라고 말하곤 했다.

투란은 디리클레의 정리를 간단히 해결한 셀베르그의 증명에 숨은 아이디어를 계속 탐구하고 싶었다. 하지만 그는 이 해의 봄이 지나면 고등과학원을 떠나야 했다. 셀베르그는 증명의 자세한 내용을 기꺼이 투란에게 보여주었고 심지어 자기가 캐나다를 여행하면서 비자를 갱신하는 동안 투란으로 하여금 이 증명에 대한 강의를 맡아 달라고 부탁하기도 했다. 그런데 호의가 지나쳤던 탓일까, 투란과 토론하는 동안 셀베르그는 실제로 그가 말하고자 했던 이상의 내용을 내비치고 말았다.

투란은 셀베르그가 부탁한 강의를 하면서 셀베르그가 증명한 독창적인 식 하나를 설명했는데, 이것은 디리클레의 정리와 직접적인 관계는 없었다. 강의를 듣고 있던 에어디시는 이것이 베르트랑 공준, 곧 어떤 수 N과 $2N$ 사이에는 반드시 소수가 존재한다는 사실을 더욱 정교하게 개선하고자 하는 자신의 연구에 꼭 필요한 것임을 깨달았다. 이즈음 에어디시는 어떤 수 N으로부터 다음 소수를 만나려면 꼭 $2N$까지 가야만 하는지에 대해 생각하고 있었다. 만일 $2N$이 아니라 $1.01N$까지만 가도 소수가 발견되는 것은 아닐까? 물론 N을 100으로 보면 이 생각은 잘못이다. $1.01 \times 100 = 101$인데 100과 101 사이에는 소수는 고사하고 정수 자체가 존재하지 않기 때문이다. 그러나 N의 크기를 자꾸 늘려 가면 이야기는 달라진다. 에어디시는 N이 충분히 크다면, 베르트랑 공준의 기본 의의에 비춰 볼 때, N과 $1.01N$ 사이에도 반드시 소수가 존재할 것이라고 믿었다. 다시 말해서 베르트랑 공준의 본질적 측면에서 볼 때 2든 1.01이든 특별한 차이가 없다는 뜻이다. 나아가 에어디시는 이 수가 1과 2 사이의 어떤 수라도 좋다고 보았다. 그런데 투란의 강의를 듣던 도중 에어디시는 셀베르그의 식이 바로 자신의 생각을 증명하는 과정에서 드러난 흠결을 메워 줄 필수적 요소란 점을 깨닫게 되었던 것이다.

"강의가 끝났을 때 에어디시는 내게 다가와 자신이 연구하고 있는 일반화된 베르트랑 공준의 증명에 이 식을 사용해도 되는지 물어보았습니다. 이식은 셀베르그의 것이었지만 그는 다른 곳을 여행하고 있었습니다. 나는 강의를 하기는 했지만 이 분야를 직접 연구하지는 않았습니다. 그래서 이 식을 사용하는 데에 아무런 이의가 없다고 말했습니다." 또한 셀베르그는 이즈음 여러 가지 일상사를 처리하느라고 바빴다. 비자를 갱신해야 했고, 다음 학기에 옮겨 가기로 한 시라큐스Syracuse 부근의 집도 알아봐야 했으며, 엔지니어를 대상으로 한 여름학기 강의도 준비해야 했다. "게다가 에어디시는 대체로 모든 일을 빨리빨리 처리했지요. 얼마 가지 않아 그는 바라는 증명을 완성해 냈습니다."

그런데 셀베르그가 투란에게 털어놓지 않은 사실이 한 가지 있다. 셀베르그가 베르트랑 공준의 일반화에 대해 생각해 본 이유는 이것이 소수정리를 간명하게 증명하는 데에 딱 들어맞는 퍼즐 조각이 되지 않을까 여겼기 때문이었다. 이제 에어디시의 증명이 나옴으로써 셀베르그는 자신이 원하는 조각을 얻게 되었다.

셀베르그는 에어디시에게 자신이 소수정리를 증명하는 데에 그의 결과를 어떻게 이용했는지 설명했다. 에어디시는 투란의 강의에 참석했던 몇 사람들에게 이 결과를 소개하자고 제안했다. 하지만 에어디시는 마음속으로부터 솟아나오는 흥분을 억누르지 못하고 흥미 있는 사람들은 누구나 참석해 달라고 널리 알렸다. 그래서 많은 청중들이 몰려들었는데 셀베르그는 이를 전혀 예상하지 못했다.

> 4시 또는 5시쯤의 늦은 오후 내가 들어섰을 때 강의실은 꽉 차 있었습니다. 나는 강단에 올라가 내가 제시한 논점들을 설명했고 이어서 에어디시가 다룬 부분은 그가 설명하도록 요청했습니다. 그리고 증명에 필요한 마지막 부분은 다시 내가 설명했습니다. 이처럼 그가 얻었던 중간 단계의 결론에 힘입어 나의 증명은 완성되었습니다.

에어디시는 이 증명을 공동논문으로 꾸며 발표하자고 제안했다. 이때의 일에 대해 셀베르그는 다음과 같이 설명했다.

> 나는 공동논문을 내 본 적이 없었다. 그래서 따로따로 펴내기를 바랐지만 에어디시는 하디와 리틀우드가 했던 것처럼 우리도 공동으로 펴내야 한다고 고집했다. 그러나 애초 우리 사이에는 공동연구를 하자는 합의가 없었다. 미국에 왔을 때 내 머리 속에 든 수학은 노르웨이에서 혼자 공부한 것들이었다. 내 연구 또한

홀로 이룬 것이고 이에 대해 아무와도 이야기한 적이 없다. 이런 뜻에서 나는 공동연구자가 된 적도 없다. 나도 사람들과 이야기를 나누기는 하지만 연구는 혼자 하며, 이런 방식이 내 성격에 어울린다.

문제는 두 수학자가 서로 정반대의 성향을 가졌다는 데에 있었다. 한 사람은 완전히 자족적인 독립인으로 평생 공동논문은 단 하나밖에 없다. 인도 수학자 사르바다만 초울라Sarvadaman Chowla와의 공동논문이 그것인데, 이것도 사실 그가 원해서 그리된 것은 아니었다. 한편 다른 사람은 공동연구를 극한까지 추구한 사람이라고 말할 수 있는데, 이 때문에 수학자들은 이른바 '에어디시 수Erdős number'라는 개념을 만들기도 했다. 이것은 공동논문의 이름을 토대로 조사할 때 어떤 수학자로부터 에어디시에 이르려면 몇 다리를 거쳐야 하는지를 숫자로 나타낸 것이다. 나의 경우 이 수는 3인데, 이는 나와 공동논문을 펴낸 어떤 수학자가 에어디시와 공동논문을 펴낸 적이 있는 또 다른 수학자와 공동논문을 낸 적이 있다는 뜻이다(이 상황은 "나-A-B-에어디시"로 나타낼 수 있으며 에어디시 수는 '-'의 수에 해당한다: 옮긴이). 초울라는 에어디시와 공동논문을 쓴 507명의 수학자 가운데 한 사람이므로 셀베르그의 에어디시 수는 초울라와의 유일한 공동논문 때문에 2가 된다. 세계적으로 에어디시 수가 2인 사람은 5,000명이 넘는다(정확히는 6,984명이다: 옮긴이).

셀베르그는 이처럼 에어디시의 공동논문 제안을 거절했는데, 그럼에도 불구하고 이후 사태는 사실상 그들의 손을 벗어나고 말았다. 1947년 당시 에어디시는 전 세계에 퍼져 있는 공동연구자와 서신교환자를 토대로 방대한 인맥을 구축하고 있었다. 그리고 이들에게 최신의 수학적 발전상을 전달하기 위해 수많은 엽서를 띄우곤 했다. 이제 이야기는 걷잡을 수 없었고 셀베르그가 시라큐스에 도착했을 때는 결정타와도 같은 소식을 듣게 되었다. 거기의 한 교수가 셀베르그에게 "에어디시가 스칸디나비아 출신의 어떤 수학자와 함께 소수정리에 대한 간명한 증명을 완성했다고 하던데, 그 소식을 들었습니까?"라고 물었던 것이다. 그런데 이때쯤 셀베르그는 에어디시가 기여한 부분을 필요로 하지 않는 새로운 증명을 찾아냈다. 이에 그는 서둘러 자신의 이름만 실은 논문을 쓰고 〈수학연보Annals of Mathematics〉라는 잡지에 발표했다. 이 잡지는 프린스턴에서 발간되며 세계적으로 수학계의 3대 잡지 가운데 하나로 인정받고 있다. 페르마의 마지막 정리에 대한 앤드루 와일즈의 증명도 여기에 실렸다.

에어디시는 분노를 터뜨렸고, 헤르만 바일에게 이 논문의 발간을 재고해 달라고 요청했다. 셀베르그는 나중에 헤르만 바일이 양쪽 이야기를 모두 듣고 난 후 자기편에 서게 된 것을 기쁘게 여겼다고 회상했다. 에어디시도 결국 따로 자신의 논문을 썼으며, 셀베르그의 기여에 대해서도 언급했다. 어쨌든 이 사건은 전체적으로 볼 때 그다지 유쾌한 이야기는 아니다. 수학의 본질은 세속적인 것과 거리가 멀지만 이를 연구하는 수학자들은 누구나 나름대로 위안을 받아야 할 자아를 갖고 있다. 수학이라는 창조적 과정을 일생 동안 추구함에 있어 어떤 정리에 자신의 이름을 붙여 불멸의 지위에 올라서고자 하는 것보다 더 큰 자극제는 없다. 셀베르그와 에어디시의 이야기는 수학, 나아가 모든 과학에서 우선권과 영예가 얼마나 소중하게 여겨지는지를 잘 보여 준다. 앤드루 와일즈가 아무도 모르게 7년의 세월을 페르마의 마지막 정리의 증명에 바친 까닭도 여기에 있다. 그 찬란한 영예를 다른 누구와도 공유하고 싶지 않았던 것이다.

수학자들은 계주팀의 선수들처럼 한 세대에서 다음 세대로 배턴을 물려준다. 하지만 개인적으로는 최종 결승전을 통과하는 사람들에게 주어지는 영예를 갈망하는 것도 사실이다. 수학적 연구는 어떤 주제에 대해 여러 세기를 이어 펼쳐지는 협력과 불멸성을 동경하는 욕망 사이에서 복잡한 균형을 요구하는 활동이다.

어느 정도의 세월이 흐른 뒤 소수정리에 대한 셀베르그의 간명한 증명은 많은 사람들이 바랐던 소중한 돌파구는 아니라는 사실이 차츰 분명해졌다. 어떤 사람들은 거기에 내포된 직관이 리만 가설의 간명한 증명을 이끌어 내는 데에 도움을 줄 수도 있을 것이라고 생각했다. 어쨌든 최소한 가우스의 추측과 실제 소수의 개수 사이의 오차가 N의 제곱근보다 작다는 것 정도는 증명될 수 있을지도 모른다. 사람들은 사실상 이게 모든 영점이 리만의 특이선 위에 있다는 주장과 동등하다고 여겼다.

1940년대 말이 되도록 셀베르그는 특이선 위에 얼마나 많은 영점들이 존재하는가 하는 문제에 대해 최고의 기록을 보유하고 있었다. 그리고 이것이 그로 하여금 1950년의 필즈상을 차지하게 한 주요 업적 가운데 하나였다. 아다마르는 이때 80세가 넘었는데, 셀베르그의 수상을 축하하기 위하여 매사추세츠의 케임브리지에서 열리는 국제수학자회의에 참석할 예정이었다. 그는 자신과 발레푸생이 50여 년 전에 처음 개척한 베이스캠프까지의 험난한 길을 간단한 방식으로 다시 닦은 탐험가를 만나고자 하는 마음에 한껏 부풀었다. 그런데 아다마르는 물론 필즈상의 또 다른 수상자인 로랑 슈와르츠Laurent Schwartz가 소련과의 관련을 이유로 비자를 받지 못해 미국에 들어올 수 없게 되었다. 매카시즘McCarthyism이 이제 막 그 흉한 머리를 쳐들고 있었던 것이다. 다행히도 트루먼Harry Truman 대통령이 이 사태에 개입하고 나섰으며, 결국 개회일 바로 전날에야 비로소 입국하게 되었다.

리만의 특이선에 존재하는 영점의 비율을 처음으로 밝힌 셀베르그의 논증을 본 다른 수학자들은 각자 독창적인 기법을 개발 및 적용함으로써 이를 더욱 확장하여 나아갔다. 어느 분야에서나 그렇듯 수학에서도 일단 어떤 기본 방향이 설정되면 이로부터 많은 결과가 자연스럽게 도출되곤 한다. 바꿔 말하면 처음 한 입을 깨무는 게 어렵다. 그런데 셀베르그의 추산을 개선하는 일은 사뭇 달랐다. 이를 토대로 한 여러 증명들은 아주 정교한 분석을 필요로 한다. 이 증명들은 하나의 큰 아이디어에 그다지 민감하지 않으며 이를 토대로 최종 목적지까지 나아가려면 엄청난 인내를 감수해야 한다. 게다가 이 길에는 도처에 함정이 도사리고 있다. 한 걸음만 잘못 디디면 영보다 크다고 생각했던 값들이 갑자기 음수로 돌변해서 나타난다. 사소한 실수를 저지를 가능성이 아주 높으므로 각각의 발걸음을 극도로 주의하면서 떼어 나아가야 한다.

1970년대에 노먼 레빈슨Norman Levinson은 셀베르그의 추산을 개선하여 어느 순간 자신이 98.6% 이상의 영점들이 특이선 위에 있음을 보이게 되었다고 생각했다. 레빈슨은 MITMassachusetts Institute of Technology (매사추세츠공과대학)의 동료교수인 잔카를로 로타Gian-Carlo Rota에게 원고를 보여 주면서 "나는 100%의 영점들이 모두 특이선 위에 있음을 증명했습니다. 이 원고에는 98.6%가 실려 있고 나머지 1.4%는 독자들에게 맡겼습니다"라는 농담을 했다. 로타는 레빈슨의 말을 진지하게 들었고, 그가 리만 가설을 증명했노라고 온통 퍼뜨리고 다녔다. 물론 레빈슨이 100%에 도달했다 하더라도 무한대라는 양의 기이한 속성 때문에 반드시 모든 영점들이 특이선 위에 있다고 단정할 수는 없다. 그러나 이런 사실로도 이미 퍼져 나가는 소문을 걷잡을 수는 없었다.

나중에 레빈슨의 원고에서 실수가 발견되었고 이로써 그의 추산은 34%로 줄어들었다. 하지만 이것만으로도 대단한 성과로서 한동안 신기록의 지위를 유지했다. 더욱 놀라운 것은 레빈슨이 이 성과를 거둘 때 이미 60대의 나이에 들어섰다는 점이다. 셀베르그는 이에 대해 다음과 같이 말했다. "그가 이 일을 하려 했을 때에는 엄청난 용기가 필요했을 것이다. 수반되는 계산이 방대함에 비하여 결과가 어찌될지는 사전에 전혀 예측할 수 없기 때문이다." 나아가 레빈슨은 자신의 방법을 확장할 훌륭한 아이디어를 가졌다고 한다. 그러나 이를 완성하기 전에 그는 뇌암으로 세상을 뜨고 말았다. 현재의 기록은 오클라호마대학교의 브라이언 콘리Brian Conrey가 세웠는데 1987년 그는 적어도 40%의 영점들이 특이선 위에 있음을 보였다. 콘리도 자신의 추산을 개선할 몇몇 아이디어를 갖고 있지만, 단지 몇 %를 더 늘리기 위해 엄청난 노력을 투입할 만한 가치가 있다고 보지는 않았다. "50%를 넘길 수만 있다면 할 만한 가치가 있다고도 하겠지요. 그럴 경우 '대부분' 의 영점들이 특이선 위에 있다고 말할 수 있으니까요."

에어디시는 셀베르그와의 우선권 논쟁 때문에 상처를 받았다. 하지만 남은 생애를 통해 꾸준히 수많은 성과를 거둠으로써 나이가 들어 감에 따라 수학적 재능이 소진된다는 일반적 믿음을 실제의 삶을 통해 물리쳤다. 그는 프린스턴에서 정착할 자리를 얻는 데에 실패한 뒤 떠도는 수학자의 삶을 택했다. 집도 직장도 없는 그는 어느 날 갑자기 전 세계에 퍼져 있는 친구들 중 한 사람의 연구실에 나타나 공동연구를 제시하며 머문다. 그렇게 몇 주를 보내다, 왔을 때처럼 갑작스럽게 다른 곳을 향해 떠난다. 소수정리가 처음 증명된 지 100년이 되는 1996년 그는 세상을 떴다. 에어디시는 83세인 그때까지도 공동연구의 논문을 준비하고 있었다. 죽기 얼마 전 그는 "우리가 소수를 이해하기까지 적어도 백만 년의 세월이 더 필요할 것이다"라고 말했다.

이제 은발의 90대 노인이 된 셀베르그는 아직도 리만 가설에 대한 최신의 논문을 읽고 학술 대회에 참석하면서 젊은 수학자들에게 진주와도 같은 지혜를 나눠 주고 있다. 그의 부드러운 목소리에는 지금도 조국 노르웨이의 노래하는 듯한 억양이 담겨 있음을 느낄 수 있다. 하지만 그 깊은 곳으로부터는 그가 평생 찬양해 온 주제에 대한 예리하고도 통찰력 있는 분석이 전해져 오곤 한다. 사실 그는 어리석은 사람들을 마냥 즐겁게 대하지만은 않았다. 1996년 소수정리 증명 100주년을 기념하기 위해 시애틀에서 열린 한 모임에서 600여 명의 수학자들은 우레와 같은 기립 박수를 보냄으로써 그의 공헌을 기렸다.

셀베르그는 지금껏 많은 진보가 이뤄졌음에도 불구하고 우리는 아직도 리만 가설을 증명할 그 어떤 뾰족한 방법도 갖고 있지 않다고 말했다.

우리가 해답에 가까워졌는지 아닌지 아직 아무도 모른다고 저는 생각합니다. 어떤 사람들은 우리가 많이 가까워졌다고 이야기합니다. 물론 시간이 지나 결국 해답을 얻게 된다면 그동안 우리가 가까워져 갔다고 말할 수 있겠지요. 또 어떤 사람들은 우리가 현재 이 문제의 본질적 요소를 갖고 있다고 말합니다. 그러나 저는 그게 무엇인지 모르겠습니다. 리만 가설은 페르마의 마지막 정리와 사뭇 다릅니다. 지금껏 어떤 뚜렷한 돌파구가 없었습니다. 어쩌면 2059년에 200주년을 맞도록 미해결로 남을지 모르며, 이 상태가 얼마 동안 계속될지 전혀 예상할 수 없습니다. 하지만 결국에는 해결되리라 믿습니다. 증명불가능의 문제라고 보지는 않기 때문입니다. 어쩌면 증명의 내용이 너무나 복잡해서 인간의 두뇌로는 도저히 이해할 수 없을지도 모르지만 말입니다.

제2차 세계대전이 끝난 뒤 코펜하겐에서 행한 한 강연에서 셀베르그는 리만 가설이 진실이라는 증거가 과연 존재하는지 의심스럽다고 말한 적이 있다. 이에 따르면 1996년의 강연 내용은 희망 사항에 지나지 않는다고 하겠지만 오늘날 그의 견해는 바뀌었다. 전쟁 이후 50여 년 동안 축적된 증거들은 셀베르그가 보기에 상당히 고무적이었다. 그런데 이처럼 셀베르그의 견해를 바꾸게 한 발전은 기계의 힘으로 이뤄졌다는 게 인상적이다. 제2차 세계대전 중 독일군의 암호를 해독하기 위해 영국의 블레칠리 파크Bletchley Park에서 운용된 기계가 그 원조인데, 이는 바로 오늘날의 세계를 지배하는 기계, 곧 '컴퓨터'를 가리킨다.

−제8장−

마음의 기계

나는 한 가지 질문을 제기한다. "기계가 생각할 수 있을까?"

앨런 튜링, 『계산 기계와 지성』

앨런 튜링Alan Turing의 이름은 언제나 제2차 세계대전 당시 독일군의 암호 기계인 '에니그마Enigma'와 관련되어 등장한다. 옥스퍼드와 케임브리지의 중간 지점에 자리 잡은 블레칠리 파크Bletchley Park의 아늑한 집에서 처칠Sir Winston Churchill의 암호 해독 팀은 독일 첩보부가 매일 보내오는 암호 메시지를 해독할 기계를 만들었다. 튜링이 수학적 논리와 결단력을 잘 결합함으로써 독일 잠수함의 공격으로부터 수많은 생명을 구해 냈다는 이야기는 소설과 연극과 영화의 인기 있는 주제였다. 그런데 튜링이 그의 '폭탄', 곧 암호해독기를 만들 생각을 하게 된 시점은 케임브리지의 대학 시절로 돌아간다. 이 시기는 하디와 힐베르트가 아직 최고의 활약을 펼치고 있을 때이기도 하다.

제2차 세계대전이 유럽을 휩쓸기 전부터 튜링은 힐베르트의 23개 문제 가운데 2개를 날려 보낼 기계를 제작하고자 마음먹었다. 첫 문제는 상상의 세계에서만 존재하는 이론적 기계에 관한 것인데, 이는 수학의 전 체계를 떠받드는 근본 구조가 완전하다고 확신할 어떤 희망도 배격할 성질의 것이었다. 둘째 문제는 톱니바퀴들이 넘치고 뚝뚝 듣는 기름 속에서 돌아가는 실제 기계에 관한 것으로, 튜링은 이 기계를 이용하여 또 다른 수학적 권위에 도전하고자 했다. 그는 이 정교한 장치가 어쩌면 힐베르트가 스스로 제기한 23개 문제 가운데서도 가장 좋아하는 여덟 번째 문제, 곧 리만 가설의 진실성을 부정하는 데에 쓰일 수 있을 것이라는 꿈을 키웠다.

수많은 수학자들이 리만 가설의 증명에 실패하자 튜링은 이제 그 허위성을 조사해 볼 때가 되었다고 믿었다. 어쩌면 리만의 특이선을 벗어난 영점이 실제로 존재하고, 이 때문에 소수의 분포에도 어떤 경향성이 나타날지도 모른다. 나아가 튜링은 기계야말로 리만의 추측을 물리칠 영점의 위치를 찾는 데에 가장 강력한 능력을 발휘할 도구라고 생각했다. 이와 같은 튜링의 노력 덕택으로 오늘날 수학자들은 리만 가설의 탐사에 컴퓨터라는 새로운 동반자를 갖게 되었다. 하지만 소수에 대한 수학자들의 탐사에 본질적으로 중요한 영향을 끼친 것은 이 실체적 기계가 아니다. 이는 그가 상상을 통해 생각한 '마음의 기계machines of mind'로서 본래 힐베르트의 둘째 문제를 해결하기 위하여 창안한 도구였다. 20세기 후반에 들어 이 마음의 기계는 가장 예기치 못한 방향의 길을 개척해 갔는데, 그것은 바로 모든 소수를 생성해 내는 식을 찾아 나서는 길이었다.

기계에 대한 튜링의 열정은 1922년 10살의 소년이었을 때 받은 한 권의 책으로부터 불길이 당겨졌다. 선물꾸러미와 함께 주어진 에드윈 테니 브루스터Edwin Tenney Brewster가 지은 『모든 어린이가 알아야 할 자연의 신비 Natural Wonders Every Child Should Know』란 책은 어린 튜링의 상상력을 한껏 자극했다. 1912년에 발간된 이 책은 어린 독자들에게 단지 수동적인 관찰 사실만 제시한 게 아니라 자연현상에는 모두 이유가 있다고 설명했다. 나중에 튜링이 가진 인공지능에 대한 강한 열정에 비춰 볼 때, 생물에 대한 브루스터의 묘사는 특히 계시적이다.

> 사람의 몸은 물론 기계이다. 엄청나게 복잡한 기계로서, 지금껏 사람의 손으로 만들어진 그 어떤 기계보다 더욱 복잡하다. 하지만 역시 기계란 점은 분명하다. 예전에는 증기기관에 자주 비유되었다. 그러나 이는 우리가 몸의 작동 원리를 아직 잘 모르던 시절의 이야기일 뿐이다. 실제로는 내연기관과 더 비슷하다. 자동차, 모터보트, 비행기에 달린 그런 엔진 말이다.

학창시절 튜링은 카메라, 재충전 만년필, 심지어 타자기에 이르기까지 여러 가지의 물건을 만들고 발명하는 일에 홀려 있었다. 이런 열정이 그로 하여금 1931년 케임브리지대학교의 킹스칼리지King's College에 들어가 학부 과정에서 수학을 공부하도록 이끌었다. 튜링은 수줍어하며 사람들과 잘 어울리지 못하는 성격이었지만 이런 성격을 타고난 이전의 많은 수학자들처럼 그도 수학이 제공하는 절대적 확실성에서 안식처를 찾을 수 있었다. 물론 이런 중에서도 여러 물건을 만들고자 하는 마음속의 열정은 잃지 않았다. 그리하여 언젠가 여러 가지의 추상적 문제들 속에 숨은 메커니즘을 낱낱이 드러낼 실체적 기계를 만들고자 하는 기회를 항상 엿보며 지냈다.

튜링이 학부생으로서 연구한 첫 과제는 추상수학이 자연의 변덕성과 접촉하는 경계 가운데 한 곳을 이해하고자 하는 것이었다. 그의 출발점은 동전던지기라는 아주 실질적인 문제였다. 이 임의적 과정으로부터 그는 매우 정교한 이론적 분석을 이끌어 냈다. 하지만 에어디시와 셀베르그도 그랬던

앨런 튜링(1912-1954)

것처럼, 결과를 발표하고자 했던 튜링은 약 10년 전에 핀란드의 수학자 린데베르크J. W. Lindeberg가 이미 연구를 완성했으며, 그 결과는 중심극한정리Central Limit Theorem란 이름으로 불려지고 있다는 사실을 알고서 실망에 빠졌다.

수론 학자들은 나중에 중심극한정리가 소수의 개수를 헤아리는 데에 새로운 통찰을 제공해 준다는 사실을 알게 되었다. 리만 가설은 소수의 실제 개수와 가우스의 추측 사이의 오차가 정상적인 동전을 던질 때 나오는 오차와 같다는 점을 확인시켜 준다. 하지만 중심극한정리는 소수의 분포가 동전던지기의 모델을 정확히 따르지 않는다는 사실을 드러낸다. 임의성의 척도는 중심극한정리를 토대로 보다 정교하게 가다듬을 수 있는데, 소수의 분포는 이 척도에 잘 들어맞지 않는다. 통계학은 수집된 자료를 여러 측면에서 살펴보며 판단하는 학문이다. 소수의 분포와 동전던지기에는 많은 공통점이 있다. 하지만 린데베르크와 튜링이 개발한 중심극한정리의 관점에서 보면 이 두 현상이 완전히 같은 것은 아니다.

중심극한정리에 대한 튜링의 연구는 최초의 것은 아니지만 그의 잠재력을 충분히 드러내 준 것으로 인정받았다. 그리하여 22세라는 이른 나이에 그는 킹스칼리지의 연구원으로 선발되었다. 튜링은 케임브리지대학교의 수학계에서 다소 외로운 생활을 했다. 하디와 리틀우드가 수론의 고전적 문제들과 씨름하고 있을 때 튜링은 이와 같은 전통적 울타리를 벗어나 있었고, 또 그런 분야를 좋아했기 때문이었다. 나아가 그는 동료들의 논문을 읽기보다 독자적인 생각을 통해 새로운 아이디어를 찾기에 열중했다. 셀베르그처럼 튜링도 관습적인 학문 세계로부터 자신을 고립시킨 셈이다.

이와 같이 스스로 선택한 고독에 빠져 살았지만 당시 수학의 근본을 뒤흔든 중대한 위기까지 모르며 지낸 것은 아니었다. 케임브리지 수학자들은 오스트리아의 한 젊은 수학자에 대한 이야기를 주고받았다. 그는 수학의 근본에 심각한 불확실성이 존재함을 보여 주었는데, 역설적으로 이는 튜링에게 확고한 기반을 제공하게 되었다.

괴델(Gödel)과 수학적 방법론의 한계

힐베르트는 23개의 문제 가운데 둘째 문제를 통하여 전 세계의 수학자들에게 수학의 전 체계에 아무런 모순이 없다는 사실을 증명하도록 촉구했다. 고대 그리스인들은 수학을 정리와 증명에 관한 학문으로 발전시켰다. 그들은 수에 관한 자명한 진리를 바탕으로 수학이란 체계를 구축해 갔다. 이 진리들은 공리(公理 axiom)라고 불리는데, 수학의 정원은 이 씨앗들로부터 피어난 수많은 꽃들로 가득 채워져 간다. 유클리드가 소수에 관한 첫 증명을 이룩한 이래, 수학자들은 공리를 넘어선 지식들을 축적하는 데에 연역법(演繹法 deduction)을 활용하며 전진해 왔다.

그러나 힐베르트는 지금까지와 다른 종류의 기하학을 연구하는 과정에서 염려스런 의문들을 떠올리게 되었다. 어떤 명제의 진실성과 허위성이 동시에 증명되는 일은 과연 절대로 없을까? 예를 들어 공리들로부터 이끌어지는 한 줄기의 연역에 따르면 리만 가설이 참이지만 다른 줄기의 연역에 따르면 거짓으로 판명될 가능성은 과연 전혀 없을까? 힐베르트는 수학적 논리를 사용하면 수학 안에 그런 모순이 없다는 사실을 증명할 수 있을 것이라고 여겼다. 이 관점에서 보면 힐베르트의 둘째 문제를 푸는 것은 단지 수학이라는 건물의 질서를 새롭게 바로 세우는 일에 지나지 않는다. 그러나 몇몇 수학자들이 수학적으로 모순되어 보이는 명제들을 내놓음으로써 상황은 이상하게 돌아가기 시작했다. 그 가운데는 하디와 리틀우드의 친구인 철학자 버트런드 러셀도 포함되어 있다. 러셀은 기념비적 저작 『수학원리Principia Mathematica』를 통해 이런 모순을 해결할 한 가지 방법을 제시했지만 오히려 힐베르트의 의문에 담긴 심각성을 더욱 부각시키는 역할도 했다.

괴팅겐에서 은퇴하는 해인 1930년 9월 힐베르트는 사랑하는 고향 쾨니히스베르크에서 명예시민으로 뽑히는 영예를 안게 되었다. 이를 수락하는 연설에서 힐베르트는 낭랑한 목소리로 모든 수학자들에게 "우리는 알아야 하며 알게 될 것입니다Wir müssen wissen. Wir werden wissen"라고 외치며 마무리 지었다. 연설이 끝나자마자 힐베르트는 마지막 부분을 녹음하기 위하여 라디오 방송국의 녹음실로 안내되었다. 그런데 잡음이 무성한 이 녹음을 잘 들어 보면 "… 알게 될 것입니다"라는 말에 이어 힐베르트의 웃음소리가 실려 있음을 알 수 있다. 힐베르트는 몰랐지만 그의 마지막 웃음은 바로 전

1950년의 쿠르트 괴델(1906-1978)과 아인슈타인의 모습

날, 쾨니히스베르크대학교에서 열린 한 모임에서 이미 타격을 입었다. 25살의 오스트리아 출신 논리학자 쿠르트 괴델Kurt Gödel이 힐베르트가 제시한 세계관의 심장부를 강타하는 선언을 내놓았던 것이다.

어렸을 때 괴델은 줄기차게 많은 질문을 던져 '왜요씨(氏)'(Herr Warum, 영어로는 Mr. Why)라고 불렸다. 여섯 살에 그는 류머티즘열에 걸렸는데, 나은 뒤 심장은 약해졌고 불치의 우울증에 빠지게 되었다. 만년에 괴델은 우울증이 악화되어 심각한 편집증(偏執症)에 시달렸다. 그는 누군가 자신을 독살하려 한다고 굳게 믿은 나머지 아무것도 먹지 않아 문자 그대로 굶어서 죽었다. 하지만 힐베르트의 꿈을 독살한 사람은 바로 25살의 청년 괴델이었으며, 이로 인하여 세계의 수학계는 온갖 편집증에 시달리게 되었다.

괴델은 박사학위 논문을 통해 수학적 탐구의 핵심부에 자리 잡고 있는 힐베르트의 의문을 파고들었다. 그는 힐베르트가 갈망해 마지않던 확고한 수학 체계라는 것은 결코 얻을 수 없다는 사실을 증명했다. 수학의 공리들을 이용하여 이 공리들 자체에 아무런 모순도 없음을 보일 수는 없다. 이런 문제점은 공리를 바꾸거나 새로운 공리를 추가함으로써 해결할 수는 없을까? 애석하지만 이렇게 해도 마찬가지이다. 괴델의 증명에 따르면 우리가 어떤 공리를 이용하여 수학 체계를 구축하든 모순이 절대로 일어나지 않을 것이라는 사실은 결코 보장할 수 없다.

수학자들은 한 묶음의 공리들로부터 이끌어지는 결론들에 아무런 모순이 없으면 이 공리들이 '일관성' 또는 '무모순성'을 가진다고 말한다. 이와 같은 공리들의 묶음을 '공리계'라고 부르는데, 어떤 공리계가 실제로 무모순일 수는 있지만 중요한 것은 이 공리들만을 이용하여 공리계 자체의 무모순성을 증명할 수는 없다는 사실이다. 만일 제2의 공리계를 만든다면 제1의 공리계가 무모순임을 보일 수는 있다. 하지만 이럴 경우 제2의 공리계가 무모순임을 보일 수는 없으므로 문제는 다시 원점으로 돌아간다. 힐베르트는 기하학을 수론으로 전환하여 그 일관성을 증명하려고 했다. 하지만 이는 다시 수론의 일관성에 대한 의문으로 귀결될 뿐이다.

괴델의 증명은 스티븐 호킹이 자신의 저서 『시간의 역사A Brief History of Time』 첫머리에서 소개한 노부인의 이야기를 떠올리게 한다. 어느 과학자가 일반인을 위한 강연에서 우주의 구조에 대하여 설명했다. 그런데 강연이 끝난 뒤 한 노부인이 손을 들고 "선생님의 이야기는 엉터리요. 세상은 커다란 거북이가 등으로 떠받치고 있는 널빤지와 같소"라고 말했다. 이에 과학자는 노부인의 허점을 찔러 깨우쳐 줄 생각으로 "그렇다면 거북이 밑에는 또 뭐가 있나요?"라고 물었다. 그러자 노부인은 빙긋이 미소를 띠며 "영리하군, 젊은이는 참으로 영리해. 하지만 그 거북이 밑으로도 온통 거북이들뿐이라오"라고 답했다. 어쩌면 괴델도 바로 이 노부인과 같은 미소를 띠었을 것이다.

한마디로 괴델은 수학적 우주가 거북이들의 탑 위에 건설되어 있다는 증명을 내놓은 셈이다. 우리는 모순이 없는 이론을 가질 수는 있지만 그 이론 안에서는 그 이론의 일관성을 증명할 수 없다. 원한다면 다른 공리계를 이용하여 본래의 공리계가 무모순임을 보일 수는 있지만 그러면 이제는 다른 공리계의 무모순성이 의문으로 남는다. 생각해 보면 어떤 증명이 그 체계 안에서만 의미가 있다는 점을 증명하기 위해 수학을 활용한다는 사실은 아이러니컬하기도 하다. 프랑스 수학자 앙드레 베유는 괴델 이후의 수학이 맞은 상황을 이렇게 묘사했다. "수학이 무모순이므로 신은 존재하며, 증명불능이므로 악마도 존재한다."

1900년에 힐베르트는 수학에 알 수 없는 것은 없다고 단언했다. 30년이 지난 뒤 괴델은 무지가 수학의 불가결한 요소의 하나임을 보였다. 힐베르트는 쾨니히스베르크의 연설을 한 뒤 몇 달이 지나서야 괴델의 폭탄선언을 전해 듣게 되었는데, 듣는 순간 조금은 분노를 느꼈던 것 같다. 괴델의 선언 다음 날에 내려진 "우리는 알아야 하며 알게 될 것이다"라는 힐베르트의 선언은 나중에 가장 알맞은 자리를 찾아갔다. 힐베르트의 묘비가 바로 그곳으로 수학의 이상적 꿈이 마지막으로 피어났던 곳이다.

비슷한 시기에 물리학에서는 하이젠베르크Werner Karl Heisenberg의 불확정성원리Uncertainty가 발표되었는데, 이는 물리학자들이 알 수 있는 범위를 제한하는 원리이다. 괴델의 증명은 이제 수학자들도 나름의 불확정성을 안은 채 살아가야 함을 보여 주었다. 극단적으로 말하자면 이는 수학의 전 체계가 어느 날 갑자기 신기루로 밝혀질 수도 있다는 뜻이다. 오늘날 대부분의 수학자들은 이런 사태가 지금껏 일어나지 않았다는 사실이 바로 앞으로도 일어나지 않을 것이란 점을 뒷받침하는 최선의 근거라고 믿고 있다. 말하자면 우리가 가진 수학 체계는 그 자체가 일관성의 시험 체계인 셈이다.

하지만 이 모델은 본질적으로 무한하므로 우리의 공리계가 앞으로도 계속해서 무모순일 것이라는 보장은 어디에도 없다. 이미 살펴보았듯, 소수처럼 단순하게 보이는 관념도 무한한 수의 우주 속에 깊은 신비를 숨기고 있는데, 어쩌면 이 신비는 실험이나 관찰만으로는 언제까지나 밝혀지지 않을지도 모른다.

괴델은 여기서 멈추지 않았으며, 그의 논문에는 두 번째의 폭탄이 들어 있었다. 만일 수학의 공리계가 무모순이라면 수에 대한 명제 가운데는 참이면서도 증명불가능한 것이 항상 존재한다는 게 그것이었다. 이는 고대 그리스 이래 수학의 본질이라고 여겨져 왔던 믿음 하나를 완전히 타파하는 혁신적인 결론이었다. 증명은 수학적 진리로 나아가는 길이라고 믿어 왔다. 그런데 괴델은 증명에 대한 이런 믿음을 허물어 버렸다. 어떤 사람들은 새로운 공리를 덧붙임으로써 수학 체계를 보완할 수 있으리라고 보았다. 그러나 아무리 많은 새 공리가 더해진다 하더라도 참이면서도 증명불가능한 명제는 언제나 존재한다.

이 결론은 '괴델의 불완전성정리Gödel's Incompleteness Theorem'로 불리게 되었다. 어떤 일관된 체계는 필연적으로 불완전하며, 이에 따라 그 체계의 공리로는 이끌어 낼 수 없는 진리가 항상 존재한다. 이와 같은 수학적 테러를 감행함에 있어 괴델은 소수로 하여금 자신의 활약을 돕도록 했다. 괴델은 각각의 수학적 명제에 소수를 사용하여 고유의 수를 부여하고 이를 '괴델수Gödel number'라 불렀다. 그런 다음 이 수들을 분석함으로써 괴델은 어떤 공리의 묶음으로 구성된 공리계에든 증명불가능한 진리가 항상 존재함을 증명할 수 있었다.

괴델의 결론은 전 세계의 모든 수학자들에게 커다란 충격을 안겨 주었다. 수에 관해서는 어떻게 증명해야 좋을지 도무지 감조차 잡을 수 없는 명제들이 많으며, 소수에 대해서도 마찬가지이다. 모든 짝수는 두 소수의 합으로 나타낼 수 있다는 골드바흐추측, 17과 19처럼 차이가 2인 쌍둥이소수는 무한히 많이 존재한다는 쌍둥이소수 추측 등이 그 예이다. 과연 이런 명제들이 바로 현재의 공리계로는 증명불가능한 진리들일까?

이는 분명 기운 빠지는 상황이라는 데에는 아무런 이의가 없다. 어쩌면 리만 가설도 이른바 단순히 '산술'이라고 부르는 체계를 구성하는 현재의 공리계로서는 증명불가능한 것인지도 모른다. 많은 수학자들은 수학적으로 중요한 의미를 갖는 명제는 모두 증명가능하며, 오직 별 의미도 없이 병적으로 뒤틀린 명제들만 괴델의 증명불가능한 부류에 속할 것이라는 믿음으로 위안을 삼았다.

하지만 괴델은 이런 믿음에 동의할 수 없었다. 1951년 그는 현재 우리가 가진 공리계가 수론의 많은 문제들을 다루는 데 충분한 것인가 하는 의문을 제기했다.

> 우리는 본질적으로 끝이 보이지 않도록 무한히 확장될 수 있는 공리계와 마주하고 있다. … 오늘날의 수학을 돌이켜 볼 때 이 가운데 아주 높은 단계의 것들은 실질적으로 거의 사용되지 않는다고 봄이 옳을 것이다. … 그렇다면 이와 같은 수학적 상황에서 예를 들어 리만 가설과 같은 근본적이면서도 중요한 의의를 가진 정리가 사실상 증명불가능한 상태로 남을 가능성이 있다는 점을 부정하기는 어렵다.

괴델은 리만 가설이 아직도 증명되지 않고 있는 까닭은 현재의 수학이 이를 설명하기에 충분한 공리계를 갖고 있지 못하기 때문이라고 믿었다. 어쩌면 우리는 이 문제를 풀 수 있는 수학을 찾기 위하여 현재의 수학을 떠받치고 있는 기본 토대를 더 넓혀야 하는지도 모른다. 이처럼 괴델의 불완전성정리는 우리가 가진 사고의 틀을 근본적으로 개혁했다. 골드바흐추측이나 리만 가설과 같은 문제들이 그토록 어렵게 보이는 것은 알고 보면 단순히 우리가 구축해 온 논리적 도구와 공리로는 증명불가능하기 때문인지 모른다.

하지만 우리는 괴델이 얻은 결론의 중요성을 너무 강조해서는 안 된다. 이것은 수학에 대한 조종(弔鐘)이 결코 아니기 때문이다. 괴델의 결론이 나왔다고 해서 이미 증명된 수많은 진리 가운데 그 진리성이 손상된 것은 단 하나도 없다. 불완전성정리의 참된 의의는 수학에는 공리로부터 연역적으로 정리를 얻는 과정 이상의 것이 숨어 있음을 드러낸 데에 있다. 비유컨대 수학은 체스 게임 이상의 것이다. 수학의 경우 한없이 높은 곳을 향하여 줄기차게 전진하는 반면 그 근본에서도 항상 변화의 물결이 일렁이고 있다. 기초 위로 건물을 쌓아 가는 과정은 논리적으로 엄격한 절차를 밟아야 함에 비하여 근본 틀을 확장하는 데에는 수학자의 직관이 훨씬 중요한 역할을 한다. 수학의 세계를 가장 잘 묘사할 새로운 공리를 택하는 것은 엄격한 논리적 과정이 아니기 때문이다. 이런 점에서 많은 사람들은 괴델의 불완전성정리를 축복으로 받아들였다. 산업혁명 이후 단순한 기계적 정신이 휩쓸어 왔는데, 이 정리에는 인간의 정신이 기계적 정신보다 더 우월한 지위에 있음을 확인시켜 주는 의미가 내포되어 있다고 보았기 때문이다.

튜링의 경이로운 마음의 기계

괴델의 놀라운 결론은 한 무리의 새로운 의문들을 이끌어 냈고 힐베르트는 물론 젊은 튜링도 여기에 열중하게 되었다. 증명이 가능한 진리와 진리이면서도 증명이 불가능한 괴델식의 명제를 구분할 길이 있는가? 실용적 정신을 갖춘 튜링은 한 가지 기계의 가능성을 검토하기로 했다. 이 기계는 어떤 명제가 증명할 수 있는지 없는지를 판별함으로써 수학자들을 불확실성의 안개로부터 구출해 낼 것이다. 어떤 명제를 주었을 때 그 증명을 실제로 내놓지는 않으면서도 수학의 공리들로부터 유도될 수 있는지를 결정할 기계가 과연 존재할 수 있을까? 만일 그런 기계가 있다면 마치 델포이Delphoi의 신탁처럼 이용하여 골드바흐추측이나 리만 가설의 증명을 찾는 일이 적어도 시도해 볼 만한 가치라도 있는지 알아볼 수 있을 것이다.

이와 같은 신탁의 존재에 대한 질문은 20세기의 여명에서 힐베르트가 제시한 23개 문제 가운데 열 번째의 문제와 크게 다르지 않다. 이 문제에서 힐베르트는 임의의 방정식에 대한 해답의 존재 여부를 결정할 수 있는 만능의 방법 또는 알고리듬이 존재하는지에 대해 묻고 있다. 그는 컴퓨터의 아이디어보다 앞서 컴퓨터 프로그램의 아이디어를 제시한 셈이다. 바꿔 말하면 힐베르트는 "이 문제에 해답이 있는가?"라는 의문에 대해 외부 인간의 간섭을 배제한 채 "예" 또는 "아니요"라는 답을 내놓을 수 있는 기계적 과정을 머릿속에 그리고 있었던 것이다.

지금껏 이야기한 기계는 순수하게 이론적인 것으로 아무도 실체적인 것을 상상하지는 않았다. 다시 말하면 이것들은 마음의 기계로 답을 내놓는 과정 또는 알고리듬을 뜻한다. 따라서 사실상 오늘날 말하는 소프트웨어와 같은 것인데, 이를 탑재할 기계를 만들기 전에 운용 체계부터 마련하는 격이다. 그런데 힐베르트의 기계가 실제로 존재한다 하더라도 사실상 무용지물이라고 말할 수 있다. 왜냐하면 임의의 방정식에 해가 존재하는지의 여부를 결정하는 데에 필요한 시간은 우주의 나이를 훨씬 초과할 것으로 보이기 때문이다. 요컨대 힐베르트에 있어 이 기계의 실존 가능성은 이론적 중요성을 가질 뿐이다.

이와 같은 이론적 기계의 관념은 많은 수학자들을 두려움에 떨게 했다. 실질적으로 이는 수학자들의 직업을 박탈하는 것과 마찬가지의 뜻이기 때문이다. 기계가 증명할 수 있다면 우리는 뛰어난 논증을 얻기 위하여 더 이상 수학자들의 상상력이나 교묘한 직관에 의존할 필요가 없다. 무심한 기계들은 수학자들을 몰아낸 채 미묘한 새 사고방식 같은 것들은 조금도 개의치 않고 증명을 향해 묵묵히 나아갈 것이다. 하디는 그런 기계는 있을 수 없다고 확신했다. 그런 기계가 있을 것이라는 생각만으로도 그는 자신의 존재에 대해 위협을 느꼈다.

> 그런 기계가 있을 것이라는 정리는 성립하지 않으며, 이는 아주 다행한 일이다. 만일 그런 게 있다면 수학의 모든 문제에 대한 해답을 찾는 몇 가지의 기계적 규칙만 있으면 만사형통이고 우리 수학자들의 활동은 끝장날 것이다. 어떤 경이로운 기계의 손잡이를 돌리는 것만으로 수학적 발견을 이룰 수 있다고 보는 것은 수학을 전혀 모르는 문외한들의 단순하기 짝이 없는 상상에 지나지 않는다.

튜링은 1935년 봄 케임브리지대학교의 수학자 맥스웰 뉴먼Maxwell Newman이 행한 일련의 강의를 듣고 괴델의 복잡한 아이디어에 매료되었다. 한편 뉴먼은 1928년 볼로냐Bologna의 국제수학자회의에서 괴팅겐대학교의 수학적 거인인 힐베르트가 행한 강연을 듣고 그가 제시한 문제에 사로잡히게 되었다. 이 회의는 제1차 세계대전 후 독일의 대표단이 초청된 첫 국제수학자회의였다. 많은 독일 수학자들은 1924년에 열린 바로 전 회의에 독일이 제1차 세계대전을 주도했다는 이유로 초청 대상에서 제외된 것을 성토하면서 이번 회의에도 참석하지 않았다. 그러나 힐베르트는 이와 같은 정치적 분열을 무시하고 67명의 독일 수학자들과 함께 이번 회의에 참석했다. 그가 개회사를 듣고자 강연장에 들어서자 청중들은 일제히 기립 박수를 보냈다.

힐베르트는 나중에 많은 수학자들의 공감을 산 연설로 이에 화답했다. "우리가 추구하는 과학이 나라와 인종을 차별한다는 것은 완전한 오해이며, 그 이유라고 들먹여지는 것은 또한 참으로 하찮기 짝이 없습니다. 수학은 인종의 구별을 알지 못합니다. … 수학의 입장에서 볼 때 문화적 배경과 상관없이 전 세계는 하나의 나라입니다."

1930년 뉴먼은 힐베르트의 원대한 계획이 괴델에 의하여 완전히 물거품으로 돌아갔다는 소식을 듣자마자 괴델의 난해한 이론을 탐구하고 나섰다. 5년이 흐른 뒤 그는 괴델의 불완전성정리에 대한 일련의 강연을 할 만하다는 자신감이 들었다. 튜링은 그의 강연을 들으면서 괴델의 증명에 담긴 교묘한 아이디어와 기법에 홀려 버렸다. 뉴먼은 한 가지의 질문으로 강연을 마무리 지었는데, 이는 힐베르트와 튜링의 상상력을 한껏 자극하는 촉매제가 되었다. "과연 증명가능한 명제와 불가능한 명제를 구별할 방법이 있을까?" 힐베르트는 이를 중요하게 여겨 '결정문제the Decision Problem'라는 이름을 붙였다.

괴델의 업적에 대한 뉴먼의 강연을 듣던 튜링은 이런 구별을 할 수 있는 기계를 만드는 것은 불가능하다는 확신이 들었다. 하지만 그런 기계가 결코 없으리란 점을 증명하기란 쉬운 일이 아닐 것이다. 장차 인간의 창의력에 어떤 제한이 내려질 것인지 어떻게 미리 알 수 있단 말인가? 어떤 특정한 기계가 이 해답을 찾지 못할 것이라는 증명은 가능할 수도 있다. 그러나 앞으로 등장할 모든 기계에까지 확장해서 증명한다는 것은 미래의 예측불가능성을 부정하는 일이다. 하지만 튜링은 해냈다.

이 증명은 튜링이 이룬 첫 번째의 중요한 돌파구였다. 그는 먼저 산술적 계산을 하는 인간 또는 다른 어떤 종류의 기계와도 같은 방식으로 작동하는 특별한 기계들의 아이디어를 떠올렸다. 나중에 이것은 '튜링기계Turing machines'라고 불리게 되었다. 본래 힐베르트가 어떤 명제의 증명가능성을 결정할 기계에 관해 이야기했을 때 '기계'의 의미가 무엇인지는 다소 모호한 구석이 많았다. 그러나 이제 튜링 덕분에 힐베르트의 질문은 뚜렷한 의미를 갖게 되었다. 튜링은 만일 수많은 튜링기계 가운데 어느 하나라도 어떤 명제의 증명가능성을 결정하지 못하면 다른 모든 기계들도 마찬가지임을 밝혔다. 따라서 문제는 이제 사뭇 단순해졌는데, 과연 이 튜링기계의 성능은 힐베르트의 결정문제를 해결할 정도로 충분히 강력할까?

어느 날 캠강River Cam의 둑을 따라 달리던 튜링의 머리에 왜 모든 튜링기계로 증명가능한 명제와 불가능한 명제를 구별할 수 없는지에 대한 두 번째의 아이디어가 섬광처럼 스쳤다. 그랜체스터Granchester 가까이의 잔디 위에 누워 잠시 숨을 돌리던 그는 무리수에 관한 문제를 성공적으로 해결한 한 방법을 이용하면 결정문제에 대한 기계의 존재 여부도 밝힐 수 있을 것이라는 사실을 깨달았다.

튜링의 아이디어는 1873년 독일 할레Halle대학교의 수학자 칸토어Georg Cantor가 이룬 경이로운 업적에 기반을 두고 있다. 칸토어는 무한에도 여러 가지가 있음을 보였다. 언뜻 기이하게 들리지만 실제로 두 개의 무한집합을 비교하여 어느 게 더 크고 작은지 판단할 수 있다. 1870년대에 칸토어가 처음 이 사실을 발표했을 때 사람들은 사이비 수학자 또는 미치광이의 넋두리 정도로 여겼다. 그의 아이디어에 따라 두 무한집합을 비교하기 위하여 "하나, 둘, 셋, 다수"밖에 헤아리지 못하는 원시인 부족을 생각해 보자. 비록 숫자는 이것밖에 모른다 해도 이 사람들은 부족 안에서 누가 가장 부자인지 충분히 가려낼 수 있다. 예를 들어, 이 부족은 갖고 있는 닭이 많을수록 부자로 여긴다고 하자. 그러면 어떤 두 사람은 각자 가진 닭을 한 마리씩 짝을 지으면서 비교해 가면 된다. 이 과정에서 닭이 먼저 바닥나는 사람이 가난하고 남는 사람이 부자인데, 여기서 중요한 것은 닭이 몇 마리인지 정확히 모르더라도 '짝짓기' 곧 '일대일 대응'을 통해서 비교 자체는 얼마든지 가능하다는 사실이다.

이와 같은 단순한 짝짓기를 이용하여 칸토어는 모든 자연수와 모든 유리수의 집합(이를테면 $\frac{1}{3}$, $\frac{3}{4}$, $\frac{5}{101}$) 가운데 어느 게 더 큰가 비교해 보았다. 자연수는 1, 2, 3, …으로 나아가지만 유리수는 정수는 물론 분수로 표시할 수 있는 모든 수를 포함하므로 언뜻 생각할 때 둘 다 무한집합이기는 하지만 유리수의 집합이 더 클 것으로 여겨진다. 그런데 칸토어는 이 두 무한집합의 크기가 같다는 결론을 내렸다. 그는 단순하면서도 교묘한 배열 방법을 고안했는데, 이를 이용하면 자연수와 유리수를 과부족 없이 정확하게 하나씩 짝 지을 수 있다. 따라서 비록 유리수집합이 자연수집합을 '포함'하기는 하지만 '크기'는 서로 같다. 이 놀라운 결론에 고무된 칸토어는 다음 단계로 나아가 자연수집합과 실수집합을 서로 비교해 보았다. 실수에는 유리수에 무리수, 곧 $\sqrt{2}$나 π처럼 분수로 나타낼 수 없는 수가 존재하므로 실수집합은 유리수집합을 포함한다. 칸토어는 여기서 더욱 교묘한 방법을 고안했는데, 이를 통해 자연수집합과 실수집합을 비교해 보았더니 실수 가운데는 자연수와 도저히 짝 지을 수 없는 수들이 무한히 많이 존재한다는 사실이 밝혀졌다. 이로써 인류는 무한집합이라도 크기가 서로 다를 수 있다는 사실을 처음으로 알게 되었다.

힐베르트는 칸토어가 새롭고도 독창적인 수학을 펼치고 있음을 깨달았다. 그는 무한에 관한 칸토어의 아이디어에 대해 "수학적 사고의 가장 놀라운 산물이며 순수한 지성적 영역에서 인류가 이룬 가장 아름다운 작품 가운데 하나이다. … 칸토어가 우리를 위해 창조한 낙원에서 아무도 우리를 내쫓지 못한다"라고 말했다. 칸토어의 선구적 업적을 기리기 위하여 힐베르트는 23개 문제의 맨 처음에 칸토어가 제기한 다음의 문제를 내세웠다. "유리수집합보다 크지만 실수집합보다는 작은 무한집합이 존재하는가?"

케임브리지의 햇살을 즐기면서 누워 있던 튜링의 마음속에 떠오른 것은 실수집합이 유리수집합보다 더 크다는 점을 보여 주기 위하여 칸토어가 사용했던 새로운 증명법이었다. 돌연 그는 이 증명법을 응용하면 어떤 명제의 증명가능성을 결정할 기계를 만들고자 하는 힐베르트의 꿈이 한낱 환상에 지나지 않는다는 사실을 보일 수 있음을 깨달았다.

튜링은 이른바 튜링기계 중 하나가 어떤 참 명제의 증명가능성을 결정할 수 있다고 가정하는 데에서 출발했다. 칸토어는 실수 중에는 생각할 수 있는 모든 유리수를 다 동원해도 도무지 짝을 지을 수 없는 실수가 존재함을 보였다. 튜링은 이 기법을 이어받아 튜링기계가 증명가능성을 도저히 결정할 수 없는 참 명제를 만들어 내는 데에 성공했다. 튜링의 논증에 따르면 설령 이렇게 만든 명제에 대처하도록 기계를 고친다 하더라도 또 다른 결정불능의 참 명제가 항상 존재한다. 마치 괴델의 불완전성정리에 따르면 증명불가능한 참 명제를 공리계에 추가하더라도 또 다른 증명불가능한 참 명제가 생겨 나오는 것과 같다.

하지만 튜링은 이와 같은 자신의 논증에 뭔가 미심쩍은 데가 있음을 알아차렸다. 그래서 킹스칼리지의 연구실로 달려오며 그는 약점이 무엇인지 곰곰이 생각해 보았다. 한 가지 걱정스런 것은 다음과 같았다. 그는 어떤 튜링기계든 힐베르트의 결정문제에 대답할 수 없음을 보였다. 그렇지만 이 밖에 다른 종류의 기계도 있을 수 있다. 그렇다면 이 모든 종류의 기계를 다 동원해도 힐베르트의 결정문제에 대답할 수 없다는 사실은 또 어떻게 증명해야 할까? 여기서 튜링은 '만능기계universal machine' 라는 새로운 기계를 상정함으로써 세 번째의 돌파구를 연다. 그는 한 기계의 청사진을 그렸는데, 이

기계는 필요하다면 모든 튜링기계는 물론 힐베르트의 문제에 대답할 수 있는 다른 모든 기계의 작동을 똑같이 흉내 낼 수 있다. 튜링은 이때 이미 어떤 기계를 필요에 따라 다른 모든 종류의 기계와 동일한 방식으로 작동시킬 수 있는 프로그램의 관념을 이해하고 있었던 셈이다. 이에 따르면 인간의 두뇌도 만능기계의 일종으로 증명가능한 명제와 증명불가능한 명제를 구별하는 데에 쓰일 수 있다. 그리고 이를 바탕으로 나중에 튜링은 과연 기계도 사고 능력을 가지는가 하는 문제도 탐구하게 되었다. 하지만 당장은 힐베르트가 제시한 문제에 대해 자신이 내놓은 해법을 치밀하게 점검하는 데에 온 정신을 집중했다.

튜링은 자신의 논증을 확실하게 다지는 데에 1년의 세월을 보냈다. 그는 일단 발표하고 나면 수많은 사람들이 엄밀하게 조사할 것임을 잘 알고 있었다. 튜링은 미리 그런 조사를 받아 보는 게 좋을 것으로 생각했는데, 최고의 적임자는 이 문제를 최초로 그에게 소개해 준 뉴먼이라고 판단했다. 처음에 뉴먼은 튜링의 논증이 어딘지 께름칙하게 느껴졌다. 거기에는 진실이 아닌 것을 진실인 것처럼 생각하도록 하는 묘한 트릭이 숨겨져 있는 것처럼 보였기 때문이었다. 하지만 깊이 파고들수록 튜링이 올바르게 해냈다는 확신이 들었다. 그런데 나중에 이들은 다른 경쟁자가 있음을 알게 되었다.

튜링은 프린스턴의 한 수학자에 간발의 차이로 뒤져 있었다. 알론조 처치 Alonzo Church는 튜링과 거의 같은 시기에 같은 결론을 얻어 냈는데 공표하는 데에는 더 빨랐다. 튜링은 험난한 수학계의 정글에 자신을 알리려는 노력이 처치의 발표 때문에 큰 타격을 입지 않을까 걱정되었다. 하지만 지도교수인 뉴먼이 애쓴 덕택으로 튜링의 증명도 출판할 수 있게 되었다. 튜링은 자신의 논문이 처음 한동안 별다른 주목을 받지 못해 실망에 잠겼다. 그러나 튜링이 떠올린 만능기계라는 개념은 처치의 아이디어보다 더 생생할 뿐 아니라 내포된 의미도 훨씬 광범위했다. 튜링은 실체적인 발명을 추구하는 과정에서 이와 같은 이론적 창조물을 구상하게 되었다. 만능기계는 본래 마음의 기계에 지나지 않았지만 이에 대한 튜링의 묘사는 마치 실제의 발명품에 관한 것처럼 보였다. 그의 한 친구는 우스갯소리로 만일 이게 만들어진다면 앨버트 홀Albert Hall을 가득 채울 정도로 클 것이라고 말했다.

만능기계는 컴퓨터 시대가 동이 터 옴을 알렸으며, 컴퓨터는 수의 세계를 탐구하는 수학자들의 새로운 도구가 되었다. 튜링도 생존 당시 이미 진짜 계산 기계가 소수의 연구에 미칠 영향을 충분히 인식하고 있었다. 다만 그는 자신의 이론적 기계가 수학의 성배 가운데 하나를 발굴하는 데에 나름의 역할을 할 것이란 점은 내다보지 못했다. 이로부터 몇 십 년 뒤 모든 소수를 만들어 내는 식이 우연히 발견되었는데, 힐베르트의 결정문제에 대한 튜링의 매우 추상적인 분석이 그 열쇠가 되었다.

톱니바퀴와 도르래와 기름

튜링은 다음 단계로 처치를 만나고자 대서양을 건너 미국으로 향했다. 그는 기회가 닿아 당시 고등과학원을 방문 중이던 괴델도 볼 수 있게 되기를 바랐다. 대서양을 건널 때 마음속에는 이론적 기계가 큰 자리를 차지하고 있었지만 실제 기계에 대한 열망을 잃어버리지는 않았다. 배 안에서의 일주일 동안 그는 육분의(六分儀)를 이용하여 배의 진로를 지도에 그리면서 한가롭게 지냈다.

프린스턴에 도착한 튜링은 괴델이 이미 오스트리아로 떠난 것을 알고 실망했다. 괴델은 2년 후 유럽에서의 박해를 피해 다시 프린스턴으로 돌아와 고등과학원에 정착하게 된다. 반면 튜링은 때마침 그곳을 방문하고 있던 하디를 만났는데, 어머니에게 쓴 편지에서 그와의 만남을 다음과 같이 기술했다. "저는 그를 여기 도착한 날 모리스 프라이스Maurice Pryce의 연구실에서 만났습니다. 처음에 그는 아주 거만한 듯 보였는데, 어쩌면 수줍어했기 때문인지도 모르겠습니다. 그날 그는 제게 아무 말도 하지 않았지만 이제는 훨씬 친근한 사이가 되었습니다."

힐베르트의 결정문제를 해결하고 논문을 완성한 튜링은 다음 공격 대상으로 또 다른 중요한 문제가 없는지 찾아 나섰다. 결정문제를 깨뜨린 것만 해도 힘겨운 일이었다. 하지만 다시 또 중요한 문제를 찾아 나선 이상 최고의 영예가 걸린 리만 가설은 어떤가? 튜링은 케임브리지의 동료 앨버트 잉엄Albert Ingham에게 부탁하여 리만 가설에 대한 최신의 논문을 보내 달라고 했다. 또한 이와 같은 자신의 의도를 어찌 생각하는지 알아보기 위하여 하디와도 이야기를 나누어 보았다.

1937년 당시 하디는 리만 가설의 진실성에 대해 더욱 비관적으로 되어 갔다. 그는 오랫동안 그 증명에 매달려 왔지만 실패만 거듭했으므로 사실 리만 가설은 거짓이 아닌가 의심하게 되었다. 프린스턴에 있으면서 하디에 물든 튜링은 또다시 어떤 새로운 이론적 기계를 만들면 리만 가설이 거짓임을 증명할 수 있을 것이라고 믿었다. 그는 셀베르그가 영점 계산에 대한 리만의 환상적인 방법을 발견했다는 소식도 전해 들었다. 지겔이 발견한 식은 한 무리의 사인과 코사인 함수를 교묘한 방법으로 더하여 리만 지형의 높이를 효율적으로 추산하는 방법이었다. 케임브리지에서 힐베르트의 결정문제에 대한 튜링의 접근법은 제안서상으로 볼 때 이 문제를 해결하는 기계를 만드는 데에 매우 유효한 것으로 여겨졌다. 그런데 튜링은 이 기계가 리만의 비밀스런 식에도 새로운 빛을 던져 줄 수 있을 것임을 깨달았다. 그가 보기에 리만의 식과 행성들의 궤도처럼 주기적 운동을 하는 물리현상은 아주 비슷하다. 1936년에 옥스퍼드대학교의 수학자 테드 티치마시Ted Titchmarsh

는 본래 천체의 운동을 계산하는 데 쓸 목적으로 만든 기계를 이용하여 제 타 지형에 있는 처음 1,041개의 영점이 특이선 위에 존재함을 보였다. 하지 만 튜링은 이보다 훨씬 정교한 기계가 자연의 또 다른 주기적 현상, 곧 조석 현상을 예측하는 데에 사용되는 것을 본 적이 있었다.

조석현상은 수학적으로 복잡한 문제 가운데 하나인데, 그 이유는 이 현상 이 하루 주기의 지구 자전, 한 달 주기로 지구를 도는 달의 공전, 그리고 일 년 주기로 태양을 도는 지구의 공전이 결합되어 일어나는 현상이기 때문이 다. 튜링은 리버풀Liverpool에서 이 현상을 자동으로 계산해 내는 기계를 보 았다. 이 기계에서 주기적인 사인파들을 모두 더하는 계산은 끈과 도르래들 을 조작하는 것으로 대체되었고 최종 답은 이 기계의 부품 가운데 하나인 어떤 끈의 길이로 주어졌다. 튜링은 티치마시에게 보낸 편지에서 이 기계를 리버풀에서 처음 보았을 때는 소수의 성질을 연구하는 것과는 아무 관련이 없을 것으로 생각했다고 썼다. 이제 그의 마음은 바빠졌다. 리만 지형에 자 리한 여러 지점들의 높이를 자동적으로 계산하는 기계를 만들고자 했기 때 문이다. 이를 이용하여 특이선을 벗어난 영점을 찾아내기만 하면 리만 가설 이 잘못이란 점은 바로 증명되고 만다.

아주 복잡하고 지겨운 계산을 기계로 처리할 생각을 한 사람은 튜링이 처 음은 아니다. 계산기계를 관념의 할아버지라고 부를 만한 사람은 또 다른 케 임브리지대학교 졸업생 찰스 배비지Charles Babbage이다. 배비지는 1810년 트리니티대학의 학부생으로 있을 때부터 튜링처럼 기계적 장치에 많은 관 심을 가졌다. 자서전에서 배비지는 계산기계에 대한 자신의 아이디어가 어 디서 유래했는지 밝혔다. 이에 따르면 해양대국인 영국이 가진 뛰어난 항해 능력의 핵심 요소라고 할 수학적 자료에 대한 표가 그것이다.

어느 날 저녁 케임브리지에 있는 해석학회(Analytical Society)의 한 방에서 나는 책상 위에 로그표를 펼쳐 두고 몸을 기울여 들여다보면서 꿈을 꾸는 듯한 기분 속에 혼자 앉아 있었다. 그런데 다른 회원 한 사람이 들어오더니 졸고 있는 나를 보고 외쳤다. "배비지씨, 무슨 꿈을 꾸고 계신가요?" 정신이 번쩍 든 나는 로그 표를 가리키면서 "어찌하면 이 모든 자료를 기계로 계산해 낼 수 있을까 생각 중 이었습니다"라고 대답했다.

배비지가 이른바 '계차기관(階差機關 Difference Engine)'을 만들어 그의 꿈을 실현하기 시작한 것은 1823년에서야 가능해졌다. 그러나 1833년 돈 문제로 핵심 기술자와 사이가 벌어져 이 계획은 도중에 허물어지고 말았다. 이 기계의 일부는 1991년에 비로소 완성되었는데 배비지의 탄생 200주년을 맞아 그의 꿈을 이뤄 주고자 하는 계획의 일환이었다. 런던의 과학박물관이 30만 파운드의 비용을 들여 제작한 이 계차기관은 이후 그곳에 전시되고 있다.

제타기계zeta machine에 대한 튜링의 아이디어는 계차기관으로 로그 계산을 하려는 배비지의 계획과 비슷하다. 구체적인 작동방식은 계산할 각각의 문제에 맞추어 조정된다. 따라서 이는 어떤 계산이든 흉내 낼 수 있도록 한다는 아이디어에 기반을 둔 튜링의 이론적 만능기계의 일종은 아니다. 이처럼 어떤 일정한 문제의 특성만 반영하여 제작된 기계는 다른 종류의 문제에 대해서는 무용지물일 수 있다. 튜링도 왕립학회에 제타기계의 제작비용을 요청하면서 이 점을 인정했다. "이 기계의 항구적 가치는 거의 없을 것으로 보입니다. … 제타함수 이외의 응용 분야는 찾을 수 없기 때문입니다."

배비지도 로그계산만 할 수 있는 기계를 제작함에 따르는 불이익을 잘 이해하고 있었다. 이에 따라 1830년대에 그는 다양한 계산을 할 수 있는 더욱 강력한 기계를 제작하고자 했다. 배비지는 프랑스의 자카르Jacquard가 발명하여 전 유럽에 널리 퍼진 직기(織機)로부터 이에 대한 영감을 얻었다. 자카르는 여러 패턴으로 구멍을 뚫은 카드로 직기를 제어하여 그에 대응하는 무늬를 짜도록 했다. 그 결과 이 직기는 수많은 숙련 노동자의 역할을 대신하게 되었는데, 어떤 사람들은 여기에 사용된 카드를 최초의 컴퓨터 소프트웨어로 여기기도 한다. 이 발명품에 깊은 감명을 받은 배비지는 이 직기로 자카르의 모습을 수놓은 커다란 비단 천을 구입했으며, "이 직기는 인간이 상상할 수 있는 모든 무늬를 짜낼 수 있다"라고 찬탄해 마지않았다. 이처럼 어떤 무늬든 짜내는 기계가 있는 터에 카드를 사용하여 그 어떤 수학적 계산이라도 수행할 수 있는 기계를 만들지 못할 이유가 어디 있을까? 이런 아이디어를 바탕으로 떠올린 새 기계에 그는 '해석기관(Analytical Engine)'이란 이름을 붙였고, 이는 튜링이 계획한 만능기계에 대한 선구적 역할을 했다.

저명한 시인 바이런Byron의 딸 에이더 러블레이스Ada Lovelace는 배비지의 기계가 가진 프로그램 기능의 엄청난 잠재력을 매우 높이 평가했다. 그녀는 이 기계에 대한 배비지의 논문을 프랑스어로 번역했는데, 넘치는 자신의 열정을 주체하지 못하고 스스로 많은 주석을 덧붙였다. "비유하자면 자카르 직기가 꽃과 나뭇잎을 수놓는 것과 마찬가지로 해석기관은 수많은 대수적 패턴을 수놓는다고 말할 수 있다." 러블레이스가 덧붙인 주석에는 배비지의 새 기계에 탑재할 수 있는 여러 가지의 프로그램들도 포함되어 있었다. 그러다 보니 주석의 양이 매우 많아졌고 결국 프랑스판은 본래의 영어판보다 세 배나 큰 책이 되었다. 러블레이스는 1852년 36세의 젊은 나이에 암으로 세상을 떴다. 애석하게도 해석기관 역시 실제로 만들어지지는 못했다. 하지만 오늘날 그녀는 널리 세계 최초의 프로그래머로 인정받고 있다.

배비지가 영국에서 자신의 기계에 열중하고 있는 동안 리만은 독일에서 자신의 수학적 관념들을 발전시키고 있었다. 이로부터 80년이 지난 뒤 튜링은 두 사람의 주제를 서로 결합하고자 한다. 튜링은 이미 괴델의 불완전성 정리를 토대로 추상적 계산가능성을 연구해 보았고 이를 바탕으로 박사학위 논문을 썼다. 이제 그는 주제를 바꾸어 실체적인 제타기계의 제작에 뛰어들었으며, 하디와 티치마시는 그를 도와 왕립학회로 하여금 40파운드의 자금을 지원하도록 했다.

전기 작가 앤드루 호지스Andrew Hodges의 묘사에 따르면 1939년 여름 튜링의 방은 바닥에 널린 톱니바퀴로 그림맞추기 게임을 하는 장소와도 같았다. 하지만 독일인의 이론과 기계에 대한 영국인의 19세기적 열정을 결합하여 제타기계를 완성하려는 튜링의 노력은 돌발적인 사태로 중단되고 말았다. 제2차 세계대전이 터지자 이제 막 싹튼 두 나라의 지적 결합은 군사적 분쟁으로 대체되었다. 영국은 우수한 두뇌들을 블레칠리 파크로 끌어 모아 영점 계산 대신 암호를 해독하는 작업에 투입했다. 에니그마의 암호를 깰 기계를 성공적으로 만들 수 있었던 튜링의 능력은 리만 제타함수의 영점을 계산하면서 닦아진 기술에서 힘입은 바 크다. 그가 만든 복잡한 기계 속에서 얽히고설킨 채 돌아가는 수많은 톱니바퀴들은 소수의 비밀을 파헤치지는 못했지만 독일 병기들의 비밀스런 이동을 탐지하는 데에는 눈부신 성공을 거두었다.

블레칠리 파크는 상아탑과 현실 세계가 기이하게 섞인 곳으로, 마치 앞마당의 잔디에서 크리켓 경기가 열리는 케임브리지대학교의 교정과도 같았다. 한적한 시골의 풍경 속에서 튜링과 동료들은 케임브리지대학교의 휴게실에 전해지는 타임지처럼 날마다 전해 오는 독일군의 암호문을 받아 보았다. 말하자면 이는 이론적 퍼즐이었는데, 다만 그 답에 수많은 목숨이 달려 있음을 모두 잘 깨닫고 있었다. 이런 분위기였기에 튜링은 전쟁의 승리에 기여하는 동안에도 수학에 관해 끊임없이 생각해 볼 수 있었다.

튜링은 블레칠리 파크에서 일하면서 백여 년 전에 배비지가 떠올렸던 생각, 곧 각각의 문제마다 새로운 기계를 만들 게 아니라 하나의 기계로 다양한 문제를 풀 수 있도록 해야 한다는 발상을 얻었다. 그는 이론적으로 이게 가능하다는 것을 이미 알고 있었지만 한바탕 고역을 겪고 나서야 실제로 그렇게 해야 한다는 필요성을 절실히 깨닫게 되었다. 어느 날 갑자기 독일군은 에니그마의 설계를 바꿔 버렸으며, 이 때문에 블레칠리 파크는 몇 주 동안 속수무책으로 지내게 되었다. 튜링은 암호해독기 또한 독일군이 암호기를 어떻게 바꾸더라도 즉각 그에 대응하여 변환될 수 있도록 해야 한다고 생각했다.

전쟁이 끝나자 튜링은 여러 가지 임무를 수행할 수 있는 만능의 계산기를 만드는 데에 착수했다. 영국의 국립물리연구소(National Physics Laboratory)에서 몇 년을 보낸 뒤 튜링은 맨체스터에 새로 설립된 왕립학회계산소(Royal Society Computing Laboratory)에서 일하는 뉴먼과 합류했다. 뉴먼은 케임브리지에서도 튜링과 함께 일한 적이 있었다. 이때 그들은 어떤 참인 명제의 증명가능성을 미리 판단할 수 있는 프로그램을 얻고자 하는 힐베르트의 희망을 깨뜨렸다. 이 과정에서 그들은 이론적 기계를 동원했는데, 이제는 여러 계산을 수행할 실제 계산기를 설계하고 만들고자 했던 것이다.

제2차 세계대전 동안 블레칠리 파크에서 튜링이 수행했던 업무는 수십 년간 비밀로 지켜져야 했다. 하지만 맨체스터에서 튜링은 암호해독 업무를 통해 습득했던 여러 기술을 더욱 깊이 탐구할 수 있었다. 그는 이제 전쟁 전에 흘려 있었던 생각, 곧 기계를 이용하여 리만 가설을 부정할 수 있는 영점을 찾는 일로 돌아왔다. 예전에는 물리적 특성이 오직 이 문제에 맞도록 설계된 기계를 만드는 데에 집중했지만 이번에는 어떤 프로그램을 상정했다. 이것을 만능의 계산기에 투입하면 다양한 작업을 수행할 수 있는데, 튜링과 뉴먼은 음극선관과 자기드럼을 이용하여 이 기계를 만들고자 했다.

이론적 기계는 힘도 들이지 않고 잘 돌릴 수 있다. 하지만 블레칠리 파크에서 이미 경험했듯, 실제 기계를 돌리기는 훨씬 까다롭다. 그러나 갖은 장애를 넘어선 끝에 튜링은 1950년에 들어 새 기계를 완성했고 제타 지형을 누비며 계산할 수 있게 되었다. 제2차 세계대전 전까지 영점들의 위치에 대한 계산 기록은 하디의 제자였던 테드 티치마시가 보유하고 있었다. 그 개수는 1,041개였으며 모두 특이선 위에 자리 잡아 리만 가설을 충족했다. 튜링이 만든 기계는 이 기록을 넘어 1,104개까지 계산했지만 불행하게도 이 시점에서 기계는 다운되고 말았다. 그런데 이때 다운된 것은 기계만이 아니었으며, 튜링의 사생활도 무너져 내리게 되었다.

1952년 튜링은 동성애의 혐의로 경찰에 체포되었다. 어느 날 튜링의 집에 강도가 들었고 조사를 위해 경찰은 그를 호출했다. 그런데 알고 보니 침입한 강도는 튜링이 상대한 동성애자 가운데 한 사람의 친구였다. 경찰은 강도만 아니라 튜링도 당시의 법률에 따라 '중대 음란죄'란 죄목으로 옥죄어 들었다. 튜링은 절망에 빠져 들었는데, 왜냐면 이는 감옥에 가야 함을 뜻했기 때문이었다. 뉴먼은 튜링을 변호하고 나섰다. "그는 완전히 자신의 일에만 충실한 사람이며, 동시대의 누구보다 독창적이고 탁월한 수학자입니다." 튜링은 투옥되지는 않았지만 대신 성욕을 억제하기 위하여 자발적으로 약물 치료를 받겠다고 동의해야 했다. 그는 케임브리지의 옛 스승 가운데 한 사람에게 다음과 같이 썼다. "약물 치료는 성욕이 솟구칠 때는 억제하도록 하고 그때만 지나면 정상으로 돌아오도록 한다고 합니다. 저는 정말 그러기를 바랍니다."

1954년 6월 8일 튜링은 그의 방에서 독극물에 중독되어 숨진 채 발견되었다. 그의 어머니는 아들이 자살했으리라는 가능성을 믿지 않았다. 튜링은 어렸을 때부터 많은 화학실험을 해 왔는데 도무지 손을 잘 씻지 않았다. 그녀는 사고였을 것이라고 주장했다. 튜링의 침대 곁에는 먹다 만 사과가 남아 있었는데, 정확히 분석된 적은 없었지만 독극물에 절어 있었으리란 점은 거의 의심의 여지가 없다. 튜링은 디즈니가 만든 영화 〈백설공주와 일곱 난쟁이〉에서 마녀가 백설공주를 깊이 잠들게 할 사과를 만드는 장면을 좋아했다. "사과를 독액에 적셔라. 죽음의 잠이 스며들도록."

튜링이 죽은 뒤 46년이 지나 21세기의 여명이 다가올 때, 수학계에는 튜링의 기계가 리만 가설에 대한 반대 사례 하나를 실제로 찾아냈다는 소문이 퍼져 나갔다. 이 발견은 제2차 세계대전 중에 블레칠리 파크에서 이뤄졌는데, 에니그마의 암호를 해독한 기계를 이용했기 때문에 영국 정보부는 여태 비밀에 붙였다고 한다. 수학자들은 특이선을 벗어난 영점을 찾아낸 튜링의 결과를 공개하라고 촉구하고 나섰다. 하지만 이것은 뜬소문이었다. 진원지는 봄비에리의 친구였는데, 그 또한 영악한 만우절 장난을 즐기는 이탈리아 인의 기질을 타고난 모양이었다.

영점의 위치에 대한 계산에서 튜링의 기계는 전쟁 전의 기록보다 조금밖에 더 나아가지 못하고 다운되어 버렸다. 하지만 이는 리만 지형의 탐구를 인간의 손이 아닌 기계로 행한 첫 사례가 되었다는 점에서 역사적으로 큰 의의를 가진다. 더욱 효율적인 리만 탐사기를 개발하는 데에는 이후에도 상당한 시간이 걸렸다. 하지만 일단 활용되기 시작하자 이런 기계들은 특이선을 따라 북쪽으로 아득히 멀리 나아가면서 수집된 증거를 계속 전해 왔다. 이 증거들은 튜링의 예상과 달리, 비록 최종 증명은 아니지만, 적어도 현재까지는 리만이 옳았음을 확인해 주고 있다.

튜링의 아이디어에서 나온 실제 기계가 리만 가설을 뒷받침하는 수많은 증거를 수집함으로써 큰 기여를 하는 한편으로 그가 생각한 이론적 기계는 소수와 관련하여 교묘하게 활용된다. 모든 소수를 생성하는 수식의 발견이 그것이다. 이는 수학의 확고한 근거를 마련하고자 한 힐베르트의 계획을 무산시킨 괴델과 튜링의 연구에서 유래했는데, 아이러니컬하게도 이들 모두는 이런 결과를 꿈에도 상상하지 못했다.

불확실성의 혼돈에서 소수의 방정식으로

튜링은 그의 만능기계라도 수학의 모든 의문들을 남김없이 해결할 수는 없음을 보였다. 하지만 범위를 그보다 좀 좁혀 본다면 어떨까? 이 기계는 임의의 방정식들이 해를 갖는지에 대해서는 대답할 수 있을까? 이것은 힐베르트의 열 번째 문제의 핵심에 해당하는 것으로, 버클리Berkeley의 유능한 수학자 줄리아 로빈슨Julia Robinson이 1948년부터 줄곧 매달려 온 문제였다.

아주 드문 예외를 제외하고 최근 수십 년 전까지 수학사를 통틀어 여자가 이름을 내민 경우는 거의 없었다. 프랑스의 여류 수학자 소피 제르맹Sophie Germain은 가우스와 편지를 자주 주고받았는데, 여자라고 하면 무시당할까 싶어 남자로 위장했다. 그녀는 페르마의 마지막 정리와 관련되어 오늘날 '제르맹소수Germain prime'로 불리는 특별한 종류의 소수를 발견했다. 가우스는 '르 블랑le Blanc'이란 이름으로 보내온 편지의 내용에서 깊은 감명을 받았으며, 오랫동안 편지를 주고받은 뒤에야 여자임을 알고 크게 놀랐다. 이에 가우스는 그녀에게 다음과 같이 썼다.

수의 신비에 감흥을 느끼는 사람은 드물다. … 이 숭고한 과학은 오직 그 깊이를 진정으로 가늠할 용기를 가진 사람에게만 그 아름다움을 드러낸다. 그런데 여자들 중 누군가가 성별을 둘러싼 관습과 편견이라는 족쇄를 뿌리치고 그 속에 깊이 숨은 신비를 꿰뚫어 볼 수 있었다면 그녀는 참으로 고결한 용기와 특출한 재능 및 위대한 천재성을 가졌음에 틀림없을 것이다.

가우스는 괴팅겐대학교를 설득하여 그녀에게 명예학위를 수여하고자 했다. 하지만 이를 이루기 전에 그녀는 세상을 떴다.

힐베르트가 괴팅겐대학교에 있을 당시 에미 뇌터Emmy Noether라는 뛰어난 여류 대수학자(代數學者)가 있었다. 당시 독일의 대학교들은 여자에게 교수직을 허용하지 않았는데 힐베르트는 그녀를 위하여 이 규칙을 깨뜨리려고 많은 노력을 기울였다. "지원자의 성별이 그녀를 받아들이지 않으려는 의도의 논거로 사용되는 것을 이해할 수 없습니다"라고 그는 항의했다. 또한 "대학은 목욕탕이 아니다"라고 외치기도 했다. 유태인이었던 뇌터는 결국 괴팅겐을 떠나 미국으로 향했다. 나중에 수학자들은 그녀의 업적을 기려 수학의 근본에 자리 잡은 몇몇 대수 구조에 그녀의 이름을 붙였다.

줄리아 로빈슨은 생애를 통해 단순히 재능 있는 수학자로만 여겨지지는 않았다(통상 책에서 외국인을 가리킬 때는 성(姓)을 쓴다. 그런데 '줄리아 로빈슨'의 '로빈슨'은 나중에 보듯 남편 '라파엘 로빈슨'의 성이므로 여기서는 남편과 구별하기 위하여 이름을 쓰기로 한다: 옮긴이). 1960년대의 여류수학자로서 그녀가 거둔 성공은 다른 많은 여자들을 고무하여 수학자의 길을 가도록 이끌었다. 나중에 회상했듯, 당시 대학에 자리 잡은 몇 안되는 여류 학자 중의 한 명이었기에 그녀는 거의 언제나 여러 조사의 대상이 되었다. "모든 사람이 저를 과학적 샘플로 택했습니다."

줄리아는 어린 시절을 애리조나의 사막에서 보냈는데, 언니와 아버지의 회사 말고는 거의 둘러볼 게 없는 외로운 생활이었다. 그런데 어린 나이에도 그녀는 사막의 숨은 패턴을 찾아냈다. 나중에 그녀는 "내 가장 오랜 추억은 햇빛이 너무 강했기 때문에 눈을 가늘게 뜨고 커다란 사와로saguaro 선인

줄리아 로빈슨(1919-1985)

장의 그림자 밑에서 조약돌을 늘어놓는 것이었다. 그래서인지 나는 언제나 자연수에 근본적인 애착을 느꼈던 것 같다. 내게는 자연수만이 유일한 실체였다"라고 회상했다. 아홉 살 때 류머티즘열에 걸린 그녀는 몇 년 동안 병상에서 지내야 했다.

이런 고독은 젊은 과학자를 싹 틔우는 영감의 원천으로 작용하기도 한다. 코시와 리만도 현실 세계에서의 육체적 및 감정적 문제를 피해 수학의 세계를 탐닉했다. 줄리아는 몸져누운 동안 수학의 정리들을 생각하며 지내지는 않았다. 하지만 이 시기는 나중에 수학적 전쟁을 치를 때 유익하게 활용될 소양을 잘 갖추는 기간이 되었다. "병상에서 지내는 동안 내가 배운 것은 인내심이라고 생각해 왔다. 어머니는 그녀가 평생 봐 온 가운데 내가 가장 고집 센 아이라고 말했다. 내가 수학자로 성공했다고 말할 수 있을지 모르겠지만 어쨌든 그렇다고 할 경우 이와 같은 고집의 덕을 크게 보았다고 생각한다. 하지만 다시 생각해 보면 이는 많은 수학자들의 공통된 특성으로 여겨진다."

병상에서 일어났을 때 줄리아는 또래 애들보다 학업에서 2년이 뒤처지게 되었다. 그러나 1년 동안 개인 교습을 받은 그녀는 오히려 훨씬 앞선 수준에 이르렀다. 어느 날 그녀의 선생님은 2천 년 전 고대 그리스인들은 2의 제곱근이 분수로 나타내지지 않는다는 사실을 알고 있었다고 말했다. 이에 따라 2의 제곱근은 일반적인 분수들의 소수 표현과 달리 소수점 이하 아무리 계속해도 같은 패턴이 반복되지 않는다. 줄리아는 사람이 그런 것을 증명할 수 있다는 게 경이롭게 느껴졌다. 소수점 이하 백만 자리까지 조사해 봐도 반복되는 패턴이 없다는 것을 어떻게 그리 확신할 수 있을까? "집으로 돌아온 나는 그때 막 배운 제곱근 계산법을 이용해서 실제로 조사해 보았다. 그러나 늦은 오후에 들어 결국 포기하고 말았다." 비록 실패하기는 했지만 이를 계기로 그녀는 수학적 논증의 위력을 마음속 깊이 새기게 되었다.

사실 수많은 사람들이 수학에 끌려드는 것은 바로 이와 같은 단순한 논증의 위력 때문이다. 막무가내로 계산해서 조사할 경우 최고의 성능을 가진 컴퓨터의 도움을 받더라도 2의 제곱근에서 어떤 패턴도 찾을 수 없다는 사실을 결코 확신할 수 없다. 그러나 단 몇 줄의 현명한 수학적 논리를 거치면 더할 나위 없이 선명하게 이해된다. 무한의 숫자들을 점검해야 한다는 달성 불가능한 임무가 교묘한 논리를 찾는 흥미로운 임무로 탈바꿈되는 것이다.

열네 살이 된 줄리아는 학교에서 배우는 단조롭고도 지겨운 산술을 뛰어넘는 진정한 수학적 흥미를 찾아 나섰다. 이런 그녀에게 '대학 탐구가(University Explorer)'란 이름의 라디오 방송 프로그램이 귀에 솔깃하게 다가왔다. 그녀는 특히 데릭 노먼 레머Derrick Norman Lehmer라는 수학자와 그 아들 데릭 헨리 레머Derrick Henry Lehmer의 이야기에 빠려 들었다. 방송에 따르면 이들 부자는 한 팀이 되어 수학적 문제의 해결에 나섰는데, 자전거

의 톱니바퀴와 체인으로 만든 계산기를 사용했다고 한다. 아버지는 그들의
전쟁 전 기계가 "처음 몇 분 동안은 행복하고도 감미롭게 잘 돌아가더니 갑
자기 흐트러지기 시작했다. 그러다가 어찌어찌 다시 정상으로 돌아왔지만
또 다른 짜증스런 문제 때문에 결국 멈춰서고 말았다"라고 설명했다. 아버
지와 아들은 짜증스런 문제의 원인을 추적했는데, 그것은 바로 이웃집에서
듣는 라디오 방송이었다. 그들이 특히 관심을 가진 수학문제는 매우 큰 수
를 소인수분해하는 일이었다. 나중에 아들은 튜링으로부터 배턴을 이어받
아 리만 가설을 검증하기 위한 영점의 위치를 계산했는데, 1956년 당시 최
신의 컴퓨터를 사용하여 처음 25,000개의 영점이 특이선 위에 존재함을 확
인했다. 줄리아는 자전거 부품으로 만든 이들의 기계에 대한 이야기가 너무
나 마음에 든 나머지 방송국에 요청하여 그 대본을 얻기도 했다.

줄리아는 어느 날 신문에서 작은 기사를 보았는데 거기에는 그때까지의
가장 큰 소수가 발견되었다고 나와 있었다. "아무도 개의치 않는 가장 큰 수
를 찾다"라는 제목으로 나온 아래의 기사를 그녀는 환희에 휩싸여 소중히
오려 냈다.

새뮤얼 크리거 박사Dr. Samuel I. Krieger는 6자루의 연필과 72장의 법정규격
(legal-size) 노트를 소모하면서 기운을 탕진한 끝에 현재까지 알려진 가장 큰 소
수를 발견했다고 발표했다. 그 수는 231,584,178,474,632,390,847,141,970,
017,375,815,706,539,969,331,281,128,078,915,826,259,279,871인데, 그는
지금 당장은 누가 관심을 가질지 알 수 없다고 말했다.

어쩌면 사람들의 관심이 적었다는 사실은 이 수가 실제로는 47로 나누어
떨어진다는 데에도 반영되어 있는 것 같다(만일 신문사에서 점검했더라면

이를 충분히 발견할 수도 있었을 것이다). 줄리아는 레머 부자의 기계에 관한 대본과 소수의 발견에 대한 기사 그리고 나중에 얻은 사차원의 신비에 관한 작은 책을 평생 동안 간직했다.

이후 수학자로서의 줄리아의 경력에 대한 기초가 놓여졌다. 샌디에이고 주립대학San Diego State College에 진학했지만 수학 강의의 수준이 낮은 데에 실망한 줄리아는 버클리의 캘리포니아대학교University of California at Berkeley로 옮겨 이듬해에 학사학위를 받았다. 그녀는 버클리에서 수론에 대한 강의를 듣고 이에 대한 열정이 싹텄는데, 나중에 이를 강의한 라파엘 로빈슨Raphael Robinson과 결혼했다. 데이트를 하던 시절 라파엘은 수학이 줄리아의 환심을 살 길이란 점을 간파했다. 그리하여 그때까지의 중요한 수학적 돌파구들을 자세히 설명하면서 그녀에게 돌진했다.

줄리아는 괴델과 튜링의 성과에 대한 라파엘의 설명을 듣고 특히 관심이 쏠렸다. "나는 수에 관한 명제들이 기호논리학으로 증명될 수 있다는 사실로부터 깊은 감명과 흥분을 느꼈다." 괴델의 결과에 내포된 부정적 요소들에도 불구하고 그녀는 어린 시절 사막에서 조약돌을 갖고 놀면서 얻은 수의 실체성에 대한 감각을 굳게 간직했다. "우리는 화학이나 생물학을 지금 보는 것과 다른 모습으로 구축할 수 있다. 하지만 수에 대한 수학을 다른 방식으로 구축할 수는 없다. 수에 관해 증명된 사실은 우주의 어느 곳에서나 통용된다."

줄리아의 수학적 재능은 축복이라 할 정도로 뛰어났다. 하지만 그녀는 남편의 도움이 없었더라면 수학자로서 성공을 거두기가 매우 어려웠을 것이라고 말했다. 당시만 해도 대부분의 여자들은 대학교에서 자리를 얻기가 쉽지 않기 때문이었다. 버클리의 대학 규정에 따르면 부부가 같은 과의 교수로 임명될 수 없었다. 그러나 줄리아의 연구 능력을 높이 평가한 대학 당국은 통계학과에 그녀를 위한 자리를 만들었다. 줄리아가 교수직에 지원하면서 제출한 자신의 직업에 대한 묘사는 대다수의 수학자들이 한 주를 어떻게 보내는지에 대한 고전적 모델이라고 말할 수 있다. "월요일 – 증명에 열중하다. 화요일 – 증명에 열중하다. 수요일 – 증명에 열중하다. 목요일 – 증명에 열중하다. 금요일 – 거짓으로 밝혀지다."

괴델과 튜링의 연구에 대한 줄리아의 흥미는 20세기의 위대한 논리학자 가운데 한 사람인 알프레드 타르스키Alfred Tarski와의 공동연구를 통해 촉발되었다. 폴란드 출신인 타르스키는 1939년 하버드대학교를 방문하고 있던 중에 히틀러가 폴란드를 침공하자 오도 가도 못하는 처지에 빠졌다. 그는 이후 3년 동안 여러 곳을 전전한 끝에 1942년 버클리의 캘리포니아대학교에 정착하게 되었다. 줄리아는 한편으로 수론에 대한 열정도 잃고 싶지 않았다. 그런데 이 두 분야를 완벽하게 결합한 것으로 힐베르트의 열 번째 문제가 떠올랐다. "임의의 방정식이 해를 갖는지의 여부를 미리 결정할 수 있는 알고리듬 또는 프로그램이 존재하는가?"

괴델과 튜링의 결과에 비춰 보면 힐베르트가 처음 믿었던 바와 달리 그런 프로그램은 존재하지 않을 가능성이 높을 것으로 예상되었다. 줄리아는 주춧돌에 해당하는 튜링의 성과를 이용하면 해결할 길을 찾을 수 있으리라는 확신이 들었다. 그녀는 각각의 튜링기계가 나름의 수열을 내놓을 수 있다는 사실을 알고 있었다. 예를 들어 한 튜링기계가 1, 4, 9, 16, …과 같은 제곱수의 수열을 내놓을 때 다른 튜링기계는 소수의 수열을 내놓을 수 있다. 힐베르트의 결정문제에 대해 튜링이 내놓은 해답의 한 단계에서는 어떤 하나의 튜링기계와 하나의 수가 주어졌을 때 이 수가 이 기계에서 나온 것인지를 결정할 수 있는 프로그램이 존재하지 않는다는 증명이 제시된다. 줄리아는 튜링기계와 수의 관계 대신 튜링기계와 방정식의 관계를 탐구하고 나섰다.

그녀는 각각의 튜링기계를 특정의 방정식에 대응시킬 수 있을 것이라고 믿었다.

만일 이런 관계가 존재한다면 어떤 특정의 수가 어떤 특정의 튜링기계에서 나온 것인지를 묻는 질문은 이 튜링기계에 대응하는 방정식이 해를 갖는지를 묻는 질문으로 번역될 수 있을 것이다. 따라서 줄리아가 이런 관계를 찾을 수만 있으면 증명은 끝난다. 힐베르트가 열 번째 문제를 제시했을 때 바랐던 것처럼 임의의 방정식이 해를 갖는지의 여부를 미리 점검할 프로그램이 존재한다면, 아직은 가상적 관계에 지나지 않지만, 줄리아가 찾은 관계를 바탕으로 똑같은 프로그램을 어떤 방정식이 어떤 튜링기계에서 나온 것인지를 점검하는 데에 사용할 수 있다. 하지만 튜링은 그런 프로그램이 존재하지 않음을 밝혔다. 그러므로 임의의 방정식들이 해를 가질 것인지 미리 결정할 수 있는 프로그램은 있을 수 없다. 결국 힐베르트의 열 번째 문제의 답은 "아니오"인 것이다.

줄리아는 "과연 각각의 튜링기계가 그에 대응하는 방정식을 가지는가?"라는 문제를 올바르게 이해할 길을 찾아 나섰다. 그녀는 일련의 해답들이 어느 한 튜링기계가 내놓는 수열과 관련되는 방정식을 원했다. 줄리아는 자신이 제기한 이 문제의 형식도 사뭇 흥미롭다고 여겼다. "수학에서 우리는 통상 제시된 방정식에 대한 답을 찾는다. 그런데 여기서는 주어진 답에 대한 방정식을 찾고 있으며, 이런 묘한 상황이 마음에 든다." 나이가 들어 감에 따라 1948년에 불이 붙은 흥미는 서서히 집착으로 변해 갔다. 줄리아가 아홉 살에 앓아누웠을 때 의사는 심장이 약해졌기 때문에 마흔 살을 넘겨 살기는 어려울 것이라고 말했다. 그래서 해마다 생일이 돌아오면 그녀는 케이크의 촛불을 불어 끄면서 다음과 같이 빌었다. "열 번째 문제가 풀리도록 해 주세요. 내가 풀면 좋겠지만 다른 누가 풀어도 상관없습니다. 그 답을 알지 못하고 죽는다는 것은 견디기 어려울 것 같아요."

줄리아의 연구는 해마다 조금씩 진척을 보였다. 그녀의 부탁으로 마틴 데이비스Martin Davis와 힐러리 퍼트넘Hilary Putnam도 이 연구에 합류했다. 1960년대에 이들은 문제를 좀더 단순화하는 데에 성공했다. 튜링기계가 쏟아 내는 모든 수열에 대응하는 모든 방정식을 찾을 필요 없이, 하나의 특정한 수열에 대응하는 하나의 방정식만 찾아도 줄리아의 예상은 증명될 수 있다는 사실을 발견했던 것이다. 이는 아주 커다란 돌파구였다. 이제 그들은 하나의 수열에 대응하는 단 하나의 방정식만 찾으면 된다. 그들의 모든 이론은 커다란 수학적 벽을 쌓는 데에 필요한 벽돌들 가운데 단 하나의 벽돌이라도 존재하는지의 여부에 달려 있다. 만일 이 수열에 대응하는 방정식이 존재하지 않는 것으로 밝혀진다면 그토록 오래 추구해 왔던 노력은 모두 물거품이 되고 만다.

이즈음 힐베르트의 열 번째 문제를 공략하는 데에 줄리아의 접근법이 과연 적절한가에 대한 의구심이 차츰 고개를 들기 시작했다. 실제로 상당수의 수학자들이 뭔가 잘못된 길로 들어섰다는 불만을 터뜨렸다. 하지만 1970년 2월 15일 사태는 돌변했다. 이날 줄리아는 시베리아에서 열린 학술회로부터 막 돌아온 동료 한 사람의 전화를 받았다. 거기서 그는 줄리아가 크게 반가워 할 발표를 들었다고 말했다. 스물두 살의 소련 수학자 유리 마챠세비치Yuri Matiyasevich가 마지막 퍼즐 조각을 찾아서 힐베르트의 열 번째 문제를 완전히 해결했다는 게 그것이었다. 그는 줄리아가 예견했던 임의의 수열에 대응하는 방정식이 실제로 존재함을 보였는데, 이것은 줄리아의 이론 체계가 의존하는 바로 그 바탕이었다. 이로써 힐베르트의 열 번째 문제는 완전히 해결되어, 모든 방정식들에 대해 그 해의 존재 여부를 미리 결정할 수 있는 프로그램은 있을 수 없다는 점이 밝혀졌다.

"그해에 생일 케이크의 촛불을 끄기 위하여 숨을 들이켜다가 중간에 잠시 멈췄습니다. 갑자기 저는 그 오랜 세월 동안 추구해 오던 꿈이 마침내 실현되었음을 실감하게 되었습니다." 줄리아는 찾고자 하는 해답이 그동안 내내 바로 코앞에 있었던 것임을 깨달았지만 실제로 그것을 찾아낸 사람은 마챠세비치였다. "해변에 앉은 우리들의 앞에는 수많은 것들이 널려 있습니다. 하지만 그런 사실을 전혀 깨닫지 못하는 경우가 많습니다. 그중 하나를 누군가 직접 들어 올린 후에야 모든 사람은 그 존재를 알게 됩니다"라고 줄리아는 설명했다. 그녀는 마챠세비치에게 축하의 편지를 썼다. "당신이 아직 아기였을 때 제가 처음 그 추측을 했는데, 답을 얻기 위하여 당신이 다 자랄 때까지 기다려야 했다는 것은 제게 특별한 기쁨입니다."

정치와 역사적 경계를 넘어 수많은 사람들을 한데 엮을 수 있다는 것은 수학의 놀라운 기능 가운데 하나이다. 냉전 때문에 나라 사이의 관계는 차가웠지만 힐베르트의 문제에 홀린 미국과 소련의 수학자들은 강한 유대감을 느낄 수 있었다. 줄리아는 수학자들 사이의 이 기이한 연대의식을 다음과 같이 묘사했다. "수학자들은 지역과 인종과 성별과 나이의 차이를 아우르는 우리 고유의 나라에서 과학과 예술 가운데 가장 아름다운 이 분야에 헌신하고 있습니다. 나아가 과거와 미래의 수학자들도 모두 동료란 점에서 시간적 차이도 허물어집니다."

줄리아와 마챠세비치는 증명의 우선권을 두고 다툴 수 있다. 하지만 자신을 과시하기 위하여 그렇게 하지는 않을 것이다. 실제로 두 사람은 서로 상대방의 연구 성과가 가장 어려운 대목이었다고 평가했다. 그림맞추기 게임의 마지막 조각을 찾은 사람은 마챠세비치이므로 힐베르트의 열 번째 문제를 해결한 공로는 그에게 돌아가야 한다고 말하는 사람들도 많다. 그러나 실체적 진실을 정확히 파헤쳐 보면 1900년에 힐베르트가 제시하고 70년 뒤에 해결된 오랜 여정에서 수많은 수학자들이 각자 나름대로 기여해 왔음을 알 수 있다.

이 문제의 최종 답은 부정적인 것으로 드러났다. 곧 임의의 방정식들이 해를 갖는지의 여부를 미리 결정할 만능 프로그램은 존재하지 않는다. 하지만 희망적 요소도 섞여 있다. 튜링기계가 만들어 내는 모든 수열이 그에 대응하는 수식들로 표현될 수 있으리라는 줄리아의 믿음이 옳은 것으로 밝혀졌다는 게 그것이다. 이에 따라 수학자들은 소수의 수열을 만들어 내는 튜링기계도 반드시 존재할 것이라는 사실을 알게 되었다. 줄리아와 마챠세비치 덕분에 적어도 이론적으로나마 소수를 내놓는 수식의 존재가 인정된 것이다.

그러나 수학자들이 실제로 그런 식을 찾아낼 수 있을까? 1971년 마챠세비치는 이 식을 얻을 구체적 방법을 고안해 냈지만 이를 이용하여 최종 결과를 얻는 데까지는 나아가지 않았다. 소수를 내놓는 최초의 식은 1976년에 발표되었는데, 여기에는 A부터 Z까지 26개의 변수가 포함되어 있다.

$$(k+2)\{1-[WZ+H+J-Q]^2-[(GK+2G+K+1)(H+J)+H-Z]^2$$
$$-[2N+P+Q+Z-E]^2-[16(K+1)^3(K+2)(N+1)^2+1-F^2]^2$$
$$-[E^3(E+2)(A+1)^2+1-O^2]^2-[(A^2-1)Y^2+1-X^2]^2$$
$$-[16R^2Y^4(A^2-1)+1-U^2]^2-[((A+U^2(U^2-A))^2-1)$$
$$\times(N+4DY)^2+1-(X+CU)^2]^2-[N+L+V-Y]^2$$
$$-[(A^2-1)L^2+1-M^2]^2-[AI+K+1-L-I]^2-[P+L(A-N-1)$$
$$+B(2AN+2A-N^2-2N-2)-M]^2-[Q+Y(A-P-1)$$
$$+S(2AP+2A-P^2-2P-2)-X]^2-[Z+PL(A-P)$$
$$+T(2AP-P^2-1)-PM]^2\}$$

이 식은 컴퓨터 프로그램처럼 작동한다. A부터 Z까지의 변수에 임의의 수를 대입하고 계산한다. 예를 들어 $A=1$, $B=2$, $\cdots$, $Z=26$으로 넣을 수도 있다. 만일 그 결과가 양수이면 이는 곧 소수가 된다. 투입하는 수를 바꾸고 마찬가지의 계산을 되풀이한다. 이와 같은 과정을 체계적으로 수행하기 위하여 A부터 Z까지 가능한 모든 수의 조합을 차례로 투입해 가면 무한개의 소수가 빠짐없이 얻어진다. 다만 계산 결과가 음수일 때는 제외해야 한다. 사실 위에서 제시한 $A=1$, $B=2$, $\cdots$, $Z=26$의 예로부터는 음수가 얻어진다. 따라서 그 결과는 그냥 무시하면 된다.

그렇다면 과연 이 식은 수학자들이 오랜 세월을 바쳐 찾아 헤매던 바로 그 성배가 아닐까? 만일 이 식이 오일러의 시대에 발견되었다면 위대한 업적으로 꼽혔을 게 틀림없다. 오일러는 많은 소수를 내놓는 그 나름의 식을 만들어 냈다. 하지만 모든 소수를 빠짐없이 내놓는 식을 찾아내는 데에 대해서는 사뭇 비관적이었다. 어쨌든 오일러 이후 수학의 관점은 달라졌다. 이전의 수학은 주로 수식을 꾸미고 푸는 것이었지만 이후의 수학은 수학의 전 체계를 떠받드는 기초에 대한 탐사가 중요하다는 리만의 믿음에서 출발한다. 이에 따라 수학적 탐험가들은 새로운 길을 지도에 그려 넣느라 바쁘다. 이런 점에서 모든 소수를 창출하는 이 식은 시대를 잘못 타고난 셈이다. 오늘날 새로운 세대의 수학자들에게 이 식은 오래 전에 탐구되었지만 지금은 버려진 땅으로 가는 매우 기교적인 방법의 하나에 지나지 않는다. 물론 그런 식이 실제로 존재한다는 데 대해 오늘날의 수학자들도 놀랍게 여기기는 했지만 소수에 대한 탐구의 중점은 리만에 의하여 이미 다른 곳으로 옮겨져 있었다. 비유하자면 쇼스타코비치Shostakovich 시대에 모차르트 풍의 고전적 교향곡을 작곡하고 연주할 경우 비록 그 곡이 뭔가 완벽한 스타일을 자랑한다 하더라도 청중들에게 깊은 인상을 주지는 못하리라는 것과 다를 바 없다.

이 기적적인 식이 그다지 환영 받지 못하는 데에는 수학적 미감의 변화 외에 다른 이유들도 있다. 우선 실질적으로 거의 쓸모가 없다는 것을 들 수 있다. 이 식으로부터 나오는 대부분의 결과는 음수이기 때문이다. 또한 이론적 측면에서도 미흡한 데가 있다. 줄리아와 마챠세비치는 튜링기계에서 만들어지는 어떤 수열에나 그에 상응하는 수식이 있음을 보였다. 따라서 이런 관점에서 볼 때 소수의 수열도 다른 일반적 수열과 크게 다를 것은 없다. 이런 생각은 당시 수학자들 사이에 널리 퍼져 있었다. 어떤 사람이 소수에 대한 마챠세비치의 연구 결과를 소련 수학자 리니크Yu. V. Linnik에게 처음 전했을 때 그는 "대단한 일이다. 앞으로 우리는 소수에 대해 많은 새 사실을 알게 될 것이다"라고 말했다. 그러나 그 결과가 어떻게 증명되었고 다른 수열들에는 어찌 이용되는지 등의 설명을 듣고 난 뒤에는 들떴던 흥분이 식어버렸다. "유감스런 일이다. 소수에 대해 새로 배울 것은 거의 없을 것이다."

이와 같은 수식이 어떤 수열에서나 마찬가지라면 소수에 대해 특별히 이야기해 줄 것은 아무것도 없을 것이다. 그런데 바로 이 점이 리만의 해석을 더욱 흥미롭게 해 준다. 리만의 지형에서 해수면과 같은 높이에 있는 점들로부터 울려 나오는 음악은 오직 소수와 관련될 뿐이기 때문이다. 이 특이한 화음의 구조는 소수 이외의 어떤 수열에서도 찾을 수 없다.

줄리아가 힐베르트의 열 번째 문제에 정열을 쏟고 있을 때 스탠퍼드대학교에 있는 그녀의 한 친구는 수학에 밝힐 수 없는 것은 없다는 힐베르트의 또 다른 신념을 허물고 있었다. 1962년 아직 학생이었던 폴 코헨Paul Cohen은 스탠퍼드대학교의 수학 교수들에게 약간은 거만한 태도로 힐베르트의 어떤 문제를 풀면 가장 유명하게 될 것인지 물어보았다. 교수들은 잠시 생각해 보더니 아무래도 첫째 문제가 가장 유력할 것이라고 대답했다. 대략 말하자면 이 문제는 "수의 개수는 얼마인가?"라고 풀이할 수 있다. 힐베르트는 자신의 목록 맨 위에 서로 다른 무한에 관한 칸토어의 의문을 내걸었다. 유리수집합과 실수집합은 모두 무한집합이지만 칸토어의 증명에 의하여 실수집합이 더 크다는 사실이 밝혀졌다. 그렇다면 이 둘 사이, 곧 유리수집합보다는 크고 실수집합보다는 작은 무한집합이 존재할 것인가?

오랜 세월이 지난 뒤 코헨이 해답을 내놓았는데, 무덤 속의 힐베르트가 이를 들었다면 아마도 깜짝 놀라 돌아누웠을지도 모른다. "예"와 "아니요"란 대답이 모두 가능하다는 게 그 해답이기 때문이다! 코헨은 이 근본적인 문제가 바로 괴델의 불완전성정리가 암시하는 문제의 하나임을 보였던 것이다. 이로써 오직 어떤 모호한 문제들만 결정불가능할 것이라고 여기고자 했던 수학자들의 소박한 희망은 사라져 버렸다. 코헨이 증명한 것을 구체적으로 설명하면 다음과 같다. 현재 우리가 가진 수학의 공리들만으로는 유리수집합보다 크고 실수집합보다 작은 무한집합이 존재하는지의 여부를 결정할수 없다. 곧 그런 무한집합이 있다는 사실을 증명할 수도 없고 없다는 사실을 증명할 수도 없다. 실제로 코헨은 현재 우리가 가진 수학의 공리체계를 충족하는 서로 다른 두 가지의 수학체계를 만들어 보였다. 이 가운데 한 곳에서는 칸토어의 의문에 대한 대답이 "예"인 반면, 다른 곳에서는 "아니요"이다.

어떤 사람들은 코헨의 결과를 가우스의 생각과 비교했다. 가우스는 우리가 살고 있는 세계의 기하학과 다른 종류의 기하학도 존재할 수 있음을 보였다. 어떤 점에서 이런 비교도 옳다고 할 수 있다. 그러나 이 경우에 특히 중요한 것은 '수'라는 존재에 대한 수학자들의 관념은 매우 실체적이라는 사실이다. 물론 어떤 '초자연적인 수'도 우리가 알고 있는 '실체적인 수'를 토대로 구축해 온 공리체계를 충족할 수도 있을 것이다. 하지만 대부분의 수학자들은 여전히 우리가 이제껏 알아 왔던 '실체적인 수'만 이용한다면 칸토어의 의문에는 오직 하나의 답만 가능할 것이라고 믿는다. 줄리아는 코헨의 증명을 전해 듣고 그에게 보낸 편지에서 이와 같은 대다수 수학자들의 반응을 다음과 같이 묘사했다. "하느님 맙소사! 진정한 수론은 오직 하나뿐입니다. 그것은 나의 종교입니다." 다만 그녀는 실제로 보낸 편지에서는 마지막 문장을 삭제해 버렸다.

수학의 정통적 권위를 뒤흔든 코헨의 기념비적 업적은 그에게 필즈상을 안겨 주었다. 고전적인 수학의 공리들로부터는 칸토어의 의문에 답할 수 없다는 경이로운 증명을 찾아낸 뒤 코헨은 힐베르트의 목록 가운데 그 다음으로 중요하다고 여겨지는 문제, 곧 리만 가설의 정복에 나섰다. 코헨은 현재까지 이 악명 높은 문제에 매달려 있다고 스스로 인정하는 몇 안되는 수학자들 가운데 한 사람으로 널리 알려져 있다. 하지만 여태껏 성공을 알리는 소식은 전해 오지 않았다.

흥미롭게도 리만 가설은 칸토어의 의문과 같은 종류의 것이 아니다. 만일 코헨이 현재의 수학 공리들로부터는 리만 가설을 결정불가능하다는 사실을 증명한다면 이는 곧 리만 가설이 진실임을 보이는 것과 같기 때문이다! 리만 가설이 결정불가능하다면, 그것이 거짓이어서 우리가 증명할 수 없거나, 또는 그것이 참인데도 우리가 증명할 수 없거나, 둘 가운데 하나이다. 하지만 만일 리만 가설이 거짓이라면 특이선을 벗어난 영점이 존재한다는 뜻이고, 이 영점을 찾으면 거짓임이 '증명'된다. 다시 말해서 거짓이면서 증명될 수 없을 가능성은 없다. 따라서 리만 가설이 결정불가능일 경우는 오직하나, 곧 그것이 참인데도 그에 대한 증명을 우리가 찾지 못하는 경우밖에 없다. 튜링은 리만 가설을 이와 같은 독특한 논리로 증명할 수도 있을 것이라는 가능성을 처음으로 간파한 수학자들 가운데 한 사람이었다. 하지만 오늘날 이런 식의 논리적 기교로 리만 가설에 대한 올바른 증명을 유도할 수 있으리라고 믿는 수학자들은 거의 없다.

튜링이 내세운 만능기계의 관념에 기초를 둔 마음의 계산기는 수학적 세계에 대한 우리의 이해를 넓히는 데에 핵심적 역할을 했다. 그러나 튜링은 실체적 기계를 제작하는 데에 정열을 쏟았고, 실제로 20세기 후반에 이런 경향은 불꽃을 튀기며 활발히 진행되었다. 신경망과 무한의 메모리를 가진 것으로 상정되었던 가상의 컴퓨터는 밸브와 전선을 거쳐 결국 실리콘으로 무장된 컴퓨터로 실체화되었다. 오늘날 전 세계에서는 깊고도 깊은 수의 세계로 수학자들을 끌어들이는 수많은 컴퓨터들이 속속 제작되고 있다.

－제 9 장－

컴퓨터 시대,
마음에서
데스크톱으로

장담하건대 리만 가설이 증명된다면 컴퓨터 없이 될 것이다.

게르하르트 프라이, 페르마의 마지막 정리와 타원곡선
사이의 관계를 처음 밝힌 독일 수학자

대부분의 사람들이 학창 시절을 지난 뒤 소수를 만날 기회가 있다면 그
것은 가끔씩 어떤 대형 컴퓨터가 지금까지 알려진 가장 큰 소수를 발견했다
는 뉴스를 들을 때이다. 줄리아가 소중히 간직해 온 1930년대 초반의 소수
발견 기사는 심지어 잘못된 발견도 뉴스가 될 수 있었던 상황을 보여 주는
좋은 예이다. 유클리드의 증명으로 소수의 개수가 무한하다는 점이 밝혀진
덕분에 이런 뉴스는 앞으로도 계속될 것으로 여겨진다. 제2차 세계대전이
끝날 때까지만 해도 39자리 숫자가 1876년에 처음 발견된 이래 가장 큰 소
수의 지위를 지키고 있었다. 오늘날 최고 기록은 백만 자리를 넘는다. 이 수
를 다 쓰면 이 책보다 더 두꺼운 책이 될 것이며 이를 큰 소리로 읽으려면 몇
달이 걸릴 것이다. 이런 기록을 이루게 된 것은 물론 컴퓨터 덕분이다. 블레
칠리 파크에서 이미 튜링은 소수의 기록을 깨는 데에 기계를 사용할 생각을

하고 있었다.

튜링의 이론적인 만능기계는 무한의 메모리를 가진 것으로 상정되었다. 그러나 전쟁이 끝난 뒤 맨체스터에서 뉴먼이 만든 기계의 메모리는 매우 적었다. 따라서 이 기계가 할 수 있는 계산은 메모리를 조금만 사용하는 것들에 한정될 수밖에 없었다. 예를 들어 1, 1, 2, 3, 5, 8, 13, …으로 이어지는 피보나치 수열은 앞의 두 수만 기억하면 되므로 이 당시의 컴퓨터로도 쉽게 만들 수 있는 수열이었다. 튜링은 17세기의 메르센 신부가 제시하여 유명해진 특별한 종류의 소수를 찾기 위해 레머 부자가 고안한 교묘한 방법을 잘 알고 있었다. 그는 피보나치 수열과 마찬가지로 레머 부자의 방법도 메모리를 적게 사용하는 것임을 깨달았다. 따라서 메르센소수Mersenne's primes를 찾는 일은 튜링이 생각하고 있는 기계의 성능을 점검하는 데에 쓰일 최적의 과제였다.

메르센소수는 메르센 수Mersenne number, 곧 2를 여러 번 거듭제곱한 다음 1을 뺀 수들에서 골라진다. 예를 들어 7은 $2 \times 2 \times 2 - 1$, 곧 $2^3 - 1$이라는 형태의 소수이다. 메르센은 n이 소수이면 메르센 수도 소수가 될 가능성이 있음을 깨달았다. 다만 언제나 그런 것은 아니어서, 예를 들어 11이 소수이지만 $2^{11} - 1$은 소수가 아니다. 메르센은 이런 관찰을 토대로 257까지의 수들 가운데 n이 2, 3, 5, 7, 13, 19, 31, 67, 127, 257일 경우에만 이들의 메르센 수도 소수라고 주장했다.

$2^{257} - 1$은 엄청나게 큰 수여서 인간의 능력으로는 소수인지의 여부를 거의 점검할 수 없다. 따라서 어찌 보면 이런 이유 때문에 메르센은 그토록 과감하게 단언했는지도 모른다. 사실 그는 "이것들이 소수인지의 여부는 영원토록 결정할 수 없을 것이다"라고 믿었다. 그는 소수의 무한성에 대한 유클리드의 증명에서 자극을 받아 이런 형태의 수를 소수의 후보로 선택했다. 2^n이

란 수는 많은 수들로 나눠지지만 거기서 1을 빼면 1을 제외하고는 약수가 없어질 수도 있을 것이라는 게 그의 예상이었다.

메르센 수가 항상 소수가 되는 것은 아니었지만 이런 형태의 수에 대한 메르센의 직관은 적어도 한 가지 점에서는 옳았다. 많은 약수를 가진 2의 거듭제곱수와 1밖에 차이가 나지 않는 메르센 수가 소수인지의 여부를 결정하는 데에는 매우 효율적인 방법이 있다. 1876년 프랑스의 수학자 에두아르 루카스Édouard Lucas는 $2^{127}-1$이 소수인지의 여부를 결정하는 과정에서 이 방법을 발견했다. 이 수는 39자리의 소수이며 이후 컴퓨터 시대의 여명이 다가올 때까지 최대 소수의 지위를 유지했다. 이 방법으로 무장한 루카스는 메르센이 소수라고 주장한 수들이 정말로 소수인지 점검하고 나섰다. 그 결과 메르센의 추측은 사뭇 잘못되었음이 드러났다. 메르센은 지수가 61, 89, 107인 수들을 그의 목록에서 빠뜨렸을 뿐 아니라 지수가 67인 수는 잘못 포함시켰다. 하지만 지수가 257인 수는 루카스로서도 점검할 수 없는 큰 수였다.

메르센의 신비로운 통찰은 결국 주먹구구식의 예측에 지나지 않음이 밝혀졌다. 이로써 메르센의 명성에도 흠집이 가기는 했지만 그의 이름은 여전히 소수들의 왕들과 결부되어 지금까지도 자주 불려지고 있다. 뉴스에 나오는 가장 큰 소수의 기록은 거의 예외 없이 메르센 수 가운데 하나이기 때문이다. 루카스는 $2^{67}-1$이 소수가 아님을 밝히기는 했지만 이 수를 구체적으로 소인수분해할 수는 없었다. 사실 어떤 큰 합성수를 소인수분해한다는 일은 매우 어려우며, 이 난해성이야말로 오늘날 전 세계에 두루 쓰이는 암호 체계의 바탕이다. 이를테면 튜링이 블레칠리 폭탄으로 깨뜨렸던 에니그마의 후손인 셈이다.

소수와 컴퓨터의 관계에 대해 생각한 사람은 튜링만은 아니었다. 어린 시절 줄리아가 들었던 라디오 방송에 나오는 레머 부자도 소수를 찾는 데에 기계를 사용한다는 아이디어에 사로잡힌 사람들이었다. 그중 아버지는 20세기가 밝아 올 무렵 10,017,000에 이르기까지의 소수를 모아 표로 만들었는데, 이후 이를 넘어선 소수표를 출판한 사람은 아무도 없었다. 한편 그의 아들은 좀더 이론적인 기여를 했다. 1930년, 스물다섯의 나이에 그는 메르센 수가 소수인지의 여부를 판단하는 루카스의 방법을 더욱 개선했다.

　레머는 메르센 수가 어떤 작은 수로 나누어지지 않음을 증명하려면 문제를 바꿔서 살펴보면 된다고 설명했다. 어떤 메르센 수 2^n-1은 '루카스-레머 수Lucas-Lehmer number'라 불리고 L_n으로 표기하는 수를 나눌 때만 소수가 된다. 이 수는 피보나치 수처럼 그보다 앞선 수에 의하여 결정되는데, 이를 얻으려면 앞선 수 L_{n-1}을 제곱하고 2를 빼 주면 된다.

$$L_n = (L_{n-1})^2 - 2$$

　이 방법은 n이 3일 때의 L_n을 14로 정하고 시작한다. 그러면 $L_4 = 194$, $L_5 = 37,634$ 등이 이어진다. 이 방법이 훌륭한 점은, 메르센 수에 대한 루카스-레머 수를 곧 찾을 수 있고 나눗셈 한 번으로 소수인지의 여부를 결정할 수 있는데, 이 과정은 컴퓨터로 아주 쉽게 처리할 수 있다는 데에 있다. 예를 들어 $2^5-1 = 31$은 소수인데, 왜냐하면 이에 대한 $L_5 = 37,634$가 31로 나누어지기 때문이다. 레머는 이를 토대로 메르센이 내세운 목록을 점검할 수 있었으며 결국 2^n-1이 소수라는 주장은 잘못임을 밝혔다.

　루카스와 레머는 메르센 수에 대한 자신들의 소수판정법을 어떻게 발견해 냈을까? 분명 이는 쉽사리 떠올릴 수 있는 방법이 아니다. 이와 같은 발견은 리만 가설이나 소수와 로그 사이의 관계에 대한 가우스의 발견 등과 같은 위대한 성과와는 종류가 다르다. '루카스-레머 판정법Lucas-Lehmer test'과 같은 패턴은 분석적 관찰로부터 떠오르지 않는다. 이들은 "2^n-1이 소수라면 그 의미는 무엇일까?"라는 의문을 놓고 온갖 생각을 이리저리 굴려 보던 중에 갑자기 이 방법을 떠올렸다. 비유하자면 이는 '루빅스 큐브 Rubik's Cube'와도 같다. 처음에는 어쩔 줄 모르지만 자꾸 만지다 보면 어느 순간 한 면의 모든 색깔이 같아진다. 루빅스 큐브를 한 번씩 돌리는 동작은 이 판정법에 이르는 각각의 단계에 해당한다. 대개의 수학적 증명은 목표를 정해 놓고 시작하지만 루카스-레머 판정법은 어디를 향해 가는지 잘 모르면서 여행을 시작한 끝에 목적지에 도달한 셈이다. 루카스가 루빅스 큐브를 처음 돌리기 시작했고, 많은 사람들이 이어받은 뒤, 마침내 레머가 간단한 방법으로 정립하여 오늘날 널리 쓰이도록 만들었던 것이다.

블레칠리 파크에서 독일군의 암호를 해독하던 중에 튜링은 해독하는 데에 쓰던 기계와 비슷한 종류의 기계를 만들어 매우 큰 소수를 찾는 데에 쓸 수 없는지에 대해 동료들과 논의했다. 루카스와 레머가 발견한 방법 덕분에 메르센 수는 소수인지의 여부를 매우 쉽게 점검할 수 있는 좋은 대상으로 떠올랐다. 또한 이 방법은 기계로 자동화하기에도 아주 적합했다. 그러나 전쟁 때문에 튜링은 이 작업을 뒤로 미룰 수밖에 없었다. 전쟁이 끝난 뒤 튜링과 뉴먼은 메르센소수를 찾는 일로 돌아왔다. 맨체스터의 연구실에 설치하도록 제안 중인 기계의 성능을 점검하는 데에 최상의 방법이었기 때문이었다. 이 기계의 메모리는 극히 적었지만 루카스-레머 방법의 각 단계는 이런 정도의 메모리만으로도 충분히 진행될 수 있다. n번째의 루카스-레머 수를 계산하기 위해서는 $n-1$번째의 수만 기억하면 되기 때문이다.

튜링은 리만 가설을 밝히기 위한 영점의 탐사에서 불운을 겪었는데 메르센소수를 찾는 데에서도 별로 다를 게 없었다. 맨체스터에서 만든 컴퓨터도 70년 동안 최고 기록으로 남아 있는 $2^{127}-1$을 넘어서지 못했다. 이 다음의 메르센소수는 $2^{521}-1$인데 당시 튜링의 컴퓨터로는 도저히 넘볼 수 없는 큰 수이다. 기이한 인연이랄까, 이 새로운 메르센소수를 찾은 사람은 줄리아의 남편 라파엘 로빈슨이었다. 라파엘은 어찌어찌해서 레머가 로스앤젤레스에서 만든 기계의 매뉴얼을 손에 넣게 되었다. 이때 레머는 전쟁 전에 만들었던 자전거의 톱니와 체인을 떠나 새로운 기계를 다루고 있었다. 미국국립표준국National Bureau of Standards의 수치해석연구소Institute for Numerical Analysis의 소장이 된 그는 SWACStandards Western Automatic Computer라는 기계를 만들어 냈다. 기계에 눈을 떼지 못했던 어린 시절의 레머와 달리 버클리의 연구실에서 안락하게 지내던 라파엘은 SWAC에 실어 메르센소수를 찾을 프로그램을 작성했다. 1952년 1월 30일, SWAC는 컴퓨터로서는 최초로 인간의 계산 능력을 엄청나게 뛰어넘은 영역에서 새로운 메르센소수를 찾아냈다. $2^{521}-1$이 그것이었는데, 그로부터 몇 시간 지나지 않아 다시 $2^{607}-1$이란 소수도 토해 냈다. 이로부터 1년 안에 라파엘은 기록을 세 번 갈아 치웠는데, 마지막의 것은 $2^{2,281}-1$이었다.

이제 소수에 대한 기록은 가장 큰 컴퓨터를 이용할 수 있는 사람들이 독차지하게 되었다. 1990년대 중반까지의 기록들은 1971년에 설립된 크레이 리서치Cray Research 회사가 만드는 컴퓨터들이 수립했는데, 여기에는 다음 단계의 계산을 수행하기 위해 반드시 앞 단계의 계산이 끝날 때까지 기다릴 필요가 없게 하는 새로운 기술이 큰 역할을 했다. 이 간단한 아이디어, 곧 병렬처리parallel processing 방식은 이때로부터 수십 년 동안 가장 빠른 컴퓨터의 배경에 자리 잡은 원리가 되었다. 폴 게이지Paul Gage와 데이비드 슬로윈스키David Slowinski는 1980년대 이후 캘리포니아의 로렌스 리버모어 연구소Lawrence Livermore Laboratory에 설치된 크레이 컴퓨터를 세심히 다루면서 소수의 기록을 알리는 신문의 헤드라인을 독점하다시피 했다. 1996년 그들은 자릿수가 378,632에 이르는 $2^{1,257,787}-1$이 소수임을 밝혀냈다.

그런데 요즘에는 작은 것을 좋아하는 경향으로 흐르는 것 같다. 마치 다윗

이 골리앗을 물리치듯, 소수에 대한 기록은 언뜻 초라해 보이는 개인용 컴퓨터가 갈아 치우고 있다. 무엇이 이 작은 기계에 이토록 큰 힘을 주었을까? 그것은 바로 인터넷이다. 수많은 작은 컴퓨터들이라도 거대한 그물이 되도록 엮으면 외따로 돌아가는 슈퍼컴퓨터를 이겨 낼 수 있다. 아마추어들이 인터넷을 이용하여 진짜 과학에 참여한 것은 이게 처음은 아니다. 천문학에서는 수많은 아마추어들이 각자의 작은 망원경으로 조금씩 할당받은 하늘의 일부 영역을 훑고 인터넷을 통해 자료를 교환 및 공유함으로써 엄청난 기여를 했다. 이와 같은 천문학의 성공 사례를 지켜본 미국의 프로그래머 조지 월트먼George Woltman은 인터넷을 통해 한 소프트웨어를 공개했다. 누구든 이것을 내려 받아 각자의 컴퓨터에 설치하면 무한한 수의 세계 가운데 일부를 차지하게 된다. 이 컴퓨터들은 주인이 틈틈이 일을 쉬는 동안 스스로 돌아가면서 부여 받은 계산을 한다. 수많은 아마추어 천문학자들이 각자의 망원경으로 새로운 초신성을 탐색하듯, 아마추어 수학자들도 광대한 수의 세계에서 새로운 소수의 기록을 찾고 있는 것이다.

이런 작업에 약점이 없는 것은 아니다. 유에스전화회사US Telephone Company에 근무하는 한 기술자도 월트먼의 프로젝트에 참여했는데, 그는 2,585대의 회사 컴퓨터를 동원하여 메르센소수를 찾아 나섰다. 이 회사는 피닉스Phoenix에 있는 컴퓨터들이 전화번호를 골라내는 데에 5초 대신 5분씩이나 걸리는 것을 수상히 여기게 되었다. FBI 요원들이 이 지연현상의 원인을 추적하자 마침내 이 기술자는 다음과 같이 자신의 잘못을 인정했다. "이 컴퓨터들이 발휘할 엄청난 계산력의 유혹을 뿌리칠 수 없었습니다." 하지만 회사는 기술자의 과학에 대한 호기심에 일말의 동정도 보이지 않고 그를 해고하고 말았다.

인터넷을 이용한 소수의 신기록은 1996년 크레이 컴퓨터의 기록이 발표된 몇 달 뒤에 나왔다. 파리에 거주하는 컴퓨터 프로그래머 조엘 아르멩고Joel Armengaud는 월트먼의 프로젝트에 참여하여 할당받은 작은 영역에서 이를 발견했다. 그런데 언론에서 보기에 이 신기록은 바로 앞의 기록에 이어 너무 빨리 나온 것이었다. "내가 〈더 타임스The Times〉에 이 신기록에 대해 이야기하자 그들은 이런 뉴스를 2년에 한 번 꼴로 다룬다고 말했다." 크레이의 게이지와 슬로윈스키는 1979년 이래 대략 2년마다 신기록을 세움으로써 이와 같은 수요와 공급의 주기에 잘 맞출 수 있었다.

소수의 발견에 대한 이야기는 새로운 국면으로 접어들었다. 이 과정에서 컴퓨터의 역할은 전환기를 맞이했는데, 인터넷에 정통한 와이어드Wired지는 이 이야기를 무시하지 않았다. 〈와이어드〉는 현재 GIMPSGreat Internet Mersenne Prime Search라고 불리는 프로젝트에 대한 기사를 실었다. 월트먼은 전 세계에서 20만대 이상의 컴퓨터를 끌어 모아 실질적으로 하나의 거대한 병렬처리 기계를 만들어 냈다. 그렇다고 해서 크레이의 슈퍼컴퓨터들이 이 작업에서 제외된 것은 아니다. 이것들은 작은 컴퓨터들이 찾은 새 소수들을 점검하는 동반자의 역할을 하고 있다.

2002년까지 다섯 사람이 메르센소수를 발견하는 행운을 차지했다. 파리의 발견에 이어 영국 그리고 캘리포니아에서 새로운 결과가 나왔다. 그런데 진짜 행운을 누린 사람은 미시간 주의 플리머스Plymouth 출신인 나얀 하라트왈라Nayan Hajratwala이다. 1999년 6월에 그가 발견한 소수는 $2^{6,972,593} - 1$ 인데 자릿수가 2,098,960으로 백만 자리를 넘는 최초의 소수로 기록되었다. 이와 같은 상징적인 영예와 함께 그는 50,000달러의 상금도 챙겼다. 이 상금은 캘리포니아의 네티즌들이 스스로의 권익을 옹호하기 위하여 만든 전자선구자재단Electronic Frontier Foundation에서 수여했다. 하라트왈라의 행운으로 구미가 당긴 독자라면 이 재단이 남겨 놓은 상금을 노려 보는 것도 좋을 것이다. 이 재단은 앞으로 천만 자리를 넘는 최초의 소수를 발견하는 사람들을 위하여 50만 달러의 상금을 마련해 놓고 있다(천만 자리를 넘으면 10만 달러, 1억 자리를 넘으면 15만 달러, 10억 자리를 넘으면 25만 달러의 상금을 수여할 예정이다: 옮긴이). 2001년 11월 캐나다의 학생 마이클 카메론Michael Cameron은 자신의 개인용 컴퓨터를 이용하여 $2^{13,466,917}-1$이 소수임을 밝혔는데 이는 400만 자리를 넘는다. 수학자들은 새로 발견되기를 기다리는 이 특별한 형태의 메르센소수가 무한개라고 믿고 있다.

컴퓨터 – 수학의 죽음?

컴퓨터가 인간의 계산 능력을 초월한다면 수학자들은 불필요하지 않을까? 다행히 그렇지 않다. 새로운 시대에 들어 오히려 수학의 종말이 선언되기보다 창조적 예술가로서의 수학자와 지겨운 계산 처리 기계로서의 컴퓨터란 식으로 더욱 분명한 선이 그어졌다. 컴퓨터는 수학자들이 그들의 세계를 항해하는 데에 강력한 새 도구이며 리만산을 오르는 데에 도움을 줄 억센 짐꾼과도 같지만 결코 수학자를 완전히 대신하지는 못한다. 컴퓨터는 유한한 계산에서는 수학자를 능가할 수 있으나 적어도 현재까지는 무한을 포용하는 상상력도 없고 수학의 배경에 자리 잡은 구조나 패턴을 간파하는 기능도 없다.

예를 들어 컴퓨터가 소수의 신기록을 계속 갈아 치운다고 해서 소수에 대한 우리의 이해가 더 깊어질까? 이런 기록들에 힘입어 더욱 높은 음이 섞인 소수의 음악을 들을 수는 있겠지만 전체적인 음악은 여전히 숨겨져 있다. 유클리드는 언제나 더욱 큰 소수가 있다는 사실을 오래 전에 알려 주었다. 하지만 메르센소수가 무한히 이어질 것인지에 대해서는 아직 모른다. 어쩌면 마이클 카메론이 발견한 39번째의 메르센소수가 그 마지막의 것일 수도 있다. 언젠가 에어디시에게 물었을 때 그는 수론의 가장 중요한 미해결 문제는 바로 메르센소수의 무한성이라고 대답했다. 물론 대부분의 수학자들은 그 무한성을 믿고 있다. 하지만 컴퓨터가 이를 증명해 줄 것으로 믿는 사람은 없다.

그렇다고 해서 컴퓨터가 증명이란 작업을 전혀 할 수 없다는 뜻은 아니다. 일정한 공리와 연역 규칙이 있다면 이를 이용하여 컴퓨터로 하여금 어떤 정리의 증명 과정을 수행하도록 프로그램할 수 있다. 요점은 타자기를 두드리는 원숭이처럼 컴퓨터는 가우스의 정리와 초등학교 수준의 덧셈도 구별하지 못한다는 사실이다. 수학자는 중요한 정리와 하찮은 정리의 선별 능력을 발전시켜 왔다. 수학자들의 미학적 감각은 증명 중에서도 아름다운 것을 추한 것보다 선호하게 한다. 물론 추한 증명도 얼마든지 정당할 수 있다. 하지만 수학적 세계지도에 그려지는 길은 언제나 우아함이라는 중요한 판단 기준에 따라 선택되어 왔다.

컴퓨터를 사용하여 수학적 정리의 증명에 성공한 최초의 사례는 어떤 아마추어 수학자의 호기심에서 유래한 사색문제Four-Colour Problem의 경우였다. 어쩌면 거의 모든 사람들이 어렸을 때 이미 경험적으로 이 문제를 파악 및 해결했다고 말할 수 있다. 지도에는 여러 나라들이 그려져 있는데, 서로 이웃한 나라는 같은 색이 되지 않도록 칠하려면 얼마나 많은 색이 필요할까

이웃한 나라들의 색이 서로 같지 않도록 칠하려면 네 가지의 색만 있으면 된다.

하는 게 그 문제이며 답은 네 가지로 충분하다는 것이다. 유럽의 지도에는 사뭇 기이한 형태의 국경선들이 많지만 그렇더라도 네 가지 색으로 모두 해결된다. 프랑스, 독일, 벨기에, 룩셈부르크가 그려진 앞 페이지의 지도는 이를 확인시켜 준다.

그런데 과연 어느 지도라도 네 가지 색으로 충분하다는 사실을 어떻게 증명해야 할까?

이 문제는 1852년에 처음 제기되었다. 프란시스 거트리Francis Guthrie라는 법학도가 그 주인공인데, 어느 날 그는 런던대학교의 유니버시티칼리지에서 수학을 전공하는 남동생 프레더릭 거트리Frederick Guthrie에게 편지를 보내 어떤 지도든 서로 이웃한 나라를 구별해서 칠하는 데에 네 가지 색이면 충분하다는 사실을 증명한 사람이 있는지 물어보았다. 당시 이 문제를 처음 본 사람들은 별로 중요하게 여기지 않았던지 그다지 유명하지 않은 몇몇 수학자들만 프란시스에게 그들의 증명을 보내왔다. 하지만 이 증명들이 모두 틀린 것으로 드러나자 이 문제는 차츰 널리 알려지게 되었다. 괴팅겐대학교에서 힐베르트와 가장 친하게 지냈던 민코프스키도 언젠가 이 문제를 잘못 건드렸다가 혼쭐난 적이 있었다. 강의 도중 이 문제를 언급한 그는 "이 정리는 아직 증명되지 않았는데 그 이유는 지금껏 삼류 수학자들이 붙들고 있었기 때문이다. 나라면 충분히 증명할 수 있다"라고 큰소리쳤다. 이후 민코프스키는 몇 차례의 강의를 통해 이 문제와 관련된 자신의 아이디어를 쏟아 놓으며 힘겨운 씨름을 벌였다. 그러던 어느 날 그의 강의실에서 우레와 같은 박수 소리가 터져 나왔다. "하늘이 나의 오만에 화가 났던 모양이다. 내 증명은 잘못되었다"라고 그가 실토했기 때문이었다.

많은 사람들이 도전하고 실패할수록 문제의 위상은 자꾸 높아지게 마련인데, 특히 그 내용이 쉬운 문제는 더욱 그렇다. 이 문제는 거트리의 편지가 쓰여진 뒤 백 년이 넘도록 모든 시도를 물리치다가 1976년이 되어서야 비로소 해결되었다. 일리노이대학교의 두 수학자 케네스 아펠Kenneth Appel과 볼프강 하켄Wolfgang Haken은 언뜻 무한히 많을 것 같은 지도의 종류가 자세히 분석해 보면 1,500가지의 기본 지도로 분류된다는 점을 밝혔다. 이 성과는 이 문제의 해결을 위한 중요한 돌파구였다. 비유하자면 지도의 주기율표와 같은데, 상상할 수 있는 모든 지도가 1,500가지의 기본적인 '원자' 지도로 만들어질 수 있기 때문이다. 그런데 이와 같은 기본 지도만 분석하는 것도 엄청난 일이다. 만일 수작업으로 이를 마치려 했다면 1976년부터 시작했더라도 두 사람은 아직껏 계속 칠하고 있었을 것이다. 따라서 이들은 컴퓨터를 사용하기로 했다. 수학적 증명에 처음으로 컴퓨터를 동원한 것이었는데, 1,200시간을 돌린 끝에 그들은 결국 "예"라는 대답을 얻어 냈다. 인간의 창조성과 컴퓨터의 우직함이 결합하여 백 년이 넘도록 버텨 온 문제를 극적으로 해결한 것이다.

그런데 사색문제를 해결했다고 해서 실질적으로 얻은 이득은 거의 없다. 다섯 번째의 색깔을 준비할 필요가 없다는 수학자들의 말을 듣고 지도제작자들이 안도의 한숨을 내쉬지는 않았다. 수학자들은 이 문제를 딛고 나아가기 위하여 이에 대한 해결을 학수고대하지도 않았다. 이 문제는 흥미를 끌었던 것만큼 가치 있는 보답을 하지 못했다. 리만 가설의 해결에는 수천에 이르는 다른 결과들의 운명이 달려 있다. 사색문제의 의의는 우리가 이 문제를 해결할 정도로 2차원 평면을 충분히 깊이 이해하지 못하고 있다는 사실을 알려 준 데 있었다. 해결되지 않은 동안 이 문제는 수학자들로 하여금 우리를 둘러싼 공간을 더 깊이 이해하도록 자극해 왔다. 이 때문에 많은 사람들은 아펠과 하켄의 증명을 불만족스럽게 여긴다. 컴퓨터는 답을 내놓았지만 더 깊은 이해를 전해 주지는 못했다.

컴퓨터를 이용한 아펠과 하켄의 사색문제에 대한 증명에도 수학적 증명의 참된 정신이 담겨 있는지에 관해 많은 수학자들이 치열한 논쟁을 벌였다. 컴퓨터의 증명이 수학자들의 증명보다 옳을 가능성이 높다는 점을 알기는 하지만 여전히 증명에 있어 컴퓨터의 역할에 대해 많은 사람들이 불편한 기분을 느꼈다. 증명이라면 어떤 통찰을 전해 주어야 하는 것 아닐까? 하디는 즐겨 "수학적 증명은 산만한 은하수가 아니라 선명한 별자리와 같아야 한다"라고 말하곤 했다. 사색문제에 대한 컴퓨터의 증명은 혼란스런 하늘의 모습을 지겹도록 그려 내는 방식을 따른 것일 뿐 왜 하늘이 그렇게 보이는지에 대해서는 아무런 통찰도 제시해 주지 못했다.

컴퓨터를 이용한 증명은 수학적 즐거움이 반드시 결과만으로 얻어지는 것은 아니란 점을 분명히 보여 주었다. 수학적 미스터리에 대한 이야기는 단순히 누가 무슨 일을 저질렀는가에 관한 것이 아니다. 수학적 즐거움은 계시의 순간 모든 극적 요소들이 어떻게 한데 어우러지는가를 지켜보는 데에서 유래한다. 아펠과 하켄의 증명은 우리들로부터 "아하! 이제 알겠다"라는 외침의 순간을 빼앗아 가 버렸다. 우리는 증명의 창시자가 처음 누렸던 즐거움을 함께 공유하고자 한다. 컴퓨터도 감정을 느낄 수 있을 것인가 하는 문제를 두고 수십 년 간 논쟁이 이어져 오고 있다. 하지만 사색문제의 증명은 이와 경우가 다르다. 컴퓨터가 이를 증명하면서 어떤 즐거움을 누렸든 우리는 분명 그 즐거움을 함께 나눌 수 없을 것이다.

미학적 감정의 문제는 어쨌든, 이후 컴퓨터는 여러 정리를 증명하는 데에 자주 활용되기 시작했다. 어떤 문제가 유한한 수의 경우를 점검하는 것으로 귀결되기만 하면 컴퓨터가 도움을 줄 수 있다. 그렇다면 컴퓨터는 리만 가설의 증명에도 활용될 수 있을까? 제2차 세계대전이 끝나고 하디가 세상을 떴을 때 많은 사람들의 마음속에는 리만 가설은 거짓이 아닐까 하는 의심이 고개를 들기 시작했다. 튜링이 간파했듯, 거짓이라면 컴퓨터가 도울 수 있다. 영점을 찾는 프로그램을 투입한 뒤 특이선을 벗어난 영점을 찾을 때까지 돌리면 된다. 하지만 리만 가설이 참이라면 컴퓨터는 아무 쓸모가 없다. 무한히 많은 영점을 모두 점검해야 증명이 끝나는데, 컴퓨터에 대해서도 이는 불가능한 임무이다. 오직 갈수록 많은 수의 영점들이 특이선 위에 있음을 보여 줌으로써 우리의 믿음을 더욱 굳혀 주는 정도의 도움을 줄 수 있을 뿐이다.

컴퓨터는 다른 측면의 필요에 부응할 수도 있다. 하디가 세상을 뜰 때쯤 수학자들은 벽에 부딪혀 있었다. 리만 가설에 대한 이론적 진전의 샘이 말라붙었던 것이었다. 하디와 리틀우드와 셀베르그의 연구는 그때까지 제시된 기법으로 뽑아낼 수 있는 궁극의 한계까지 다가선 것으로 보였다. 따라서 이제 그 이상의 이해를 얻으려면 전혀 새로운 아이디어가 필요할 것으로 여겨졌다. 그런데 이처럼 새로운 아이디어도 없는 상황에서 컴퓨터는 뭔가 진전이 있는 듯한 인상을 심어 줄 수 있다. 하지만 이는 단지 인상일 뿐으로, 리만 가설에 대한 컴퓨터의 참여는 숨은 흠결을 살짝 덮어 주는 역할밖에 하지 못한다. 컴퓨터는 사고를 대체하고 있는데, 기분을 잠시 달래 주는 껌처럼, 벽에 부딪쳐 아무 진전도 없지만 뭔가 하고 있는 듯한 생각이 들도록 해 줄 따름이다.

자기에르, 수학적 검객

1932년 지겔이 출판되지 않은 리만의 노트에서 발견한 비밀스런 식은 리만 지형에 널려 있는 영점들의 위치를 정확하고도 효율적으로 계산할 수 있는 것이었다. 튜링은 자신이 만든 복잡한 기계로 이 식을 빠르게 계산해 보고자 했지만 얼마 가지 않아 더욱 현대적인 기계들이 그 식에 담긴 잠재력을 한껏 드러냈다. 이 비밀의 식을 담은 프로그램이 컴퓨터에 한번 탑재되자 그전까지 상상도 할 수 없었던 광대한 영역을 탐사하기 시작했다. 1960년대에 들어 인류는 무인우주선을 발사하여 머나먼 우주를 파헤칠 수 있게 되었는데, 이제 수학자들은 컴퓨터를 보내 일찍이 아무도 가 보지 못한 리만 지형의 변방을 더욱 멀리 확장하게 되었다.

수학자들이 리만 지형의 북쪽으로 계속 전진함에 따라 영점들에 대한 자료도 더욱 풍부해졌다. 하지만 이런 증거들이 무슨 소용이 있을까? 리만 가설이 진실이란 확신을 가지려면 앞으로 얼마나 더 많은 영점들이 특이선 위에 있음을 보여야 할까? 리틀우드의 업적이 웅변해 주듯, 수학에서 증거란 것이 확신의 근거가 되는 일은 드물다. 이 때문에 많은 사람들은 컴퓨터를 이용해서 리만 가설을 증명하려는 노력에 대해 부정적이다. 그러나 이 노력의 결과 리만 가설에 대해 가장 부정적인 회의론자들조차 그 태도를 조금씩 바꿀 수 있도록 하는 놀라운 성과들이 거두어지고 있었다.

1970년대가 열릴 무렵 소수의 회의론자들 가운데 한 사람이 특히 고개를 높이 내밀고 있었다. 돈 자기에르Don Zagier는 최근의 수학계에서 가장 정력적 활동을 펼치는 수학자의 무리에 속한다. 그는 독일의 본Bonn에 있는 막스 플랑크 수학연구소Max Planck Institute for Mathematics에서 지내며 단연 두각을 나타내고 있는데, 이 연구소는 프린스턴에 있는 고등과학원의 독일판이라고 말할 수 있다. 일부 수학적 검객처럼 자기에르도 면도날 같은 예리한 두뇌를 자랑하면서 스쳐 지나가는 어떤 문제라도 단칼에 해치워 버릴 태세를 갖추고 있다. 그는 놀라운 열정과 에너지에 휩싸여 어떤 주제에 대한 아이디어를 속사포처럼 쏟아 내어 상대방을 숨쉴 겨를도 없이 몰아붙이다가 회오리바람의 잔해 속에 남겨 두고 떠나 버린다. 자기에르는 자신의 연구 주제를 장난감처럼 즐겁게 다루며, 점심시간이면 항상 입맛을 돋울 양

본(Bonn)에 있는 막스 플랑크 수학연구소의 교수 돈 자기에르(1951-)

넘과도 같은 수학적 퍼즐을 내놓곤 한다.

　자기에르는 어떤 사람들이 리만 가설의 진실성을, 진정한 증거가 부족한 데도 불구하고, 순수한 미학적 관점을 토대로 믿고자 하는 데에 분개했다. 현재로서 리만 가설에 대한 그들의 믿음은 수학적 단순성과 아름다움에 대한 존경 이외에는 거의 아무것도 아니다. 만일 특이선을 벗어난 영점이 하나라도 발견되면 그 아름다움은 흉한 얼룩으로 물들고 만다. 각각의 영점들은 나름대로 소수의 음악에 기여하고 있다. 엔리코 봄비에리는 리만 가설이 거짓으로 드러난다는 게 무엇을 뜻하는지에 대해 다음과 같이 말했다. "모든 음악가들이 아름다운 화음을 자아내며 연주하고 있는 음악회에 앉아 있다고 합시다. 그런데 커다란 튜바가 느닷없이 엄청나게 큰 소리를 내서 다른 모든 음을 뭉개 버리고 맙니다." 수학의 세계에도 수많은 아름다움이 넘친다. 그래서 우리들은 자연이 굳이 리만 가설을 거짓으로 만들어 이런 아름다움들을 해치리라고는 믿지 않는데, 사실 말하자면 차마 그렇게 믿고 싶어하지 않는다고 보는 게 옳을 것이다.

이 시점에서 자기에르가 리만 가설에 대한 회의론자들의 선두에 나서고 있다면 봄비에리는 지지자들의 전형이라고 말할 수 있다. 1970년 초반 봄비에리는 조국 이탈리아에서 교수로 지내면서 아직 프린스턴의 고등과학원에는 건너오지 않았다. 자기에르는 그에 대해 다음과 같이 말했다. "봄비에리는 리만 가설의 진실성을 절대적으로 믿었다. 사실상 이는 종교적 신앙과도 같았으며, 만일 거짓이라면 온 세상이 허물어진다고 여겼다." 봄비에리의 말에서도 이런 생각을 엿볼 수 있다. "나는 11학년에 다닐 때 몇 사람의 중세 철학자에 대해 배웠다. 그 가운데 오컴William of Occam은 어떤 현상을 설명할 수 있는 두 이론이 있을 경우 더 간단한 것을 택해야 한다고 주장했다. 그의 이 주장을 흔히 '오컴의 면도날Occam's razor'이라고 부르는데, 불필요한 것을 잘라 내고 가장 단순한 것을 취하는 원리라고 말할 수 있다." 봄비에리가 보기에 특이선을 벗어난 영점은 오케스트라에서 다른 음을 뭉개 버리는 악기와도 같았다. "이는 미학적 재앙입니다. 저는 오컴의 추종자로서 이런 상황을 거부하며 따라서 리만 가설의 진실성을 마음속 깊이 받아들입니다."

봄비에리가 본에 있는 자기에르의 연구실을 방문하여 차를 마시면서 리만 가설에 대해 논의할 때쯤 두 사람의 대립은 최고조에 달했다. 언제나 자신만만하게 허풍을 떠는 자기에르는 봄비에리에게 결투를 신청했다. "차를 마시면서 나는 참이든 거짓이든 입증할 증거가 아직 부족하다고 말했습니다. 그래서 똑같은 돈을 걸고 내기를 하자고 했지요. 다만 나는 리만 가설이 거짓임을 믿어서가 아니라 내가 반대편에 서야 내기가 성립되기 때문에 반대편에 걸었습니다."

봄비에리는 즉각 환영하고 나섰다. "그 문제라면 언제나 기꺼이 응할 태세가 되어 있습니다." 순간 자기에르는 같은 금액을 내건 것에 후회했다. 봄비에리의 기세로 볼 때 설령 10억 대 1의 비율이라도 받아들였을 것이다. 어쨌든 내기는 이뤄졌다. 패자는 승자가 택하는 보르도Bordeaux산 최고급 포도주 두 병을 바쳐야 한다.

"우리는 이 내기가 죽기 전에 해결되기를 바랐습니다"라고 자기에르는 말했다. "하지만 무덤 속에 들어갈 때까지 미해결로 남을 가능성이 많겠지요. 우리는 시간제한을 설정하지 않았는데, 예를 들어 10년이 지나도록 미해결이면 없는 것으로 하기 위해서였습니다. 그렇지만 이는 참 어리석은 생각입니다. 10년이란 기간이 리만 가설과 무슨 상관이 있겠습니까? 정하려면 뭔가 수학적 근거에 따라 정했어야 할 것입니다."

그래서 자기에르는 다음과 같이 제안했다. 튜링의 기계는 1,104개의 영점을 계산하고 난 뒤 다운되고 말았지만 1956년 레머는 상당한 성공을 거두었다. 그는 캘리포니아의 기계를 이용하여 첫 25,000개의 영점들이 특이선 위에 있음을 보였다. 1970년대에 들어 행해진 어떤 유명한 계산의 결과 이 수는 크게 늘어나 무려 첫 350만 개의 영점들이 특이선 위에 있음이 밝혀졌다. 이 결과는 계산상의 걸작이라고 할 수 있는데, 교묘한 이론적 기법을 개발하여 당시로서 얻을 수 있는 컴퓨터의 계산력을 그 극한까지 추출해 냈기 때문이었다. 자기에르는 이에 대해 다음과 같이 말했다.

나는 "좋다"라고 말했다. 이제 300만 개의 영점들이 계산되었다. 하지만 나는 아직 확신하지 못한다. 대부분의 사람들이 "도대체 뭘 원하는 거냐? … 맙소사, 300만 개 아닌가 말이다"라고 말해도 할 수 없다. 이에 대해 많은 사람들은 "300

만 개나 또는 예를 들어 3조 개나 다를 게 뭐냐? 이 정도면 되지 않느냐?"라고 말할 것이다. 그런데 이제 말하거니와 요점은 여기에 있다. 개수가 달라지면 상황도 달라진다. 현재 300만 개지만 나는 아직 확신하지 못한다. 나는 이 내기를 좀더 일찍 시작했기를 바란다. 내 마음도 이미 조금씩은 믿어 가고 있기 때문이다. 만일 10만 개가 조사되었을 때 이 내기를 했더라면 리만 가설이 옳다는 생각을 전혀 하지 않아도 되었을 것이다. 이 가설의 경우 10만 개의 자료는 아무 쓸모가 없다. 실질적으로 확률이 없는 것과 마찬가지다. 하지만 300만 개의 자료는 약간이나마 흥미를 끈다.

그런데 자기에르는 영점의 개수가 3억 개 정도에 이르면 중대한 계기가 펼쳐짐을 깨닫게 되었다. 첫 수천 개의 영점들이 특이선 위에 있는 데에는 그럴 만한 이론적 근거가 있다. 하지만 리만 지형의 북쪽으로 나아갈수록 영점들이 특이선 위에 있어야 한다는 이유는 점점 시들어지고 반대로 특이선을 벗어나야 한다는 이유가 힘을 얻어 간다. 자기에르의 분석에 따르면 영점의 개수가 3억에 이르도록 특이선을 벗어나지 않는다면 기적과도 같은 상황이 된다.

자기에르의 분석은 리만 지형을 특이선을 따라 자른 단면으로 살펴봄으로써 얻어졌다. 이 단면에서 리만 지형은 봉우리와 골짜기를 교대로 보여주는데, 이를 이용하면 리만 가설에 대한 새로운 해석을 이끌어 낼 수 있다. 만일 이 그래프가 리만의 특이선을 가로지르면 이 부근에서 특이선을 벗어난 영점이 존재하게 되며 따라서 리만 가설은 거짓으로 드러나게 된다. 처음 시작할 때 그래프는 특이선으로부터 떨어져 높이 올라가는 모습을 보여준다. 하지만 북쪽으로 계속 진행하면 아래로 고개를 숙이게 되며 차츰 특이선으로 다가선다. 이처럼 자기에르의 그래프는 특이선으로 다가섰다가

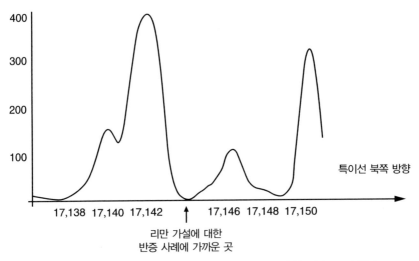

리만 가설에 대한
반증 사례에 가까운 곳

자기에르의 보조 그래프 — 이 그래프가 수평선을 가로지른다면 리만 가설은 거짓으로 판명된다.

멀어지는 행동을 반복하는데, 그래프가 특이선으로 다가올 때마다 뭔가 이를 퉁겨 내 가로지르는 것을 막아서는 듯 보인다.

그런데 북쪽으로 나아갈수록 특이선을 가로지를 가능성이 높아 보인다. 자기에르는 영점이 3억 개 정도에 이를 때 최초의 취약점이 나타날 것으로 예상했다. 따라서 이 부근에서의 조사가 초미의 관심사로 떠올랐다. 만일 이 정도까지 나아갔는데도 자기에르의 그래프가 특이선을 가로지르지 않는다면 거기에는 그럴 만한 이론적 근거가 반드시 있어야 한다. 그리고 그 근거는 바로 리만 가설이 옳음을 보여 주는 궁극적 이유가 될 것이라고 자기에르는 믿었다. 이에 따라 자기에르는 자신이 제기한 내기의 승패 여부를 3억 개의 영점이 계산되는 시점에서 내리기로 정했다. 봄비에리는 리만 가설이 그 전에 거짓으로 드러나거나 아니면 3억 개의 영점이 계산되도록 반증 사례가 나오지 않으면 내기에서 이기게 된다.

자기에르는 1970년대만 하더라도 컴퓨터의 성능이 이 문제를 다루기에는 너무나 미약함을 잘 알고 있었다. 그때까지 컴퓨터는 350만 개의 영점을 계산했다. 자기에르는 당시 컴퓨터 기술의 발전 속도를 토대로 미루어 볼 때 3억 개의 영점을 조사하는 데에 이르려면 약 30년의 세월이 걸릴 것으로 예상했다. 하지만 그는 곧이어 닥칠 컴퓨터 기술의 혁명을 내다보지 못했다.

처음 5년 동안에는 별다른 일이 없었다. 컴퓨터의 성능은 꾸준히 향상되었지만 계산량의 백 배는 고사하고 두 배만 늘리는 데에도 엄청난 노력이 필요했으므로 아무도 특별한 관심을 기울이지 않았다. 게다가 이 연구에서 많은 시간과 정력을 들여 증거의 양을 두 배로 늘린들 새로운 의미는 거의 찾을 수 없다. 그런데 5년 뒤 갑자기 컴퓨터의 성능이 비약적으로 향상되었으며, 이에 고무된 두 곳의 연구팀이 영점의 계산에 뛰어들었다. 그중 한 팀은 암스테르담의 헤르만 테 릴레Herman te Riele, 다른 한 팀은 호주의 리처드 브렌트Richard Brent가 이끌었다.

1978년 브렌트가 먼저 입을 열어 첫 7,500만 개의 영점들이 여전히 특이선 위에 있다고 발표했다. 그러자 암스테르담의 연구팀이 힘을 보탰고 1년 뒤에는 공들여서 아름답게 꾸민 많은 분량의 논문을 발표하게 되었다. 그들이 얼마나 멀리 갔는고 하니, 무려 2억 개의 영점을 계산했다! 자기에르는 이 소식을 듣고 웃었다.

이 계산은 참으로 엄청난 작업이어서 나는 안도의 한숨을 내쉬었다. 그들이 2억 개에서 멈춘 데 대해 신에게 감사하고 싶다. 원하기만 한다면 분명 3억 개까지도 나아갈 수 있었을 테지만 그렇게 하지 않은 것은 나에게도 다행이었다. 이제 나는 다시 몇 년 집행유예를 받은 기분이다. 그들이 단지 50%를 위해 다시 나서지는 않을 것이기 때문이다. 사람들은 그들이 10억 개의 영점에 도전하기를 기다릴 것이며, 그러려면 꽤 오랜 세월이 걸릴 것이다. 그런데 불행히도 나는 암스테르담에 있으면서 나의 내기에 대해 알고 있던 친구 헨드리크 렌스트라Hendrik Lenstra를 의지할 수 없었다.

렌스트라는 릴레에게 가서 물었다. "왜 2억 개에서 멈춥니까? 3억 개까지 가면 돈 자기에르가 내기에 질 텐데요." 이 말을 들은 연구팀은 3억 개까지 진행했다. 당연한 일이었겠지만 역시 영점들은 여전히 특이선 위에 머물렀고 자기에르는 약속한 내용을 이행해야 했다. 자기에르가 포도주 두 병을 들고 나타나자 봄비에리는 그중 한 병을 자기에르와 나눠 마셨다. 자기에르가 지적했듯 그것은 역사상 가장 비싼 포도주였는데, 그 이유를 다음과 같이 설명했다.

2억 개까지는 나와 아무 상관없이 그들 독자적으로 진행했다. 하지만 마지막 1억 개는 오직 나와 봄비에리 사이의 내기에 대해 들었기 때문에 조사되었다. 이 여분의 1억 개를 계산하는 데에 대략 천 시간의 CPU 시간이 걸렸을 것이다. 당시 1시간의 CPU 시간에 약 700달러의 비용이 들었다. 그런데 이는 오직 나로 하여금 내기에 지게 해서 두 병의 포도주를 내놓도록 하기 위하여 지불한 돈이다. 따라서 한 병에 35만 달러씩 쓰인 셈이며, 결국 이 포도주들은 경매에서 팔렸던 그 어떤 포도주보다 훨씬 더 비싼 포도주가 되고 말았다.

더욱 중요한 것은, 자기에르의 관점에서 볼 때, 리만 가설이 옳을 확률이 훨씬 증가했다는 사실이다. 계산 도구로서 컴퓨터의 위력은 어느덧 반대 사례가 나올 가능성을 완전히 말살할 정도로 강력해졌다고 말할 수 있다. 자기에르의 보조 그래프에서 보면 특이선을 가로지르려는 시도가 자주 눈에 띄지만 거기에 다가설 때마다 뭔가 눈에 보이지 않는 거대한 반발력이 그래프를 다시 위로 퉁겨 내는 듯 하다. 그렇다면 그 원인은 무엇일까? 바로 리만 가설이랄 수밖에 없다.

"이 때문에 나는 이제 리만 가설의 강력한 지지자로 돌아섰습니다"라고 자기에르는 말했다. 그는 이 문제에서의 컴퓨터의 역할을 이론물리학에서의 입자가속기와 비교했다. 물리학자들은 만물을 이루는 근본 입자들에 대한 모델을 세웠지만 이것을 점검하려면 원자를 산산조각 낼 정도로 강력한 에너지가 필요하다. 자기에르가 보기에 3억 개의 영점에는 리만 가설을 사실로 인정하기에 충분할 정도의 에너지가 담겨 있었다.

> 나는 이 결과가 그래프가 수평선을 가로지르려 할 때마다 뭔가 이를 막아 주는 존재가 있다는 사실을 100% 확신시켜 주는 증거라고 믿게 되었습니다. 그 존재에 대해 내가 상상할 수 있는 단 하나의 것은 바로 리만 가설입니다. 이제 나는 봄비에리와 같은 절대적 신봉자가 되었습니다. 다만 그것이 너무나 아름답고 우아하다는 선험적 확신이나 신의 존재를 믿기 때문은 아닙니다. 오직 이 압도적인 증거들 때문입니다.

릴레의 연구팀에 있던 얀 반 데 루네Jan van de Lune는 현재 은퇴해 있다. 하지만 수학자들은 연구실을 포기하더라도 몸에 배인 수학자적 기질은 결코 완전히 잃지 못한다. 예전에 연구팀이 쓰던 프로그램으로 집에서 사용하는 세 대의 개인용 컴퓨터를 돌린 끝에 현재까지 그는 첫 6억 3천만 개의 영점이 리만 가설에 따라 특이선 위에 있음을 확인했다. 물론 아무리 오래도록 계속하더라도 그의 컴퓨터가 이런 방식으로 리만 가설을 증명해 낼 수는 없다. 다만 특이선에서 벗어난 영점들이 있다고 할 경우 그중 하나를 발견하여 리만 가설이 한낱 환상에 지나지 않음을 보일 희미한 가능성은 남아 있다고 하겠다.

이것, 곧 추측이나 가설을 무너뜨리는 일이 바로 컴퓨터의 존재 이유이다. 1980년대에 들어 영점에 대한 계산은 리만 가설의 사촌 격으로 '머튼스추측Mertens Conjecture'이라 불리는 가설을 허물어뜨리려는 데에 사용되고 있다. 하지만 이번 계산은 안락한 대학교의 수학과에서 진행되지 않았다. 대신 관심은 AT&T 전화회사AT&T Telephone Company라는 다소 의외의 곳에서 이뤄지는 영점 계산으로 쏠리게 되었다.

오들리즈코, 뉴저지의 계산대가

뉴저지 주의 중심부, 잠든 듯 조용한 도시 플로럼 파크Florham Park의 가까이 AT&T 전화회사의 연구소에는 뜻밖에도 수학적 인재들의 발전소가 자리 잡고 있다. 건물 안으로 들어서면 마치 대학교의 수학과에 들어선 것으로 착각할 정도로 학구적 분위기가 풍긴다. 하지만 이곳은 바로 통신산업의 선두 업체가 자리 잡고 있는 곳이다. 이 연구소의 유래는 AT&T 벨연구소AT&T Bell Laboratory가 설립된 때인 1920년대로 거슬러 올라간다. 튜링도 전쟁 중에 뉴욕의 벨연구소에서 잠시 지낸 적이 있다. 그는 당시 음성의 암호화 프로젝트에 참여했는데, 그 목적은 워싱턴과 런던의 전화를 안전하게 보호하자는 데에 있었다. 튜링은 이 당시 벨연구소가 프린스턴보다 더 활기찬 장소였다고 말했다. 물론 여기에는 맨해튼의 밤에 대한 암시도 내포되어 있기는 하다. 에어디시도 기나긴 수학적 방랑 생활 동안 이곳을 가끔씩 들렀다.

1960년대에 통신산업계에 몰아친 기술혁명의 돌풍 속에서 AT&T는 선두 업체의 지위를 유지하기 위하여 더욱 많은 수학 전문가들을 끌어 모았다. 60년대는 또한 대학들도 많이 늘어났는데, 이에 비하여 70년대는 수학자들이 대학에서 일자리를 잡기 힘든 시기였다. AT&T는 연구소를 확충하면서 이와 같은 잉여 인력을 일부 흡수했다. 물론 회사는 그들의 연구가 언젠가 기술혁명에 기여하기를 바랐지만 당분간은 수학적 정열을 유지하면서 연구를 계속하는 데에 만족했다. 언뜻 이는 아주 이타적 발상처럼 들린다. 그러나 알고 보면 이것도 좋은 사업이었다. 1970년대에 통신산업은 독점체제로 운영된 반면 그렇게 해서 거둔 이익금을 사용하는 데에는 엄격한 제한이 따랐다. 그런데 연구소를 설립하고 이에 투자하는 것은 이와 같은 이익금의 일부를 흡수하는 가장 효율적인 방법의 하나였다.

AT&T가 수학을 도운 동기야 어떻든 일단 수학은 AT&T에게 감사해야 한다. 가장 흥미로운 이론적 진보 가운데 일부가 바로 이런 연구소들에서 나왔기 때문이다. 말하자면 이는 학계와 고집 센 산업계의 환상적 결합이라고 할 수 있다. 나도 그 연구소의 수학자들을 방문했을 때 이런 결합의 효과를 직접 목격할 수 있었다. 이때 AT&T는 휴대폰의 대역(帶域)을 따내기 위한 경매에서 어찌하면 최대의 수확을 거둘 수 있을 것인가 하는 문제에 직면해 있었다. 점심시간이 되자 몇 사람의 수학자들은 복잡한 경매 과정에서 어떤 전략을 써야 회사에 최대의 성과를 안겨 줄 수 있는지에 대한 이론적 모델을 제시하며 열띤 토론을 벌였다. 수학자들의 입장에서 보자면 이는 수백만 달러의 회사 돈을 투자하는 프로젝트라기보다 마치 체스 같은 게임들에서 펼칠 작전과도 같았다. 하지만 이 두 활동이 서로 어긋나는 것은 아니다.

2001년까지 연구소의 소장은 앤드루 오들리즈코Andrew Odlyzko였다. 폴란드 출신인 그의 말에는 강하면서도 점잖은 동유럽 풍의 억양이 아직도 남아 있다. 기업체의 거래 업무 부서에서의 경험 덕분에 그는 서로 다른 수학적 아이디어들을 잘 교류시킬 수 있게 되었다. 또한 매력적이고도 포용력이 풍부하여 수학자들의 자발적 참여도 잘 이끌어 낸다. 그럼에도 불구하고 오

2001년까지 AT&T연구소의 소장직을 역임한 앤드루 오들리즈코

들리즈코는 매우 엄밀하고도 유능한 수학자여서 각 단계를 진행할 때마다 항상 한 점 의문의 여지를 남기지 않고자 한다. 제타함수에 대한 오들리즈코의 관심은 MIT_{Massachusetts Institute of Technology}(매사추세츠공과대학)에서 해롤드 스타크_{Harold Stark} 교수의 지도 아래 박사학위 과정을 밟을 때 싹텄다. 이때 그가 다룬 문제 가운데 하나를 해결하려면 제타 지형에 있는 처음 몇 영점들의 위치를 최대한 정확히 계산해 내야 했다.

정밀 계산이야말로 인간보다 컴퓨터가 월등히 뛰어난 분야이다. 오들리즈코는 AT&T 벨연구소에 들어온 지 얼마 되지 않아 첫 성과를 거두었다. 1978년 이 연구소는 크레이1을 들였는데, 이는 대학이나 정부를 제외한 민간 업체에서 사들인 첫 번째의 슈퍼컴퓨터였다. AT&T는 예산과 회계가 거의 모든 것을 좌우하는 기업체였으므로 대형컴퓨터의 사용료도 사용하는 부서에서 지출해야 했다. 그런데 크레이를 돌릴 프로그램을 능숙하게 작성하는 데에 상당한 시간이 걸렸으므로 처음 한동안은 거의 가동되지 못했다. 그래서 컴퓨터 관리부서는 가치 있는 과학적 연구라고 판단될 경우 누구든 무료로 5시간 동안 사용할 수 있도록 조치했다.

크레이의 막강한 계산력은 오들리즈코에게 뿌리치기 힘든 유혹이었다. 이에 그는 첫 3억 개의 영점이 리만의 특이선 위에 있음을 보인 암스테르담과 호주의 연구팀과 접촉했다. 그들 중 어느 누구든 영점의 위치를 정확히 계산해 본 사람이 있을까? 아무도 없었다. 그들은 영점이 특이선 위, 곧 리만 지형의 원점에서 동쪽으로 1/2 떨어진 곳에 있는지의 여부에만 관심을 쏟았을 뿐, 특이선 남북으로 얼마나 떨어진 곳에 있는지를 정확히 알아보고자 하는 생각은 하지 않았다. 오들리즈코는 연구소에 요청하여 첫 백만 개 영점들의 정확한 좌표를 밝힐 목적으로 크레이를 사용하고자 했다. 회사는 이를 허락했고 이로부터 수십 년 간 오들리즈코는 컴퓨터가 다른 목적으로 활용되지 않는 시간마다 계속해서 영점들의 좌표를 결정하는 데에 사용했다. 이 계산은 그저 별 의미도 없는 한가한 소일거리가 결코 아니었다. 오들리즈코의 지도교수인 스타크는 이렇게 얻어진 첫 몇 영점들의 정확한 좌표를 이용하여 어떤 특정한 복소수들이 인수분해되는 양상에 대한 가우스의 추측 한 가지를 증명했다. 한편 오들리즈코는 첫 2,000개의 정확한 좌표를 이용하여 20세기 초부터 수학계의 관심을 끌어 온 머튼스추측이 거짓임을 밝혀냈다. 이 연구에는 3억 개의 영점이 특이선 위에 있음을 보임으로써 자기에르로 하여금 내기에서 지게 만들었던 암스테르담의 릴레도 참가했다. 머튼스추측은 리만 가설과 밀접한 관련이 있다. 머튼스추측이 참이라면 리만 가설도 참인데, 머튼스추측이 거짓이라 해서 리만 가설도 반드시 거짓인 것은 아니다.

머튼스추측은 소수를 결정하는 동전던지기 게임을 약간 변형한 것으로 이해하면 쉽다. 어떤 수가 짝수 개의 소수로 소인수분해되면 머튼스의 동전은 앞면이 나오고 홀수 개의 소수로 소인수분해되면 뒷면이 나오는 것으로 정한다. 예를 들어 15는 3×5로서 3과 5라는 두 소수로 소인수분해되므로 머튼스의 동전은 앞면, 105는 3×5×7로서 세 소수로 소인수분해되므로 뒷면이 나온다. 그런데 여기에서 제3의 경우는 제외한다. 그것은 어떤 수를 소인수분해했을 때 같은 소수가 두 번 이상 나타나는 경우인데, 예를 들어 12는 2×2×3으로서 2라는 소수가 두 번 나오므로 이 게임에서 제외한다. 이런 규칙 아래 머튼스는 숫자를 키워가면서 어떤 결과가 나오는지 조사해 보았다. 그런 다음 한 가지 추측을 제시했는데 이는 리만 가설과 아주 비슷하다. 그런데 리만 가설의 경우 동전들이 완전히 임의적으로 행동한다고 말함에 비하여 머튼스추측의 경우에는 약간의 경향성을 띤다고 예상한다. 그리고 이런 논의로부터 머튼스추측이 옳다면 리만 가설도 옳은데, 이 역은 성립하지 않는다는 결론이 도출된다.

1897년 머튼스는 10,000까지의 수를 조사하여 자신의 추측이 옳음을 보여 주는 표를 만들었다. 1970년까지 이 증거의 범위는 10억으로 늘어났다. 하지만 리틀우드가 이미 보였듯 10억에 이르는 실험적 증거라도 증명으로서의 가치는 무시할 정도에 지나지 않는다. 이에 따라 머튼스추측이 정말로 옳은지에 대한 의구심이 차츰 수면으로 떠올랐다. 마침내 오들리즈코와 릴레는 첫 2,000개의 영점을 유효숫자 100개까지 정밀하게 계산함으로써 머튼스추측은 거짓임을 밝혀냈다. 그런데 이 연구에서 두 사람은 한 가지 중요한 경고 메시지를 던졌다. 10억에 이르는 증거가 언뜻 인상적으로 보이지만 머튼스가 설령 10^{30}까지 조사했더라도 그의 분석법에 의하면 여전히 긍정적 결론이 나옴을 보였던 것이다.

AT&T에서 오들리즈코가 사용한 컴퓨터는 소수의 신비를 파헤치는 수학자들에게 많은 도움을 주었다. 하지만 반드시 일방통행인 것만은 아니다. 소수들 또한 컴퓨터 시대의 확장에 도움을 주고 있다. 1970년대에 들어 소수는 전자통신의 비밀을 보호하는 데에 문자 그대로 핵심적인 '열쇠'가 되었다. 하디는 언제나 수학 특히 수론이 현실 세계에서 얼마나 쓸모 없는지를 강조하면서 오히려 자랑으로 여겼다.

> 페르마, 오일러, 가우스, 아벨, 리만 등과 같은 '진짜' 수학자들이 추구했던 '진짜' 수학은 거의 아무런 쓸모가 없다('순수' 수학의 '응용'도 쓸모없기는 마찬가지이다). 어떤 진정한 수학자의 삶을 그가 쌓은 업적의 유용성으로 평가하는 것은 불가능하다.

하지만 하디는 이보다 더 잘못된 생각을 하지 못할 것이다. 페르마와 가우스와 리만의 수학은 오늘날 상업계의 심장부에 둥지를 틀어 가고 있었다. 1980년대와 90년대에 들어 AT&T가 더욱 많은 수학자들을 끌어들인 이유도 바로 여기에 있다. 전 세계의 전자 마을들이 안전하게 운영될지 아니면 허무하게 쓰러지고 말는지의 여부는 소수에 대한 우리의 이해에 달려 있다.

-제10장-

수와 암호 깨기

가우스가 현대에 살았더라면 해커가 되었을 것이다.

피터 사르낙, 프린스턴대학교 교수

1903년 뉴욕의 컬럼비아대학교Columbia University에 있는 프랭크 넬슨 콜Frank Nelson Cole 교수는 미국수학회의 모임에서 약간 묘한 발표를 했다. 한마디의 말도 하지 않은 채 그는 한 칠판에 메르센 수 가운데 하나를 적고 다음 칠판에 두 수의 곱을 썼다. 이어서 그 사이에 등호를 집어넣은 그는 다시 조용히 자리로 돌아와 앉았다.

$$2^{67} - 1 = 193{,}707{,}721 \times 761{,}838{,}257{,}287$$

청중들은 일제히 기립 박수를 보냈는데, 만장한 수학자들에게서는 좀처럼 보기 힘든 광경이었다. 그런데 비록 좀 크기는 하지만 어떤 두 수를 곱한다는 것은 별 어려운 일이 아니며 특히 20세기를 맞이한 수학자들에게는 더욱 그렇다. 하지만 콜이 한 것은 이 반대의 일이었다. 1876년 이래 $2^{67} - 1$이라는 스물한 자리의 수는 소수가 아니란 점은 알려져 있었으나 어떤 두 수의 곱으로 나타낼 수 있는지는 아무도 몰랐다. 콜은 3년 동안의 일요일 오후 시간을 바쳐 마침내 이것을 두 소수의 곱으로 분해할 수 있었다.

콜의 발견에 찬사를 보낸 사람들은 1903년의 청중들만은 아니었다. 2000년에 오프브로드웨이off-Broadway의 실험적인 연극 〈히스테리성 다섯 소녀의 정리The Five Hysterical Girls Theorem〉는 출연하는 한 소녀로 하여금 콜의 소인수분해를 행하도록 하는 방식으로 그에게 경의를 표했다. 바닷가로 여행을 떠나는 수학 가족을 그린 이 연극에서 소수는 자주 인용되는 주제이다. 아버지는 딸이 성인(18살)이 된 것을 슬퍼하는데 그 이유는 이제 충분히 나이가 들어 애인과 함께 도망칠 것을 염려한 게 아니라 17은 소수인 반면 18은 약수가 네 개나 된다는 사실 때문이었다!

2천여 년 전에 이미 고대 그리스인들은 모든 수가 소수의 곱으로 표현될 수 있음을 알고 있었다. 이때 이후 이와 같은 소인수분해에 들어가는 소수를 어찌하면 효율적으로 찾을 수 있을까 하는 문제는 수많은 수학자들을 홀려 왔다. 화학에는 주기율표라는 게 있어서 어떤 물질이 어떤 원소로 이뤄져 있는지 알아보는 데에 도움을 준다. 그런데 수학에는 이에 상응하는 완전한 수학적 주기율표가 없다. 만일 어떤 수든 자유롭게 소인수분해할 방법을 발견한다면 그 사람이 얻는 것은 단지 드높은 학문적 영예에 그치지 않는다.

1903년에 콜이 보여 준 소인수분해는 수학적 호기심의 대상에 지나지 않았다. 만장한 수학자들의 갈채는 거기에 투입된 엄청난 노력에 대한 것일 뿐 그 배경에 어떤 본질적 중요성이 숨어 있다고 본다는 뜻은 아니었다. 하지만 오늘날 이와 같은 어려운 소인수분해는 일요일 오후의 단순한 소일거리가 아니라 현대적 암호체계의 핵심적 요소를 이루고 있다. 수학자들은 이 난해한 과정을 암호화에 이용하여 인터넷을 통해 이루어지는 전 세계의 금융산업을 보호하고 있다. 언뜻 이 과정은 그다지 어렵지 않게 보인다. 하지만 100자리 이상의 수를 소인수분해하는 데에는 적어도 현재로서는 최고 성능의 컴퓨터라도 실질적으로는 불가능이라고 말해도 좋을 정도의 오랜 시간이 걸린다. 이에 따라 이에 근거한 암호체계에 전 세계의 은행과 전자 거래는 그들의 운명을 걸고 있다. 나아가 이 방법은 암호학에 관련된 끈질 긴 문제를 해결하는 데에도 이용되고 있다.

인터넷 암호체계의 탄생

우리가 통신을 하는 한 비밀스런 메시지를 주고받는 데에 관심을 두지 않을 수 없다. 중요한 정보가 원하지 않는 곳에 들어가는 것을 막기 위하여 유사 이래 인류는 갖은 교묘한 방법을 동원하여 메시지의 내용을 숨기고자 노력해 왔다. 최초의 사례 가운데 한 가지는 2,500여 년 전 스파르타 군대가 쓰던 것을 들 수 있다. 암호의 송신자와 수신자는 스키탈레scytale라고 부르는 같은 굵기의 원통형 막대기를 갖고 있다. 암호를 보내려면 송신자는 먼저 스키탈레 위로 테이프 모양의 가느다란 양피지를 나사처럼 감는다. 그런 다음 스키탈레의 길이 방향으로 전하고자 하는 메시지를 쓴다. 양피지를 풀면 글자가 흐트러지므로 메시지의 내용은 알아볼 수 없다. 수신자는 이를 받으면 그의 스키탈레 위에 나사처럼 감으며, 이때 본래의 메시지가 다시 나타난다. 이후 사람들은 더욱 교묘한 암호화 방법을 개발하여 이용해 왔다. 가장 궁극적인 기계적 방법은 제2차 세계대전 중에 독일군이 사용한 에니그마라고 할 수 있다.

1977년 전까지 암호로 메시지를 교환하고자 하는 사람들은 하나의 본질적인 문제를 안고 있었다. 송신자와 수신자가 어떤 형태로든 미리 만나 암호화의 방법에 대해 합의를 해야 한다는 문제였다. 스파르타 군대의 경우를 예로 들면 양측의 담당자가 서로 만나 스키탈레의 크기에 합의를 봐야 한다. 대량으로 생산된 에니그마의 경우에도 마찬가지였다. 베를린의 송신자는 암호를 보내는 외에 따로 첩자를 보내서 잠수함의 함장이나 전차부대의 지휘관에게 기계의 세팅setting과 조작법에 관한 책을 전달해야 했다. 이런 일은 암호체계를 바꿀 때마다 행해져야 했으므로 위험부담도 컸다. 만일 도중에 그 책이 적에게 들어가면 게임은 그것으로 끝이다.

이제 이런 암호체계를 이용하여 인터넷으로 사업을 하고자 하는 사람을 상상해 보자. 예를 들어 신용카드 번호와 같은 금융 정보를 보내기 전에 우리는 각각의 웹사이트를 운영하는 사람으로부터 이런 정보를 어떻게 암호화할 것인지에 대한 비밀 문서를 받아야 한다. 하지만 인터넷을 통해 엄청난 정보가 교환되므로 누군가 이 문서를 가로챌 가능성이 아주 높다. 따라서 인터넷을 통한 세계적인 전자거래를 성공적으로 이끌려면 지금까지와는 혁신적으로 다른 새로운 암호체계를 개발해야 한다. 제2차 세계대전 중에 에니그마로 작성된 암호를 푼 사람은 블레칠리 파크의 수학자였던 것과 마찬가지로 추리소설에서나 나올 새로운 암호체계를 개발하여 지구촌 전체에서 안전하게 사용하도록 할 사람 또한 수학자들이다. 이와 같은 배경에서 오늘날 공개키 암호public-key cryptography라고 부르는 수학적 암호화 기법이 탄생하게 되었다.

암호화와 해독을 우선 문을 잠그고 여는 것에 비유해 보자. 전통적인 문은 잠그는 키와 여는 키가 동일하며, 에니그마 기계의 경우에도 암호화와 해독할 때의 기계적 세팅이 같다. 이 예들에서 '키'와 '세팅'은 외부에 누출되지 않아야 하는데, 송신자와 수신자가 멀리 떨어져 있을수록 메시지를 암호화하고 해독할 키를 전달하기가 어려워진다. 다음으로 어떤 첩보부장이 도처에 퍼져 있는 요원들로부터 비밀리에 보고서를 받고자 하는데 요원들끼리는 서로 알 수 없도록 하고자 하는 경우를 생각해 보자. 이런 때는 각 요원에게 서로 다른 키를 보내야 한다. 이제 한 단계 더 나아가 요원들을 인터넷 거래에 참여하는 수백만의 소비자로 바꾸어서 생각해 보자. 이런 경우 각각의 키를 전달한다는 게 비록 불가능하다고 할 수는 없겠지만 실제적으로는 감당할 수 없을 정도로 방대한 문제가 된다. 고객이 원하는 웹사이트에 접속했다 하더라도 바로 주문할 수는 없고 암호 키를 받기 위하여 기다려야 하기 때문이다. 이런 상황에서의 월드와이드웹World Wide Web은 말 그대로 월드와이드웨이트World Wide Wait가 되어 버리고 만다.

공개키 방식은 문을 여닫는데 두 개의 서로 다른 키를 사용하는 것에 비유할 수 있다. A키는 문을 닫는 데, B키는 문을 여는 데에 사용한다. 이렇게 하면 A키를 비밀로 감쌀 필요가 없어진다. 제3자가 이것을 가져봐야 문을 열 도리가 없기 때문이다. 이 상황을 어떤 회사의 웹사이트에 들어가는 보안 절차로 바꿔서 생각해 보자. 회사는 이 웹사이트를 방문하여 신용카드 번호와 같은 개인 정보를 안전하게 보내고자 하는 어떤 고객에게나 A키를 나눠 줄 수 있다. 고객들은 누구나 동일한 A키를 사용하여 각자의 메시지를 암호화할 수 있지만(비밀 금고에 넣고 잠글 수 있지만) 고객들끼리 서로 다른 사람의 메시지를 읽을 수는 없다. 실제로는 한번 암호화되면 설령 고객 자신이라 할지라도 이를 읽을 수 없다. 오직 B키를 가진 회사에서만 이를 이용하여 비밀 금고를 열고 신용카드 번호와 같은 메시지를 읽을 수 있다.

공개키 방식은 1976년 캘리포니아의 스탠퍼드대학교에 있는 휘트필드 디피Whitfield Diffie와 마틴 헬먼Martin Hellman이라는 두 수학자가 쓴 획기적인 논문에서 처음 공개적으로 제안되었다. 두 사람은 이 논문을 통하여 그동안 정부에서 독점해 오던 암호체계에 대항하는 움직임을 주도했다. 특히 디피는 1960년대의 장발 문화에 물든 전형적인 반항아 기질을 가진 사람이었다. 이들은 암호체계가 정부에 의해 독점되어서는 안 되며, 공공의 이익을 위해 널리 공개되어야 한다는 생각을 가졌다. 나중에야 비로소 드러났지만 정부의 보안 부서들이 만든 암호체계들은 잡지에 발표되어 널리 알려지기보다 '극비top secret'라는 도장이 찍혀 깊이 숨겨져 왔다.

디피와 헬먼이 쓴 논문 「암호의 새 방향New Directions in Cryptography」은 암호와 전자보안에 신기원을 열었다. 두 개의 독립된 키를 가진 공개키 방식은 이론적으로 아주 좋아 보인다. 하지만 실제로 적용하려면 어떻게 해야 할까? 여러 시도를 하느라 몇 년이 지나자 사람들은 이런 체계의 실제적 가능성을 의심하기 시작했다. 학문적 의욕에서 만들어진 자물쇠가 바깥 세상의 첩보전에는 무용지물이 아닐까 여겨졌던 것이다.

MIT의 트리오, RSA

디피와 헬먼의 논문에서 영감을 받은 사람들 가운데는 MITMassachusetts Institute of Technology의 론 리베스트Ron Rivest도 있었다. 리베스트는 반항적인 디피나 헬먼과 달리 전통을 중시하는 사람이었다. 그는 겸손하고 목소리도 부드러우며 주변의 상황에 신중하게 대처했다. 리베스트는 디피와 헬먼의 논문 「암호의 새 방향」을 볼 즈음 대학에 자리를 잡고자 하는 희망을 품고 있었다. 그는 암호를 다루는 정보원보다는 정리를 다루는 교수가 되고 싶었던 것이다. 따라서 이 논문을 계기로 그때까지 만들어진 어떤 암호체계보다 더욱 강력하면서 상업적으로도 성공적인 것을 개발하게 되리라고는 까맣게 몰랐다.

스탠퍼드와 파리에서 연구원 생활을 한 뒤 리베스트는 1974년 MIT의 컴퓨터과학과에 자리를 잡았다. 튜링처럼 리베스트도 추상적 이론과 기계 사이의 상호작용에 관심이 많았다. 스탠퍼드에 있을 때 한동안 영리한 로봇을 만들면서 지냈는데, 이제 그의 흥미는 컴퓨터과학의 이론적 측면으로 돌아섰다.

튜링이 활약할 때 계산에 관한 주요 의문은 힐베르트의 두 번째 및 열 번째 문제의 영향을 받아 어떤 일정한 형태의 문제를 푸는 프로그램의 존재 여부를 묻는 것들이었다. 튜링이 보였듯 임의의 수학적 명제에 대한 증명이 존재하는지를 미리 결정할 수 있는 프로그램은 없다. 1970년대까지 컴퓨터과학을 연구하는 대학가에는 다른 형태의 이론적 문제가 맴돌고 있었다. 예를 들어 어떤 특정한 문제를 푸는 프로그램이 있다고 하자. 이 프로그램이 해당 문제를 얼마나 빨리 푸는지를 어떻게 알아낼 수 있을까? 이는 어떤 프로그램을 컴퓨터에 싣고자 할 경우 곧장 떠오르는 중요한 문제이다. 이 의문은 고도의 이론적 분석을 필요로 하지만 실제 생활에서 나타나므로 매우 실질적인 문제이기도 하다. 리베스트는 자신이 도전하고자 하는 문제의 중요한 속성 가운데 하나로 이와 같은 이론과 현실의 이상적 결합을 내세웠다. 그는 스탠퍼드에서 연구하던 로봇 문제를 떠나 MIT에서 이제 막 싹터 오르는 계산의 복잡성에 대한 이론적 탐구에 매진하고자 했다.

"어느 날 한 대학원생이 '교수님이 흥미로워 할지도 모르겠습니다'라고 말하면서 한 논문을 내게 건넸다"라고 리베스트는 회상했다. 이렇게 디피와 헬먼의 논문을 처음 손에 쥔 리베스트는 곧장 거기에 빠져 들었다. "이 논문은 암호가 과거에 무엇이었고 앞으로는 무엇이어야 하는지에 대한 광범위한 관점을 제시해 주었다. 이제 문제는 어떤 아이디어를 떠올리느냐 하는 것이었다." 이 논문의 주제에 도전하는 데에는 리베스트의 주요 흥미, 곧 계산과 논리와 수학이 필요했다. 이 문제는 현실 세계에 실질적 영향을 줄 수 있을 뿐 아니라 리베스트가 마음속에 품은 이론적 관심과도 직결된다. "암호에서 중요한 것은 어려운 것과 쉬운 것을 가르는 문제인데, 이는 정말 어려운 문제이다"라고 그는 설명했다. "컴퓨터과학은 바로 이런 문제들에 관한 학문이다." 깨뜨리기 매우 힘든 암호는 필연적으로 계산하기 매우 힘든 수학적 문제에 근거해야 한다.

리베스트는 공개키 방식을 개발하기 위하여 컴퓨터가 푸는 데에 오랜 시간이 걸리는 것으로 알려진 수많은 문제들을 조사하고 나섰다. 이 과정에서 그는 누군가 아이디어를 주고받을 사람이 필요하다고 느꼈다. MIT는 전통적인 대학 체계를 허문 것으로 이름이 높으며, 학문들 간의 통합적 연구를 장려함으로써 과들 사이의 경계를 완화시켰다. 리베스트는 컴퓨터과학자였지만 아디 샤미르Adi Shamir와 레너드 애들먼Leonard Adleman과 같은 수학과의 교수들도 같은 층에 있었다.

애들먼은 리베스트보다 좀더 사교적이었지만 역시 학자풍의 사람으로 현실 세계와 전혀 관련이 없을 듯한 황당하고도 멋진 아이디어에 휩싸여 지냈다. 어느 날 애들먼은 리베스트의 연구실에 들렀다. 어떤 논문을 들고 자리에 앉아 있던 리베스트는 "스탠퍼드에서 나온 이거 보셨나요? 비밀, 암호, 해독 등이 나온 것 말입니다"라고 애들먼에게 말을 건넸다. 이에 대해 애들먼은 "아, 거참 대단하군요. 그런데 한 가지 중요한 이야기가 있습니다"라고 대답했는데, 리베스트는 이미 그 논문에 깊이 빠져 있었다. 애들먼이 하려 했던 이야기는 가우스와 오일러가 다루었던 추상적 세계였다. 그는 페르마의 마지막 정리를 풀고자 했으며 암호와 같은 최첨단의 주제에는 별 관심이 없었다.

리베스트는 복도 끝 쪽에 자리 잡은 아디 샤미르의 연구실에서는 좀더 환대를 받았다. 샤미르는 이스라엘의 수학자로서 MIT를 방문하고 있던 중이었는데, 리베스트는 그와 함께 디피와 헬먼의 아이디어를 구체적으로 실현할 길을 찾아 나섰다. 애들먼은 별 흥미를 느끼지 못했지만 리베스트와 샤

아디 샤미르, 론 리베스트, 레너드 애들먼

미르의 깊은 관심을 모른 척 하기도 곤란했다. "내가 그들의 연구실에 들어설 때마다 그들은 이에 대한 이야기를 나누고 있었다. 하지만 그들이 떠올린 대부분의 체계들은 황당했다. 그래서 그들의 토론에 끼어들 때마다 나는 '오늘은 좀 괜찮은 게 나올까' 하는 마음으로 들어 보곤 했다."

새로운 암호체계에 사용할 '어려운' 수학 문제를 찾는 이들의 여행은 차츰 수론 쪽의 문제들로 다가섰다. 그런데 이 분야는 바로 애들먼의 본거지였다. "수론은 내 전문 분야였으므로 그들의 토론에서 내 가치도 점점 높아졌다. 물론 대개의 경우 새로운 아이디어들을 폐기하는 쪽으로 기여했지만 …." 그는 리베스트와 샤미르가 아주 안전해 보이는 한 체계를 제안하자 자신이 나설 때라고 보았다. 그런데 밤을 꼬박 새며 수론의 모든 이론을 섭렵하면서 검토해 본 결과 이 체계도 깨뜨릴 길이 발견되었다. "이런 과정은 자꾸 되풀이되었다. 우리는 함께 스키를 타러 갔는데 가는 도중에도 이에 대해 이야기했다. … 심지어 곤돌라를 타고 슬로프의 꼭대기로 가는 도중에도 이에 대한 이야기를 계속 나누었다."

돌파구는 유월절(유대교의 축제일)의 첫 밤을 축하하기 위하여 MIT의 한 동문이 마련한 저녁 모임에 세 사람이 모두 초대받아 함께 어울렸던 날 밤에 열렸다. 애들먼은 술을 마시지 않았지만 리베스트가 포도주를 잔뜩 들이켰다고 기억했다. 자정 무렵에 집에 돌아온 애들먼은 리베스트의 전화를 받았다. "새 아이디어가 하나 떠올랐습니다"라는 리베스트의 말에 애들먼은 주의 깊게 귀를 기울인 다음 "이것은 정말 좋군요. 마침내 찾은 것 같습니다"라고 대답했다. 그들은 한동안 소인수분해의 어려움에 대하여 주목해 왔다. 지금까지 이를 효율적으로 행하는 프로그램은 제안된 적이 없었다. 따라서 이것은 어쩌면 새로운 암호체계에 잘 어울릴 것 같았다. 포도주의 취기 속에서 힘을 얻은 리베스트는 소인수분해 문제를 새로운 암호체계에 짜넣을 길을 찾았다. "처음에는 잘 될 것 같았다. 하지만 그동안의 경험을 돌이켜 보면 언뜻 잘 될 것 같다가도 실패로 끝나는 경우가 많았다. 따라서 아침이 될 때까지 다시 미뤄 두었다"라고 리베스트는 회상했다.

다음 날 아침 늦게 MIT에 들어선 애들먼은 리베스트의 축하인사를 받았다. 리베스트는 손으로 쓴 원고를 내밀었는데 맨 위에는 장식 테두리 속에 '애들먼, 리베스트, 샤미르'라는 세 이름이 들어 있었다. 이를 읽어 가던 애들먼은 어젯밤 리베스트와 전화로 나눈 내용이 들어 있음을 알았다. 애들먼은 리베스트에게 "이것은 당신의 주제이니까 내 이름은 빼 주십시오"라고 말했다. 하지만 리베스트는 이에 반대했고 세 사람은 이를 두고 논쟁을 벌였다. 애들먼은 결국 생각해 보자는 데에 동의했다. 이때만 해도 그는 어째도 좋을 거라고 생각했는데, 자신의 이름이 들어간 논문 가운데 가장 덜 읽히는 편이 될 것이라고 여겼기 때문이었다. 그런데 예전에 밤을 새워 파헤쳤던 다른 암호체계가 문득 떠올랐다. 이때 그는 불완전한데도 서둘러 논문으로 꾸미려는 것을 제지해서 그들이 웃음거리가 되는 것을 막을 수 있었다. 애들먼은 다시 리베스트에게 갔다. 그는 "내 이름을 마지막에 넣어 주십시오"라고 부탁했고, 이로써 이 암호체계는 RSA라고 불리게 되었다.

리베스트는 소인수분해가 과연 얼마나 어려운지 정확히 판단하는 게 좋겠다고 생각했다. "당시 소인수분해 문제는 아직 안개에 싸여 있었다. 이에 관한 문헌도 거의 없었고, 이미 제안되었던 알고리듬들이 어느 정도의 시간을 소모할 것인지를 정확히 추산하기가 아주 어려웠다." 마틴 가드너Martin Gardner는 〈사이언티픽 아메리칸Scientific American〉에 고정 칼럼을 쓰고 있는데, 수학적 주제를 대중적으로 풀어 쓰는 데에 가장 탁월한 능력을 가진 사람으로 잘 알려져 있었다. 리베스트가 보기에 이 문제에 대해 그만큼 잘 아는 사람도 없을 것 같았다. 가드너는 리베스트의 아이디어에 흥미를 느꼈고, 자기가 쓰는 칼럼에서 이 내용을 소개해도 괜찮을 것인지 물어 왔다.

가드너의 글에 대한 반응은 마침내 애들먼으로 하여금 그들이 뭔가 큰 것을 낚아 올렸다는 확신이 들게 했다.

> 그해 여름 나는 버클리에 가 있었는데 우연히 한 서점에 들렀다. 계산대의 점원이 한 손님과 뭔가 이야기를 하고 있었는데, 손님이 "〈사이언티픽 아메리칸〉에 나온 암호에 관한 글을 보았나요?"라고 묻는 소리가 들렸다. 나는 그에게 다가가 "제가 거기에 관여했는데요"라고 말했다. 그 사람은 내게 돌아서더니 "사인 하나 부탁드릴까요?"라고 말했다. 우리 과학자들이 사인해 달라는 말을 들을 기회가 얼마나 될까? 사실상 없다. 나는 속으로 "와, 이게 뭐냐? … 뭔가 이뤄지고 있는 것 아냐?"라는 생각이 들었다.

가드너는 그의 글에서 독자가 반송용 봉투를 보내 논문을 요청하면 세 과학자는 누구에게나 기꺼이 이를 보내 줄 것이라고 썼다. "MIT에 돌아와 보니 문자 그대로 전 세계에서 보내온 수천 통의 반송용 봉투가 쌓여 있었다. 심지어 불가리아 국가 정보국이란 데에서도 보내왔다."

사람들은 이 트리오에게 곧 부자가 될 것이라고 말하기 시작했다. 1970년 대는 아직 전자거래를 거의 꿈도 못 꿀 시절이었음에도 사람들은 그 잠재력을 이해하고 있었다. 애들먼은 돈이 몇 달 안에 쏟아져 들어올 것으로 예상하고 미리 자축하기 위하여 작고 빨간 스포츠카를 샀다. 빠른 차를 수학적 성공의 보상으로 여기는 사람은 봄비에리Bombieri만은 아니었던 모양이다.

하지만 애들먼의 차는 MIT에서 받는 정기 급료를 이용해 할부로 갚아 나가야 했다. 기업체와 정부의 보안 부서들이 RSA의 위력을 실감하기까지 약간의 시간이 더 필요했던 것이다. 애들먼이 스포츠카를 몰고 페르마에 대해 생각하는 동안 리베스트는 이 암호체계의 실제적 응용에 몰두하고 나섰다.

우리는 이 체계에 커다란 상업적 잠재력이 숨어 있다고 생각했다. 그래서 MIT 의 특허사무소를 방문하여 사업에 응용할 흥미를 가진 업체가 나타났는지 알아 봤다. 그러나 80년대 초반만 해도 여기에 관심을 기울인 기업은 전무하다시피 했다. 세상은 네트워크로 엮어지지도 않았고, 사람들 책상마다 컴퓨터가 널려 있지도 않았다.

우선 흥미를 가진 곳은 아무래도 역시 정부의 보안 부서였다. "보안 부서들은 이런 기법들의 발전에 매우 민감했다. 그리하여 우리의 제안이 너무 빨리 퍼지는 것은 아닌지 면밀하게 지켜보고 있었다"라고 리베스트는 말했다. 아마도 바깥 세상과 격리된 그들 나름의 세계에서도 이미 이와 같은 아이디어가 제시된 적이 있었던 것 같다. 하지만 보안 부서들은 요원들의 목숨이 소인수분해가 어렵다고 생각하는 몇몇 수학자들의 손에 달려 있다고 믿지는 않았던 것으로 보인다. 독일 국가 정보국 BSIBundesamt für Sicherheit in der Informationstechnik에 있었던 안스가르 호이저Ansgar Heuser는 1980년 대에 자기들 분야에서 RSA를 어찌 생각했는지에 대해 다음과 같은 이야기를 털어놓았다. 그들은 수학자들에게 수론 분야에서 서방이 러시아보다 강한지 물어보았다. 이에 "아니요"라는 답이 돌아오자 그들은 RSA에 대한 평가를 덮어 두어 버렸다. 하지만 이로부터 십 년 사이에 첩보원들의 생명뿐 아니라 열린 세계의 상업 거래도 RSA의 안전성에 의존한다는 사실이 점점 더 분명하게 드러나기 시작했다.

암호 카드 마술

RSA는 인터넷에서 이루어지는 거의 모든 거래의 안전을 지키는 보호자가 되었다. 놀랍게도 공개키 방식이 성립되도록 한 수학적 배경은 가우스의 '시계산술clock arithmetic'과 애들먼의 영웅 피에르 드 페르마가 남긴 '페르마의 소정리Fermat's Little Theorem'까지 거슬러 올라간다.

가우스의 시계계산기에서의 덧셈은 누구나 잘 알고 있는 것인데, 일상적으로 사용하는 12시까지 표시된 시계를 이용하여 쉽게 이해할 수 있다. 예를 들어 9시에 4시간을 더하면 1시가 된다. 시계계산기의 원리는 바로 이것으로서 두 수를 더한 뒤 12로 나누고 남는 나머지가 답이다. 이 계산을 200여 년 전 가우스가 창안한 방식으로 쓰면 다음과 같다.

$4 + 9 = 1 \ (\mathrm{mod}\ 12)$

시계계산기를 이용한 곱셈과 지수셈도 마찬가지이다. 곱셈과 지수셈의 결과를 보통의 계산기로 얻고 이것을 12로 나누었을 때 남는 나머지가 답이다.

가우스의 이 계산기를 꼭 12시간에 대해 적용할 필요는 없다. 한편 가우스가 시계산술의 개념을 확립하기도 전에 페르마는 이미 이에 관한 근본적 정리 하나를 얻어 냈다. 페르마의 소정리가 바로 그것으로 이는 문자판의 최대 눈금이 소수로 된 시계를 사용한다. 이 최대 눈금에 적힌 소수를 p라고 하자. 그런 다음 이 문자판에서 임의의 수를 골라 p번 거듭제곱하고 시계산술을 적용하면 그 결과는 다시 처음에 택한 수가 된다. 예를 들어 문자판의 최대 눈금이 5인 시계에서 2를 택했다고 하자. 그러면 2의 5제곱은 32인데, 32는 이 시계의 문자판에서 다시 2를 가리킨다. 이와 같은 거듭제곱 과정에서 시계바늘은 문자판 위에 하나의 패턴을 만들어 낸다. 다섯 번의 거듭제곱을 끝내면 시계바늘은 원위치로 돌아오고 이후에도 거듭제곱을 계속하면 앞서 그렸던 패턴을 되풀이한다.

2의 거듭제곱	2^1	2^2	2^3	2^4	2^5	2^6	2^7	2^8	2^9	2^{10}
일반계산기의 결과	2	4	8	16	32	64	128	256	512	1,024
시계계산기의 결과	2	4	3	1	2	4	3	1	2	4

만일 13시까지 나오는 시계계산기에서 3을 택해 이를 반복하면 거듭제곱이 3^1, 3^3, …, 3^{13} 으로 진행함에 따라 다음과 같은 패턴이 나타난다.

3, 9, 1, 3, 9, 1, 3, 9, 1, 3, 9, 1, 3

2의 5제곱의 예에서는 바늘이 문자판의 모든 수를 거쳤지만, 여기 3의 13제곱의 예에서는 그중 일부만 거친다. 그러나 어떤 일정한 패턴이 생기고, 13제곱을 할 때마다 다시 원위치인 3으로 돌아온다는 점은 마찬가지이다. 처음에 택하는 소수의 값을 무엇으로 하든 항상 같은 현상이 나타나는 것으로 여겨진다. 이와 같은 페르마의 발견을 가우스의 표기법으로 써 보면 다음과 같다. 아래의 식에서 p는 시계문자판의 최대값으로 소수이고 x는 문자판에서 임의로 택한 수이다.

$$x^p = x(\bmod p)$$

페르마의 이 발견은 수학자들의 피를 끓게 만들 성질의 것에 속한다. 소수의 무슨 특징이 이런 마술을 펼쳐 낸단 말일까? 실험적 관찰에만 만족하지 못하는 페르마는 당연히 증명을 찾아 나섰다. 어떤 소수 시계계산기를 택하든 위의 식은 자신의 기대를 저버리지 않을 것이라는 확신을 줄 증명이 필요했던 것이다.

1640년 페르마는 친구인 베르나르 프레니클 데 베시Bernard Frénicle de Bessy에게 보낸 편지에서 이에 대한 증명을 찾았다고 썼다. 그런데 유명한 그의 마지막 정리에서와 비슷하게 이번에도 편지에 적기에는 너무 길어서 쓰지 않는다는 말을 덧붙였다. 페르마는 나중에 증명을 보내겠다고 약속했지만 이를 지키지 않았다. 세상 사람들이 이에 대한 증명을 보기까지에는 백 년의 세월이 더 지나야 했다. 1736년 레온하르트 오일러는 소수 시계계산기에서 임의의 수를 문자판 최대의 수만큼 거듭제곱하면 왜 시계바늘이 원위치로 돌아가는지에 대한 증명을 내놓았다. 오일러는 이를 더욱 확장하여 두 소수 p와 q의 곱인 N시간짜리 시계계산기가 있을 때 문자판에 있는 임의의 수를 계속 거듭제곱하면 $(p-1)(q-1)+1$ 단계가 지날 때마다 원위치로 돌아간다는 사실을 보이기도 했다.

운명적인 유월절 축제의 밤, 포도주에 취한 채 늦게 집으로 돌아온 리베스트의 머리 속을 스친 것은 바로 페르마의 마술적인 소수 시계계산기와 이에 대한 오일러의 일반화였다. 그는 페르마의 소정리가 새로운 암호체계의 키로 활용될 수 있음을 깨달았다. 이 수학적 키를 이용하면 신용카드의 번호가 한순간에 사라졌다가 마술처럼 다시 나타날 수 있다.

신용카드 번호를 암호화하는 것은 카드 마술의 첫 단계와 비슷하다. 물론 여기에 쓰이는 카드는 일반 카드와 다르다. 카드의 매수가 엄청나게 많아서 일련번호를 매기는 데에도 수백 자리의 숫자가 필요할 정도이다. 어떤 고객의 신용카드는 이 카드들 가운데 하나에 해당한다. 고객은 먼저 자신의 카드를 맨 위에 올려놓는다. 그러면 회사의 웹사이트는 전체 카드를 뒤섞어 고객 카드의 행방을 감춰 버린다. 어떤 해커가 이 카드를 찾고자 한다면 이 엄청난 양의 카드 속에서 하나를 골라내야 하므로 실질적으로는 불가능하다고 봐야 한다. 하지만 회사의 웹사이트는 교묘한 트릭을 통해 고객의 카드를 찾아낼 수 있다. 페르마의 소정리 덕분에 이 많은 카드를 다시 일정한 횟수만큼 섞으면 고객의 카드는 다시 처음의 위치, 곧 맨 위로 마술처럼 떠오른다. 이 두 번째로 섞는 과정이 바로 회사가 가진 비공개의 암호키에 해당한다.

리베스트가 이 새로운 암호체계를 만드는 데에 쓰인 수학은 사뭇 단순하다. 카드를 섞는 일은 수학적 계산으로 행해진다. 고객이 어떤 웹사이트에서 주문을 하면 컴퓨터는 신용카드 번호에 대해 일정한 계산을 한다. 이 계산 자체는 매우 쉽지만 거꾸로 답을 보고 어떤 계산을 했는지 알아내기란 비공개의 암호키가 없는 한 사실상 불가능하다. 왜냐하면 여기에 사용된 계산은 보통의 계산이 아니라 가우스의 시계계산기를 이용한 계산이기 때문이다.

고객이 어떤 인터넷 회사에 주문을 하면 회사의 웹사이트는 암호화에 사용할 시계계산기를 고객에게 전해 준다. 이 시계계산기의 문자판에는 각각 60자리 정도 되는 두 소수 p와 q의 곱에 해당하는 시간, 곧 약 120자리에 이르는 엄청난 크기의 수 N만큼의 눈금이 새겨져 있다. 모든 고객은 각자의 신용카드 번호를 암호화하는 데에 이 시계계산기를 공통으로 사용한다. 회사는 이 시계계산기를 적당한 기간만큼, 다시 말해서 보안 관계상 다른 수로 바꿀 필요가 있다고 여겨지는 때까지 사용할 수 있다.

이처럼 두 소수 p와 q를 택하여 N을 만드는 게 공개키 방식의 첫 단계이다. 비록 N은 공개되지만 p와 q는 비밀로 지켜져야 한다. 이 두 소수야말로 암호화된 신용카드 번호를 되찾아 내는 핵심 요소이기 때문이다.

다음으로 고객에게는 '암호화수encoding number'라고 불리는 수 E가 주어진다. 이 번호는 N과 마찬가지로 공개되어 모든 고객이 공통으로 사용한다. 고객의 신용카드 번호 C는 공개된 시계계산기에서 E번 거듭제곱되어 암호화된다. 이 과정은 마술사가 어떤 카드가 완전히 숨겨진 것처럼 보이게 하기 위하여 여러 번 뒤섞는 동작에 해당한다. 가우스의 방식으로는 이 결과를 $C^E (\mathrm{mod}\ N)$과 같이 쓴다.

왜 이렇게 하면 정보가 안전해질까? 능숙한 해커라면 사이버공간을 돌아다니는 공개키(N과 E)와 암호화된 신용카드 번호를 충분히 손에 넣을 수 있을 것이다. 그런 다음 본래의 신용카드 번호를 알아내려면 이 시계계산기를 사용하여 E와 곱했을 때 암호화된 신용카드 번호가 나오는 수를 찾으면 된다. 하지만 이것은 매우 어렵다. 왜냐하면 시계계산기에서의 거듭제곱 계산은 보통의 거듭제곱과 다르기 때문이다. 일반계산기에서 거듭제곱을 하면 답은 그 횟수에 비례해서 자꾸만 커진다. 그러나 시계계산기에서는 그렇지 않다. 시계계산기에서 나오는 답은 거듭제곱의 횟수에 비례하지 않으므로 처음에 어떤 수에서 시작했는지 알 길이 없다. 다시 말해서 웹사이트의 마술사가 E번 섞고 나면 고객의 신용카드 번호는 엄청난 수의 카드 더미 속에 묻혀 버리므로 N과 E를 아는 해커라도 이를 찾아낸다는 것은 사실상 불가능하다.

만일 시계계산기의 문자판에 적힌 최대값에 이르도록 거듭제곱을 계속한다면 어떨까? 물론 이렇게 하면 이론적으로는 본래의 신용카드 번호가 얻어진다. 하지만 실제적 가능성이 문제이다. 현재 일반적으로 쓰이는 N은 백 자리가 넘는 수이다. 이는 우주에 있는 모든 원자의 수보다 더 큰 수인 반면, 암호화수인 E는 별로 크지 않다. 따라서 $N-E$번 거듭제곱을 해야 하는 이 과정은 실제적으로 불가능하다. 이 과정이 이토록 어렵다면 인터넷 회사는 고객의 신용카드 번호를 어떻게 다시 얻어 낼까?

페르마의 소정리를 이용하면 이 과정에 필요한 마술의 수, 곧 '해독수 decoding number'라고 불리는 수 D를 찾아낼 수 있다. 인터넷 회사는 암호화된 신용카드 번호를 다시 D번 거듭제곱하며, 이렇게 해서 얻어진 최종 답이 바로 본래의 신용카드 번호이다. 실제로 일반 카드를 사용하는 마술사도 같은 트릭을 쓴다. 마술사가 카드를 몇 번 섞으면 선택된 카드는 완전히 실종된 것처럼 보인다. 하지만 마술사는 몇 번만 더 섞으면 다시 처음 순서가 된다는 사실을 알고 있다. 예를 들어 이른바 '완전 섞기perfect shuffle'라는 것을 보자. 52장의 카드를 양손에 26장씩 나누어 들고 섞는데, 양손에서 정확히 한 장씩 번갈아 나오면서 섞이도록 한다. 이 과정을 8번 되풀이하면 본래의 순서가 된다. 따라서 카드 찾기를 실수 없이 하려면 마술사는 이와 같은 완전 섞기를 적어도 8번은 되풀이 할 수 있도록 훈련해야 한다. 말하자면 페르마는 완전 섞기와 비슷한 기법을 시계계산기에서 만들어 낸 셈이다. 그리고 리베스트는 이 기법을 이용하여 새 암호체계를 만들었다.

고객이 자신의 신용카드를 회사가 준비한 엄청나게 많은 N장의 카드 더미 맨 위에 올려놓으면 회사는 E번 뒤섞어서 행방을 묘연하게 만든다. 하지만 회사가 나중에 D번 더 뒤섞으면 마치 수학적 마술처럼 고객의 신용카드는 다시 맨 위로 올라온다. 그런데 D라는 숫자는 비밀의 소수 p와 q를 알아야 알아낼 수 있다. 리베스트는 하나의 소수를 이용하는 페르마의 소정리 대신 두 개의 소수를 이용하는 오일러의 방식을 채택했다. 오일러의 결론에 따르면 이 시계계산기의 바늘은 $(p-1)(q-1)+1$번 거듭제곱할 때마다 원위치로 돌아온다. 따라서 이와 같이 원위치로 돌아오는 주기를 알려면 N을 소인수분해했을 때 나타나는 두 소수 p와 q를 찾아내는 수밖에 없다. 곧 RSA 체계의 비밀을 지키는 열쇠는 바로 이 두 소수이다.

이미 말했듯 두 소수 p와 q는 비밀로 하되 그 곱인 N은 공개한다. 따라서 RSA의 보안은 N의 소인수분해가 얼마나 어려운지에 달려 있다. 사이버공간을 누비는 해커는 20세기가 동틀 무렵 콜 교수가 다룬 것과 동일한 문제에 직면해 있다. N을 이루는 두 소수를 찾는 일이다.

RSA 129에 도전하다

기업들에게 소인수분해 문제가 역사적으로도 유명하다는 점을 인식시키기 위하여 MIT의 트리오는 가우스라는 수학의 거인이 남긴 다음과 같은 말을 인용했다. "이처럼 우아하고 축복 받은 문제를 해결하려면 이 존엄한 과학이 알고 있는 모든 수단을 다 동원해야 할 것으로 보인다." 가우스는 소인수분해라는 문제의 의의를 이토록 잘 이해하고 있었지만 그 자신은 이에 대해 별다른 진전을 이루지 못했다. 가우스가 시도했다가 실패할 정도라면 기업의 보안은 RSA 위에 굳건히 서 있을 수 있을 것임에 틀림없다.

가우스의 후광에도 불구하고 큰 수를 소인수분해하는 문제는 이 새로운 암호체계에 사용될 때까지 수학적 변방에 머물러 있었다. 대부분의 수학자들은 소인수분해라는 기본적 문제에서 별다른 흥미를 느끼지 못했다. 큰 수를 소인수분해하는 데에 우주의 나이보다 더 오랜 세월이 걸린다면 이론적으로 아무런 가치가 없다. 하지만 MIT 트리오의 업적 덕분에 이 문제는 콜의 시대 때보다 훨씬 더 큰 중요성을 띠게 되었다.

과연 어떤 수를 소인수분해한다는 게 얼마나 어려울까? 전자계산기를 전혀 활용할 수 없었던 콜은 $2^{67}-1$의 두 소인수 193,707,721과

761,838,257,287 가운데 하나를 찾아내기까지 수많은 일요일을 바쳐야 했다. 오늘날 우리는 컴퓨터를 갖고 있으므로 이제 하나하나의 수를 모조리 점검해 나가면 되지 않을까? 하지만 문제는 100자리가 넘는 수는 관측 가능한 우주에 있는 모든 입자들의 수보다 더 크다는 데에 있다.

점검할 대상이 이렇게 많다는 점으로부터 자신감을 얻은 MIT의 트리오는 한 가지 도전 과제를 내걸었다. 두 개의 소수를 곱해서 얻은 129자리의 수를 제시한 다음 본래의 소수를 찾아내라는 게 그것이었다. 마틴 가드너는 이 수를 MIT 트리오의 이야기를 소개해 전 세계의 이목을 집중시켰던 〈사이언티픽 아메리칸〉의 자기 칼럼에 실었다. 이 수에는 'RSA 129' 라는 이름이 붙여졌는데, 이때 MIT 트리오는 아직 백만장자가 되지 않았으므로 이 수의 소인수분해의 성공에 대한 상금으로 고작 100달러밖에 내놓지 않았다. 이 글에서 그들은 이를 깨는 데에 무려 4경(京) 년이 걸릴 것이라고 추산했다. 나중에 계산상의 실수가 발견되어 이 추산은 수정되었다. 하지만 어쨌든 소인수분해에 대한 당시의 모든 기법과 장비를 감안할 때 여전히 수천 년의 세월이 걸릴 것으로 예상되었다.

RSA는 '해독불능의 암호' 라는 암호제작자들의 꿈을 실현한 것처럼 보였다. 점검할 소수가 그토록 많다는 사실이 난공불락의 신념에 대한 토대가 되었다. 하지만 예전에 독일이 자랑했던 무적의 암호기 에니그마를 돌이켜 볼 필요가 있다. 이것으로 만들어 낼 수 있는 경우의 수는 우주의 별들보다 더 많았다. 그러나 블레칠리 파크의 수학자들은 경우의 수가 많다고 해서 안심할 수만은 없다는 사실을 일깨워 주었다.

RSA 129의 무장도 결국 해제되었다. 도전을 두려워하지 않는 전 세계의 수학자들이 이 문제에 달려들었다. 이듬해 이들은 MIT 트리오의 수수께끼를 깰 교묘한 기법을 찾아냈다. 4경 년이라는 천문학적 숫자의 세월 대신

17년이라는 한순간에 이 수는 두 소인수로 분해되었다. 물론 이 시간도 RSA 129로 암호화된 신용카드의 유효기간이 지나기에 충분하기는 하다. 하지만 반대로 이 발견은 수학자들이 17년의 시간은 17분으로 단축하는 데에 얼마나 걸릴까 하는 의문을 자아내기에 충분했다.

새 기법에 상금을 내걸다

암호와 수학 사이의 상호 작용으로 인하여 현대의 수학자들은 실험적 및 실용적 과학에서 볼 수 있는 것과 비슷한 연구 풍토로 젖어 들게 되었다. 이런 분위기는 19세기의 독일이 혁명 이래의 프랑스 수학자들로부터 배턴을 낚아채 간 뒤 겪어 보지 못한 것이었다. 프랑스 수학자들은 수학을 어떤 목적에 사용하는 실용적 도구의 일종으로 여겼다. 하지만 독일의 빌헬름 폰 훔볼트는 지식 자체의 추구에 높은 가치를 두었다. 아직도 이와 같은 독일적 전통에 젖어 있는 이론가들은 효율적인 소인수분해와 같은 문제에 대한 연구를 헨드리크 렌스트라의 말을 빌려 '장미 정원의 돼지'라 부르면서 경멸했다. 물 샐 틈 없는 증명을 추구하는 일에 비하여 소수를 찾아내는 일은 수학적 가치가 거의 없는 열등한 작업으로 여겼던 것이다. 하지만 RSA가 상업적으로 갈수록 중요해짐에 따라 큰 수의 소인수분해를 효율적으로 해낼 기법을 찾는 일은 더 이상 무시할 수 없는 실용적 의미를 갖게 되었다. 이에 따라 점점 많은 수학자들이 RSA 129를 깨는 데에 빠져 들기 시작했다. 최종 돌파구는 컴퓨터의 눈부신 성능 향상에서라기보다는 오히려 예상치 못한 이론적 진보에서 찾을 수 있었다. 암호 해독에 대한 이와 같은 공략으로부터 새로운 문제들이 제기되었고, 이 문제들은 다시 수학자들을 뭔가 심오하고도 난해한 수학으로 이끌어 갔다.

이 떠오르는 새 주제에 끌린 수학자들 가운데 칼 포머런스Carl Pomerance

가 있었다. 그는 자신의 시간을 둘로 쪼개어 조지아대학교에서 학구적 생활을 하는 한편 뉴저지의 머리 힐Murray Hill에 있는 벨연구소Bell Laboratories에서 기업적 분위기를 맛볼 수 있게 된 점을 아주 만족스러워했다. 수학자로서 그는 수를 가지고 놀면서 그것들 사이의 여러 관계를 찾는 어린애와 같은 취향을 잃어 본 적이 없었다. 포머런스는 언젠가 야구의 점수를 이용한 수비학적 분석에 관한 글을 내놓았는데 이것이 헝가리 출신 수학자 폴 에어디시의 눈길을 끌게 되었다. 이 글에 실린 질문에서 강한 호기심을 느낀 에어디시는 조지아로 그를 방문해서 공동연구를 시작했으며, 스무 편 이상의 논문을 함께 발표했다.

포머런스는 고등학교 때 한 수학경시대회에서 "8,051을 소인수분해하라"는 문제를 만난 뒤부터 이 주제에 열정을 품게 되었다. 제한시간은 5분이었는데 1960년대에는 휴대용 계산기가 아직 나오지 않았다. 그는 암산에 뛰어났지만 무작정 모든 수를 차례로 점검할 게 아니라 우선 뭔가 지름길이 있는지 찾아보기로 했다. "좋은 방법이 있는지 몇 분 동안 찾아 헤맸지만 시간만 허비하는 게 아닌가 걱정되었다. 뒤늦게 비로소 주먹구구식 방법으로 돌아왔지만 이미 너무 많은 시간이 지나 결국 그 문제는 놓치고 말았다."

8,051을 깨는 데 실패한 이래 효율적인 소인수분해법을 찾는 일은 포머런스를 평생 따라다니는 문제가 되었다. 이 과정에서 먼저 그는 위 문제를 냈던 선생님의 출제 의도에 내포된 방법을 배우게 되었다. 1977년까지 가장 교묘한 소인수분해법은 놀랍게도 RSA 소수 암호의 발명에 촉매가 된 소정리를 발견한 사람의 것이었다. 페르마의 소인수분해법은 간단한 연산법칙을 이용하여 두 소수의 곱으로 이루어진 합성수를 분해하는 방법이다. 이를 사용하여 포머런스는 단 몇 초만에 8,051을 83×97로 소인수분해할 수 있었다. 비밀스런 암호에 관한 아이디어들을 사랑했던 페르마는 자신의 방법

이 300여 년이 지난 뒤 암호를 만들고 깨는 데에 사용된다는 사실을 알았더라면 기쁨에 들떴을 것이다.

129자리 숫자를 소인수분해하라는 MIT 트리오의 문제를 본 포머런스는 어린 시절 쓰라린 실패의 추억을 지울 절호의 기회로 여겼다. 1980년대 초반 페르마의 소인수분해법을 개선할 새로운 방법이 그의 마음속에 싹트기 시작했다. 이 방법을 여러 가지의 서로 다른 시계계산기와 결합하면 아주 강력한 소인수분해 기계가 된다. 이제 이야기는 더 이상 고등학교 수학경시대회의 추억을 해소하는 차원과 같은 것이 아니었다. 이렇게 얻은 새 방법은 '이차체 방법quadratic sieve method'이라 부르는데, 떠오르는 인터넷 보안체계에 심각한 영향을 미쳤다.

포머런스의 이차체는 페르마의 소인수분해법을 이용하는데 시계계산기를 계속 바꾸어 가며 진행한다는 점이 다르다. 이런 점에서 이 방법은 에라토스테네스의 체와 비슷하다. 에라토스테네스는 알렉산드리아 도서관의 사서였는데 그의 방법은 가장 작은 소수를 남기고 그 배수를 제거한 뒤, 그 다음으로 큰 소수를 남기고 그 배수를 제거하는 과정을 무한히 되풀이하면서 진행된다. 이 과정은 체계적이므로 각각의 수를 일일이 검토할 필요가 없다는 장점이 있다. 비유하자면 마치 눈의 크기가 다른 체들을 계속 바꿔 가면서 원하는 크기의 입자를 골라내는 것과 같기에 이런 이름이 붙여졌다. 포머런스의 방법에서는 소수의 체들이 서로 다른 시계계산기로 대체된다. 이렇게 다양한 시계계산기에서 행해진 계산 결과는 소인수에 대한 정보를 주는데, 시계계산기를 많이 사용할수록 원하는 소인수분해에 점점 더 가까워진다.

이 방법에 대한 궁극적 시험은 바로 RSA 129에 대한 도전이었다. 하지만 1980년대에 들어선 뒤에도 이 문제는 포머런스의 프로그램이 탑재된 기계의 능력을 훨씬 넘어서는 문제처럼 여겨졌다. 그런데 1990년대에 들어 인터넷이 도움을 주게 되었다. 아르젠 렌스트라Arjen Lenstra와 마크 매너스Mark Manasse라는 두 수학자는 RSA 129를 이차체로 깨는 데에 인터넷이야말로 최고의 동맹군이 되리란 점을 깨달았다. 포머런스의 방법이 가진 특출한 장점의 하나는 작업을 여러 컴퓨터에 분산시킬 수 있다는 것이었다. 인터넷은 이미 메르센소수를 찾을 때 사용된 적이 있었으며 그때도 각각의 개인용 컴퓨터에 개별적인 임무를 부여했다. 렌스트라와 매너스는 RSA 129에 대한 공격에서도 인터넷의 합동 작전이 주효하리라고 생각했다. 각각의 컴퓨터에 서로 다른 체에 해당하는 시계계산기를 부여하는 것이다. 이로써 이 암호로 보호하려고 했던 인터넷이 도리어 이 암호를 깨는 데에 동원되었다.

렌스트라와 매너스는 포머런스의 이차체를 인터넷에 올리고 자발적인 참여자들을 끌어들였다. 1994년 4월 마침내 RSA 129가 깨졌다는 뉴스가 발표되었다. MIT의 데렉 앳킨스Derek Atkins, 아이오와주립대학교의 마이클 그래프Michael Graff, 옥스퍼드대학교의 폴 레이랜드Paul Leyland, 아르젠 렌스트라가 이끈 이 프로젝트에는 24개국에 걸쳐 수백 대의 개인용 컴퓨터가 참여했으며 끝내는 데에 여덟 달이 걸렸다. 심지어 여기에는 두 대의 팩스 기계도 참여했는데, 이것들은 메시지를 송수신하지 않는 동안 64 및 65자리의 소수를 찾는 데에 사용되었다. 한편 이 프로젝트에는 모두 524,339가지의 서로 다른 소수 시계계산기가 투입되었다.

1990년대 후반 MIT의 트리오는 몇 가지의 새로운 문제를 내놓았다. 2002년 말까지 풀리지 않은 문제 가운데 가장 작은 것은 160자리의 수이다. 1977년 이래 이들 트리오의 재정 상태는 계속 좋아져서 상금도 10,000달러로 인상되었다. 리베스트는 이 문제들을 만드는 데 썼던 소수들의 기록을 모두 말소해 버렸으므로 현재로서는 그 답을 아무도 모르는 상태가 되었다.

RSA 보안회사RSA Security는 10,000달러의 상금을 최선봉에 나선 한 무리의 숫자 해커들로부터 RSA를 보호하는 데 필요한 조그만 사례로 생각한다(현재 이 회사는 여러 개의 RSA 수들에 상금을 내걸고 있으며 그중 RSA 617이 최대의 것으로 상금은 200,000달러이다. 자세한 내용은 이 회사의 웹사이트를 참조: 옮긴이). 이 회사는 새로운 기록이 수립되면 기업들에게 단순히 암호에 사용할 숫자의 크기를 좀더 키우라고 조언한다.

포머런스의 이차체 방법은 새로운 '수체(數體)체 방법number field sieve method'에 왕좌를 물려주었다. 이 체는 RSA 155를 깨뜨림으로써 신기록을 세웠다. 이 기록은 '구세주'의 어감을 풍기는 '카발라Kabalah'라는 이름의 수학자 집단에 의하여 이루어졌다(카발라는 중세 유대교의 신비주의에 바탕을 둔 비밀스런 종교 또는 철학을 가리킨다: 옮긴이). RSA 155에 대한 기록은 심리적으로 중요한 돌파구의 역할을 했다. 1980년대 중반 정부의 보안 부서들이 아직도 RSA의 아이디어를 홍밋거리로 여기고 있을 즈음, 컴퓨터 보안 전문가들은 이 정도로 복잡한 암호라면 충분할 것으로 여겼다. 에센Essen의 암호학회에서 독일 국가 정보국의 안스가르 호이저가 인정했듯, 해커들이 앞서 나갔다면 인터넷은 중대한 위기에 처했을 수도 있다. RSA 보안회사는 현재 최소한 230자리의 수를 사용하도록 권하고 있다. 하지만 독일 국가 정보국처럼 요원들을 보호하기 위해 더욱 장기간의 보안을 원하는 곳에서는 600자리가 넘는 수를 추천한다.

현실을 외면하다

수체체는 헐리웃의 영화 〈스니커즈Sneakers〉에 잠깐 내비친다. 로버트 레드포드Robert Redford는 매우 큰 수의 소인수분해에 관한 한 젊은 수학자의 강연을 듣는다. "현재까지는 수체체 방법이 가장 효율적입니다. 하지만 홍

미룹게도 훨씬 우아한 방법의 존재 가능성이 제기되어 있습니다. … 그런데 어쩌면, 말 그대로 어쩌면, 지름길이 있을지도 모릅니다. …." 도널 로그 Donal Logue가 연기한 이 천재는 실제로 그런 방법, 곧 가우스 비례법 Gaussian proportions을 개선한 방법을 개발하여 작은 박스에 담긴 기계에 탑재한다. 하지만 이 기계는 벤 킹슬리Ben Kingsley가 연기한 악당의 손에 들어가고 만다. 영화의 설정은 너무나 기이하므로 대부분의 관객들은 가까운 미래에 이런 일이 실현되리라고 여기지는 않았을 것이다. 한편 영화의 말미에 "수학적 조언: 렌 애들먼"이라는 문구가 떠올랐다 사라진다. 애들먼이 인정했듯 이 영화의 내용이 전적으로 실현 불가능하다고 볼 수는 없다. 〈스니커즈〉, 〈어웨이크닝Awakening〉, 〈워 게임War Games〉 등의 대본을 쓴 래리 래스커Larry Lascar는 애들먼을 찾아와 〈스니커즈〉에 나오는 수학적 내용에 문제는 없는지 자문을 구했다. "나는 래리의 인간성은 물론 현실성을 추구하는 자세가 마음에 들었다. 따라서 기꺼이 응했는데 래리는 대가를 주겠다고 말했다. 하지만 나는 로버트 레드포드와 맞바꾸기로 했다. 내 아내 로리 Lori가 레드포드를 만나는 조건으로 원하는 일을 해 주기로 한 것이었다."

이처럼 장차 현실화될지도 모를 학문적 돌파구에 대해 기업체들은 얼마나 잘 대처하고 있을까? 기업에 따라 차이는 있지만 전체적으로 볼 때 대부분의 기업들은 현실을 외면하고 있다. 실제로 기업이나 정부의 보안 담당자들의 이야기를 들어 보면 사뭇 염려스럽다. 아래 내용은 그중 몇몇과의 녹취록에서 옮긴 것들이다.

"우리는 정부의 기준을 지키고 있습니다. 우리가 유의하는 것은 그 정도입니다."

"우리가 깨진다면 다른 수많은 곳들도 마찬가지로 깨지겠지요."

"희망 사항이지만 그와 같은 수학적 돌파구가 실현될 때쯤이면 나는 아마도 은

퇴해 있겠지요. 따라서 아직 제 문제는 아니라고 봅니다."

"우리는 희망의 원칙 아래서 일합니다. 그런 돌파구를 예상하는 사람은 당분간 아무도 없을 겁니다."

"아무도 완벽한 보안을 보장하지는 못합니다. 기대하지도 않고요."

인터넷 보안에 대해 기업체에서 강연할 때면 나는 내 나름의 작은 RSA 문제를 제기하곤 한다. 126,619를 두 소수의 곱으로 가장 먼저 분해하는 사람에게 샴페인 한 병을 주기로 하는 것이다. 전 세계를 대략 세 곳으로 나누었을 때 나는 각 지역의 세미나에서 보안 문제에 대해 금융 관계자들이 보인 흥미로운 문화적 차이를 느낄 수 있었다. 베니스의 세미나에서 이 문제와 그 배경에 깔린 수학적 원리가 참석한 유럽 은행가들의 머리 위로 그냥 흘러가 버리는 것을 본 나는 청중석 가운데에 있는 한 화분에게 답을 내놓으라는 농담을 했다. 유럽 은행가들은 대부분 인문계 출신임에 비해 극동의 금융계에는 과학 계통의 출신들이 훨씬 많다. 발리에서 열렸던 세미나의 말미에 어떤 사람이 일어나 두 소수를 제시하고 샴페인을 가져갔다. 그들은 전자거래에 미치는 수학의 영향력에 대해 유럽의 같은 직종에 있는 사람들보다 훨씬 더 깊이 이해하고 있었다.

하지만 미국에서의 강연은 내게 가장 놀라운 인상을 남겼다. 강연이 끝난 뒤 방으로 돌아와 있는데 15분 사이에 세 사람이 전화를 걸어 정답을 제시했다. 그중 두 사람은 인터넷에 접속하여 해킹 프로그램을 얻은 뒤 126,619를 넣고 돌려서 답을 구했다. 셋째 사람은 어찌했는지 자꾸만 얼버무렸는데, 대략 추측해 보건대 다른 두 사람의 답을 훔쳐보았을 것이라는 의심이 강하게 들었다.

기업들은 그들을 위해 거의 아무도 점검해 보지도 않은 조그만 수학적 지식에 의지하고 있다. 사실 일상적인 인터넷 거래에서 보안상의 위험은 핵심적 정보가 허술한 관리 때문에 암호화되지 않은 사이트로 누출되는 데에서 초래될 가능성이 훨씬 크다. 다른 많은 암호체계들과 마찬가지로 RSA 또한 사람의 실수에 취약하다. 제2차 세계대전 때 연합군은 독일의 암호 담당자가 저지른 수많은 초보적 실수로부터 에니그마를 깰 소중한 정보를 획득하곤 했다. RSA도 운영자가 깨지기 쉬운 숫자를 택한다면 이와 마찬가지로 취약해진다. 만일 어떤 암호를 깨고자 한다면 순수수학을 다루는 수학과에서 박사학위 소지자를 구하는 것보다 중고 컴퓨터를 사서 그 안의 정보를 뒤지는 게 더 나을 것이다. 한물갔다고 버려지는 컴퓨터들에 담겨진 정보의 양은 참으로 엄청나다. 암호를 깨기 위해 한 무리의 수학자들로 구성된 팀을 운영하기보다 암호키를 가진 사람에게 뇌물을 쓰는 게 금전적으로 훨씬 유리할 것이다. 『응용 암호Applied Cryptography』란 책을 쓴 브루스 쉬나이어Bruce Schneier는 "암호체계보다 사람에게서 약점을 찾는 게 훨씬 쉽다"고 지적했다.

이와 같은 인위적 보안 사고가 발생하면 해당 기업에게는 치명적일지 몰라도 전체 인터넷 산업에는 별다른 영향을 주지 못한다. 따라서 〈스니커즈〉와 같은 영화가 주는 교훈을 더욱 되새겨야 한다. 큰 수의 소인수분해에 대한 획기적 돌파구가 열릴 가능성은 낮다. 하지만 위험은 여전히 도사리고 있으며 만일 실제로 일어날 경우 세계적 재앙이 될 것은 불을 보듯 뻔하다. 전자거래에서의 Y2K 문제가 될 수 있으며 전 세계의 이메일 체계는 송두리째 허물어질 것이다(Y2K는 '2000'년을 줄여서 '00'으로 표기할 경우 컴퓨터가 '0'으로 인식하여 세계적으로 큰 혼란이 일어날 것이라는 문제였는데, 실제로는 별 탈 없이 지나갔다: 옮긴이). 우리는 큰 수의 소인수분해가 본질적으로 어려울 것이라고 여기고 있다. 그러나 정말로 어렵다는 증명은 없다. 큰 수를 빠르게 소인수분해하는 프로그램을 찾기란 불가능하다는 확신이 있다면 보안 담당자들의 마음은 훨씬 가벼워질 것이다. 하지만 그런 게 없다는 것을 보이는 것 또한 참으로 어렵다.

랜던 클레이가 내놓은 새 천 년의 문제들 가운데 하나인 'P 대 NP 문제 *P versus NP problem*'는 이와 관련하여 약간 흥미로운 의문을 던져 준다. 소인수분해나 지도에 색칠하기와 같은 복잡한 문제가 건초더미에서 바늘을 찾는 것과 같다고 할 경우 이를 해결할 뭔가 아주 효율적인 방법이 반드시 존재하지 않을까? 현재까지 이 문제에 대한 일반적 예상은 "아니요"이다. 본질적으로 너무나 복잡하고도 어려워 현대판 가우스처럼 고도의 해킹 기술을 가진 사람이라도 도저히 지름길을 찾을 수 없는 문제들이 반드시 존재한다는 뜻이다. 하지만 만일 이 문제에 대한 답이 "예"로 드러난다면 리베스트가 말했듯 그 결과는 암호계 종사자들에게 대재앙이 될 것이다. RSA를 포함한 대부분의 암호체계는 본질적으로 커다란 건초더미에서 바늘을 찾는 것과 다를 게 없다. 따라서 'P 대 NP 문제'에 대한 답이 긍정적인 것으로 나타난다면 이는 곧 빠른 소인수분해법이 존재한다는 뜻이다. 있기는 있되 아직 찾지 못했을 따름이다!

누구나 인정하듯 기업가들은 수학자들처럼 100% 확실한 토대 위에 건물을 짓고자 하는 사람들이 아니다. 소인수분해는 지난 몇 천 년간 어려운 문제로 군림해 왔다. 따라서 99.99% 정도 확실한 이상 기꺼이 그 위에 인터넷 거래망을 구축하고자 한다. 대부분의 수학자들은 소인수분해에 뭔가 본질적인 복잡성이 도사리고 있다고 믿는다. 하지만 아무도 다음 몇 십 년 사이의 발전을 정확히 내다볼 수는 없다. 20년 전만 해도 RSA 129는 거의 완벽하게 안전하다고 여겨지 않은가 말이다.

소인수분해가 그토록 어려운 이유 가운데 중요한 것으로는 소수의 불규칙성을 들 수 있다. 리만 가설은 바로 소수에 내재한 불규칙성의 원인을 이해하고자 하는 것이므로 이에 대한 증명은 새로운 통찰을 전해 줄 수 있다. 1900년 힐베르트는 리만 가설을 설명하면서 이에 대한 해답은 수에 관한 다른 많은 비밀들도 밝혀 줄 것이라고 강조했다. 소수를 이해하는 데에 리만 가설이 핵심적 역할을 한다는 점에서 볼 때 만일 그 증명이 얻어진다면 획기적인 소인수분해법도 따라 나오지 않을까 예상하는 수학자들도 많다. 이 때문에 기업들도 차츰 소수의 연구라는 심오한 세계에 관심을 갖기 시작했다. 요컨대 기업들이 리만 가설에 관심을 기울이는 이유는 그들이 사용하는 암호법에 있다. 인터넷 업체들이 RSA 암호를 사용하려면 먼저 60자리의 두 소수를 찾아야 한다. 만일 리만 가설이 참이라면 RSA 암호를 만드는 데에 사용되는 두 소수를 빠르게 찾아낼 방법이 존재하는데, 전자거래는 바로 이 토대 위에 세워져 있다.

큰 소수를 찾아

인터넷이 빠르게 발전하여 갈수록 더 큰 소수들이 많이 필요해짐에 따라 소수가 무한함을 보여 주는 유클리드의 증명이 새삼스럽게 상업적 중요성을 띠게 되었다. 만일 소수가 그토록 불규칙적인 존재들이라면 기업들은 필요로 하는 큰 소수들을 어떻게 찾아낼 것인가? 그 수가 무한하다는 것은 잘 알겠는데, 찾는 범위를 넓혀 갈수록 아주 드물게 발견될 뿐이다. 그렇다면 전 세계의 모든 기업들이 각자의 암호를 만드는 데에 필요한 60자리 정도의 소수는 과연 충분히 많을까? 어쩌면 충분하다고 해도 '겨우' 충분할지도 모른다. 그렇다면 어떤 두 기업이 우연히 같은 암호를 사용할 확률도 사뭇 높아질 것이다.

다행히도 자연은 전자거래 업계에 아주 호의적이다. 가우스의 소수정리에 따르면 60자리 소수의 개수는 대략 10^{60}을 $\log 10^{60}$으로 나눈 만큼이다. 이는 지구상의 모든 원자가 각자 60자리의 소수를 가져도 될 정도로 많다는 뜻이다. 게다가 어떤 두 원자가 같은 소수쌍을 가질 확률은 로또 복권에서 당첨될 확률보다 더 낮다.

소수가 그처럼 충분할 정도로 많은 것은 좋다. 하지만 어떤 수가 소수인지 여부를 어떻게 확신할 수 있을까? 이미 보았듯 합성수의 구성 요소인 소수를 찾는 것은 쉬운 일이 아니다. 암호에 쓰려고 고른 수가 소수라면 정말로 그런지 밝히는 일은 두 배나 더 어려운 일은 아닐까? 그보다 작은 모든 수로 나누어지지 않는다는 점을 보여야 하니까 말이다.

어떤 수가 소수인지의 여부를 밝히는 것은 뜻밖에도 그다지 어렵지 않다. 어떤 합성수의 구성 요소인 소수를 찾기는 어렵지만 그 수가 합성수인지의 여부는 빠르게 판단할 수 있는 방법이 있기 때문이다. 이는 콜이 분해한 수도 그 구체적 요소를 몰랐을 뿐 합성수라는 사실은 콜이 분해하기 27년 전에 이미 알려져 있었던 이유이기도 하다. 이 판정법은 소수의 분포를 예측하는 데에는 별 도움을 주지 못한다. 소수의 분포는 리만 가설의 핵심에 해당하므로 이 말은 결국 우리가 소수들의 개별적인 음은 들을 수 있지만 전체적인 화음은 아직 제대로 감상할 수 없다는 뜻이다.

이 판정법은 페르마의 소정리에서 유래한다. 이에 따르면 최대 눈금이 소수인 시계계산기의 문자판에서 임의의 수를 골라 최대 눈금의 수만큼 거듭제곱하면 그 결과는 본래의 수가 된다. 이 정리를 어떤 수가 소수가 아니란 사실을 밝히는 데에 쓸 수 있다는 사실을 처음 깨달은 사람은 오일러였다. 예를 들어 6시까지 표시된 시계계산기로 2를 여섯 번 거듭제곱하면 결과는 4시가 된다. 만일 6이 소수라면 이 결과는 2시가 되었을 것이다. 다시 말해서 페르마의 소정리에 따르면 6은 소수가 될 수 없으며, 그렇지 않다면 이 정리에 대한 반례가 되는 셈이다.

어떤 수 p가 소수인지 알고 싶다면 p시까지 그려진 시계계산기를 이용한다. 그리고 여러 가지 다른 시간을 택하여 p만큼 거듭제곱한 뒤 그 결과가 다시 원위치로 돌아오는지 관찰한다. 만일 한 번이라도 이와 다른 결과가 나온다면 p는 소수가 아니라는 뜻이다. 물론 p가 소수가 아닌데도 불구하고 결과는 우연히 원위치가 되는 경우도 있다. 이런 경우 문자판의 그 수는 p가 소수라고 거짓 증언하는 증인으로 해석할 수 있다.

이처럼 시계계산기를 이용하는 것도 번잡스러울 것 같은데 왜 이것이 그냥 p보다 작은 수들로 일일이 나누어 보는 방법보다 더 좋단 말일까? 요점은 페르마의 판정법은 그 결과가 가부간에 사뭇 확연히 드러난다는 데에 있다. 만일 p가 소수가 아니라면 적어도 문자판 위에 있는 절반 이상의 수가 소수가 아니란 사실을 명확히 증언한다. 이처럼 이 방법을 취할 경우 소수가 아닌 수에 대해서는 매우 많은 반례가 나타난다는 사실은 이 방법이 소수의 판정법으로 아주 유용하다는 뜻이다. 이 방법을 p보다 작은 모든 수로 일일이 나눠 보는 방법과 비교해 보자. 만일 어떤 수가 두 소수의 곱으로 되어 있다면 뒤의 방법을 쓸 경우 이 두 소수가 발견될 때까지 다른 모든 수들에 대해 계속 점검해 보는 수밖에 없다. 다시 말해서 이 경우 p가 소수가 아니라고 증언하는 증인은 단 두 사람뿐이다. 다른 사람들은 소수인지 모르겠다고 말하는 사람들일 뿐이므로 거의 도움이 되지 않으며, 오직 그 두 증인을 만날 때까지 계속 진행할 수밖에 없다.

수많은 협동연구를 한 에어디시는 그중 한 연구에서 10^{150}보다 작은 어떤 수 p가 있다고 할 때 페르마의 판정법을 적용할 시계계산기의 문자판에서 이 판정법을 통과하는 단 하나의 수라도 이미 발견되었다면 p가 소수가 아닐 확률은 $1/10^{43}$밖에 되지 않는다고 추산했다(단 엄밀히 증명한 것은 아니다). 또한 『소수의 기록들The Book of Prime Number Records』이란 책을 쓴 파울로 리벤보임Paulo Ribenboim은 이 판정법을 사용한다면 소수를 판매하는 어떤 기업이든 불량품이 나올 걱정일랑 접어 둔 채 "만족하지 않으시면 돈을 돌려 드립니다"라는 플래카드를 내걸고 얼마든지 자신 있게 영업해도 좋을 것이라고 말했다.

수학자들은 백 년이 넘도록 페르마의 판정법을 더욱 개선하기에 힘써 왔다. 게리 밀러Gary Miller와 마이클 래빈Michael Rabin은 마침내 어떤 수가 소수인지의 여부를 단 몇 번의 검사로 판단할 수 있는 새로운 판정법을 이끌어 냈다. 그런데 밀러-래빈 판정법Miller-Rabin test에는 한 가지 특기할 사항이 있다. 이 방법을 매우 큰 수에 대해 적용할 경우 리만 가설이 참이라는 전제가 뒷받침되어야 한다(더 정확히 말하자면 '일반화된 리만 가설'이 참이어야 한다). 어쩌면 이 판정법은 거대한 리만산에 근거를 둔 가장 중요한 결론 가운데 하나라고 하겠다. 만일 리만 가설과 그 확장된 결론을 모두 증명한다면 백만 달러를 버는 것은 물론 밀러-래빈 판정법이 어떤 수가 소수인지의 여부를 판단하는 매우 빠르고도 효율적인 방법이란 점까지 증명하게 되는 셈이다.

2002년 8월, 인도의 칸푸르Kanpur에 있는 인도공과대학Indian Institute of Technology의 세 수학자 마닌드라 아그라왈Manindra Agrawal, 니라즈 카얄Neeraj Kayal, 니틴 삭세나Nitin Saxena는 밀러-래빈 판정법의 대안을 발표했다. 이 방법은 아주 조금 더 느리지만 리만 가설을 전제하지 않는다. 전 세계의 소수 학자들에게 이 소식은 참으로 놀라운 것이었다. 칸푸르에서의 발표가 있은 뒤 24시간이 채 지나지 않아 전 세계에 걸쳐 30,000명 이상의 사람들이 이들의 논문을 다운 받았는데, 그 가운데는 칼 포머런스도 끼어 있었다. 포머런스가 보기에 이 판정법은 충분히 단순한 것이어서 그날 오후의 세미나에서 동료들에게 그 자세한 내용까지 모두 소개해 줄 수 있었다. 그는 이 판정법을 "놀랍도록 우아하다"라고 평가했다. 라마누잔의 정신은 인도에서 아직도 찬란히 빛나고 있었던 것 같았다. 이 세 수학자들은 어떤 수가 소수인지의 여부를 판정하는 데에 관해 예로부터 전해져 내려오는 지식들에 조금도 위축됨이 없이 도전하고 나섰다. 이들의 이야기는 미래의 어느 날 어떤 무명의 수학자가 홀연 떠올라 소수에 관한 궁극의 문제인 리만 가설을 해결할 것이라는 믿음을 다시 확인시켜 주었다고 볼 수 있다.

자연이 암호계에 얼마나 호의적이었는지를 생각해 보면 경이로움에 사로잡힌다. 자연은 소수를 찾을 빠르고도 쉬운 길을 마련하여 인터넷 암호체계가 확고히 설 수 있도록 도와주었다. 반면 소인수분해는 가늠할 수 없도록 어렵게 만들어 쉽게 만든 암호를 깨는 일을 그 난해함으로 감싸 버렸다. 하지만 이와 같은 깊은 호의를 자연은 과연 얼마 동안이나 계속 견지해 줄까?

타원의 미래는 밝다

소수의 이론이 기업활동의 핵심에 적용됨으로써 수학의 위상은 크게 높아졌다. 누군가 수론처럼 언뜻 세상과 동떨어진 듯한 분야의 유용성에 의문을 제기할 경우 RSA는 매우 강력한 반박의 근거가 된다. 필즈상을 수상한 티모시 가워스Timothy Gowers도 클레이의 새 천 년의 문제들을 발표하는 '수학의 중요성'이라는 강연에서 수학의 유용성을 잘 보여 주는 예로 RSA를 들었다.

새 암호체계가 나오기 전에 대부분의 수학자들은 이처럼 중요하고도 사람들의 이목을 집중시킬 수 있는 추상수학의 응용 분야를 찾고자 할 때 많은 애를 먹었다. 운 좋게도 RSA는 수론 분야에 대해 시의 적절한 기여를 했다. 이후 수론 분야에서 연구비를 얻기 위하여 제출된 제안서들에는 거의 한결같이 암호체계와의 관련성을 암시하는 구절이 마치 일종의 캐치프레이즈처럼 들어가게 되었다. 그런데 사실 말하자면 RSA의 배경에 깔린 수학은 그다지 심오하다고 할 수 없다. 대부분의 수학자들은 소인수분해에 대한 도전을 오랜 세월 동안 신비스럽게 여겨져 온 리만 가설과 같은 문제와 비교하려 들지 않는다.

리만 가설과 P 대 NP 문제가 모두 RSA와 관련이 있지만 전자거래에서의 Y2K 사태를 일으킬 뻔한 것은 또 다른 새 천 년의 문제였다. 1999년 초, 타원곡선에 관한 문제로서 '버치-스위너튼 다이어 추측Birch-Swinnerton-Dyer Conjecture이라고 부르는 문제가 인터넷 보안의 아킬레스건을 노출시킬 수도 있다는 소문이 빠르게 번져 나갔다.

1999년 1월 〈더 타임스〉는 1면 기사의 하나로 '10대가 이메일 암호를 깨다' 라는 제목의 글을 실었다. 이 성공으로 아일랜드의 십대 소녀 사라 플래너리Sarah Flannery는 과학경시대회의 대상을 받았으며 부유한 미래를 약속받게 되었다. 사진 속의 사라는 수식이 쓰인 칠판 앞에 서 있는데 그 아래에는 "16세의 사라 플래너리가 제시한 암호에 대한 아이디어는 심사위원들을 곤혹스럽게 했다. 그들은 그녀의 연구를 '눈부시다' 라고 평했다"라는 설명이 붙어 있었다. 이메일 암호에 대한 인터넷의 의존성을 생각할 때 이 기사는 언론과 대중의 커다란 관심을 불러일으킬 게 분명했다. 자세히 읽어 보면 제목 속의 "… 암호를 깨다" 라는 말의 의미는 RSA의 보안에 대한 새로운 공격법을 개발했다는 게 아니라 RSA를 탑재할 때 일어나는 실제적 문제점을 해결했다는 것임이 드러난다.

RSA를 이용하여 신용카드 번호를 암호화하고 해독하려면 이 번호를 수백 자리에 이르는 시계계산기의 숫자들과 여러 번 곱해야 한다. 아무리 컴퓨터라도 이처럼 큰 수들을 다루려면 상당한 시간이 필요하다. 대부분의 웹사이트들은 신용카드 번호 이외의 정보도 요청하며 회사의 웹사이트는 RSA를 이용하여 자신과 고객의 컴퓨터가 이런 자세한 정보들을 암호화하는 데에 사용할 개인키private key를 결정한다. 개인키는 송신자와 수신자가 공유하는데 RSA의 공개키보다 훨씬 빠르게 암호화할 수 있다.

요즘 대개의 개인용 컴퓨터는 메모리도 충분하고 속도도 빠르다. 그러므로 집에서 개인용 컴퓨터로 인터넷에 접속하여 쇼핑을 할 경우 신용카드 번호를 암호화하는 데에 얼마나 시간이 걸리는지 알아차리지도 못하는 사이에 암호화 과정이 끝나 버린다. 하지만 날이 갈수록 집 밖에서 다른 도구들을 이용하여 인터넷에 접속하는 경우가 많아지고 있다. 휴대폰, 팜탑palmtop, 기타 여러 가지의 휴대용 및 이동식 전자기기가 그것들이다. 이른바 3Gthird-generation(3세대) 기술 덕분에 이런 기기들도 인터넷을 통해 정보를 교환할 수 있게 되었기 때문이다. 그런데 이와 같은 보조적 기기들의 성능은 아직 좀 낮으므로 이런 것들로 인터넷 쇼핑을 할 경우 암호화 과정에 무리가 따를 수 있다.

휴대폰이나 팜탑은 많은 계산을 예상하고 만들어진 기기들이 아니다. 따라서 데스크탑desktop보다 메모리도 적고 속도도 느리다. 게다가 휴대용 기기들이 정보를 교환하는 데에 사용하는 무선 대역폭은 전화선이나 케이블의 경우보다 좁다. 따라서 서로 교환하는 정보의 양을 최소화하는 게 중요하다. 그러나 갈수록 고도화되는 컴퓨터와 해킹 기술의 발전에 대항하기 위하여 RSA 번호는 계속 자릿수를 늘려 가고 있으므로 휴대용 기기들의 부담은 더욱 커지고 있다.

이런 이유 때문에 암호 전문가들은 RSA의 보안성과 성능을 유지하면서도 더 작고 빠른 공개키 방식을 개발하려고 계속 노력해 왔다. 1999년 〈더 타임스〉를 비롯한 여러 언론들은 16세의 사라 플래너리가 발견한 것이 그런 체계일 가능성이 있다고 떠들어 댔다. 플래너리의 체계는 RSA보다 훨씬 빨랐다. 하지만 발표된 지 반년도 되지 않아 누군가가 거기에 치명적인 약점이 있음을 지적했다. 이는 플래너리의 새 체계를 사용하고자 했던 기업들에게 좋은 경고가 되었다. 다행히도 플래너리는 자신의 체계가 안전하다고 단언한 적이 없다. 보안은 시간과 노력이 필요한 일이지만 언론은 이런 측면에는 별로 주목하지 않는다. 결국 이 체계를 빠르게 작동하도록 했던 요소는 오히려 수많은 숨은 약점을 갖고 있음이 밝혀졌다.

모바일mobile이란 단어에서 따와 '엠거래m-commerce'라고 부르는 무선 통신 거래 분야의 조건을 충족하면서 RSA의 라이벌로 떠오른 새로운 암호 체계가 있다. 그 배경에는 소수보다 사뭇 생소한 **타원곡선**elliptic curves이란 개념이 자리 잡고 있다. 이 곡선들은 특수한 형태의 방정식으로 정의되는데 페르마의 마지막 정리에 대한 앤드루 와일즈의 증명에서 핵심적 역할을 한다. 이 방법은 이미 암호계에 선을 보였는데 흥미롭게도 소인수분해를 빠르게 할 새로운 방법의 하나로 사용되고 있다. 역설적이지만 암호 해독가들이 오히려 암호 전문가들에게 더욱 좋은 암호화 방법을 소개하는 것은 일종의 불문율처럼 보이기도 한다. 시애틀에 있는 워싱턴대학교의 닐 코블리츠Neal Koblitz는 타원곡선이 암호화에 쓰일 수 있다는 것을 깨달은 이후 도리어 암호를 깨는 데에는 어떻게 이용될 수 있을까 연구해 왔다. 코블리츠는 1980년대 중반 타원곡선 암호에 대한 자신의 아이디어를 세상에 발표했다. 이와 같은 시기에 뉴저지 주의 라마포대학Ramapo College에 있는 빅터 밀러Victor Miller도 타원곡선을 이용한 암호법을 발견했다. 이 암호법은 RSA보다 복잡하지만 거기에 사용되는 숫자키의 자릿수는 훨씬 작아서 엠거래에 아주 이상적이다.

이동식 기기에 적합한 암호체계를 만들어 세속적인 상업의 세계에 빨려 들어가고 있음에도 불구하고 코블리츠의 마음은 여전히 하디가 살았던 순수한 수론의 세계에 머물러 있다. 일련의 우연한 사건들로부터 자극을 받아 아직도 수학에 대해 어린애와 같은 열정을 간직하고 있는 수론 분야의 이 원로 수학자는 다음과 같이 말했다.

> 여섯 살 때 나는 가족들과 함께 인도의 바로다Baroda에서 일 년 동안 지내게 되었는데, 그곳 학교에서 요구하는 수학 수준은 미국 학교들의 경우보다 높았다. 이듬해 미국으로 돌아온 나는 수학에서 다른 애들에 비해 월등한 능력을 보였다. 내막을 모르는 선생님은 내가 수학에 특별한 재능을 타고났다고 여겼다. 선생님들의 머리에 자리 잡은 다른 많은 선입관과 마찬가지로 이 잘못된 인식도 결국 내게는 자기만족적인 예언으로 작용했다. 인도에서 돌아온 뒤 이렇게 북돋워진 용기를 바탕으로 나는 이후 수학자의 길로 매진하게 되었다.

인도에서 보낸 어린 시절의 경험은 코블리츠의 수학적 발전에 기여했을 뿐 아니라 이 세상의 사회적 불평등에 대해서도 눈을 뜨게 했다. 그리하여 어른이 된 뒤 그는 베트남과 중앙아메리카에 대한 수학적 전도 활동에 참여하기도 했다. 수론과 암호에 대해 쓴 여러 책들 가운데 하나의 첫머리에 그는 "미국의 침략에 대항하여 목숨을 잃은 베트남과 니카라과와 엘살바도르의 학생들을 기리며"라고 썼다. 이 책의 판매 수익은 세 나라의 사람들에게 여러 책을 사서 보내는 데에 쓰여졌다.

코블리츠는 NSA, 곧 미국국가안전보장국National Security Agency이 남의 아픈 곳을 찌르듯 그의 전공 분야를 지배하고 나선 데 대해 분개했다. 이제 수론에 대한 일정한 형태의 연구 결과들은 순수한 수학 학술지에 발표하는 것이라도 NSA의 승인을 받아야 한다. 코블리츠의 새로운 아이디어 덕분에 타원곡선 이론도 소수 이론과 함께 보안 당국이 항상 주목해야 할 '감시 목록'에 오르게 되었다.

리베스트와 샤미르와 애들먼은 신용카드 번호를 암호화하는 데에 가우스의 시계계산기를 사용했다. 코블리츠는 이제 신용카드 번호를 기이한 타원곡선 어딘가에 숨기려고 한다. 문자판 위의 어떤 수를 계속 곱하는 대신 코블리츠는 이 곡선 위의 점들에서 정의되는 기이한 곱셈을 사용하고자 한다.

칼데아(Chaldea) 시의 즐거움

타원곡선 암호가 나타났을 때 인터넷의 독점체제를 구축하고 있던 RSA는 처음에는 사뭇 위협적인 도전자로 여겨졌다. 1997년 무렵 RSA 측의 우려는 절정에 달해 'ECC 중앙회ECC Central'라는 웹사이트를 개설하여 타원곡선 암호를 공격하고 나섰다(ECC는 Elliptic Curve Cryptography의 약자: 옮긴이). 이 사이트는 타원곡선을 이용한 방법이 안전하다는 주장에 대해 반박하는 저명한 수학자와 암호 전문가의 글들을 인용하여 실었다. 어떤 사람들은 소인수분해법이 가우스까지 거슬러 올라가는 오랜 역사를 갖고 있으며, 가우스조차 이를 완전히 정복하지 못한 이상 이를 이용하는 보안 체계는 확실히 안전하다는 논리를 폈다. 또 다른 사람들은 타원곡선의 구조는 매우 다양하므로 해커들은 어디선가 이를 깨뜨릴 교두보를 쉽게 확보할 수 있다고 주장했다. 사라 플래너리의 암호는 발표된 지 반년 만에 폐기되고 말았다. 하지만 아직도 타원곡선 암호는 너무 새롭다고 말할 수 있다. 따라서 타원곡선에 대한 현재의 지식으로는 이를 작은 크기의 키로 쉽게 깨뜨릴 수 있는지 단언하기 어렵다.

RSA 측은 또한 은행가들에게 수십 억 달러에 달하는 그들의 거래가 소인수분해의 난해성에 의존하고 있음을 설명하는 일은 그다지 어렵지 않다는 점도 지적한다. 하지만 타원곡선의 경우 $y^2 = x^3 + \cdots$ 이라는 수식으로부터 시작하다보면 상대방의 초점은 이내 흐트러지고 만다. 타원곡선 암호를 선도적으로 이끌고 있는 서티콤Certicom회사는 이런 비평에 맞서, 결국에는 이 체계가 금융 보안을 떠맡게 될 것이며 은행가들은 타원곡선 위의 점들에서 만족감을 느낄 것이라고 주장한다.

그런데 타원곡선 진영을 가장 짜증나게 하는 지적은 RSA의 선두 주자인 리베스트의 것이다. "타원곡선 암호체계의 보안성에 대한 평가를 얻는 일은 최근 발견된 칼데아 시에 대한 평가를 얻으려고 애쓰는 것과 비슷하다."

ECC 중앙회의 웹사이트가 개설될 무렵 닐 코블리츠는 버클리에서 타원곡선에 대해 강의하고 있었다. 그는 칼데아의 시에 대해서는 아무것도 들어본 적이 없었으므로 학교 도서관으로 달려가 이에 대해 찾아보았다. 거기서 그는 칼데아인이 기원전 625년에서 539년까지 고대 바빌로니아의 남쪽을 지배했던 셈족 계통의 민족임을 알게 되었다. "그들의 시는 정말 훌륭하다"라고 그는 생각했다. 코블리츠는 여러 장의 티셔츠를 사서 강의를 듣는 학생들에게 나눠 주었는데, 거기에는 타원곡선의 그림과 함께 "나는 칼데아 시를 사랑한다ı LOVE CHALDEAN POETRY"라는 문구가 장식 테두리 안에 쓰여 있었다.

타원곡선 암호는 지금까지 세월의 시험을 이겨 내고 정부의 표준으로 포섭되었다. 휴대폰, 팸탑, 스마트카드smart card 등은 이 새 암호체계를 아무 문제없이 잘 사용하고 있다. 신용카드의 처리도 이 암호 덕분에 빨라지고 있으며 사용된 뒤에는 흔적을 남기지 않는다. 본래 작은 이동용 기기에 사용할 목적으로 개발되었지만 차츰 대형 시스템도 이를 채택하고 있다. 독일 국가 정보국은 요원들의 생명을 타원곡선 암호에 맡긴다고 공개적으로 발표했다. 얼마 가지 않아 비행기를 탈 때마다 우리의 목숨도 타원곡선에 맡겨질 것이다. 전 세계의 항공 제어 시스템이 이 암호체계를 이용할 계획이기 때문이다. RSA도 ECC 중앙회의 웹사이트를 폐쇄했으며 RSA에 타원곡선 암호를 병행하기 위하여 독자적인 연구를 수행하고 있다.

하지만 1998년 여름까지도 타원곡선에 내포된 여분의 구조들이 이 암호체계의 무장을 해제해 버리지는 않는가 하는 두려움이 이 체계의 안전을 믿고 투자한 사람들의 머리를 떠나지 않았다. 몇 달 전 닐 코블리츠는 타원곡선에 관한 가장 중요한 문제인 버치-스위너튼 다이어 추측이 타원곡선을 암호에 응용하는 데 대해 아무런 영향도 주지 못할 것이라고 말했다. 그러나 수론은 결코 실용적 중요성을 획득하지 못할 것이라는 하디의 말처럼 코블리츠의 예언도 도리어 호된 반격의 실마리가 되었을 뿐이었다. 실제로 이와 같은 코블리츠의 선동적인 말에 자극받은 브라운대학교의 조셉 실버맨Joseph Silverman은 버치-스위너튼 다이어 추측의 암시를 토대로 타원곡선 암호를 공격하고 나섰다.

버치-스위너튼 다이어 추측은 일곱 가지 새 천 년의 문제들 가운데 하나이다. 이 추측은 타원곡선의 방정식의 해가 유한개인지 아니면 무한개인지 확정할 방법 한 가지를 제시했다. 1960년에 두 영국인 수학자 브라이언 버치Bryan Birch와 스위너튼 다이어 경(卿)Sir Peter Swinnerton-Dyer은 이에 대한 답이 리만에 의해 발견된 것과 비슷한 복소 지형 어딘가에 숨어 있을 것이라는 추측을 내놓았다. 흔히 사람들은 스위너튼 다이어 경의 이름이 독특하게도 하이픈으로 연결된 것을 모르고 이 추측의 배경에 세 사람의 수학자가 있는 것으로 착각한다. 이 추측 덕분에 두 사람의 이름은 마치 '로렐과 하디Laurel and Hardy' 처럼 떼려야 뗄 수 없는 관계로 얽히게 되었다(로렐과 하디는 영국인 스탠 로렐Stan Laurel과 미국인 올리버 하디Oliver Hardy의 콤비를 가리키며 무성영화 말기부터 유성영화 초기에 걸쳐 활약한 코미디언들이다: 옮긴이). 신기하게도 약간 덤벙대는 성격의 버치는 로렐, 그리고 어딘지 뚱한 스위너튼다이어 경은 하디와 통한다.

리만은 우리를 소수의 세계에서 제타 지형으로 안내할 웜홀을 발견했다. 괴팅겐의 또 다른 수학자 헬무트 하세Helmut Hasse는 각각의 타원곡선은 고유의 복소 지형을 가진다고 주장했다. 독일 수학사에서 하세는 논란이 많은 인물이다. 히틀러가 괴팅겐대학교의 수학과를 허물어뜨릴 때 나치는 하세에게 수학과를 이끌도록 했다. 나치에 동조했다는 점에서는 나치 측이, 그리고 수학적 능력이 뛰어나다는 점에서는 괴팅겐의 수학적 전통이 유지되기를 바라는 사람들 측이 이와 같은 그의 역할을 지지했다.

하세에 대한 수학계의 평가에는 복잡한 감정적 요소가 깔려 있지만 그의 정치적 선택을 용인하는 사람은 거의 없다. 1937년 하세는 자신이 나치에 입당할 수 있도록 그의 유태인 조상 가운데 한 사람을 삭제해 달라고 당국에 요청하기도 했다. 1938년 여행에서 돌아와 하세를 본 칼 루트비히 지겔은 당시의 상황을 다음과 같이 회고했다. "나치의 휘장을 걸친 그의 모습을 보게 되다니! 그토록 지성적이고 양심적인 사람이 그런 일을 할 수 있다는 게 도무지 믿어지지 않았다." 뒤틀린 정치적 성향에도 불구하고 하세의 수학적 통찰은 심오했다. 그의 이름은 '하세 제타함수Hasse zeta function'라는 용어에 녹아들어 불멸의 지위에 올랐는데, 이는 타원곡선 방정식의 비밀스런 해를 담고 있는 복소 지형의 구축에 기초가 되는 개념이다.

리만은 복소수의 지도 전체에 대응하는 완전한 지형의 구축법을 보여 주었음에 비하여 하세는 타원곡선에 대해 이에 필적하는 업적을 이루지는 못했다. 하세는 각각의 타원곡선에 대해 부분적인 지형을 대응시킬 수는 있었다. 하지만 어떤 지점을 넘어서면 남북으로 달리는 산등성이에 가로막혀 하릴없이 멈춰 설 수밖에 없었다. 돌파구는 앤드루 와일즈가 열었는데, 페르마의 마지막 정리에 대한 그의 증명은 이 산등성이를 넘는 법과 함께 그 너머의 지형을 이해하는 방법도 제시해 주었다.

그러나 이 산등성이 너머에 과연 어떤 지형이 존재하는지의 여부도 모르던 때에 이미 버치와 스위너튼 다이어는 이 가상적 지형이 우리에게 무엇을 말해 줄 수 있는지에 대한 추측을 했다. 두 사람은 각 지형마다 그 지형을 만드는 데 쓰인 특정의 타원곡선이 무한개의 해를 갖는지의 여부를 밝혀 줄 비밀을 간직한 점이 하나씩 있다고 예측했다. 그들의 열쇠는 1을 넘어선 곳에서 그 지점의 높이를 측정하는 데에 있다. 만일 높이가 해수면과 같다면 그 타원곡선은 무한히 많은 분수해를 가진다. 반대로 해수면과 같지 않으면 유한개의 분수해를 가져야 한다. 만일 버치-스위너튼 다이어 추측이 옳다면 각 지형의 이 점들은 정말로 타원곡선들의 해에 대한 비밀을 갖고 있는 셈이며, 이 추측은 복소 지형의 위력을 보여 주는 또 하나의 인상적인 예라고 할 것이다.

버치-스위너튼 다이어 추측은 기본적으로 이론적 사고에서 자극을 받아 연구된 주제이기는 하지만 추측 자체는 다분히 특정 타원곡선에 대한 실험적 결과로부터 도출된 것이었다. 버치는 모든 것이 제자리를 찾아갔을 때 느꼈던 '유레카'의 환희를 평생 잊지 못한다. 그는 자신의 계산에서 나온 수들을 이리저리 맞춰 보며 뭔가 발견하려고 애썼다. "독일의 검은 숲Black Forest(독일 남서부 지역에 있는 숲 지대. 독일어로는 슈바르츠발트Schwarzwald라고 한다: 옮긴이)에 자리 잡은 아름다운 호텔에서의 일이었다. 나는 계산의 결과로 얻은 점들을 그래프로 표시해 보았다. 그런데 이게 웬 조화인가! 열 개 남짓의 점들이 네 개의 평행선을 이루는 게 아닌가!" 점들이 이런 패턴을 이룬다는 것은 그 배경에 뭔가 강한 관계가 있다는 것을 암시한다. "이때 이후 나는 거기에 뭔가 있다는 것을 절대적으로 확신하게 되었다. 나는 스위너튼 다이어 경에게 달려가 '오, 이것 좀 보십시오'라고 외쳤다. 그랬더니 그는 자신도 점검해 보면서 '내가 그렇게 말했잖소'라고 대답했다." 버치는 좀 어리둥절한 가운데서도 충분히 기쁨을 만끽할 수 있었다.

이 추측은 1960년대에 제기되었다. 이후 이에 대해서는 상당한 진보가 이루어졌으며, 와일즈와 자기에르도 중요한 기여를 했는데, 그럼에도 아직 갈 길은 멀었다. 이 문제의 중요성은 새 천 년의 일곱 문제들 가운데 하나로 선정된 데에서도 엿볼 수 있다. 한편 이 일곱 문제들 가운데 해답을 찾기 위한 노력이 계속 이어지고 있는 것은 오직 이 문제뿐이다. 하지만 버치는 누군가 이것을 해결하고 클레이가 내건 상금을 청구하려면 오랜 세월이 걸릴 것으로 믿고 있다. 그런데 버치-스위너튼 다이어 추측은 단지 클레이가 내건 백만 달러에 이르는 여권에 그치지 않는다. 오늘날 여기에는 인터넷 보안과 관련하여 그와 비교할 수도 없는 엄청난 돈이 걸려 있기 때문이다.

타원곡선을 토대로 한 암호체계는 어떤 산술 문제의 답을 찾기가 아주 어렵다는 사실에 의존하고 있다. 조셉 실버맨은 버치-스위너튼 다이어 추측에서 얻을 수 있는 암시를 이용하면 암호체계의 문제를 살짝 바꿔 오히려 그 어렵다는 답을 찾을 수 있지 않을까 생각했다. 물론 이것은 사뭇 아득한 이야기이며 그 자신도 이것이 가장 효과적인 공략법일까 하는 의구심을 갖고 있다. 하지만 어떤 전문가도 이것이 바로 해커들이 찾는 가장 빠른 해킹 프로그램이 될 수도 있다는 가능성을 쉽게 배제하지는 못한다.

만일 실버맨이 이와 같은 자신의 공략법을 널리 일반에 공개했다면 어땠을까? 우선 언론은 입에 거품을 물고 떠들어 댔을 것이다. RSA 측은 자못 고소해 하는 반면 서티콤의 주가는 곤두박질칠 것이다. 그리고 설령 이런 공략이 물거품으로 끝난다 해도 타원곡선은 보안의 신뢰도에서 다시는 본래의 위치를 회복하지 못할 것이다. 따라서 실버맨은 학문적인 경로를 택하기로 했다. 그는 자신의 제안이 담긴 논문을 코블리츠에게 이메일로 보냈는데, 이는 그의 아이디어를 발표하고자 하는 학회가 열리기 3주 전의 일이었다.

코블리츠는 그 주말에 서티콤의 본사가 있는 캐나다의 워털루Waterloo로 날아갈 예정이었다. 그런데 서티콤의 사장이 급히 팩스를 보내와 왜 실버맨의 공략법이 실패할 것인지 알려 달라고 요청했다. 나중에 코블리츠는 "처음에는 실버맨의 제안이 성공하지 못할 이유를 전혀 알 수 없었다"고 말했다. 비행기를 타는 날이면 코블리츠는 일찍 일어나는 습관이 있었는데, 그는 이렇게 얻은 여유 시간 동안 워털루에 있는 친구를 안심시키기 위해 뭔가 좋은 이유를 떠올려야 한다고 생각했다. 비행기에 오를 무렵 그의 머리 속을 한 가지 발견이 스쳐 갔다. 만일 실버맨의 공략법이 성공한다면 타원곡선뿐 아니라 RSA에도 통할 것이라는 게 그것이었다. 따라서 타원곡선이 무너진다면 곧이어 RSA도 같은 길을 갈 것이라는 확신이 차올랐다.

"참으로 끔찍한 순간이었다"라고 코블리츠는 회상했다. "나는 실버맨에게 이메일을 보내 이런 시간이면 기업인이 아니라 수학자가 된 게 정말로 다행으로 여겨진다고 말했다. 정말이지 인생은 영화보다 훨씬 흥미진진함을 깨달았다." 그러나 실버맨은 RSA까지 함께 무너져 내린다 해도 그다지 괘념치 않았을지도 모른다. 그는 'NTRU'라는 이름 아래 새 암호체계를 개발하는 연구팀에 속해 있었다. 그들은 NTRU가 무엇의 약자인지 잘 알려 주려 하지 않았는데, 일반적으로는 "Number Theorists 'R' Us"일 것이라고 여겨졌다(미국의 "Toys 'R' Us"라는 장난감 판매회사의 이름에 빗댄 표현이다: 옮긴이). 다른 암호체계들과 달리 이 새 체계는 실버맨의 공략법에 영향을 받지 않을 것이며, NTRU의 주가를 위해서는 오히려 호재가 될 것이다.

이로부터 두 주일 사이에 코블리츠는 타원곡선의 특수한 구조들을 검토한 끝에 실버맨의 제안이 계산상 실행하기 어렵다는 점을 보여 주는 여러 증거를 확보했다. 타원곡선 암호는 '높이함수height function'라는 개념에 의하여 구원을 받았는데, 코블리츠는 나중에 이를 가리켜 '황금 방패golden shield'라고 불렀다. 자세히 살펴보면 이는 실버맨의 것뿐 아니라 다른 일련의 공략법들도 물리치는 것으로 여겨진다. 처음 한동안의 소동이 지나자 다시 학구적인 평화가 찾아왔으며, 코블리츠도 지금껏 "순수수학은 어떻게 전자거래를 파멸시킬 뻔했나"라는 제목의 강의에서 즐거이 이 모험담을 전해주고 있다. 이 이야기는 가장 심오하고도 추상적인 수학의 한 분야에서 이루어지는 일이 오늘날에는 전체 산업에 심대한 영향을 끼칠 수 있다는 사실을 뚜렷이 웅변해 준다.

바로 이런 이유들 때문에 AT&T나 정부의 보안 부서들은 하디의 '조용하고도 깨끗한' 수론의 세계를 끊임없이 주시하고 있다. 1980년대와 90년대에 걸쳐 AT&T의 연구소장 앤드루 오들리즈코는 회사의 슈퍼컴퓨터를 리만 지형에서 지금껏 누구도 생각해 보지 않은 까마득한 변방으로 내몰았다. 독자들은 과연 무엇 때문에 이런 계산을 하는지 궁금할 것이다. 리만 가설의 반대 사례가 발견될 것으로 예상되지도 않는 터에 왜 막대한 회사의 돈과 노력을 바쳐 그 많은 영점들의 위치를 찾아 헤맨단 말일까? 오들리즈코의 호기심은 미국인 수학자 휴 몽고메리Hugh Montgomery가 특이선 위로 아득히 먼 곳에 자리 잡은 영점들에 대해 어떤 기이한 예측을 한 데에서 자극을 받았다. 오들리즈코는, 만일 이 예측이 옳다면, 소수에 대한 이야기 가운데 가장 기이하고도 예상치 못한 사실이 드러나리란 점을 깨달았던 것이다.

제11장

질서의 영점에서
양자 혼돈으로

진정한 발견의 항해는 새 땅이 아니라 새 관점을 찾는 일이다.
프루스트, 『잃어버린 시간을 찾아서』

제타 지형에서 해수면과 같은 높이의 점들은 왜 하필이면 리만의 특이선을 따라 정렬하는 것일까? 어쩌면 어이없는 의문인 것 같으며, 휴 몽고메리 또한 처음부터 이런 의문을 떠올린 것은 아니었다. 대부분의 사람들은 아직 정말로 그렇다는 증명이 있는 것도 아닌데 그런 의문을 품는다는 것은 어리석은 일로 여길 것이다. 그러나 몽고메리가 이 의문을 던지고 나서 발견한 놀라운 패턴을 보면 이는 리만 가설의 해답을 어디서 찾아야 할 것인지에 대해 우리가 지금까지 얻을 수 있는 최선의 증거임을 이해하게 된다. 몽고메리가 처음 이 의문을 품게 된 것은 대학원생 시절 리만 가설과 아무런 관계도 없을 듯한 문제를 생각했을 때 이 의문이 뜻밖에도 도움이 되었기 때문이었다. 그는 수학의 세계에서 서로 연결되지 않은 것으로 보이는 분야를 떠돌다가 마치 『이상한 나라의 앨리스』처럼 어떤 비밀스런 길을 따라 예전에 못 보던 신비로운 영역에 들어섰는데, 알고 보니 그곳은 바로 리만의 땅이었다.

티셔츠와 청바지를 입고 샌들을 끄는 한 무리의 수학자들과 달리 몽고메리는 말쑥한 차림을 좋아하여 항상 정장에 타이를 하고 다녔다. 이러한 몽고메리의 옷차림은 수학자로서의 그의 삶이 보수적이고 잘 절제된 것임을 드러내 준다. 미국에서 태어났지만 그는 영국의 케임브리지대학교를 택해 박사학위를 받았으며 대학 생활의 깊은 멋을 좋아하게 되었다. 몽고메리는 수학자로서 일찍 꽃을 피웠는데, 여기에는 1960년대에 실험적으로 도입된 학교 수학의 새로운 수업 방식이 큰 영향을 미쳤다. 이에 따르면 수학 수업은 이미 받아들여진 원리를 아무 설명 없이 제시하는 게 아니라 수학자들의 실제적 연구 생활을 체험함으로써 그 정신을 배우도록 하는 것이다. 몽고메리와 또래의 애들은 가장 기본적인 가정만 배우고 나머지 원리들은 스스로 이끌어 내도록 교육받았다. 다시 말해서 기본 가정과 논리적 연역 규칙만 받은 뒤, 이로부터 스스로 수학의 체계를 재구성해 가는 것이다. 이렇게 하여 관광객처럼 수동적으로 기념물들을 구경하는 입장에서 벗어난 몽고메리는 어려서부터 이미 수학자로서의 삶을 이끌어 갈 수 있게 되었다.

> 이런 수업 방식 때문에 수학에 흥미를 갖게 되었으므로 나는 정말 운이 좋은 셈
> 이었다. 나는 고교 시절에 이미 수학자의 길이 무엇인지 잘 알게 되었다. 이 방식
> 의 문제점은 모든 수학 교사들을 이렇게 가르칠 수 있도록 재훈련시켜야 한다는
> 것이다. 그런데 나는 이 방식의 창안자 가운데 한 사람으로부터 직접 배우는 행
> 운을 누렸다. 실제로 이렇게 교육받은 학생의 수는 얼마 안되지만 놀랍게도 이
> 들로부터 매우 많은 전문적 수학자들이 배출되었다.

학교에서 몽고메리는 수, 그 가운데서도 소수의 성질을 탐구하는 데 특히 관심을 보였다. 그러나 그는 소수에 관해 알려진 게 아주 적다는 사실을 깨달았다. 17과 19, 1,000,037과 1,000,039처럼 차이가 2인 쌍둥이소수는 무한히 많이 존재하는가? 골드바흐가 추측한 것처럼 모든 짝수는 정말로 두 소수의 합으로 표현되는가? 하지만 몽고메리가 소수에 관한 가장 위대한 문제, 곧 리만 가설에 대해서 들은 것은 케임브리지대학교에서 대학원 과정을 밟을 때의 일이었다. 다만 케임브리지의 위대한 수학적 전통의 마법에 걸려든 것은 이와 다른 문제였다.

1960년대 말 몽고메리가 도착했을 때 케임브리지는 파티와 같은 분위기에 젖어 있었다. 위대한 가우스가 내놓았던 문제에 대해 이곳의 한 수학자가 중요한 돌파구를 열었기 때문이었다. 트리니티대학의 연구원인 앨런 베이커는 복소수가 얼마나 잘 분해되는가 하는 어려운 문제에서 상당한 진전을 이루었다. 이것은 가우스가 자신이 쓴 「정수론 연구」에서 사뭇 철저히 다루었던 문제였다. 예를 들어 140과 같은 보통의 수를 소인수분해하면 $2 \times 2 \times 5 \times 7$이라는 한 세트만 나오며, 이 밖의 다른 소수들을 어떤 방식으로 결합해도 140이란 수는 만들어지지 않는다. 그런데 복소수는 이처럼 고분고분하지 않다. 가우스는 복소수의 경우 소인수분해를 여러 가지 다른 방식으로 할 수 있다는 사실을 발견하고 큰 충격을 받았다.

몽고메리는 가우스의 문제에 대한 베이커의 해답에 깊은 관심을 기울였다. 그는 베이커의 아이디어를 가우스가 제시했던 다른 문제들에도 확장해서 적용할 수 있을 것이라 여겼고, 이를 통해 수학계에 자신의 존재를 드러내고자 했다. 베이커의 업적을 한 단계 더 끌어올린다는 것은 분명 어려운 일이겠지만 몽고메리는 위축되지 않았다. 그는 광범위한 독서를 통해 수론에 관한 지식을 자신의 능력껏 흡수했다. 케임브리지의 연구 환경은 더할 나위 없이 좋았다. 하디와 리틀우드가 수립한 전통이 살아 숨쉬는 곳이었기에 새로운 아이디어를 입수하는 데에 최적의 장소였다. 어린 시절 몽고메리는 쌍둥이소수에 많은 흥미를 느꼈다. 그런데 하디와 리틀우드가 그 출현 빈도에 대해 놀라운 추측을 했다는 것도 이곳에 와서 알게 되었다.

몽고메리는 또한 어딘지 모순적인 듯한 괴델의 정리에 대해서도 배우게 되었다. 어렸을 때부터 그는 이미 수학이라는 거대한 탑이 공인된 몇 가지의 가정들로부터 수많은 정리를 이끌어 냄으로써 구축된다는 사실을 잘 알고 있었다. 하지만 괴델의 정리에 따르면 어떤 문제들의 경우 이런 과정이 먹혀들지 않는다. 따라서 학창 시절 동안 내내 배워 왔던 가정들을 이용하여 증명할 수 없는 추측들이 반드시 존재할 수밖에 없다. 만일 자신이 도전하고 있는 문제가 실제로는 증명할 수 없는 것이라면 어찌해야 할까? 온 인생을 환상만 쫓는 데에 바칠 수도 있다.

자신의 견문을 케임브리지의 첨탑과 대학 구내 너머로 넓히기 위하여 몽고메리는 프린스턴의 고등과학원에서 1년 동안 지내기로 했다. 그곳에서 몽고메리는 증명불가능한 것을 증명하려고 할 가능성에 대한 그의 우려를 논의해 볼 수 있게 되었다. 고등과학원의 원장은 관습적으로 방문객이 원로이든 신참이든 가리지 않고 한번쯤 점심 식사에 초대해서 이야기를 나누었다. 원장이 몽고메리에게 무엇을 연구할 생각인지 물어 오자 그는 쌍둥이소수 추측에 꽤 오랫동안 흥미를 가져 왔지만 괴델의 정리가 마음에 걸린다고 말했다. 이에 원장은 "아, 그 문제라면 괴델 교수께 물어보면 되지요"라고 대답했다. 원장은 괴델에게 이 문제에 대한 의견을 전해 달라고 정중히 요청했다. 하지만 그의 답변은 실망스런 것이었다. 괴델은 쌍둥이소수 추측과 같은 문제가 현재 알고 있는 수론의 공리들로부터 유도될 수 있는지는 확신할 수 없다고 말했다.

사실 괴델 자신도 리만 가설과 관련하여 이와 같은 우려를 드러낸 적이 있었다. 어쩌면 현대의 수학을 떠받들고 있는 공리체계는 이에 대한 증명을 제시해 줄 정도로 넓지 않을 수 있다. 그렇다면 마냥 위로 한없이 뻗어 간들 이 가설에 대한 어떤 연결 고리도 찾지 못한다. 하지만 괴델은 위안이 될 소식도 전해 주었다. 그는 수학적으로 진정한 의미를 가진 추측이 영원히 범접할 수 없는 영역에 머물러 있을 수는 없다고 믿었다. 그럴 경우 수학의 기초를 확장할 새로운 공리를 찾아서 덧붙이면 된다. 따라서 다시 해당 주제의 근본으로 돌아가 그 터를 넓힐 방안을 찾아 보완하고 나면 원하는 증명을 이끌어 낼 수 있을 것이다. 따라서 우리가 어떤 추측을 진정으로 확증하고자 한다면, 그리고 그 추측이 이미 증명된 결과의 자연스런 확장이라면, 우리는 언제나 기존의 토대에 자연스럽게 잘 들어맞는 돌을 찾아서 끼워 맞출 수 있을 것이며, 이 새로운 토대 위에서 원하는 증명을 찾을 수 있을 것이라고 괴델은 믿었다. 물론 그렇게 한 뒤의 새로운 체계에서도 증명할 수 없는 명제가 반드시 존재한다는 사실 역시 괴델은 증명했다. 그러나 공리체계의 근본을 계속 발전시켜 나아가면 더욱더 많은 미해결의 문제들이 차례로 포섭되어 갈 것이다.

몽고메리는 수의 우주를 이해하고자 하는 그의 꿈이 완전히 헛된 것은 아니라는 확신을 품고 케임브리지로 돌아왔다. 그는 다시 가우스가 내놓은 복소수의 소인수분해 문제에 도전했다. 리만의 지형에 대해 읽어 온 내용에 따르면 이는 가우스의 노력과 결국 연결되는 것으로 보인다. 특히 20세기 초 리만 가설은 복소수의 소인수분해에 대한 가우스의 추측 가운데 하나인 '유수(類數)추측Class Number Conjecture'을 증명하는 데에서 어딘지 모순적인 역할을 했다.

1916년 독일 수학자인 에리히 헤케Erich Hecke는 만일 리만 가설이 참이라면 가우스의 유수추측도 참임을 증명했다. 이것은 리만 가설이 나온 이래 그 진실성을 토대로 제시된 수많은 조건부 증명 가운데 하나였다. 이 조건부 증명들은 엄밀히 말하자면 리만 가설이 증명되기 전까지는 진짜 증명이 아니다. 몽고메리가 가우스의 유수추측에 뭔가 모순적 요소가 있다는 것을 알게 된 것은 이로부터 몇 년 뒤의 일이었다. 막스 도이링Max Deuring, 루이스 모델Louis Mordell, 한스 하일브론Hans Heilbronn이라는 세 사람의 수학자는 만일 리만 가설이 거짓이라면 이는 역시 복소수의 소인수분해에 대한 가우스의 추측이 참임을 증명하는 데에 쓰일 수 있다는 점을 보였다. 말하자면 어떻게 해도 질 수 없는 상황이 펼쳐진 것이다. 리만 가설이 옳든 그르든 유수추측은 옳다는 뜻이기 때문이다. 헤케의 증명과 도이링, 모델, 하일브론의 증명이 어우러져 초래된 가우스의 유수추측을 둘러싼 이 상황은 리만 가설의 가장 기이한 적용 사례 가운데 하나이다.

몽고메리는 이제 복소수의 소인수분해에 관한 가우스의 미해결 문제들을 밝히는 데에 리만의 영점들이 얼마나 중요한지 절실히 깨닫게 되었다. 그는 만일 영점들이 특이선을 따라 다발처럼 늘어서 있다는 것을 보일 수만 있다면 베이커의 연구 결과를 확장하여 더욱 나아갈 수 있다고 믿었다. 어떤 영점 다음에 곧 이어 다른 영점이 따라 나올 수 있을 것이라는 몽고메리의 믿음은 오랫동안 그를 열광시켜 왔던 쌍둥이소수 추측에 뿌리를 두고 있다. 과연 그는 해수면과 같은 높이의 점들이 쌍둥이소수들처럼 바짝 붙은 형태로 무수히 많이 존재할 것이란 사실을 보일 수 있을까? 해수면 높이의 점들이 다발로 늘어서 있다면 이는 복소수의 소인수분해에 대해 중요한 암시가 될 수 있다. 과연 이 연구가 일종의 전리품이 되어 다른 모든 대학원생들처럼 몽고메리도 품어 온 꿈, 곧 치열한 경쟁이 펼쳐지는 학문의 세계에서 이름을 날리고자 하는 소망을 이루게 할 수 있을 것인가?

달리 표현하면 몽고메리는 영점들이 리만의 특이선을 따라 완전히 임의적으로 분포하고 있다는 데에 돈을 걸고 있는 셈이다. 그리고 이는 소수들이 수직선을 따라 임의적으로 분포한 것처럼 보인다는 사실을 반영하는 생각이기도 하다. 만일 소수의 분포가 동전던지기의 결과처럼 정말로 임의적이라면 제타함수의 영점들도 임의적으로 분포할 것이라는 예상에는 별 무리가 없다. 임의성이 근접한 분포를 보일 수 있다는 사실은 시내버스들이 가끔씩 몰려서 온다든지, 복권의 당첨번호가 몰려서 나온다든지 하는 일상적 현상을 통해서도 쉽게 이해할 수 있다. 몽고메리는 이와 같은 임의적 분포의 특성에 따라 영점들도 뭉쳐서 출현한다는 사실이 증명될 수 있기를 바랐다. 그는 자신의 아이디어를 확인하기 위하여 특이선의 북쪽으로 길을 떠나 영점들의 다발을 찾아 나섰으며, 이 결과를 이용하여 복소수의 소인수분해에 대한 문제도 증명하고자 했다.

문제는 그때까지 확보된 영점들의 자료가 너무 부족하다는 사실이었다. 이것만으로는 영점들이 완전히 임의적으로 분포하는지 여부를 확증할 수 없으므로 몽고메리는 다른 방법을 병행하기로 했다. 실험적 증거가 부족한 마당에 어떤 이론적 논리를 이용하면 영점들의 임의적 분포를 확인할 수 있을까? 이때 몽고메리가 택한 방법은 영점과 소수의 역할을 뒤집는 것이었다. 제타 지형에서 영점들의 위치를 계산하는 데에 쓰인 리만의 식은 소수와 영점 사이의 직접적 관계를 나타내는데, 이 식은 영점들을 연구함으로써 소수를 이해하고자 하는 취지에서 나왔다. 몽고메리는 이 식을 물구나무 세워, 소수에 대한 지식을 토대로 특이선을 따라 늘어선 영점들의 행동을 이해하고자 했다. 몽고메리는 하디와 리틀우드가 소수를 조사하면서 쌍둥이 소수들이 얼마나 자주 출현하는지에 대해 추측했던 사실을 기억해 냈다. 같은 방식을 적용하면 바짝 붙은 영점들이 얼마나 자주 출현하는지도 예상할 수 있을 것이다. 그런데 하디와 리틀우드의 추측을 리만의 식에 대입한 결과는 놀라우면서도 실망스러웠다. 영점들은 쌍둥이소수들과 달리 바짝 붙어 다니지 않았던 것이다.

몽고메리는 이런 경향을 더 자세히 추적하고자 했다. 처음 예상과 달리 리만의 특이선을 따라 북쪽으로 멀리 나아갈수록 영점들은 붙어 다니기보다 오히려 서로 밀어내는 것처럼 보였다. 몽고메리는 결국 영점들은 밀집하려

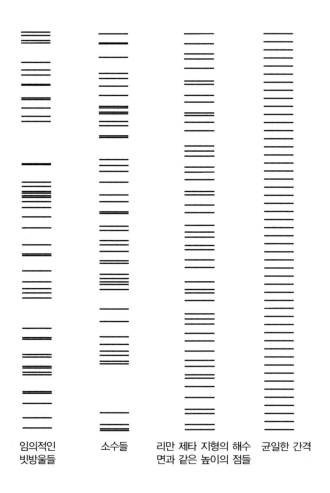

| 임의적인 빗방울들 | 소수들 | 리만 제타 지형의 해수 면과 같은 높이의 점들 | 균일한 간격 |

임의적인 빗방울, 소수, 리만 영점들의 간격

는 경향이 전혀 없다는 사실을 깨닫기에 이르렀다. 소수들과 달리 영점들은 그 뒤로 몇몇 영점들을 끌고 다니는 성질이 없었던 것이다. 사실 말하자면 이와 같은 몽고메리의 생각은 영점들이 처음 예상했던 것처럼 특이선을 따라 완전히 임의적으로 분포하는 게 아니라 오히려 균일하게 늘어서려는 경향이 있다는 점을 암시한다(왼쪽 그림 참조).

몽고메리는 리만 지형에서 해수면 높이에 있는 점들의 분포 양상에 대한 자신의 예측을 어떻게 기술할 것인지 생각해 보았다. 그는 '쌍 상관관계 pair-correlation'라 불리는 그래프를 이용하여 영점들의 간격에 대한 예상을 그림으로 나타냈다. 그 결과는 몽고메리가 일찍이 보아 왔던 것들과 사뭇 달랐다. 예를 들어 임의적으로 택한 사람들의 집단에 대해 키의 분포를 그려 보면 우리에게 너무나 익숙한 종 모양의 정규분포 곡선이 얻어진다. 하

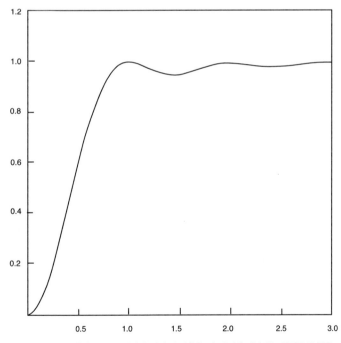

몽고메리의 그래프. 수평축은 영점들 사이의 간격, 수직축은 각 간격에 해당하는 영점들의 쌍을 나타낸다.

지만 언뜻 임의적일 것으로 여겨졌던 영점들의 분포는 이와 전혀 다른 모습을 보여 준다.

몽고메리의 그래프는 영점들을 두 개씩 쌍으로 묶은 다음 각각의 간격과 그 간격에 해당하는 쌍의 수를 그림으로 나타낸 것이다. 이 그래프에 따르면 간격이 좁은 곳에는 영점들의 수가 적음을 알 수 있고, 이는 곧 영점들이 바짝 붙어서 나타나는 경우는 별로 없다는 뜻이다. 몽고메리는 그래프의 오른쪽으로 가면 물결치는 듯한 모습이 나타나야 한다고 믿었으며, 이는 흔히 볼 수 없는 독특한 통계적 결론들을 암시한다. 하지만 그는 실제로 이런 모습이 나타남을 이론적으로 증명하지도 못했고, 실험적으로 뒷받침할 계산 자료를 충분히 확보할 수도 없었다. 그가 제시한 이 기이한 그래프는 어디까지나 쌍둥이소수가 어떻게 출현하는지에 대한 하디와 리틀우드의 추측을 토대로 한 것일 뿐이었다.

이 그래프는 몽고메리의 처음 예상과 다른 모습을 보여 주었다. 그는 영점들이 바짝 붙어서 나오는 경우도 많으리라 예상했으므로 어떤 의미로 그의 연구는 실패했다고 볼 수도 있다. 그는 특이선을 따라 군데군데 뭉쳐서 나오는 영점들의 분포를 이용하여 복소수의 소인수분해에 대한 가우스의 의문에 답하려고 했다. 하지만 뜻밖에도 반대의 결과가 나왔다. 만일 몽고메리의 새로운 추측이 옳다면 영점들은 붙어 다니기보다 오히려 반발하는 경향을 보이며, 이럴 경우 처음 품었던 아이디어에 아무 도움도 되지 않는다. 그런데 어떤 학문적 여행을 떠날 때 항상 처음 바랐던 목적지에 도달하라는 법은 없다. 몽고메리가 케임브리지에 있는 동안 리틀우드는 다음과 같은 조언을 했다. "어려운 문제에 도전하는 것을 두려워하지 마십시오. 그 과정에서 또 다른 흥미로운 문제를 풀게 될 수도 있으니까요." 리틀우드는 이 교훈을 힘들게 배웠다. 그가 대학원생이었을 때 지도교수는 별 생각 없이 리만 가설을 해결해 보라고 제안했던 것이었다.

몽고메리가 영점들의 간격에 대한 이 뜻밖의 결과를 얻은 것은 1971년 가을의 일이었다. 1972년 3월 박사학위를 받은 그는 미시간대학교의 교수직에 취임했다. 몽고메리는 자신의 발견이 완전히 새롭고도 흥미로운 것이라고 여겼다. 하지만 마음 한구석에는 여전히 심각한 의구심이 도사리고 있었다. 몽고메리는 아틀레 셀베르그가 당대의 가우스와 같다는 사실을 알고 있었다. 셀베르그는 출판하지 않은 연구성과를 많이 갖고 있었으므로 느닷없이 나타나 "아, 그거, 나는 몇 년 전부터 알고 있었던 것인데"라고 말할 가능성이 있다. 르장드르가 새 연구 결과라고 발표한 것이 알고 보면 가우스가 그전부터 쌓아 온 미발표 연구물에 들어 있는 경우가 많았다. 마찬가지로 이 당시의 수학자들은 셀베르그가 이미 선수쳤다는 사실을 나중에야 알아차리곤 했다. 셀베르그는 소수정리에 관한 에어디시와의 어설픈 공동연구에서 쓴맛을 보았다. 이후 그는 자신의 아이디어를 더욱 깊이 감추면서 연구를 했고 그중 많은 것들이 출판되지 않았다.

이에 따라 몽고메리는 1972년 봄에 열리는 수론 학회에 참석하기 전에 프린스턴에 들러 셀베르그와 자신의 발견에 대해 이야기를 나눠 보고자 했다. 그런데 뭔가 자꾸 그의 마음을 심란하게 했다. "내 연구 결과는 내게 뭔가의 메시지를 전해 주려는 것 같은 느낌이 들었다. 하지만 그게 무엇인지 도무지 알 수 없었다." 몽고메리의 궁금증을 풀어 준 사람은 셀베르그가 아니었으며, 프린스턴에 있는 물리학자 가운데 한 사람이었다.

물리학의 개구리 왕자, 다이슨

영국 출신 물리학자 프리먼 다이슨Freeman Dyson은 제2차 세계대전이 끝난 직후 고삐 풀린 망아지와도 같은 물리학자 리처드 파인만Richard

Feynman을 옹호하고 나섬으로써 이름을 날리게 되었다. 케임브리지대학교에서 학위를 받은 다이슨은 미국의 코넬대학교로 건너가 연구원으로 지냈다. 그가 파인만을 만난 것은 이곳에서의 일인데, 파인만은 이때 양자역학에 관한 매우 독특하고도 개인적인 틀을 짜고 있었다(지은이는 이하의 내용에서 '양자역학(quantum mechanics)'과 '양자물리학(quantum physics)'을 혼용하고 있는데, 이 둘은 거의 동의어로 볼 수 있다: 옮긴이). 많은 사람들은 파인만이 너무 개인적인 용어를 사용했기에 그의 생각을 잘 이해하지 못한 상태에서 물리쳐 버렸다. 하지만 파인만의 아이디어에 커다란 잠재력이 내포되어 있음을 간파한 다이슨은 그의 혁신적인 개념들을 좀더 명확하게 가다듬도록 도와주었다. 오늘날 파인만이 개발한 이론적 도구들은 입자물리학에 나오는 대부분의 계산을 수행하는 데에 필수적이다. 만일 탁월한 해석력을 가진 다이슨의 도움을 받지 못했더라면 이 도구들은 오랫동안 잊혀졌을지도 모른다.

다이슨의 상상력을 처음 사로잡은 것은 물리학이 아니었다. 그는 과학과는 아주 거리가 먼, 음악적 전통이 강한 집안에서 자랐다. 하지만 학교에서 배운 수학은 홀리는 듯한 음률로 어린 다이슨을 사로잡았다. 언젠가 수론에 관한 하디의 책을 손에 넣은 그는 분할수에 대한 라마누잔의 이론에 열광하게 되었다. "그 행복한 시절로부터 40년이 지난 뒤에도 나는 가끔씩 라마누잔이 가꾼 정원에 들른다. 그렇게 돌아올 때마다 새로운 꽃이 자라나는 것을 본다. 라마누잔은 참으로 놀라운 인간이다. 그토록 많은 것을 발견했으면서도 그의 정원에는 다른 사람들을 위해 남겨 놓은 것들이 아직도 많다."

다이슨에 따르면 과학자들은 같은 땅을 탐사하지만 새와 개구리라는 두 그룹으로 나뉜다. 새는 하늘 높이 날아올라 전체적 지형을 내려다보며 각 부분들 사이의 장엄한 관계를 조망한다. 반면 개구리들은 작은 연못에서 헤엄치고 주변의 진흙탕을 철벅거리면서 그곳에만 깊이 익숙해져 간다. 수학은 다분히 새들에게 적합한 주제이다. 그러나 다이슨은 자신이 개구리에 가깝다고 보았다. 그리하여 물리학이라는 실제적 관심사로 옮아가게 되었다.

파인만의 양자역학을 성공적으로 이끈 덕분에 다이슨은 당시 고등과학원의 원장인 로버트 오펜하이머Robert Oppenheimer의 주목을 받게 되었다. 오펜하이머는 제2차 세계대전 중 미국의 원자폭탄 개발 계획을 주도했던 물리학자였다. 1953년 다이슨은 고등과학원의 물리학 교수로 와 달라는 오펜하이머의 제안을 받아들였다. 다이슨은 부드러운 말씨와 겸손한 성품을 지닌 터에 견해도 솔직하게 털어놓았으므로 그의 이름은 차츰 학계를 넘어 일반인들에게도 널리 알려지게 되었다. 그는 외계문화의 존재 가능성을 진지하게 생각해 본 것으로도 유명하다. 대중들은 다이슨을 신비로운 존재로 여겼는데, 이와 같은 그의 위상은 1950년대 말부터 60년대 초까지 추진된 오리온 프로젝트에 의하여 더욱 고양되었다. 이 계획은 인간을 화성과 토성까지 보낼 수 있는 우주선을 제작하자는 내용의 것이었다.

몽고메리는 1970년과 71년의 학기 동안 고등과학원에 머물렀고 이때 괴델을 처음 만났다. 프린스턴에는 수론 학자들이 무척 많았으므로 몽고메리는 이들과 부대끼느라 물리학자들과는 거의 교류가 없었다. 하지만 그럼에도 불구하고 몽고메리는 다이슨을 기억했다. "서로 마주칠 때면 우리는 웃음 속에 고개를 끄덕이며 인사를 나누었다. 다이슨이 나를 아는지는 의문이지만 나는 그를 알고 있었다. 제2차 세계대전 중에 그가 런던에서 수론에 대해 연구했다는 사실도 나는 알고 있었다."

수론 학회를 앞두고 떠난 여행에서 몽고메리는 고등과학원에 들러 셀베르그와 자신의 아이디어를 논의하였고 그곳을 방문 중인 다른 수론 학자들도 만났다. 이후 이들은 대부분의 수학과에서 볼 수 있는 의식, 곧 오후의 차 한 잔을 함께 나누는 휴식 시간을 맞았다. 이 시간은 고등과학원의 일상에서 중요한 부분이 되었는데, 이때 서로 다른 분야의 많은 사람들이 모여 각자의 의견을 교환할 수 있었기 때문이다. 몽고메리는 처음에 자신의 세미나에 참석했던 인도 수학자 사르바다만 초울라와 이야기를 나누었다. 초울라는 리틀우드의 학생이었는데 1947년 인도와 파키스탄 정부가 세워지면서 그가 살았던 라호르Lahore가 파키스탄 영토가 되자 그곳을 도망쳐 나와 미국으로 건너왔다. 이후 그는 주기적으로 고등과학원을 방문했고, 활발한 성격과 유머 덕분에 이곳 사람들과 잘 어울려 지낼 수 있었다. 초울라는 몽고메리와 헤어지려던 참에 방을 가로질러 가는 다이슨을 발견했다.

초울라가 "다이슨 교수와 인사를 나누셨나요?"라고 묻자 몽고메리는 "아니요"라고 대답했다. "그러면 제가 소개해 드리죠"라는 초울라의 말에 몽고메리는 다시 "아니요"라고 대답했다. 하지만 초울라는 "아니요"란 대답을 "예"라고 듣기로 정평이 나 있었다. 사실 그는 외톨이로 유명한 셀베르그와 공동논문을 낸 유일한 사람이었다. 초울라는 한사코 몽고메리를 이끌어 다이슨과 인사를 나누게 했다. 몽고메리는 다이슨을 귀찮게 한 듯싶어 당황했지만 다이슨은 정중하게 어떤 연구를 하는지 물어 왔다. 몽고메리는 리만의 특이선 위에 늘어선 영점들 사이의 간격이 왜 서로 반발하는 경향을 보여 주는지에 대한 자신의 생각을 설명하기 시작했다. 그런데 영점들 간격의 분포를 나타내는 그래프에 대한 이야기가 나오자마자 다이슨은 눈을 반짝거리며 외쳤다. "그것은 바로 임의 에르미트 행렬random Hermitian matrix의 고유값eigenvalue 쌍들이 보여 주는 경향과 똑같군요!"

다이슨은 재빨리 몽고메리에게 양자물리학자들은 임의 행렬이라는 기이한 이름의 수학적 도구로 무거운 원자들의 핵이 낮은 에너지의 중성자와 부딪쳤을 때 나타나는 에너지 레벨energy level의 구조를 이해하는 데에 사용한다고 말했다. 다이슨은 이런 연구의 최첨단에 있는 사람인데, 몽고메리에게 이와 같은 에너지 레벨을 기록하기 위한 실험을 설명해 주었다. 그런 뒤 다이슨이 몽고메리에게 보여 준 주기율표의 68번째에 있는 에르븀erbium 원자핵의 에너지 레벨은 영점들의 분포와 놀랄 정도로 닮아 있었다. 만일 리만의 특이선을 따라 늘어선 영점들의 위치를 긴 띠 모양의 종이에 기록해서 에르븀의 에너지 레벨 그림과 비교한다면 이 두 가지가 믿을 수 없을 정도로 닮았다는 사실을 더욱 쉽게 확인할 수 있을 것이다. 완전히 임의적 분포라면 이것들의 간격도 무질서할 텐데, 둘 다 모두 훨씬 규칙적인 경향을 뚜렷이 보여 주었다.

처음에 몽고메리는 이 놀라운 사실을 도무지 믿을 수 없었다. 리만 지형에 있는 영점들의 분포 패턴이 양자물리학자들이 이해하고자 하는 무거운 원자들의 핵이 갖는 에너지 레벨 패턴과 비슷하다니! 이 패턴은 아주 독특하므로 이토록 닮았다는 사실은 결코 우연이 아닐 것이다. 몽고메리가 찾는 메시지는 바로 이것이었다: 무거운 원자의 핵이 갖는 에너지 레벨의 배경에 숨은 수학이 바로 리만 지형에 있는 영점들의 위치를 결정하는 수학일지도 모른다.

이와 같은 에너지 레벨을 설명하는 데에 쓰이는 수학의 배경은 20세기에 이루어진 양자역학의 눈부신 발전을 촉발했던 현상으로 거슬러 올라간다. 전자나 광자와 같은 소립자들은 언뜻 모순적인 두 가지의 특성을 드러낸다. 한 측면에서 이것들은 극히 작은 당구공들처럼 행동한다. 그런데 다른 측면에서 보면 이것들은 파동으로밖에 풀이할 수 없는 행동을 보여 준다. 양자역학은 이른바 '파동–입자 이중성wave-particle duality'이라 불리는 이와 같은 소립자 수준의 정신분열증을 설명하기 위한 시도에서 탄생하게 되었다.

양자 드럼

20세기 초만 해도 사람들은 원자를 분리할 수 없는 입자들로 이루어진 극히 작은 규모의 태양계와 같다고 생각했다. 이 미니 태양계의 중심에 원자핵이 자리 잡고 있으며, 전자는 행성들처럼 원자핵을 공전한다. 그런데 나중에 물리학자들은 원자핵도 다시 양성자와 중성자라는 더 작은 입자로 구성되어 있음을 알게 되었다. 또한 이론과 실험이 발전함에 따라 미니 태양계의 모델도 수정해야 할 필요성을 느끼게 되었다. 원자들이 태양계보다는 드럼처럼 행동한다는 사실을 깨달았기 때문이었다. 드럼을 칠 때 나오는 파동은 각각 고유의 진동수를 가진 기본파동들이 모여서 만들어진다. 이론적으로 이 기본파동들의 수는 무한이며 따라서 드럼의 소리는 이 무수한 파동들이 한데 어우러진 결과이다. 바이올린의 현이 만들어 내는 배음들과 달리 드럼의 소음은 드럼의 모습, 가죽이 당겨진 정도, 외부 기압 및 기타 여러 가지 요인에 따라 결정되는 매우 복잡한 파동들의 혼합물이다. 오케스트라의 타악기들에서 나오는 소리가 어떤 음이라고 딱 부러지게 꼬집어 말할 수 없는 이유는 바로 드럼에서 만들어지는 파동의 패턴이 이처럼 복잡하기 때문이다.

드럼의 소리가 가진 복잡성을 듣는 게 아니라 봄으로써 이해하는 방법이 있다. 18세기의 과학자 에른스트 클라드니Ernst Chladni는 한 가지의 실험을 고안했는데 이름이 나자 유럽의 여러 궁정을 돌면서 시연을 하게 되었다. 나폴레옹도 이 실험에 열광하여 돈을 6,000프랑이나 주었다. 클라드니는 정사각형의 금속판으로 드럼의 진동을 흉내 냈다. 이 판을 때리면 귀에 거슬리는 파열음이 난다. 하지만 클라드니는 바이올린의 활을 이용해 교묘하게 진동시킴으로써 낱낱의 진동을 골라낼 수 있었다. 그는 판 위에 가는 모래를 엷게 깐 뒤 진동을 일으켜 여러 기본진동들의 진동 패턴을 눈으로 볼 수 있도록 했다. 판이 진동하기 시작하면 모래들은 가장 진동이 약한 곳으로

클라드니가 금속판으로 보여 준 여러 진동들의 모습. 나폴레옹도 이 실험에 크게 감탄했다.

모여들며, 이에 따라 각 진동들의 패턴이 기이한 모습으로 드러난다. 클라드니는 바이올린의 활로 여러 가지 다른 음을 켰고, 그에 따라 판 위에는 각각의 음에 해당하는 새로운 모습들이 다양하게 펼쳐졌다.

1920년대에 물리학자들은 드럼의 진동을 묘사하는 수학이 원자 안에서 진동하고 있는 전자의 에너지 레벨을 예측하는 데에도 쓰일 수 있다는 사실을 깨달았다. 전자를 붙들고 있는 원자는 드럼의 테두리와 같다. 가죽을 당기는 세기, 외부의 기압 등에 따라 드럼에서 나오는 소리가 달라지듯, 원자가 전자를 붙드는 힘의 세기에 따라 전자의 진동도 달라진다. 따라서 각각의 원자는 클라드니가 만든 서로 다른 금속판과 같다. 어떤 원자 안의 전자는 클라드니가 만든 패턴들 가운데 하나처럼 일정한 방식으로 진동한다. 이 전자에 에너지를 공급하면 새로운 방식으로 진동하는데, 이는 마치 클라드니가 금속판을 새로운 진동수로 진동시키는 것과 같다. 주기율표에 있는 원자들은 고유의 진동 패턴들을 가지며, 그 안의 전자들은 각각 이 패턴들 가운데 하나의 방식으로 진동하고 있다. 따라서 이 진동수를 조사하면 거꾸로 그 원천이 어떤 원자인지 알아낼 수 있다. 이것이 바로 분광학자들이 하는 일로서, 이들은 이런 방법을 이용하여 수많은 물질들이 무엇으로 이루어져 있는지 분석해 낸다.

드럼의 진동 패턴을 설명하는 수학적 이론의 유래는 오일러가 유도한 파동방정식wave equation이다. 여기에 드럼의 모양, 가죽을 당기는 정도, 외부 기압 등의 물리적 수치를 대입하고 풀면 다양한 파동의 형태가 얻어진다. 그런데 드럼의 경우에는 실수로 된 수치만 다루지만 원자들의 경우에는 복소수까지 다루어야 한다는 점이 다르다. 이에 따라 원자들의 행동을 설명하는 방정식을 풀기 위하여 물리학자들은 현실적으로 체험할 수 없는 허수의 세계까지 섭렵해야 한다. 그리고 이것이 바로 양자역학에 기이한 확률론적 특성이 나타나는 이유이다.

원자나 분자 등의 미시적 세계와 달리 우리가 일상적으로 마주치는 거시적 세계에서는 대상에 대해 어떤 물리적 측정을 한다고 해서 대상이 영향을 받지는 않는다. 예를 들어 달리기 선수가 골인하는 데에 걸린 시간을 스톱워치로 잰다고 해서 그 선수의 속도가 빨라지거나 느려지지는 않는다. 또한 창던지기에서 창이 떨어진 곳까지의 거리를 자로 잰다고 해서 그 거리가 달라지지는 않는다. 이처럼 일상 세계에서는 관찰자와 대상이 서로 독립적이다. 하지만 미시적 세계에서는 상황이 달라진다. 예를 들어 전자의 행동을 관찰할 경우 관찰 수단에 의하여 전자의 행동은 필연 달라지게 마련이다.

양자물리학자들은 관찰자가 대상에 개입하기 전에 입자들은 어떤 상태에 있는지를 이해하고자 한다. 우리가 어떤 관측을 하지 않는 한 양자 세계는 복소수의 세계에 머물러 있다. 그리고 양자 세계가 우리의 일상적 관념으로는 이해하기 힘든 행동을 보이는 것은 바로 이 복소수의 특성 때문이다. 예를 들어 관측이 없는 동안 전자는 같은 시간에 여러 장소에 있을 뿐 아니라 서로 다른 에너지 레벨들에서 동시에 여러 진동수로 진동하고 있는 것으로 여겨진다. 그리고 우리가 이런 양자 세계에 대해 어떤 관측을 하면 이와 같은 자연스런 현상 자체를 보는 게 아니라 실수만 취급되는 일상적 세계로 투영되는 모습을 보는 것으로 여겨진다. 다시 말해서 이른바 관측 또는 측정이란 행위는 2차원의 복소수 세계를 통상적인 1차원의 수직선 세계로 압착시키는 것 같다. 우리가 관측하기 전에 전자는 수많은 진동들이 결합된 드럼처럼 진동하고 있지만 관측이 이루어지면 그 수많은 진동들은 어디론지 사라지고 오직 어떤 하나의 진동으로만 그 모습을 드러내는 것이다.

이 기묘한 양자 세계를 발굴한 핵심적 인물들 중에는 괴팅겐대학교의 두 물리학자 베르너 하이젠베르크Werner Heisenberg와 막스 보른Max Born도 있다. 힐베르트가 수학과에 있는 자신의 연구실에서 창밖을 내려다보면 하이젠베르크와 보른이 잔디밭을 거닐며 원자에 대한 20세기의 모델을 개발하기 위하여 뭔가 깊은 논의를 하고 있는 모습이 눈에 띄곤 했다. 힐베르트는 원자의 에너지 레벨을 설명하기 위하여 하이젠베르크가 개발하고 있는 파동에 관한 수학이 리만 지형에 있는 영점들의 위치를 설명하는 데에도 도움이 되지 않을까 궁금하게 생각했다. 하지만 이 당시에는 더 이상 아무런 진전이 없었는데, 몽고메리의 발견으로 힐베르트의 생각은 다시 주목을 받게 되었다. 복소수와 파동을 결합하면 독특한 진동수들의 집합이 얻어지는

데 이는 고전적인 오케스트라보다 양자역학적인 드럼에 더 적합한 해답이다. 그러나 몽고메리가 프린스턴의 휴게실에서 다이슨으로부터 들었듯, 리만 지형에 있는 영점들의 위치와 가장 잘 부합하는 고유의 진동수들은 양자역학적으로 볼 때 가장 복잡한 원자들의 에너지 레벨들로부터 나온다.

경이로운 리듬

양자물리학자들이 분석할 수 있었던 최초의 원자는 수소였다. 수소는 하나의 양성자 주위를 전자가 공전하고 있는 매우 간단한 드럼이다. 이때 전자와 양성자의 에너지 레벨에 관한 방정식은 비교적 단순해서 정확하게 풀린다. 이렇게 얻어진 전자의 진동수들은 바이올린에서 만들어지는 배음들과 사뭇 비슷하다. 이처럼 수소는 양자역학적으로 정확히 해결되지만 주기율표의 바로 다음 칸으로 가면 수학적으로 엄밀히 해결할 수 없는 드럼을 만나게 된다. 따라서 이때부터 이미 근사적으로 접근할 수밖에 없다. 그런데 원자핵에 들어 있는 양성자와 중성자의 수가 증가하면 그에 따라 공전하는 전자들의 수도 증가하게 되고, 문제도 따라서 더욱 복잡해진다. 마침내 92개의 양성자와 146개의 중성자를 가진 우라늄-238에 이르면 물리학자들은 길을 잃고 만다. 그 가운데서도 가장 어려운 문제는 원자 세계라는 미니 태양계의 한가운데에 자리 잡은 원자핵의 에너지 레벨들이다. 이 에너지 레벨들로 만들어지는 수학적 드럼의 모습은 너무나 복잡해서 도저히 그려 낼 도리가 없다. 그러므로 설령 물리학자들이 어떤 에너지 레벨에 관련된 수학적 드럼을 찾아낸다 하더라도 이 복잡한 모습 때문에 그로부터 울려 나오는 음의 진동수도 계산해 내지 못한다.

1950년대에 들어 이와 같은 복잡한 문제를 분석할 한 방법이 개발되었다. 유진 위그너Eugene Wigner와 레프 란다우Lev Landau는 너무 복잡해서 개별적인 진동수를 알아내지 못한다면 이를 포기하는 대신 전체적인 분포를 통계학적으로 분석하는 게 어떨까 하는 생각을 했다. 이들이 에너지 레벨에 대해 한 일은 가우스가 소수에 대해 한 일과 비슷하다. 가우스는 소수 하나하나를 정확히 찾아내려는 노력을 포기하는 대신 범위를 넓혀 감에 따라 소수들이 얼마나 많이 출현하는지에 초점을 맞추었다. 이와 같은 방식으로 위그너와 란다우도 좀더 추적 가능한 방법으로 원자핵의 에너지 레벨에 접근해 갔다. 통계학적 분석은 거시적 모습과 확률을 다룬다. 따라서 개별적 에너지 레벨은 모르더라도 어떤 특정한 좁은 영역에서 에너지 레벨들을 만날 확률은 계산해 낼 수 있을 것이다.

우라늄의 원자핵은 엄청나게 복잡하므로 우라늄이 어떤 상태에 있는지에 따라 에너지 레벨을 결정할 방정식의 수도 엄청나게 많다. 따라서 만일 우라늄 핵의 상태가 변함에 따라 그 통계적 결과도 극적으로 변한다면 에너지 레벨들에 대해 통계적으로 의미 있는 결과를 얻을 희망은 거의 없다. 어쨌든 에너지 레벨은 양자 드럼을 분석해서 얻어지므로 위그너와 란다우는 드럼의 모습을 바꿀 때 진동수들의 통계적 결과도 심하게 변화하는지 조사해 보기로 했다. 다행히 대부분의 드럼은 그렇지 않은 것으로 드러났다. 두 사람은 양자 드럼들을 임의적으로 택하면 개별적인 진동수는 변할지라도 전반적인 통계적 양상은 비교적 일정하다는 사실을 발견했다. 따라서 대다수 양자 드럼들의 통계적 양상은 거의 일정한데 과연 무거운 원자들의 핵도 이런 행동을 보일까? 위그너와 란다우는 우라늄 원자핵을 묘사하는 드럼이라고 해서 다른 대부분의 양자 드럼들과 다른 유별난 특징은 없을 것이라고 믿었다.

위그너와 란다우의 예상은 적중했다. 임의로 선택한 양자 드럼들에 대한 통계적 자료를 실험에서 관찰된 에너지 레벨들의 통계적 자료들과 비교해 보았더니 매우 잘 들어맞았다. 특히 우라늄 원자핵의 에너지 레벨 간격들을 살펴본 결과 마치 서로 반발하는 듯한 모습이 뚜렷이 드러났다. 프린스턴에서 프리먼 다이슨이 몽고메리의 그래프를 보고 그토록 흥분한 것은 바로 이 때문이었다. 리만 지형의 영점과 원자핵의 에너지 레벨이라는 전혀 생소한 두 분야에서 이토록 기이한 일치를 보게 될 줄은 아무도 몰랐다.

그렇다면 다음 질문은 리만 영점과 에너지 레벨이라는 두 분야가 왜 서로 관련이 있는가 하는 것이다. 몽고메리는 마치 어떤 고고학자가 세상의 양쪽 끝에서 똑같은 구석기시대의 벽화를 발견했을 때와 같은 놀라움을 느꼈을 것이다. 거기에는 반드시 어떤 관련이 있을 게 분명하다. 몽고메리는 그날 다이슨과 나누었던 대화를 과학사상 가장 우연한 사건 가운데 하나라고 여겼다. 그는 "하필이면 그 때와 그 자리였다는 것은 참으로 기이한 우연이었다"라고 말했다. 갈릴레오와 뉴턴 이래 수학과 물리학은 가끔씩 서로 비슷한 영역을 누비곤 했다. 그러나 리만의 수론과 양자물리학이 이처럼 긴밀하게 연결되어 있으리라고는 아무도 예상하지 못했다. 복소수의 소인수분해에 대한 몽고메리의 연구는 물거품으로 끝났지만 훨씬 더 흥미로운 현상과 마주쳤다. 몽고메리는 웃으면서 "실패한 대부분의 연구들에 비하면 나은 편이다"라고 말했다.

프린스턴의 차 모임에서의 계시가 리만 가설에 대해 뜻하는 것은 무엇일까? 리만 지형의 영점들이 에너지 레벨에 관한 수학으로 설명될 수 있다면 영점들이 특이선이라는 하나의 직선 위에 늘어서 있는 이유도 밝혀낼 수 있을 것이라는 희망 섞인 전망이 뒤따랐다. 만일 특이선을 벗어난 점이 하나 있다면 그것은 환상의 에너지 레벨일 것이며 양자물리학의 방정식은 이를 허용하지 않을 것이다. 이렇게 하여 리만 가설의 설명에 대한 가능성들 가운데 최선의 희망이 떠오르게 되었다.

무거운 원자핵의 에너지 레벨에 대한 위그너와 란다우의 모델은 이미 실험적으로 검증이 되었다. 그러나 몽고메리는 리만 지형의 영점들이 자신의 이론이 예측한 대로 행동할 것이라는 데 대한 실험적 확증을 아직 얻지 못했다. 이 영점들이 정말로 서로 반발하는지 아무도 검증하지 않았던 것인데, 그 이유는 이와 같은 통계적 결론이 확인될 영역은 몽고메리가 활용할 수 있는 계산 능력의 범위를 훨씬 초월한 곳으로 여겨졌기 때문이었다.

케임브리지에서 몽고메리는 소수들이 본색을 드러내기까지 얼마나 멀리 올라가야 하는지에 대한 리틀우드의 발견을 전해 들었다. 리틀우드는 이론적 증명을 통해 소수의 개수에 대한 가우스의 추측이 때로 실제 개수보다 적을 수 있다는 사실을 보였지만 이 현상을 계산으로 직접 보여 준 사람은 아직 없다. 몽고메리는 체념한 채 같은 운명을 받아들이고 있었다. 실험물리학자들이 위그너와 란다우의 예측을 확인할 충분한 에너지를 가진 입자 가속기를 건설하는 데에 상당한 시간이 걸렸다. 몽고메리는 자신의 예측이 일어나는 영역은 특이선 위의 엄청나게 먼 곳에 자리 잡고 있어서 수학자들은 결코 거기에 이를 수 없는 게 아닐까 염려스러웠다.

그런데 몽고메리가 빠뜨린 게 있었다. 뉴저지의 심장부에 있는 AT&T 연구소의 크레이 슈퍼컴퓨터와 앤드루 오들리즈코의 계산 능력이 그것이다. 오들리즈코는 영점들의 간격에 대한 몽고메리의 예측과 무거운 원자핵들의 에너지 레벨 사이의 연관성에 대해 전해 듣고 있었다. 이런 것들이야말로 그의 입맛을 당기는 일거리였다. 그는 리만의 특이선을 따라 새겨진 눈금을 1조까지 따라가는 동안 마주치는 영점들을 모두 조사해 보기로 했다. 이는 분명 경이로운 계산의 위업으로 기록될 것이다. 만일 리만 지형의 원점을 뉴저지에 놓고 특이선의 한 눈금을 1cm라고 한다면 이 계산으로 조사되는 거리는 달까지 거리의 25배에 해당한다. 계산에 들어간 크레이 슈퍼컴퓨터가 수십만 개의 영점들에 대한 자료를 쏟아 내자 오들리즈코는 그 간격들에 대한 통계적 결과를 살펴보았다. 1980년대 중반 이 작업은 출판해도 좋을 단계에 이르렀다. 리만 지형의 영점들은 실제로 무거운 원자핵들의 에너지 레벨들과 비슷한 패턴을 보여 주었다. 하지만 정확히 들어맞는다고 하기에는 어딘지 미흡했다. 통계학자들이라면 이런 정도의 일치에 아무도 만족하지 않을 것이다. 과연 몽고메리가 틀렸을까 아니면 북쪽으로 한층 더 멀리 나아가야 할까?

계산이 방대하다고 위축될 사람이 아닌 오들리즈코는 이제 특이선의 북쪽으로 10^{20} 눈금까지 범위를 늘려 잡았다. 뉴저지에 원점을 둔 우리의 지도로 환산해 보면 이는 무려 100광년의 거리에 해당하여, 칼 세이건의 『콘택트』에서 소수의 메시지를 보내온 직녀성보다도 훨씬 멀다(직녀성까지의 거리는 26광년: 옮긴이). 1989년 오들리즈코는 계산에서 얻어진 영점들의 간격을 그래프로 나타낸 후 몽고메리의 예측과 비교했더니, 이번에는 놀랍도록 정확히 들어맞았다. 영점들의 새로운 모습에 대한 실험적 확증이 이뤄진 것이다. 상상의 지도에서 100광년이나 떨어진 아득한 곳으로부터 리만의 영점들은 복잡하기 이를 데 없는 수학적 드럼에서 울려 퍼지는 메시지를 전해오고 있었다.

수학적 마술

앤드루 오들리즈코가 발견한 통계적 일치는 얼마나 중요한 것일까? 어쩌면 이와 같은 통계수치들은 아무 관련도 없는 수학적 도구를 사용해도 얻어질 수 있을지 모른다. 과연 몽고메리와 오들리즈코는 우리에게 옳은 방향을 제시한 것일까? 혹시 엉뚱하게도 우리를 날뛰는 야생 오리를 쫓으라고 내몰고 있는 것은 아닐까?

이 의문의 답을 찾는 데에는 스탠퍼드대학교의 퍼시 다이어코니스Persi Diaconis에게 물어보는 것보다 더 나은 길은 없을 것이다. 그는 심령현상의 속임수를 폭로하는 데에 대가이며 이른바 '성경 코드Bible code', 곧 고대의 히브리 문서에서 감춰진 메시지를 발견했다는 주장이 날조임을 밝혀내는 데에도 많은 도움을 주었다. 리만의 데이터를 받아 든 다이어코니스는 이보다 더 잘 일치되는 자료를 얻기는 어려울 것이라고 말했다. "나는 평생 통계학자로 살아왔지만 이보다 더 좋은 통계적 일치를 본 적이 없습니다." 다이어코니스는 어느 한 관점에서는 옳게 보이는 현상이라도 뭔가 미심쩍은 게 있다면 다른 모든 관점들까지 확실히 점검해 봐야 한다는 사실을 누구 못지않게 잘 알고 있는 사람이었다. 그는 이런 종류의 속임수에 대한 전문가인데, 실제로 그의 상상력을 처음 자극한 것은 수학이 아니라 마술이었다.

뉴욕에서 자란 다이어코니스는 어렸을 때 학교를 빼먹고 마술 가게를 돌며 시간을 보내기 일쑤였다. 그의 날렵한 손놀림은 미국의 위대한 마술가 가운데 한 사람인 다이 버논Dai Vernon의 눈길을 끌었다. 이때 68세였던 버논은 다이어코니스에게 자신의 조수로 마술 여행에 따라나서는 게 어떠냐고 제안했다. "나는 내일 델라웨어Delaware로 떠나는데 따라오겠니?" 14살의 다이어코니스는 부모에게 알리지도 않고 짐을 꾸려 떠났으며, 이후 2년 동안 전국을 돌아다녔다.

우리는 마치 올리버 트위스트Oliver Twist와 패긴Fagin 같았다(영국의 작가 찰스 디킨스의 장편소설 『올리버 트위스트』의 주인공과 악당: 옮긴이). 마술계는 서로 의지하고 도와 가며 사는 사회였다. 이는 중산층 이상의 아마추어들이 모인 사회로서, 지저분한 잔치 등과 같은 것은 전혀 아니다. 마술사들은 도박사들에게 열광했다. 버논과 나는 전문 도박사를 자주 찾아 나섰는데, 만일 어떤 에

스키모가 눈 장갑을 낀 채 맨 윗장 다음의 카드를 돌릴 수 있다면 알래스카까지 쫓아갔을 것이다. 우리가 즐긴 모험은 바로 이런 것들이었으며, 2년 동안 바람이 부는 대로 떠돌아다녔다. 도박사들과 지내다 보면 항상 확률에 대한 이야기들을 한다. 이에 따라 나는 자연스럽게 확률에 빠져 들었고 더 깊이 배우기를 바라게 되었다.

여행을 하면서 다이어코니스는 확률에 관한 수학책을 읽게 되었다. 여기서도 우리는 한 권의 특별한 책이 우리 세대의 가장 눈부신 수학자 가운데 한 사람을 낳게 하는 운명적 사례를 보게 된다. 그가 본 책은 윌리엄 펠러William Feller가 쓴 『확률론과 응용의 기초An Introduction to Probability Theory and Its Applications』로서 대학의 표준적 교재이다. 하지만 미적분을 전혀 몰랐으므로 도무지 진척을 이룰 수 없었다. 다이어코니스는 좀더 배우려면 뉴욕 시티칼리지City College의 야간 학부에 등록하는 길밖에 없다고 생각했다. 미친 듯이 공부에 열중한 그는 2년 반 만에 졸업한 뒤 진학할 대학원을 찾아 나섰다. 하버드대학교는 전통적 과정을 무시한 채 오직 앞만 보고 달려온 그에게 기회를 주었다.

다이어코니스는 언제나 마술사 출신이라는 경력을 솔직히 털어놓으며 수학과 마술 사이에는 많은 공통점이 있다고 말한다.

내가 수학을 하는 방식은 마술과 매우 비슷하다. 이 두 분야에서 우리는 어떤 제한 조건이 주어진 가운데 문제를 해결하려고 한다. 수학의 경우 우리에게 주어진 수학적 도구들을 논리적 절차에 따라 능숙하게 사용해야 하며, 마술의 경우 주어진 도구를 잽싼 손놀림으로 관중이 눈치 채지 못하도록 하면서 원하는 효과를 발생시켜야 한다. 이 두 분야에서 문제를 해결해 가는 지적 과정은 거의 같다.

다른 점 한 가지를 들라면 경쟁의 정도이다. 수학에서의 경쟁은 마술에서보다 훨씬 더 치열하다.

통계학자로서 다이어코니스는 어떤 현상이 임의적인지 아닌지에 흥미를 느꼈는데, 언젠가 〈뉴욕 타임스〉에 카드 섞기에 대한 글을 실어 이를 다루기도 했다. 그의 이야기에 따르면 보통 사람들의 경우 일곱 번 정도 섞으면 카드는 거의 완전히 무질서하게 된다. 곧 일반인에 의한 평균적 섞기의 결과가 그렇다. 하지만 다이어코니스가 가진 마술의 손에서는 문제가 다르다. 그가 발휘하는 많은 마술은 '완전 섞기perfect shuffle'의 기술에 의존한다. 그는 완전 섞기를 여덟 차례 반복하면 본래의 순서로 돌아온다는 사실을 알고 있지만 관중들은 이때쯤 카드가 오히려 완전히 무질서하게 되었다고 생각한다. 그는 섞은 카드가 유난히 '돌출'되어 있는지에 대해 매우 민감하다. 다시 말해서 다이어코니스는 다른 사람들이 오직 혼란만을 보는 곳에서 특유의 패턴을 감지해 내는 능력이 아주 뛰어나며, 이 말은 이를 가리키기 위해 그가 선택한 표현이다. 라스베이거스Las Vegas는 이런 능력을 가진 그를 고용하여 전자식 카드 섞기 기계가 전문적인 도박사들이 보았을 때 특징적인 패턴을 초래하는지 점검하도록 했다.

다이어코니스는 수론 학자들이 리만의 지형과 임의적인 드럼이 서로 닮았다는 몽고메리와 오들리즈코의 주장을 널리 퍼뜨리고 있는 데에 특히 흥미를 느꼈다. 그런데 뭔가 낌새를 느끼는 데에는 그가 적격이었다. 다이어코니스는 오들리즈코에게 전화를 걸어서 영점들에 대한 자료를 제공해 달라고 요청했다. 오들리즈코는 10^{20} 부근에서 시작되는 약 50,000개의 영점들에 대한 자료를 그에게 전해 주었다. 다이어코니스는 AT&T에서 전화 통화의 암호화를 하면서 만들어 낸 한 가지 새로운 시험법을 이 자료에 적용

다이어코니스, 스탠퍼드대학교 교수

해 보았다. 그랬더니 리만 지형의 영점과 양자 드럼의 에너지 레벨 자료는 서로 완벽한 일치를 보여 주었다. 이 결과는 수학적인 임의적 드럼에서 울려 나오는 드럼 소리의 진동수가 무거운 원자가 가진 양자역학적 에너지 레벨의 진동수처럼 행동한다는 데에 대한 또 다른 증거였다. 다이어코니스가 볼 때 소수와 에너지 레벨 사이의 관계는 자연이 부리는 악의적인 속임수가 아니라 정교한 마술 가운데 하나였다.

이와 같은 통계적 결과가 한번 발표되자 비슷한 상황이 도처에서 발견되었다. 리만 지형의 영점, 무거운 원자핵, DNA의 염기 서열, 유리의 성질 등이 그것이다. 하지만 이 가운데서도 특히 흥미로운 것은 이 결과가 또 다른 미해결 문제 한 가지를 푸는 데에 도움이 될 수 있을 것이라는 다이어코니스의 발견이었다. "클론다이크Klondike 게임에서 승리할 확률은 얼마인가?"

클론다이크는 1인용 카드게임으로 마이크로소프트의 윈도우에 기본 게임으로 탑재되어 가장 널리 알려진 카드게임의 하나가 되었다. 이 게임에서는 카드를 우선 일곱 더미로 나누는데, 첫 더미에는 한 장, 둘째 더미에는 두

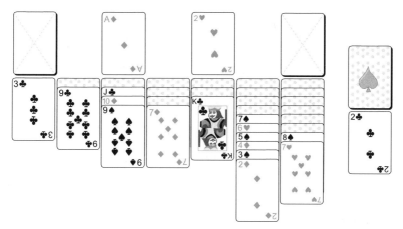

클론다이크 또는 바보의 환희라고 불리는 이 게임은 1인용 카드게임 중
가장 유명한 것이지만 수학적으로는 미해결의 신비 가운데 하나이기도 하다.

장, … 일곱째 더미에는 일곱 장을 늘어놓는다. 다음으로 각 더미의 맨 윗장
은 열어서 볼 수 있도록 한다. 그리고 남은 카드는 한 번에 세 장씩 열어 본
다. 게임은 이 상황에서 시작하는데, 규칙은 열린 카드 가운데 한 카드를 색
깔이 다르고 번호가 하나 높은 카드의 아래에 갖다 붙인다는 것 뿐으로 매
우 단순하다. 예를 들어 '빨강 7' 카드는 '검정 8' 카드 아래에 붙일 수 있
고, '검정 잭Jack' 카드는 '빨강 퀸Queen' 카드 아래에 붙일 수 있다. 에이
스Ace가 나오면 이것은 맨 위에 따로 올려지고 그 위에 순서대로 같은 무늬
의 카드를 쌓아 올리며, 이 순서가 완결되면 게임은 끝난다.

　이 게임은 바보의 환희Idiot's Delight라고도 불리며 여러 가지 변형이 있
다. 라스베이거스에 가면 한 벌의 카드를 52달러에 살 수 있는데, 배열하고
남은 카드를 한 번에 세 장씩 계속 보는 게 아니라 한꺼번에 모두 펴놓고 시
작하면서 단 한 번만 진행할 수 있다. 만일 모든 카드를 규칙에 따라 쌓고 끝
나면 카지노는 5달러를 지불한다.

　이 게임은 1780년부터 퍼지기 시작했지만 지금은 컴퓨터의 보급에 따라

거의 모든 사람이 잘 알게 되었다. 하지만 놀랍게도 그 평균 승률을 수학적으로 어떻게 구하는지는 아무도 모른다. 라스베이거스에서 이 게임의 성공에 5달러를 걸고 있는 이상 그 확률은 분명 알아볼 만한 가치가 있다. 다이어코니스는 몇 년 동안의 자료를 검토한 결과 성공률이 약 15% 정도임을 알게 되었다. 하지만 진정 원하는 것은 확실한 증명이었다.

수학의 문제를 해결하는 좋은 방법들 가운데 하나는 주어진 문제와 내용은 같지만 더 단순한 상황에서 출발하는 것이다. 다이어코니스는 클론다이크를 아주 단순화한 '소팅sorting'이라는 게임을 먼저 분석했다. 그는 이 단순화된 게임을 되풀이할 때 나타나는 성공의 빈도가 본질적으로 임의의 수학적 드럼에서 울려 퍼지는 진동수와 같다는 사실을 발견하고 기쁨에 들떴다. 하지만 이와 같은 진전에도 불구하고 클론다이크의 정확한 분석에 이르자면 아직 갈 길이 멀다고 믿고 있다. 다이어코니스는 학생들에게 만일 그들이 이 문제에 대해 어떤 중요한 돌파구를 연다면 〈뉴욕 타임스〉의 1면을 장식하게 될 것이라고 말했다. 지금까지의 증거들로 볼 때 임의의 수학적 드럼과 리만의 영점과 클론다이크 사이에는 분명 어떤 관계가 있기는 하지만 아직도 우리의 애를 태우면서 신비로 남아 있다.

양자 당구

수론 학자들은 몽고메리가 다이슨과 차를 나눈 이래 그들의 주제에서 일어난 기이한 전환에 적응해 나아가고자 노력했다 몽고메리의 분석에 따르면 리만 지형에 자리 잡은 영점들의 원천은 양자 드럼들인 듯한데, 이를 분명히 설명해 줄 근거는 거의 없었다. 도대체 마술적인 드럼들은 어디에 숨어 있는 것일까? 통계적 자료 및 지금까지 수집된 증거에 비춰 볼 때 이 드럼들은 임의로 선택한 것들처럼 보인다. 그렇다면 이는 리만 영점들의 배경에 자리 잡은 특정의 드럼들을 찾아내는 데에 별 도움이 되지 않을 것이다. 그런데 이 기이한 연결 고리를 더욱 탐구해 본 결과 리만 영점들의 이야기에서 양자물리학과의 관련성만이 유일한 신비가 아니란 사실이 차츰 뚜렷해졌다. 수학자들은 배후에 숨은 드럼을 찾는 과정에서 새로운 관계를 파악하게 된 것이다.

다이어코니스와 다른 통계학자들은 어떤 명제들의 타당성을 점검하기 위해 일련의 정교한 무기들을 개발해 왔다. 성경 코드의 경우 지지자들이 오직 하나의 관점만 줄기차게 강조함으로써 통계학적으로 의미가 있는 것처럼 보이게 되었다. 하지만 다른 여러 검사법들을 적용해 보자 그 허위성이 드러났다. 다이어코니스의 예리한 분석도 몽고메리의 예측을 허물지 못했지만 뉴저지의 오들리즈코는 자신의 새로운 계산법을 적용해 본 이후 뭔가 미심쩍은 점을 발견하게 되었다. 그는 지금껏 썼던 것과 다른 방법을 적용해 봄으로써 리만 영점과 양자물리학적 현상 사이의 관계가 또 다시 확인되는지 검증해 보고자 했다. 그런데 예상과 달리 리만의 영점들에 대한 자료에서 사뭇 심각한 균열이 번지고 있음을 깨닫게 되었다.

오들리즈코는 '수 분산number variance'이라는 통계적 측도에 대한 그래프를 조사했다. 그는 리만의 영점들에 대한 그래프를 그려서 임의의 양자 드럼들에서 나오는 진동수에 대한 그래프와 비교해 보았다. 두 그래프는 처음 시작되는 부분에서는 아주 좋은 일치를 보여 주지만 어느 시점에서부터 리만의 영점들은 임의의 양자 드럼들이 보여 주는 그래프로부터 갑자기 멀어져 갔다. 처음 시작되는 부분은 이웃한 영점들의 간격에 대한 통계적 분석을 반영하고 있다. 하지만 계속 이어지는 부분에서는 차츰 두 그래프 사이의 불일치가 부각되는데, 시작 부분이 가까운 영점들의 간격을 반영하고 있다면 나중 부분은, 예를 들어 말하자면, N번째 영점과 $N+1,000$번째 영점들 사이의 간격을 반영하는 것처럼 보였다. 오들리즈코는 뭔가 계산상의 실수 때문에 이런 결과가 초래된 것으로 여겼다. 하지만 그런 실수는 없었으며, 이때 그가 목격한 것은 20세기의 또 다른 주요 논제인 '카오스이론 chaos theory'이 리만 지형에 미치는 영향이었다.

양자물리학처럼 카오스이론도 대중문화 속에 뿌리를 내릴 수 있었다. 난해하기 그지없는 프랙털fractal 그림은 1990년대에 크게 유행했다. 외관상 매우 복잡함에도 불구하고 프랙털 그림은 아주 간단한 규칙으로부터 만들어진다. 프랙털의 난해성을 설명하는 수학이 카오스이론인데 이에 따르면 자연의 법칙은 단순해 보이지만 현실은 무한히 복잡할 수 있다는 점을 이해할 수 있다. '카오스'란 말은 어떤 동역학계dynamical system가 초기조건에 매우 민감하게 반응하는 현상을 가리킨다. 어떤 실험을 극히 조금 다른 상황에서 실시했는데도 결과에는 엄청나게 큰 차이가 날 경우 카오스 현상의 한 예가 된다.

카오스이론의 배경에 자리 잡은 수학적 메커니즘을 잘 보여 주는 예로는 당구를 들 수 있다. 당구대에서 공을 치면 공은 쿠션에 부딪치는 각도에 의하여 결정되는 경로를 따라 움직인다. 만일 두 번째로 공을 칠 때 첫 번째와 각도를 극히 조금만 바꿔서 치면 어떻게 될까? 과연 두 공의 경로는 시간이 지남에 따라 얼마나 큰 차이를 보일까? 그 답은 당구대의 모양에 달려 있다. 대부분의 아마추어 당구 애호가들의 예상과 달리 일상적으로 보는 직사각형 모양의 당구대에서는 카오스적 현상이 일어나지 않는다. 이런 당구대의 경우 공의 경로는 아주 정확히 예측할 수 있고 공의 처음 방향을 조금 바꾸었다고 해서 주목할 만한 변화가 초래되지는 않는다. 그러나 경기장 모양의 당구대에서는 상황이 달라진다. 이런 당구대에서 두 공의 각도를 조금만 다르게 해서 치면 시간이 갈수록 경로 차이가 엄청나게 커지며 마침내 둘 사

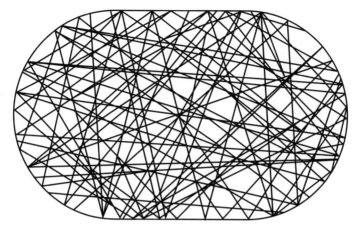

카오스적 움직임, 경기장 모양의 당구대에서 당구공이 그려 내는 궤적의 모습

이에 아무런 연관성도 찾을 수 없게 된다. 위 그림이 보여 주듯, 당구공은 직사각형의 당구대에서는 예측하기가 그다지 어렵지 않은 규칙적 운동을 하지만 경기장 모양의 당구대에서는 매우 혼란스런 카오스적 궤적을 그려 낸다.

1970년대에 카오스에 대한 수학이 떠오르기 시작하자 몇몇 양자물리학자들도 이에 관심을 가지기 시작했다. 이 현상이 그들의 주제와도 관련되었기 때문이었는데, 특히 그들은 만약 당구 게임을 원자 규모로 축소했을 때 어떤 일이 벌어질 것인가 하는 문제에 골몰했다. 물질의 이중성에 비춰 볼 때 전자가 한편으로 미시적 세계의 당구공처럼 행동하리란 점은 자명한 사실이었다.

컴퓨터 칩의 원료인 반도체를 이용하면 바늘 끝 위에도 수백 개의 당구대를 만들어 낼 수 있다. 물리학자들은 이 작은 당구대 위에서 전자들이 어떻게 움직일 것인가 하는 문제를 탐구했다. 컴퓨터 칩 위에서 정보가 전달되는 현상은 전자의 이와 같은 운동을 통해 이루어지기 때문이었다. 그런데 이 상황에서 전자는 완전히 자유로운 처지가 아니다. 비록 각각의 원자핵에

묶여 이를 공전하는 것은 아니지만 추상적인 당구대의 경계 안에 갇혀 움직인다. 물리학자들은 이 당구대들의 모양을 조금씩 바꿀 때 파동 및 입자라는 전자의 두 측면이 어떤 영향을 받게 되는지 궁금했다. 원자 안에 갇힌 전자가 특유의 진동수들만 가질 수 있듯, 미시적 당구대 안의 전자도 그 상황에 따라 결정되는 특유의 진동수들만 가질 수 있다.

당구대에 있는 전자들의 에너지 레벨을 조사한 결과 물리학자들은 전자들이 규칙적 행동을 보여 주는지 아니면 카오스적 행동을 보여 주는지에 따라 통계적 결과가 달라진다는 사실을 발견했다. 전자가 직사각형 모양의 당구대 위를 달리면서 규칙적인 행동을 할 때 나오는 에너지 레벨은 오히려 무질서한 임의적 분포를 보여 주었다. 특히 이때 매우 가까이 짝을 지어 나타나는 에너지 레벨들도 많았다. 그러나 경기장 모양의 당구대에 갇혀 카오스적 행동을 하는 전자들의 에너지 레벨은 이와 달랐다. 이 레벨들은 결코 임의적이지 않았으며 훨씬 균일한 분포를 보여 주었기 때문에 매우 가까이 짝을 지어 나타나는 레벨들도 거의 없었다.

여기서 우리는 에너지 레벨들이 서로 반발한다는 기이한 현상을 다시 목격하게 된다. 카오스적인 양자 당구는 무거운 원자핵의 에너지 레벨 및 몽고메리와 오들리즈코가 탐구한 리만 영점들에서 관찰되는 것과 동일한 패턴을 보여 준다. 이 서로 다른 레벨들은 임의적 양자 드럼의 통계적 분석에 아주 잘 맞아 들어간다. 그런데 모든 통계적 측도들이 완전히 일치하지는 않는다는 사실이 밝혀졌다. 물리학자들은 N번째 에너지 레벨과 $N+1,000$번째 에너지 레벨들 사이의 간격에 대한 통계적 측도가 양자 당구를 하느냐 아니면 단순히 임의적 양자 드럼의 진동수를 재느냐에 따라 달라진다는 점을 깨달았다.

브리스틀대학교University of Bristol의 마이클 베리 경Sir Michael Berry은

카오스이론과 양자물리학이 혼합된 분야의 한 전문가이다. 베리는 리만의 영점과 임의적 양자 드럼에 대한 수 분산의 그래프로부터 오들리즈코가 발견한 불일치는 카오스적 양자계가 소수의 행동에 대한 가장 좋은 물리학적 모델을 제시해 줄 것이라고 믿은 최초의 사람이었다. 베리는 과학계에서 카리스마적 권위가 넘치는 것으로 유명하다. 그는 자신의 주제에 과학의 세계에 깊이 빠진 사람들이 흔히 간과하는 정교한 풍미를 가미했다. 말하자면 베리는 르네상스적 인물로서 자신의 세계관을 다른 사람들에게 이해시키기 위하여 그는 과학과 문학 분야 위인들의 경구를 자주 인용했다. 또한 그는 복잡한 수식을 꿰뚫어 볼 선명한 이미지를 찾아내는 데에도 매우 뛰어났다. 이와 같은 배경을 가진 영국의 기사가 리만 가설로 끌려든 것은 수학자들에게 큰 행운이었다.

베리는 1980년대에 〈수학 정보원Mathematical Intelligencer〉에 실린 '첫 오천만 개의 소수'라는 글을 본 뒤 소수의 세계에 열광하게 되었다. 이 글은 막스 플랑크 연구소에서 리만 가설을 두고 봄비에리와 내기를 했던 수학적 검객 돈 자기에르가 쓴 글이었다. 엄청난 수의 소수를 지겹도록 나열하는 대신 자기에르는 리만 지형의 영점들이 범위를 넓혀 감에 따라 얼마나 많은 소수를 발견할 수 있는지에 쓰일 수 있는 마술적인 파동을 만들어 낸다는 방식으로 써 내려갔다. 베리는 리만의 발견을 소수의 음악으로 나타낸 자기에르의 탁월한 물리적 해석에 감탄했다. "그것은 참으로 아름다운 글이었으며, 나는 리만의 영점들이 놀라운 존재라고 생각했다."

물리학자인 베리는 소수라는 주제에 대부분의 수학자들이 빠뜨리기 쉬운 물리학적 직관을 불러들였다. 수학자들은 아주 오랜 세월 동안 정신적 구조물 속에서 지내느라 우리를 둘러싼 현실 세계와 추상수학 사이의 미묘한 연결 고리를 잊고 살아왔다.

리만은 소수를 파동함수로 변화시켰는데, 베리와 같은 물리학자에게 이 파동은 단순한 추상적 음악이 아니라 누구나 직접 들을 수 있는 실제적 음으로 다가왔다. 리만 가설에 대한 강연을 할 때면 그는 낮게 들끓는 듯한 소음으로 나타나는 리만의 음악을 들려주곤 했다. 베리는 이에 대해 다음과 같이 말했다. "이것은 포스트모던 계열의 음악이라 하겠는데, 어쨌든 리만의 업적 덕분에 우리는 버나드 쇼Bernard Shaw가 바그너의 음악에 대해 한 말, 곧 '소리보다는 괜찮은 음악인데'라는 말을 인용할 수 있게 되었다."

소수에 대한 베리의 흥미는 우연히도 양자 당구대에 있는 전자의 에너지 레벨과 임의적 양자 드럼의 에너지 레벨 사이의 통계적 차이점에 대한 이해가 늘어 가는 것과 보조를 같이했다. "나는 리만의 영점과 다이슨의 아이디어에 대한 이야기를 양자 카오스와 관련하여 새로 검토해 보는 것도 재미있을 것이라고 생각했다." 베리가 양자 당구의 에너지 레벨에서 얻은 특수한 통계적 특징이 리만의 제타 지형에 있는 영점들의 통계에도 반영되어 있을까? 그는 영점들이 실제로 이렇게 행동한다면 아주 좋을 것이라 생각하고 우선 대략의 계산을 해 보았다. 하지만 그가 가진 자료만으로 결론을 내리기는 어려웠다. "그러던 중 이와 관련하여 영웅적 계산을 해낸 오들리즈코의 이야기를 들었다. 그에게 편지를 쓴 나는 아주 큰 도움을 받았다. 그는 자신의 계산이 어떤 범위를 넘어서면 오차가 나타나기 시작한다는 점에 대해 염려했으며, 뭔가 계산상의 실수를 저질렀음에 틀림없다고 생각했다."

오들리즈코는 물리학적 직관을 갖지 못했다. 베리가 그에게서 받은 영점들의 자료를 카오스적인 양자 당구의 에너지 레벨과 비교해 보았더니 서로 완벽하게 일치했다. 오들리즈코가 관찰한 불일치는 임의적 양자 드럼과 카오스적 양자 당구의 에너지 레벨들이 통계적으로 차이가 난다는 점을 보여주는 최초의 사례였다. 그는 이 새로운 카오스적 양자계를 알지 못했지만 베리는 곧바로 이를 알아차렸다.

이는 위대한 순간이었는데 왜냐하면 둘 사이의 관계는 명백히 옳은 것이었기 때
문이었다. 내가 보기에 이는 리만 가설이 사실이라면 리만의 영점들은 단순한
양자계가 아니라 비교적 간단하면서도 카오스적 행동을 보여 주는 고전역학적
계에 대응하는 양자계를 뒷받침할 것이라는 예상에 대한 더할 나위 없는 완벽한
실험적 증거였다. 나는 이 순간을 아주 사랑스럽게 여긴다. 그것은 이를테면 양
자역학이 리만의 영점에 대한 이론을 제시하는 순간이었다.

흥미롭게도 소수의 비밀이 정말로 카오스적인 양자 당구 게임과 같다면
소수는 양자 당구대 위의 특별한 경로로 표현된다. 당구대 위의 경로들 가
운데 어떤 것들은 당구대를 몇 바퀴 돌다가 다시 처음의 출발점으로 돌아온
다. 그리고 소수들은 바로 이런 경로들로 표현되는 듯 보인다. 이 경로들은
각각 하나의 소수에 해당하는데, 되돌아오기까지 긴 여행을 하는 경로일수
록 그만큼 큰 소수를 나타낸다.

베리의 새로운 해석은 과학의 세 가지 위대한 분야를 결합하면서 끝맺어
질 수도 있다. 미시적 세계에 대한 양자물리학, 예측불가능성에 대한 카오
스이론, 산술의 원자인 소수의 이론이 그것들이다. 어쩌면 리만이 소수의
세계에서 찾아내고자 했던 질서가 바로 양자 카오스이론으로 표현되는 것
인지도 모른다. 이로써 소수는 다시 한번 수수께끼 같은 성질을 드러냈다.
많은 물리학자들은 리만 영점과 에너지 레벨 사이의 통계학적 연결 고리를
보고 리만 가설의 증명에 대한 탐구로 뛰어들었다. 영점들의 원천은 수학적
드럼의 진동수로 판명될 수도 있다. 만일 그렇다면 양자물리학자들은 그 위
치를 찾는 데에 다른 누구보다 더 유리하다. 바야흐로 그들의 삶도 드럼의

울림에 따라 메아리치게 되었다.

우리는 리만의 영점들이 진동이라는 증거를 확보했다. 그러나 진원이 무엇인지는 모른다. 어쩌면 그 진원은 순수한 수학적 존재여서 물리적 모델이 없을 수도 있다. 영점들의 수학과 양자 카오스의 수학이 같을 수도 있지만 그렇다고 해서 그 해답에 대한 물리적 실체가 반드시 따라 나와야 한다는 뜻은 아니다. 그런데 베리는 이에 찬성하지 않는다. 그는 리만의 영점에 대한 수학적 이론이 모순 없이 자리 잡으면 그에 상응하는 에너지 레벨을 가지는 물리적 모델이 필연적으로 수반되어야 한다고 믿는다. "누군가 영점들의 원천을 발견한다면 그가 영점들을 만들어 내리라는 데에는 의문의 여지가 없다." 어쩌면 어딘가에 이미 존재하는 것은 아닐까? 어쩌면 머나먼 우주의 깊은 곳에서 오직 발견되기만 기다리고 있지는 않을까? 어쩌면 칼 세이건의 『콘택트』에서 엘리가 검출한 것은 외계인이 보내는 소수의 메시지가 아니라 진동하는 어떤 중성자성이 내뿜는 신호인지도 모른다. 베리는 이에 대해 다음과 같이 말했다. "유명한 물리학적 전체주의의 원리에 따르면 물리학적 법칙이 허용하는 것은 어디선가 자연스럽게 발견된다. 다만, 누군가 조작할 수도 있겠지만, 바로 이 경우에 적용될 것으로 보여지지는 않는다."

오들리즈코가 AT&T의 지원을 받은 것처럼 베리와 그의 연구팀도 몇 년 동안 또 다른 선도적 기업의 덕을 크게 보았다. 휴렛패커드Hewlett-Packard는 브리스틀을 영국의 본거지로 삼고 있는데, 베리의 연구팀과 협력하여 양자물리학의 위력을 손에 넣고자 노력했다. 이 회사는 리만 가설에 대한 어떤 진보라도 양자 당구 게임을 이해하는 데에 도움이 될 수 있다는 사실을 잘 알고 있었다. 한편 양자 당구의 규칙은 컴퓨터 칩에 구불구불 새겨진 회로에서 전자가 어떻게 행동할 것인지를 결정한다. 그러므로 회사의 코앞에서 양자 당구의 전문가들이 펼치는 연구에 발맞추어 나아가는 것이 얼마나 중요한 일인지도 잘 알고 있었다.

42 - 궁극적 의문에 대한 답

컴퓨터 산업의 경제적 상황이 악화됨에 따라 AT&T나 휴렛패커드와 같은 대기업들도 소수에 대한 투자를 줄여 나갔다. 하지만 이런 가운데서도 한 기업은 이 추상적 게임에 대한 투자를 기꺼이 계속했다. 프라이전자Fry Electronics는 미국 서부 지역에 20여 곳의 커다란 전자 체인점을 거느리고 컴퓨터와 전기 관련 제품을 판매하는 회사이다. 이 회사의 지원은 물론 AT&T나 휴렛패커드와 같은 대기업들에 미치지 못한다. 캘리포니아의 팔로 알토Palo Alto에 있는 프라이전자의 본부를 찾아가면 상점의 입구 바로 옆에 '미국수학연구소American Institute of Mathematics'란 간판이 걸린 지저분한 금속제 문이 보인다.

이 연구소는 프라이전자의 사장 가운데 한 사람인 존 프라이John Fry의 아이디어에서 나왔다. 그와 브라이언 콘리는 산타클라라대학교Santa Clara University에서 함께 수학을 전공했다. 나중에 콘리는 리만의 특이선 위에 있는 영점들의 비율에 대한 최고 기록을 세우기 위한 연구를 했다. 반면 프라이는 상업적 모험을 찾아 나섰지만 수학에 대한 흥미는 결코 잃지 않았다. 마침 전자산업이 번창하게 되자 프라이는 수학 분야에 대한 지원을 생각하게 되었다. 그는 이미 한 편에 다섯 명이 뛰는 축구팀을 지원하고 있었으므로 이번에는 수학팀을 지원할 작정이었다.

콘리와 연락을 취한 프라이는 리만 가설의 증명에 대한 노력을 유기적으로 펼쳐 나가기 위한 계획을 세웠다. 이들은 그 일환으로 1996년 소수정리의 증명 100주년을 맞아 시애틀에서 열리는 한 모임을 지원했다. 그런데 이 지원은 물질적인 것에 그치지 않고 새로운 협동정신을 창출하는 데에 목표를 두고 있었다. 리만 가설은 이미 너무나 치열한 경쟁 대상이 되어 있었다. 따라서 사람들은 실낱같은 아이디어라도 다른 사람이 찾는 결정적인 단서가 될까 염려하여 조금도 입을 열지 않으려고 했다. 이 모임의 주요 취지는 아직 무르익지 않은 아이디어라도 서로 공유하자는 것이었다. 그들은 마치 기업체에서 사업 계획을 논의하는 광경처럼 수학자들이 둥근 탁자에 빙 둘러앉도록 자리를 배치하기도 했다.

시애틀의 모임에서 리만 가설이 양자 카오스와 어떤 관계가 있다는 데에 대한 가장 최근의 증거가 얻어졌다. 지금껏 수학자들은 단순히 그래프가 서로 구별할 수 없을 정도로 닮았다는 점 하나만을 토대로 이 두 분야 사이의 관계를 인정해 왔다. 하지만 이 모임에 참석한 몇몇 수학자들은 이런 자세에 대해 우려를 나타냈다. 이와 같은 건전한 비판을 내놓은 사람들 가운데 피터 사르낙도 끼어 있었다. 그 또한 리만 제타함수의 영점들과 양자 카오스 사이의 유추에서 깊은 감명을 받았지만 확신을 갖자면 뭔가 진정한 관계가 필요했다.

사르낙은 프린스턴의 선도적 연구자였으며 앤드루 와일즈가 비밀리에 페르마의 마지막 정리를 증명하는 도중 그 비밀을 알고 지켜 준 사람들 가운데 한 사람이었다. 사르낙이 리만 가설에 흥미를 갖게 된 것은 1970년대 중반의 일로, 남아프리카에서 건너와 프라이전자와 바로 이웃해 있는 스탠퍼드대학교의 폴 코헨과 함께 연구를 하면서부터이다. 학생으로서 사르낙은 수학적 논리학에 흥미를 갖게 되었으므로 코헨에게 접근했다. 약 10년 전인 1963년에 코헨은 교묘한 논리적 과정을 채택하여 힐베르트의 23문제 가운데 첫 번째 문제를 해결함으로써 전 세계의 수학계를 충격에 빠뜨렸다. 힐베르트의 예상과 달리 이 문제는 "예", "아니요"의 문제가 아니었다. 코헨은 우리가 원하는 바에 따라 이 두 답 가운데 하나를 선택할 수 있다고 결론지었다.

스탠퍼드에 도착한 이 남아프리카인은 코헨이 해결했던 것과 같은 엄청난 논리학적 수수께끼에 대한 연구를 하게 되리라 예상했다. 하지만 코헨은 힐베르트의 또 다른 문제, 곧 여덟 번째의 문제로 눈길을 돌리고 있었다. 힐베르트의 첫 문제는 매우 어려운 과제였는데, 이것이 해결된 이제 리만 가설이야말로 그가 경험했던 환희를 또 다시 안겨 줄 문제로 여겼기 때문이었다. 그는 이에 대한 자신의 아이디어를 사르낙과 논의했고, 이때로부터 평생 동안 사르낙은 수론에 홀려서 지내게 되었다.

사르낙의 수학 강연에는 에너지와 흥분이 넘쳐흘렀기에 자신의 연구 주제에 대한 사르낙의 열정은 전염성이 있었다. 셀베르그는 이미 연로하여 귀가 잘 들리지 않지만 사르낙은 스탠퍼드에서 아직도 그가 잘 알아들을 수 있는 몇몇 수학자 가운데 한 사람이라고 말했다. 사르낙이 자신의 연구 분야에서 얻은 몇 가지의 새로운 사실을 이야기할 때면 특유의 남아프리카 억양이 수학과 전체로 울려 퍼졌다. 양자물리학이 수론의 성역으로 스며들어 오자 수학계는 흥분에 들떴지만 사르낙은 여기에 만족하지 않았다. 영점과 에너지 레벨 사이의 관계가 그 어떤 진정한 진보를 이루게 했다는 증거가 하나라도 있는가?

영점과 에너지 레벨 사이에 어떤 관계가 있다는 발견은 리만 가설의 해명을 어디서 찾아볼 것인지에 대한 방향을 제시해 주기는 했지만 이를 통해 그 어떤 미지의 사실이 새로 밝혀진 것은 없다. 이 두 분야 사이의 관계는 단지 여러 가지 통계치에 근거를 둔 것일 뿐이다. 수론 학자들은 두 가지의 그림이 서로 닮았다고 해서 이를 믿을 만한 증거로 받아들이지는 않는다. 리만이 기하학을 수학의 주류에 다시 끌어들이기는 했지만 아직도 수학자들은 진리를 밝히는 도구로써 그림의 역할에 대해 다분히 회의적이다.

사르낙은 깊은 수학적 통찰 외에 다른 무엇이 리만 지형에 숨은 진리를 드러내게 할 수 있을까 하는 의구심을 품은 채 프라이전자가 후원하는 시애틀의 모임에 참석했다. 리만의 영점과 카오스적 양자 당구 사이의 유추, 소수의 음악에 대한 베리의 시연 등을 차례로 들은 사르낙은 더 이상 참을 수 없는 지경에 이르렀다. 서로 전혀 다른 두 분야에서 기이하게도 닮은 그림을 보게 된 것은 좋다. 하지만 그 누가 이 우연적 일치의 배경에 자리 잡은 진정한 원리를 꼬집어 낼 수 있을 것인가? 사르낙은 양자물리학자들에게 하나의 도전을 제시했다. 양자 카오스와 소수 사이의 유추를 토대로 리만 지형에 대해 우리가 아직 모르는 어떤 사실, 곧 통계적 수치 뒤에만 숨어 있을 수 없는 뭔가 특별한 사실을 제시하면 고급 포도주 한 병을 주겠다는 게 그것이었다.

베리의 제자들 가운데 한 사람인 존 키팅Jon Keating은 42라는 특수한 수의 중요한 역할 덕분에 이 포도주를 타게 되었다. 공상 소설을 좋아하는 사람이라면 42란 수가 특별한 의미를 가진다는 점을 잘 알고 있을 것이다. 더글러스 애덤스Douglas Adams가 쓴 『은하 히치하이커 안내The Hitch Hiker's Guide to the Galaxy』에서 재퍼드 비블브락스Zaphod Beeblebrox는 42가 생명과 우주와 모든 것의 궁극적 의문에 대한 답이란 사실을 발견한다(국내에는 『은하수를 여행하는 히치하이커를 위한 안내서』라는 긴 이름으로 소개되었다. 세계적 베스트셀러였는데 제목의 단어 첫 글자에 h와 g가 2개씩 있다고 해서 흔히 'h2g2'로 불린다: 옮긴이). 하지만 이 궁극적 의문이란 게 실제로는 무엇을 뜻하는지 분명하지는 않다. 42는 19세기 후반 옥스퍼드대학교의 수학자로서 『이상한 나라의 앨리스』를 썼던 루이스 캐럴Lewis Carroll도 좋아했다. 카드 가운데 '하트의 잭'에 대한 재판 대목에서 왕은 "규칙 제42조, 키가 1마일보다 큰 사람은 모두 떠나라"라고 선언한다. 이 밖의 다른 곳에서도 캐럴은 이 수를 자꾸 되풀이해 들먹인다. 『스나크 사냥The Hunting of the Snark』에는 "그는 조심스레 포장된 42개의 박스를 가졌네 / 박스마다 그의 이름이 선명히 쓰여 있네"라는 구절이 나온다. 기이하게도 42는 이제 양자 카오스가 소수의 동전이 가진 두 면 가운데 한 면이란 점을 의심하는 수론 학자들을 확신시키기 위하여 리만 가설에 대한 이야기에 끼어든다.

포도주 한 병을 내건다는 사르낙의 말을 들은 콘리는 물리학자들에게 예비 과제로서 아주 구체화된 경우를 하나 제시했다. 사실 이 과제는 실질적인 진보는 거의 없으면서 콘리의 마음속에 오랫동안 자리 잡아 왔던 것이었다. 리만의 제타함수에 관해 정의된 개념들 가운데 모멘트moment라는 게 있다. 이것은 어떤 수열을 내놓을 것으로 알려져 있었는데 문제는 이 수열을 어찌 얻어야 하는지에 대해 수학자들은 거의 속수무책이었다는 점이다. 하디와 리틀우드는 첫째 수가 1이란 점을 보였으며, 1920년대에 리틀우드의 제자인 앨버트 잉엄Albert Ingham은 다음 수가 2임을 증명했다. 하지만 이것만으로는 추가적 연구를 할 어떤 패턴이나 실마리를 찾을 수 없었다.

시애틀 모임이 있기 전, 콘리는 동료인 애밋 고쉬Amit Ghosh와 함께 그 다음 수를 찾기 위해 엄청난 계산을 했다. 그 결과 이들은 셋째 수가 둘째 수로부터 훌쩍 점프를 한 42란 점을 밝혀냈다. 콘리는 42가 다음 수란 점에 상당히 놀랐고 그 배경에 뭔가 복잡한 게 도사리고 있을 것이라 생각했다. 어쨌든 그 다음 수인 넷째 수가 무엇인지 도무지 알 수 없었던 콘리는 물리학자들에게 영점과 양자물리학의 유추를 사용하여 일단 여기서의 42란 수에 어떤 의미가 있는지 설명해 보라고 제안했다. "42는 그냥 수입니다. 이것은 어떤 그래프가 잘 들어맞느냐 안 들어맞느냐 하는 모호한 문제가 아니라 이 수를 얻느냐 못 얻느냐 하는 선명한 문제입니다"라고 콘리는 말했다.

시애틀 모임에서 돌아온 존 키팅은 조금도 위축됨이 없이 이 문제에 도전하고 나섰다. 이 모임은 아주 성공적이었기에 프라이와 콘리는 두 번째 모임도 갖기로 했다. 이 둘째 모임은 2년 뒤 오스트리아 빈Wien의 슈뢰딩거연구소Schrödinger Institute에서 열렸다. 양자역학의 기초를 확립한 슈뢰딩거의 업적에 비춰 볼 때 이곳은 수론과 양자역학 사이의 새로운 동반자적 관계를 논의할 아주 적절할 장소였다.

한편 콘리는 또 다른 수학자 스티브 고넥Steve Gonek과 힘을 합쳤다. 두 사람은 다시 엄청난 노력을 기울여 수론의 모든 지식을 짜낸 끝에 넷째 수가 24,024일 것이라는 추측을 얻어 냈다. "이제 우리는 '1, 2, 42, 24,024, …'라는 수열을 갖게 되었다. 우리는 마치 디킨스처럼 이 수열을 추리해 냈다. 하지만 우리의 방법은 더 이상 나아갈 수 없다. 이에 따르면 다음 수는 음수가 되기 때문이다." 이론적으로 이 수열의 수는 모두 양수여야 한다는 점이 이미 증명되어 있었다. 콘리는 왜 다음 수가 24,024일 것인지 설명할 준비를 마치고 빈의 모임에 참석했다.

키팅은 좀 늦게 도착했다. 키팅이 발표하기로 한 날의 오후에 콘리는 키팅을 만났는데, 그가 발표할 제목을 보고 키팅은 그도 답을 알아냈는지 궁금했다. 콘리가 "알아내셨나요?"라고 묻자 키팅은 "예, 42를 얻어 냈습니다"라고 대답했다. 하지만 곧이어 키팅은 대학원생 니나 스나이스Nina Snaith와 함께 이 수열의 모든 수를 얻어 낼 식을 찾아냈다고 말했다. 그래서 콘리는 24,024에 대한 이야기를 했는데, 이것이야말로 진짜 테스트가 될 것이다. 과연 키팅과 스나이스의 식을 이용한 답은 콘리와 고넥이 추측해 낸 값과 맞아떨어질 것인가? 키팅은 본래 42를 목표로 삼았지만 어쨌든 그의 식을 이용하면 이 수가 얻어질지도 모른다. 24,024는 키팅과 스나이스에게도 생소한 것이었으므로 속임수란 있을 수 없다.

키팅의 발표 시간 바로 전에 이들은 테스트를 실행했다. 슈뢰딩거연구소의 한 칠판 위에 식을 쓰고 계산을 하는 동안 많은 실수가 터져 나왔다. 수학자들은 오랜 세월 동안 추상적 연구를 하다 보면 어렸을 때 배우는 구구셈을 거의 하지 않기 때문에 암산에 서툴어지는 경우가 많다. 하지만 어쨌든 계산은 마무리되었고, 기적과도 같이 24,024란 숫자가 쓰여졌다. 얼마 뒤 키팅은 콘리 및 고넥과 함께 점검하면서 느꼈던 흥분이 가라앉지 않은 채 자신의 발표를 시작했고 스나이스와 함께 얻은 식을 처음으로 공표했다. 나중에 키팅은 이날 칠판 앞에서 점검했던 시간이 "내 과학적 삶에서 가장 흥미진진한 순간"이었다고 회고했다.

물리학자인 키팅은 수론의 대가들 앞에서 그들이 오랫동안 이해하고자 했던 주제에 대해 이야기한다는 사실이 적잖이 부담스러웠다. 하지만 24,024를 얻어 냈을 때의 감동이 자신감을 심어 주었다. 청중들 가운데는 이 주제의 할아버지라고나 할 셀베르그도 있었는데, 발표가 끝난 뒤 질문 시간이 찾아왔다. 셀베르그는 강연이 끝나고 나면 질문이 아니라 "나는 이것을 50년대에 증명했습니다"라든지 "30년 전에 같은 방법을 써 봤지만 잘 되지 않았습니다"라는 말을 많이 한다고 널리 알려져 있었다. 따라서 키팅도 그런 순간이 다가오리라 예상했다. 하지만 셀베르그는 꼬리를 이어 가며 많은 질문을 던짐으로써 이 새로운 아이디어에 완전히 매료되었음을 드러냈다. 키팅이 조금도 위축되지 않고 셀베르그의 모든 질문에 대한 대답을 마치자 셀베르그는 "이것은 틀림없이 옳군요"라고 말했다. 키팅은 수학자들이 모르는 것을 제시하라는 사르낙의 도전을 상기시켰다. 이에 사르낙은 약속했던 포도주 한 병을 정식으로 건네주었다.

리만의 영점과 양자물리학의 유추는 두 가지 점에서 특히 중요하다. 첫째, 이것은 우리에게 리만 가설의 해답을 어디서 찾을 것인지 알려 준다. 둘째, 키팅이 증명했듯 이것은 리만 지형의 다른 특성들에 대한 예측도 제시해 준다. 베리는 이에 대해 다음과 같이 말했다. "이 유추에는 견고한 수학적 기초가 없다. 따라서 그 가치는 수학자들이 증명할 거리를 얼마나 많이 제공해 줄 것인가 하는 유용성으로 판단해야 한다. 나는 이 점을 낮게 평가하지 않는다. 물리학자로서 나는 '증명된 것보다 훨씬 많은 것들이 알려져 있다'는 파인만의 말을 소중하게 여긴다." 물리학자들은 영점들을 창출해 내는 물리학적 모델을 발견할 수 없을지도 모른다. 하지만 그럼에도 불구하고 수학자들은 최종적으로 리만 가설을 증명할 사람은 물리학자일 수도 있다고 본다. 그리고 이 점이 바로 이 책의 첫머리에서 소개했던 봄비에리의 만우절 농담이 그토록 그럴 듯하게 널리 퍼졌던 이유이기도 하다.

리만의 마지막 복선

물리학자들은 리만의 영점들이 한 줄 위에 늘어선 이유는 이것들이 어떤 수학적 드럼의 진동수를 나타내기 때문일 것이라고 믿는다. 특이선을 벗어난 영점은 상상 속의 진동수를 나타내는데 이는 이론적으로 허용되지 않는다. 이런 논리가 이 문제의 해결에 사용된 것은 이번이 처음은 아니다. 키팅과 베리와 다른 물리학자들 모두 학생 시절에 수력학의 고전적 문제에 대한 해답에도 비슷한 논리가 적용된다는 사실을 배운다. 이 문제는 중력적 상호 작용 때문에 함께 자전하고 있는 유체의 구에 관한 것이다. 예를 들어 별은 중력으로 한데 뭉쳐져서 자전하고 있는 공 모양의 기체 덩어리라고 말할 수 있다. 여기서 제기되는 문제는 이 자전하고 있는 유체의 구에 약간의 자극을 가한다면 어찌될 것인가 하는 것이다. 유체의 구는 잠시 요동치다가 다시 본래의 상태를 되찾을 것인가 아니면 더욱 큰 혼란이 초래되어 완전히 파괴되고 말 것인가? 이에 대한 대답은 어떤 복소수들이 하나의 직선 위에 머물러 있을 것인지에 달려 있다. 만일 그렇다면 자전하는 유체의 구는 별 다른 탈 없이 본래의 상태를 되찾는다. 왜 이 복소수들이 실제로 나란히 배열되는지에 대한 이유는 리만 가설의 증명에 대한 양자물리학자들의 아이디어와 밀접한 관련이 있다. 누가 이 해답을 찾아냈을까? 누가 진동에 관한 수학을 이용하여 이 복소수들을 한 줄로 늘어서게 했을까? 그 사람은 바로 베른하르트 리만이었다.

슈뢰딩거연구소에서 성공을 거둔 뒤 얼마 되지 않아 키팅은 괴팅겐대학교를 방문했다. 거기서도 그는 양자물리학과의 연관성을 토대로 리만 가설을 증명하는 일에 대해 논의할 예정이었다. 괴팅겐대학교를 들르는 대부분의 수학자들은 바쁜 중에도 도서관을 찾아 리만의 유명한 미발표 자료인 나흘라스를 조사해 본다. 수학사상 위대한 한 인물과 대면한다는 감동적 경험을 갖기 위함이기도 하지만 난해한 리만의 필치 속에 아직도 수많은 미해결의 신비가 담겨져 있기 때문이기도 하다. 이처럼 나흘라스는 어느덧 수학의 로제타석Rosetta Stone이 되었다(로제타석은 나폴레옹의 이집트 원정 때 발견된 비석인데, 1822년 프랑스의 샹폴리옹Jean François Champollion이 여기에 새겨진 글을 해독함으로써 고대 이집트의 연구에 획기적 전기를 이루었다: 옮긴이).

키팅이 괴팅겐대학교를 떠나기 전 수학과의 동료인 필립 드라진Philip Drazin은 나흘라스의 한 부분을 살펴보라고 추천했는데, 거기에는 수력학의 고전적 문제가 다루어져 있었다. 리만의 가정부가 수많은 자료를 파기했음에도 불구하고 이를 벗어난 나흘라스에는 풍부한 내용이 담겨져 있는데, 이 내용들은 리만의 다양한 흥미 및 삶의 단계에 따라 여러 분야로 나눌수 있다.

괴팅겐대학교의 도서관에서 키팅은 나흘라스의 두 부분을 요청했다. 하나는 제타 지형의 영점들에 대한 것이었고, 다른 하나는 수력학에 대한 연구였다. 그런데 직원은 서고에서 한 다발의 문서만 꺼내 왔으므로 키팅은 두 부분을 요청했다고 말했다. 이에 직원은 그 두 부분이 실제로는 같은 다발에 들어 있다고 대답했다. 자료를 조사하던 키팅은 리만이 자전하는 유체 구에 대한 증명을 도출하면서 제타 지형의 영점들에 대해서도 함께 연구했다는 사실을 깨달았다. 키팅의 눈앞에 펼쳐진 한 다발의 종이 위에 두 문제에 대한 리만의 생각이 함께 들어 있었다. 리만의 영점들이 왜 한 줄로 늘어서 있는지를 이해하기 위하여 현대의 물리학자들이 제안한 바로 그 방법을 이용해서 리만은 수력학적 문제를 풀었던 것이다.

나홀라스는 리만이 얼마나 시대를 앞서 살았는지 다시금 생생히 보여 주었다. 그는 수력학의 문제에 대한 자신의 답이 가진 잠재력을 알아차리지 않을 수 없었다. 리만의 분석은 유체 구 문제의 해결 과정에서 나오는 복소수들이 왜 직선 위에 배열되는지를 정확히 설명했다. 그리고 그는 같은 시간에 같은 종이에서 왜 제타 지형의 영점들이 일렬로 늘어서는지를 설명하려고 했다. 소수와 수력학 사이의 관계를 발견한 이후 리만은 이 새로운 아이디어를 작은 검은 책에 기록했을 것이다. 하지만 애석하게도 이 책은 사라졌고, 그와 함께 수론과 물리학의 두 주제를 통합할 리만의 아이디어도 자취를 감췄다.

리만이 세상을 뜬 뒤 몇 십 년 사이에 수학과 물리학은 각자 제 갈 길로 나아가게 되었다. 리만은 이 두 분야를 통합하게 되어 기쁘게 생각했지만 후세의 과학자들은 이와 같은 교류에서 별다른 흥미를 느끼지 못했다. 그런 다음 20세기에 들어서야 다시 수학과 물리학은 나란히 발맞추어 나가기 시작했다. 어쩌면 이를 계기로 리만이 꿈꾸었던 아련한 돌파구가 열릴지도 모른다.

비록 물리학과의 연대가 흥미롭기는 하지만 아직도 많은 수학자들은 소수의 신비를 푸는 데에 수학의 역할이 더욱 중요하다고 믿는다. 이들은 리만 가설의 해답은 수학의 핵심에 자리 잡고 있다는 사르낙의 견해에 동의한다. 이처럼 수학 단독으로 원하는 답을 얻을 수 있으리라는 믿음의 연원은 1940년대로 거슬러 올라가며, 거기에는 사뭇 독특한 한 프랑스 죄수의 활약이 자리 잡고 있다.

-제12장-

빠진 그림 조각

수학의 역사는 교향곡의 음악적 분석처럼 전개된다고 한다.
거기에는 여러 주제들이 있다. 어떤 주제가 처음 나타나면 대략적으로 이를 이해한다.
하지만 차츰 다른 주제들과 섞여 들며 작곡가는 이것들을 동시에 펼치면서
자신의 능력을 한껏 드러낸다. 바이올린이 한 주제를 맡는가 하면 플루트가
다른 주제를 내놓는데, 이처럼 서로 주고받는 일을 계속 이어간다.
수학의 역사도 이와 마찬가지이다.

앙드레 베유, 〈수론에 대한 두 강의, 과거와 현재〉

양자 당구 게임이 리만 가설을 설명할 수도 있을 것이라는 흥분 섞인 전
망에도 불구하고 많은 수학자들은 순수한 수론의 세계로 물리학자들이 밀
려오는 데 대해 의혹의 눈초리를 보냈다. 이 수학자들의 대부분은 자신의
전공 분야만으로도 소수들이 왜 그처럼 행동하는지 충분히 설명할 수 있다
고 믿었다. 물론 양자역학적 현상과 소수의 배경에 같은 수학적 원리가 자
리 잡고 있을 수도 있다. 하지만 물리학적 직관이 리만 가설의 증명에 도움
이 될 것으로 보는 수학자는 그다지 많지 않다. 순수수학 이론의 위대한 건
축가 가운데 한 사람이 자신의 관심을 리만 가설로 돌렸다는 소문이 돌자
수학자들의 이와 같은 자신감은 정당화되는 듯싶었다. 1990년대 중반 알랭
콘느는 리만 가설의 해에 관한 자신의 아이디어에 대해 강의하기 시작했다.
이에 많은 사람들은 리만 가설에 대한 이야기가 차츰 절정으로 치닫는다고

여기게 되었다.

콘느가 리만 가설에 정면으로 도전하고 나섰다는 사실은 그 자체로서 주목할 만한 가치가 있다. 예를 들어 셀베르그는 리만 가설의 증명에 나섰다는 사실을 직접적으로 인정한 적은 없다. 그의 말에 따르면 적절한 무기가 준비되지 않았는데도 전쟁에 나서는 것은 무의미하다. 콘느는 이 싸움에 나서기로 한 자신의 결정에 대해 다음과 같이 말했다. "나의 첫 스승인 구스타브 쇼케Gustave Choquet 교수는 유명한 미해결의 문제에 공개적으로 뛰어들면 다른 무엇보다도 실패자로 기억될 가능성이 높다고 말했다. 하지만 어떤 나이가 지남에 따라 나는 그저 '안전하게' 삶의 종점에 도착할 때까지 기다리는 것 또한 자신을 패배자로 만드는 길에 지나지 않는다는 사실을 깨달았다."

수학의 다른 분야에서 여러 신비를 잘 파헤친 데에서 드러나듯 콘느는 막강한 기법들을 충분히 갖춘 것으로 보였다. 그가 창조한 비가환기하학non-cummutative geometry은 19세기의 수학에 중대한 영향을 미쳤던 리만의 기하학적 관점을 현대화한 것으로 널리 알려졌다. 리만의 업적이 아인슈타인의 상대성이론에 중요한 돌파구가 된 것처럼 콘느의 비가환기하학도 양자물리학의 복잡성을 이해하는 데에 큰 도움을 줄 강력한 언어인 것으로 밝혀졌다.

콘느가 창조한 새 수학은 20세기 수학의 이정표로 여겨졌고 이에 힘입어 그는 1983년의 필즈상을 받았다. 하지만 콘느의 새 언어는 어느 날 갑자기 튀어나온 게 아니었으며 제2차 세계대전 이후 다시 떠오르는 프랑스 수학의 일부였다. 프린스턴의 고등과학원은 나치의 박해를 피해 유럽에서 탈출해 온 학자들 덕분에 번영을 구가하게 되었지만 콘느는 1950년대에 설립된 프랑스의 한 연구소에서 지냈다. 이 연구소는 나폴레옹 시대에 괴팅겐대학교에게 빼앗겼던 수학의 중심이라는 지위를 되찾아 오는 데에 큰 역할을 했다.

이즈음 수학의 대세는 매우 정교하고도 추상적인 방향으로 나아갔으며 콘느의 아이디어는 그 한 지류였다. 지난 50년 동안 수학을 표현하는 언어는 혁명적인 변화를 겪었다. 이 과정은 아직 진화하는 중이었고 많은 사람들은 이게 완결되기 전에는 왜 소수가 리만 가설의 예측처럼 행동하는지를 명확히 해명할 정도로 충분히 발전된 언어를 갖지 못할 것이라고 믿었다. 이 새로운 수학 혁명은 제2차 세계대전 중 프랑스의 한 감방에서 시작되었다. 얼마 가지 않아 이 감방에서 나온 수학의 새 언어는 소수를 이해하기 위하여 리만이 구축한 것과 같은 신천지를 탐구하는 데에서 그 위력을 발휘하게 되었다.

여러 언어로 말하다

1940년 엘리 카르탕Elie Cartan은 자신이 프랑스 일류의 수학 잡지 〈콩트 랑뒤〉의 편집인으로 표기된 한 우편물을 받았다. 코시는 19세기가 열리던 무렵 복소수에 관한 기념비적인 논문들을 〈콩트 랑뒤〉에 발표하기 시작했고 이때부터 이 잡지는 흥미로운 새 소식이 실리는 주요 통로가 되었다. 카르탕의 눈길을 끈 것은 이 우편물에 적힌 주소가 루앙Rouen의 본누벨Bonne-Nouvelle 군사감옥이었다는 점이다. 만일 봉투의 필기체를 알아보지 않았더라면 페르마의 마지막 정리를 증명했다는 등의 엉터리 논문으로 여겨 그냥 내던져 버렸을 것이다. 이 글씨는 앙드레 베유라는 수학자의 것이었다. 베유는 이미 프랑스의 선도적인 젊은 수학자라는 평가를 받고 있었으며, 카르탕은 베유의 글이라면 어떤 것이든 읽을 만한 가치가 있다는 점을 잘 알고 있었다.

군사감옥이란 점에서 충격을 받았던 카르탕은 봉투를 열고 난 뒤 그 내용으로부터 더 큰 충격을 받았다. 베유는 어떤 지형의 영점들이 왜 하나의 직선 위에 늘어서려 하는지를 보여 주었다. 이 기법은 비록 리만 지형에는 적용되지 않았지만 다른 지형들에 적용될 수 있다는 사실만으로도 충분히 중요하다는 점은 분명했다. 베유의 이 정리는 이후 리만 가설의 증명을 향해 나아가는 여러 수학자들을 이끄는 등불이 되었다. 콘느의 접근법도 루앙의 감옥이라는 조용한 고독 속에서 얻은 베유의 아이디어로부터 많은 도움을 얻었다.

다른 사람들이 실패했던 지형들을 섭렵하는 베유의 능력은 고대의 언어들, 특히 인도의 산스크리트에 대한 열정에 힘입은 바 크다. 그는 새로운 수학적 아이디어는 언어가 더욱 정교화되는 과정을 통해 후세로 이어져 내려왔다고 믿었다. 베유가 보기에 십진법과 음수라는 관념이 인도에서 싹튼 것, 그리고 중세에 아라비아의 언어가 정교하게 발전하면서 아라비아의 대수가 더불어 발전한 것은 결코 우연이 아니었다.

베유는 탁월한 언어 능력을 토대로 그때까지 표현하기 어려웠던 여러 가지의 미묘한 수학적 관념들을 선명하게 드러낼 수 있었다. 하지만 1940년대 초, 이 저명한 젊은 수학자를 감옥에 빠뜨린 것도 언어, 특히 고대의 산스크리트로 쓰여진 마하바라타Mahabharata에 대한 그의 열정이었다.

어렸을 때부터 베유의 수학적 능력은 두드러졌다. 여섯 살 난 베유를 가르쳤던 첫 번째의 선생님은 "내가 무엇을 이야기하든 이 애는 이미 알고 있는 것처럼 보였다"라고 말했다. 베유의 어머니는 아들이 언제나 1등만 차지한다면 적절한 지적 자극을 받을 수 없을 것이라고 확신했다. 그녀는 교장선생님을 찾아가 몇 학년 정도 월반할 수 있도록 요청했다. 이에 놀란 교장선생님은 "제 평생 아이의 성적이 너무 뛰어나다고 해서 불평한 사람은 처음 보았습니다"라고 말했다. 어쨌든 극성스런 어머니 덕분에 베유는 몽베그M. Monbeig 선생님의 반으로 옮겨 가게 되었다.

몽베그는 전통적인 교육법을 탈피한 사람이었는데, 이는 베유의 수학적 재능을 일깨우는 데에 크게 기여했다. 예를 들어 단순한 기계적 학습 대신 몽베그는 어떤 주제의 배경에 깔린 패턴을 간파해 낼 수 있도록 하는 정교한 개인적 표기체계를 고안해 내곤 했다. 나중에 베유는 놈 촘스키Noam Chomsky가 제시한 혁명적인 언어학 이론을 배웠을 때 그다지 새로울 것이 없다고 여길 정도였다. 베유는 "결코 유치하다고 볼 수 없는 상징체계에 바탕을 둔 어린 시절의 훈련은 교육적으로 중대한 가치를 가지며, 특히 장래의 수학자들에게는 더욱 그렇다"라고 회상했다.

베유는 수학을 향해 타오르는 깊은 열정을 느끼며 이에 빠져 들었다. "언젠가 아파서 드러누웠을 때 누이 시몬Simone은 나를 위로하기 위해 내 대수책을 가져올 생각밖에 하지 못했다"라고 그는 말했다. 전설적인 프랑스 수학자 가운데 한 사람으로 20세기가 밝아 올 무렵 가우스의 소수정리를 증명함으로써 이름을 날린 자크 아다마르는 베유의 수학적 천재성을 알아차렸다. 그는 베유에게 수학을 공부하라고 권유했고 이에 따라 베유는 전문적인 수학 교육을 받기 위해 열여섯 살의 나이로 프랑스혁명 중에 설립된 에콜 노르말 쉬페리외르École Normale Supérieure(고등사범학교)에 들어갔다.

에콜에서 수학을 공부하는 중에도 베유는 고대 언어에 대한 흥미를 잃지 않았다. 이 열정으로부터 나중에 수학의 새로운 세계를 열게 되지만 이때만 해도 우선 고대 그리스와 인도의 위대한 서사시를 원어 그대로 읽고 이해하기를 바랐을 따름이었다. 이 가운데 베유가 평생 동반자처럼 여긴 것은 마하바라타에 나오는 신의 노래Song of God란 뜻의 바가바드기타Bhagavad-Gita였다. 파리에서 베유는 수학을 배우는 만큼 산스크리트에 시간을 바치며 지냈다.

베유는 대 서사시를 비롯하여 어떤 문헌이든 그 참된 아름다움을 제대로 맛보기 위해서는 반드시 원전을 읽어야 한다고 믿었다. 나아가 수학에서도 거장들이 쓴 논문을 직접 읽도록 하며 이들의 저작을 다시 풀어쓴 2차적 저술에 의존하지 말아야 한다고 말했다. 그는 『어느 수학자의 견습기(見習記)The Apprenticeship of a Mathematician』란 제목을 붙인 자서전에서 "인간의 역사에서 진정으로 중요한 것은 위대한 정신들이며, 이를 정확히 이해할 유일한 길은 그들의 저작과 직접 만나는 것이라고 확신하게 되었다"라고 썼다. 베유가 리만의 업적을 배운 것도 이런 길을 통해서였고, 리만 가설도 이렇게 하여 베유의 삶 속에 스며들게 되었다. "시작할 때부터 일련의 행운이 따랐으며 나는 평생 이를 고맙게 여겼다."

에콜에서 졸업시험을 마친 뒤에도 베유는 아직 징병 대상 연령에 이르지 않았다. 이에 그는 유럽 전역에 걸친 수학적 대 여정에 나서리라 마음먹었다. 베유는 밀라노, 코펜하겐, 베를린, 스톡홀름 등을 거치며 강연을 듣고 당대의 수학적 선구자들과 토론했다. 이때 괴팅겐대학교에는 아직 나치의 숙청이 몰아치지 않았는데, 여기서 베유는 박사학위 논문에 대한 아이디어를 얻게 되었다. 유럽의 가장 이름 높은 세 수학자, 가우스와 리만과 힐베르트의 본거지였던 이곳을 둘러보면서 베유는 푸리에와 코시 때에 누렸던 파리의 영광이 사라진 까닭을 알 수 있었다. 물론 1930년대 정도면 생애의 절정기에 도달했을 프랑스의 젊은 수학자들이 제1차 세계대전 도중에 목숨을 잃은 것도 한 이유일 것이다. 이처럼 한 세대가 비어 버린 터에, 전쟁이 끝난 뒤에도 파리를 방문하는 저명한 독일 수학자가 거의 없어 파리의 수학적 환경은 더욱 메말라 갔다. 페르마까지 거슬러 올라가는 프랑스의 위대한 수학적 전통은 이대로 끝날 것인가? 베유를 비롯한 젊은 수학자들은 그들의 손으로 모든 것을 다시 세워 가기로 했다.

이 야심에 찬 젊은이들은 그들이 모범으로 삼을 만한 사람을 찾을 수 없어

가공의 인물을 고안해 냈다. 니콜라스 부르바키Nicolas Bourbaki가 그것이며, 이 이름 아래 그들은 당대 수학의 주요 분야에 대한 새로운 기초를 쌓아나갔다. 이들을 이끄는 이념은 수학을 독특한 과학으로 만들었던 것이었다. 수학은 공리 위에 구축된 건물이며, 따라서 고대 그리스 때의 정리는 21세기에 들어서도 여전히 정리이다. 부르바키의 구성원들은 이 구조물의 현재 상태를 면밀히 분석하고 현대 수학의 언어로 완전히 새로 풀어써 가기로 했다. 2천 년 전에 서구 수학의 기초를 놓았던 유클리드의 저작을 본떠 이들은 이 연구 성과에 『수학원론Éléments de Mathématique』이란 이름을 붙였다. 비록 연원은 그리스에 있지만 본질적으로 이는 다분히 프랑스적인 것으로서, 어떤 주제에 대해 가능한 한 가장 광범위한 기초를 제공하는 게 주된 목표였다. 이 때문에 수학의 발전에 중요한 계기가 되었던 특정 문제들에 대해서는 초점을 잃을 수도 있지만, 필요하다면 이는 기꺼이 감수해야 한다.

니콜라스 부르바키는 별로 널리 알려지지 않은 프랑스의 한 장군의 이름이다. 베유를 비롯한 젊은 수학자들이 이를 택한 이유는 20세기 초 에콜 노르말 쉬페리외르에서 볼 수 있었던 전통적 의식에서 찾을 수 있다. 신입생들은 상급생들이 진행하는 세미나에 참석하며, 여기서 상급생은 외국의 저명한 방문객처럼 행동하면서 널리 알려진 수학적 주제에 대해 수준 높은 강의를 한다. 그런데 상급생은 어떤 증명을 하는 도중에 의도적인 실수를 저지르며 신입생은 이를 발견해 내야 한다. 이에 대한 힌트는 해당 정리를 처음 증명한 사람의 이름을 무명의 프랑스 장군으로 바꾸어 대는 것이었다.

젊은 수학자들이 참여하는 부르바키의 모임은 혼란스럽고 무질서했다. 초기 멤버 가운데 한 사람인 장 디외도네Jean Dieudonné는 이에 대해 다음과 같이 말했다. "부르바키 모임에 청중으로 초대받은 외부인들은 마치 미치광이들의 집단 같다는 인상을 품고 떠난다. 이들은 어떤 지적인 결론이 나올

1931년 인도의 알리가르에서 비야야라가반(왼쪽에서 두 번째) 및
그의 두 학생과 함께한 앙드레 베유(1906-1998)(맨 왼쪽)

때 터져 나오는 함성, 때로 서너 사람이 동시에 외쳐 대기도 하는 고함을 도무지 이해하지 못한다." 부르바키 멤버들은 이와 같은 무정부적 분위기가 이 계획을 추진해 가는 데에 필수적이라고 믿었다. 이들이 첨단의 수학들을 힘들게 통합하는 과정에서 베유의 새로운 언어가 서서히 떠오르기 시작했다.

베유는 고대 언어와 산스크리트 문학에 끌려 1930년 델리에서 그다지 멀지 않은 알리가르회교대학교Aligarh Muslim University의 교수로 부임하게 되었다. 이 대학교는 베유로 하여금 프랑스 문화를 가르치도록 할 생각이었지만 막판에 가서 수학을 가르치도록 결정했다. 인도에 머무는 동안 베유는 간디를 만났는데, 간디의 철학과 바가바드기타의 독서는 베유에게 많은 영향을 미쳤다. 그 결과 나중에 전쟁으로 치닫는 유럽으로 돌아온 베유는 운명적인 고난의 길을 가게 된다. 바가바드기타에서 크리슈나Krishna는 아르주나Arjuna에게 '법(法 dharma)', 곧 각자의 올바른 규범에 따라 살아가라고 충고한다. 아르주나의 카스트caste는 전사(戰士)였으므로 이는 파멸할 것이 뻔한데도 싸움에 나서야 한다는 것을 뜻했다. 하지만 베유는 이와 반대로 자신의 법은 평화주의라고 믿었다. 이에 따라 만일 전쟁이 나고 군대로 소집되면 프랑스를 떠나 중립국으로 가겠노라고 결심했다.

1939년 여름, 베유는 아내와 함께 핀란드를 여행했다. 그는 핀란드가 미국으로 도피하는 데에 적절한 중간 단계가 되기를 바랐지만 지나고 보니 큰 실수였다. 그 해 8월 23일 밤, 스탈린Iosif Vissarionovich Stalin은 소련과 나치 사이의 조약에 서명했다. 그 내용은 소련이 중립을 지키는 대신 히틀러는 에스토니아, 라트비아, 동 폴란드, 핀란드를 스탈린의 처분에 맡긴다는 것이었다. 1939년 9월, 전쟁이 터지자 핀란드 정부는 곧 자기네도 전쟁에 휩쓸릴 것으로 예상했으며, 소련과 관련되는 것이면 무엇이든 엄중히 감시하고 나섰다. 이런 상황인 터에 프랑스에서 온 방문객이 소련으로부터 뜻 모를 방정식들로 가득 찬 편지를 주고받았으므로 적을 위해 활동한다고 서둘러 단정하고 말았다. 1939년 12월, 마침내 이 프랑스인은 모스크바와 내통하는 간첩 혐의로 체포되었다. 다음 날 처형을 앞두고 경찰서장은 어떤 공식 만찬 자리에서 우연히 헬싱키대학교의 수학자 롤프 네반리너Rolf Nevanlinna의 옆 자리에 앉게 되었다.

커피를 나누면서 경찰서장은 네반리너에게 말을 건넸다. "내일 우리는 교수님을 안다는 사람을 처형할 예정입니다. 통상적으로는 이런 사소한 일로 교수님을 귀찮게 하지 않겠지만, 기왕 곁에 계시니까 한 번이라도 의논하게 되어 다행이라고 생각됩니다." 이에 "이름이 뭐라던가요?"라고 물은 네반리너는 "앙드레 베유입니다"라는 답변을 듣자 소스라치게 놀랐다. 그해 여름 그는 베유 부부를 호수 곁에 자리 잡은 자기의 집에서 대접한 적이 있었다. "그 사람 꼭 처형해야 하나요?"라고 되물은 그는 "그럴 게 아니라 국경까지 데리고 가서 추방하는 게 어떨까요?"라고 탄원했다. "아, 그런 방법이 있군요. 그것까지는 미처 생각하지 못했습니다." 이 우연한 대화 덕분에 총알은 낭비되지 않았고 수학계는 20세기의 가장 위대한 실천가 가운데 한 사람을 잃지 않게 되었다.

1940년 2월, 베유는 프랑스로 돌아왔지만 루앙의 감옥에 갇혀 고생하면서 탈주죄에 대한 재판을 기다렸다. 수학의 즐거움 가운데 하나는 이것을 하는 데에 펜과 종이와 상상력 외에 다른 것들은 거의 필요 없다는 사실이다. 감옥은 베유에게 앞의 두 가지를 제공했는데, 마지막 하나는 베유에게 항상 넘치는 것이었다. 셀베르그도 고향 노르웨이에 있을 때 전쟁이 벌어지는 몇 년 동안 어쩔 수 없이 고립되어 수학을 위한 최적의 시간을 가졌다. 라마누잔은 인도에서 서기로 지내는 동안 정식 수학 교육은 받지 못한 채 많은 성과를 거두었다. 하디의 제자로 베유의 연구 동료가 된 인도 수학자 비야야라가반Vijayaraghavan은 가끔씩 베유에게 "제가 여섯 달이나 일 년 동안 옥에 갇혀 지낸다면 틀림없이 리만 가설을 증명해 낼 겁니다"라는 농담을 했다. 그런데 베유가 바로 비야야라가반의 이론을 테스트할 기회를 맞게 되었다.

리만은 해수면과 같은 높이에 있는 점들이 소수의 비밀을 간직하고 있는 지형을 만들어 냈다. 리만 가설을 증명하자면 베유는 왜 해수면과 같은 높이의 점들이 한 직선 위에 늘어서는지를 설명해야 했다. 그는 리만의 지형을 몇 차례 섭렵했지만 아무런 성과를 거두지 못했다. 하지만 리만이 소수와 제타 지형을 연결하는 웜홀을 발견한 이래 수학자들은 수론의 다른 문제들을 해명하는 데에 도움이 될 비슷한 지형들과 자주 마주치게 되었다. 이 다양한 지형들은 제타함수를 조금씩 바꾸어 정의했는데, 매우 강력한 도구란 점이 밝혀지면서 거의 숭배의 대상으로까지 높여지게 되었다. 이 지형들은 수론의 여러 문제를 푸는 데에 너무나 자주 출몰했으므로 셀베르그는 언젠가 농담 삼아 제타함수가 이 이상 더 번창하는 것을 막기 위해 금지조약을 맺자고 제안하기도 했다.

배유는 이런 지형들 가운데 서로 관련이 있는 것들을 연구하는 도중에 그 지형들 위에서 해수면과 같은 높이에 있는 점들이 일렬로 늘어서게 되는 이유를 알아냈다. 배유가 성공을 거둔 지형들은 소수와는 관계가 없다. 이것들은 $y^2 = x^3 - x$와 같은 방정식을 가우스의 시계계산기와 결부시켜 풀었을 때 몇 가지의 해가 가능한가 하는 문제와 관련된다. 예를 들어 이 방정식을 5시간짜리 시계계산기에서 풀어 보자. 우변에 2를 대입하면 $2^3 - 2 = 8 - 2 = 6$이 나오며, 이는 5시간짜리 시계계산기에서 1을 가리킨다. 같은 방식으로 좌변에 4를 대입하면 16이 나오고, 이것도 5시간짜리 시계계산기에서 1을 가리킨다. 이 결과는 $(x, y) = (2, 4)$로 쓰고 이 방정식의 해라고 부르는데, 양변 모두 5시간짜리 시계계산기에서 같은 결과를 주기 때문이다. 이 문제의 경우 더 조사해 보면 아래와 같이 모두 7쌍의 답이 있음을 알게 된다.

$(x, y) = (0, 0), (1, 0), (2, 1), (2, 4), (3, 2), (3, 3), (4, 0)$

만일 우리가 어떤 소수 p를 골라 p시간 짜리 시계계산기를 사용하면 어떻게 될까? 그러면 이 방정식을 만족하는 해의 수는 대략 p개이지만 정확히 그렇지는 않다. 로그함수를 이용하여 소수의 개수를 헤아린 가우스의 추산이 실제의 값을 중심으로 진동하듯, 이 문제에서의 p도 정답보다 커지기도 하고 작아지기도 한다. 실제로 가우스는 그가 남긴 수학적 일기의 마지막 항목에서 이 특정한 방정식의 경우 답의 오차가 p의 제곱근의 2배보다 크지 않다는 사실을 증명했다. 이 증명에서 가우스가 사용한 방법은 임시방편적인 것이므로 일반적인 경우에는 적용될 수 없다. 그러나 배유가 얻은 방법은 x와 y라는 변수로 만든 어떤 방정식에도 적용되는 아름다운 것이었다.

베유는 제타 지형에 있는 해수면 높이의 점들이 한 직선 위에 정렬한다는 점을 보임으로써 일반화된 가우스의 발견이 갖는 오차는 p의 제곱근보다 크지 않다는 사실을 밝혔다.

베유의 이 결과는 리만 가설과 직접 관련되지는 않는다. 하지만 그럼에도 불구하고 심리적으로 중요한 돌파구가 되었다. 그는 $y^2 = x^3 - x$와 같은 방정식으로부터 만들어 낸 지형에서 해수면 높이에 있는 점들은 한 직선 위에 정렬한다는 사실을 증명했다. 카르탕이 베유의 논문이 든 소포를 열고 이 증명을 보면서 흥분에 휩싸였던 이유는 리만이 제시한 본래의 제타 지형을 살펴보는 데에 큰 도움이 될 이 새로운 기법을 시각화할 수 있었기 때문이었다.

베유는 방정식의 해를 이해하기 위한 완전히 새로운 언어를 구축하는 데에 첫걸음을 뗐다. 로마에 있는 프란체스코 세베리Francesco Severi와 귀도 카스텔누오보Guido Castelnuovo가 이끄는 이탈리아 수학의 한 학파도 이미 이와 비슷한 연구를 했다. 따라서 베유는 유럽 일주 여행을 하는 동안 이탈리아에서 이에 대해 배웠을 것으로 보인다. 하지만 이탈리아의 이 학파가 만든 기초는 사뭇 허술해서 베유가 요구하는 수학을 지탱하지 못한다. 베유의 아이디어는 이른바 대수기하학algebraic geometry이라고 부르는 분야의 기초가 되었는데, 이 분야는 나중에 페르마의 마지막 정리를 증명하는 데에 핵심적 역할을 했다.

이 새로운 언어로 연구하면서 베유는 각각의 방정식에 매우 특별한 종류의 수학적 드럼을 만들 수 있었다. 이것이 가진 진동수의 수는 유한한데, 이는 실제의 북이 무한히 많은 진동수를 가진다는 사실, 그리고 양자역학에 나오는 에너지 레벨들이 대개 무한하다는 사실과 대조적이다. 베유의 드럼이 가진 진동수들은 각각의 방정식들에 대응하는 지형에 있는 영점들의 좌표와 정확히 일치한다. 하지만 아직도 베유는 이 점들이 직선 위에 늘어서 도록 하기 위하여 많은 작업을 해야 했다. 이것들은 양자물리학의 에너지 레벨을 반영하는 진동수들과는 다르다. 양자물리학의 경우 어떤 선에서 벗어난 영점은 허구의 에너지 레벨을 가지므로 이론적으로 금지된다. 반면 베유는 이와는 다른 뭔가를 통해 영점들을 직선 위에 정렬시켜야 한다.

감옥에 앉아 자신이 만든 드럼에서 울려 나오는 소리에 귀를 기울이고 있던 베유는 갑자기 드럼의 진동수들이 왜 직선 위에 정렬해야 하는가 하는 그림맞추기 게임의 마지막 조각을 자신이 이미 갖고 있다는 사실을 알아차렸다. 대학원생 시절 유럽 일주 여행을 하던 중 베유는 이탈리아 수학자 귀도 카스텔누오보가 유도한 정리를 배운 적이 있었다. 그런데 이제 보니 바로 이것이 방정식 헤아리기 지형의 영점들을 일렬로 나란히 정렬시키는 데에 핵심적 역할을 하는 것으로 밝혀졌다. 카스텔누오보가 제시한 돌파구가 운 좋게 발견되지 않았다면 이 지형들도 리만의 지형처럼 아직껏 접근 불가능한 영역으로 남아 있을지 모른다. 프린스턴대학교의 피터 사르낙은 이에 대해 "베유가 이 증명을 이뤄 낸 것은 일종의 기적이다"라고 말했다.

베유는 비야야라가반의 꿈을 부분적으로나마 성취했다. 그는 비록 소수에 대한 리만 가설을 증명한 것은 아니지만 관련된 지형들에 있는 영점들이 왜 직선 위에 정렬하려 하는지를 알아냈다. 1940년 4월 7일 베유는 아내 에블린Eveline에게 다음과 같은 내용의 편지를 썼다. "내 수학은 내 희망의 한계 너머까지 나아가고 있소. 그래서 한편으로는 걱정되기도 하오. 만일 감옥에 있는 동안만 이렇게 잘 풀린다면 매년 두세 달은 감옥에서 지낼 수 있도록 예약해야 하는 것은 아닌지 말이오." 보통 때라면 베유는 풀려날 때까지 기다려서 출판하고자 했을 것이다. 하지만 이때의 미래는 마냥 기다리기에는 너무 불확실했다. 베유는 서둘러 논문을 썼고 엘리 카르탕에게 보내

〈콩트 랑뒤〉에 싣도록 부탁했다.

베유는 아내에게 자신의 논문에 대하여 "나는 이것을 매우 기쁘게 생각하오. 특히 이것이 쓰인 장소가 그렇고(아마도 수학사상 최초의 일일 것이오) 전 세계의 지인들에게 내가 아직 살아 있음을 알려 줄 수 있어서도 그렇소. 또한 나는 내 정리의 아름다움에서 전율을 느낄 지경이오"라고 썼다. 엘리 카르탕의 아들로 베유의 친구이자 연구 동료이기도 한 앙리 카르탕Henri Cartan은 질투심을 느낀다는 듯한 답장을 썼다. "우리는 운 나쁘게도 자네처럼 방해받지 않고 연구할 수가 없다네 … ."

엘리 카르탕은 이 논문을 출판하게 되어 더할 나위 없이 기뻤다. 1940년 5월 3일, 베유의 창조적인 감옥살이는 끝장이 났다. 베유가 "형편없는 연기의 코미디"라고 평가한 재판에서 카르탕이 그를 변호해 주었다. 베유는 징집에 응하지 않았다는 이유로 5년의 징역을 선고 받았지만 전투부대 근무를 받아들인다면 유예해 준다는 조건이 붙었다. 루앙의 감옥에서 흘러나온 수학적 성과에도 불구하고 베유는 군대에 가기로 동의했다. 나중에 이는 현명한 선택으로 판명되었다. 한 달 정도 뒤, 독일군이 쳐들어오자 루앙 감옥의 간수들은 퇴각을 수월하게 하기 위하여 갇혀 있던 죄수들을 모두 처형했다.

1941년 베유는 영국에서 얻은 위조된 의료기록을 사용하여 폐렴이라는 이유로 제대했다. 그는 자신과 가족이 미국을 여행할 비자를 얻는 데에 성공했고 프린스턴의 고등과학원으로 건너가 지겔을 만났다. 베유와 지겔은 베유가 유럽 일주 여행을 할 때 친구가 되었다. 지겔이 리만의 미발표 자료를 수집하면서 영점에 대한 리만의 비밀스런 계산식을 발견했을 때 베유도 동행했었다. 지겔은 리만의 지형과 관련되는 여러 지형들에서 베유가 성공적으로 거둬들인 성과를 토대로 리만의 지형도 명확히 이해하고자 하는 데에 특히 관심이 컸다.

지겔처럼 다른 많은 사람들도 다른 지형들에서 통했던 베유의 방법은, 그 내용이 무엇이든, 진정한 성배라고 할 리만의 지형을 탐구하는 데 대해서도 핵심적인 실마리를 제공할 것이라고 믿었다. 베유도 여러 해 동안 리만이 창조한 지형과의 안개와도 같은 관계를 찾아 헤맸다. 하지만 자유인이 된 지금 오히려 루앙의 감옥에서와 같은 성공을 거두지 못했다. 나중에 베유는 첫 발견 때의 감동을 다시 되살릴 수 있기를 바라는 심정을 다음과 같이 토로했다. "이름에 어울리는 가치를 지닌 모든 수학자들은 … 다른 사람은 기적처럼 여기는 순간을 희열에 휩싸인 채 명료하게 꿰뚫어 보았던 경험을 갖고 있다. … 이 감정은 몇 시간 또는 며칠 동안 지속될 수도 있다. 한번 이런 순간을 경험하고 나면 반드시 다시 맞이하고 싶어진다. 다만 뜻대로 되지는 않는다. 한껏 치열하게 몰입한다면 어쩔지 모르지만 …."

1979년 〈과학La Science〉이란 잡지와의 인터뷰에서 베유는 어떤 정리의 증명을 가장 바라는가 하는 질문을 받았다. 이에 대해 그는 "예전에는 1859년에 제시된 리만 가설을 증명하고 비밀로 간직하다가 100주년을 맞는 1959년에 발표할 수 있게 되기만을 바라기도 했다"라고 대답했다. 하지만 이후 다각적인 노력에도 불구하고 아무런 성과도 거둘 수 없었다며 다음과 같이 말했다. "1959년 이후 점점 더 멀어지는 것 같다. 후회는 없지만 포기해 가는 듯싶다."

평생 동안 베유는 일본 수학자 고로 시무라Goro Shimura〔志村五郎〕와 가까이 지냈다. 시무라는 앤드루 와일즈가 페르마의 마지막 정리를 증명하는 데에 사용될 중요한 추측 하나를 만들어 낸 일본 수학자들 가운데 한 사람이다. 시무라는 나중에 베유가 "리만 가설이 내가 죽기 전에 해결되는 것을 보고 싶다. 하지만 그럴 것 같지 않다"라는 말을 했다고 털어놓았다. 그는 언젠가 둘이서 찰리 채플린Charlie Chaplin에 대해 이야기했던 기억을 떠올렸다. 채플린은 어린 시절 장차 그에게 무슨 일이 닥칠지 모두 이야기해 줄 수 있다는 점쟁이를 찾아간 적이 있었다. 베유는 이에 대해 다음과 같이 말했다. "아, 내 자서전에도 쓸 게 있습니다. 어렸을 때 한 점쟁이를 찾아갔는데, 리만 가설을 결코 해결하지 못할 것이라고 말하더군요."

리만 가설을 증명하겠다는, 그렇지 못하다면 증명되는 것을 보기라도 하겠다는 베유의 꿈은 끝내 이뤄지지 않았다. 하지만 그의 연구 성과가 큰 의의를 가진다는 점에는 의문의 여지가 없다. 베유의 증명은 수학자들에게 리만 가설은 결국 정복될 것이라는 신념을 심어 주었다. 또한 리만 가설의 추측은 아마도 옳을 것이라고 믿게 하는 데에도 도움이 되었다. 어느 한 제타 지형에서 영점들이 직선 위에 정렬한다면 소수의 지형에서도 그럴 것이라는 희망이 생기기 때문이다. 이뿐 아니라 베유는 양자 카오스와의 관련성이 알려지기 훨씬 전부터 이 지형을 누비는 데에 기이한 수학적 드럼을 사용했으며 해답을 찾는 좋은 방편일 것이라고 이야기했다. 피터 사르낙은 이에 대해 "베유의 성과는 리만 가설의 증명으로 이끄는 등불이 되었다"라고 말했다.

대수기하학이라는 베유의 새로운 수학적 언어는 지금껏 명료하게 나타내기가 불가능했던 방정식들의 미묘한 해들을 선명하게 드러내 주었다. 만일 리만 가설을 증명하는 데에 베유의 아이디어를 확장할 길이 있다면 이는 필연적으로 루앙의 감옥에서 그가 세웠던 기초 위에서 펼쳐져 갈 것이다. 이와 같은 베유의 새 언어에 활기를 불어넣은 사람은 또 다른 파리 출생의 수학자였다. 이 임무를 수행한 거장은 20세기의 가장 기이하고도 혁신적인 수학자 알렉산드르 그로탕디에크Alexandre Grothendieck였다.

새로운 프랑스혁명

나폴레옹은 에콜 폴리테크니크와 에콜 노르말 쉬페리외르와 같은 교육기관을 세움으로써 자신의 교육개혁을 완성해 갔다. 하지만 파리의 수학은 국가적 요구를 떠받드는 데에 너무 치중한 나머지 중세풍의 괴팅겐에게 수학적 활동의 중심지라는 지위를 물려주고 말았다. 괴팅겐에서는 가우스와 리만의 주도 아래 이후 추상적인 접근 방식이 활짝 꽃을 피웠다. 하지만 20세기 후반 프랑스에서는 파리가 세계 수학계의 핵심 무대의 지위를 되찾을 것이라는 낙관적 분위기가 무르익게 되었다.

과학에 열정을 지닌 러시아 이민 출신의 실업가 레옹 모샨Léon Motchane은 부르바키의 핵심 인물들로부터 학문적 지도를 받아 프린스턴에서 성공적으로 운영되고 있는 고등과학원을 모델로 새로운 연구소를 설립하고자 하는 계획을 주도했다. 나폴레옹이 세운 기관들과 달리 이 연구소는 정부의 간섭을 배제하기로 했다. 1958년 파리에서 얼마 떨어지지 않은 교외의 보아마리Bois-Marie 숲 속에 민간 기업의 자금을 바탕으로 프랑스의 고등과학원 Institut des Hautes Études Scientifiques이 세워졌다. 이후 여러 해 동안 이 연구소는 설립자들의 꿈을 착실히 이루어 갔다. 이 연구소의 소장을 역임했던 마르셀 보아또Marcel Boiteux는 이에 대해 "온기를 내뿜는 난로이고 분주한 벌집이자 일종의 수도원으로, 깊이 뿌려진 씨앗이 나름의 보조에 맞춰 싹트고 꽃을 피운다"라고 말했다. 알렉산드르 그로탕디에크는 초창기에 임명된 젊은 수학자 가운데 한 사람이었는데, 가장 눈부신 모습으로 피어났다.

그로탕디에크는 경건한 성품의 수학자이다. 그의 연구실에는 아버지의 모습을 그린 유화밖에 걸려 있지 않다. 아버지는 1942년 아우슈비츠로 끌려가 세상을 떴는데, 이 그림은 끌려가기 전에 갇혔던 수용소에서 동료 수감자가 그려 주었던 것이었다. 그로탕디에크는 면도로 밀어 버린 머리 아래의 불타오르는 듯한 눈빛이 아버지를 빼닮았다.

그로탕디에크는 아버지를 모르지만 그에 대한 어머니의 찬양은 그로탕디에크에게 심대한 영향을 미쳤다. 언젠가 그는 아버지의 생애가 마치 1900년 부터 1940년까지에 걸친 유럽의 혁명기를 살았던 주요 인물에 대한 인명부 의 기록처럼 읽혀진다고 말했다. 그의 아버지는 1917년 볼셰비키 혁명을 주 도했고, 베를린의 시가지에서는 나치와의 무력 충돌에 참여했으며, 에스파 냐 내란에서는 무정부주의자들의 민병대에 들어가 싸웠다. 마침내 그는 파 리에서 나치에 체포되었는데, 비시Vichy 정부는 그를 유태인이라고 하면서 나치에 넘겼다.

알렉산드르 그로탕디에크, 1970년까지 프랑스의 고등과학원의 교수로 재직했다.

그로탕디에크의 혁명은 아버지와 달리 정치적 싸움터가 아닌 수학 무대에서 진행되었는데, 그는 베유가 마련한 중간 기착지로부터 수학의 새로운 언어를 만들어 가기 시작했다. 리만의 새로운 시각이 수학사에서 하나의 전환점이 되었듯, 기하와 대수에 대한 그로탕디에크의 새 언어는 수학자들이 지금껏 표현할 수 없었던 여러 아이디어들을 선명히 드러나게 했다. 이렇게 해서 펼쳐진 새 전망은 18세기 말의 수학자들이 복소수의 관념을 받아들임으로써 목격하게 되었던 새 지평에 비교된다. 하지만 그로탕디에크의 새 언어는 배우기가 쉽지 않았다. 심지어 베유조차도 그의 추상적 세계를 어딘지 껄끄럽게 여길 정도였다.

프랑스 고등과학원은 부르바키가 전후에 추진하는 계획들의 자연스런 본거지가 되었다. 부르바키는 여전히 현대수학을 백과사전적으로 섭렵하고 있었는데, 그로탕디에크는 그 주요 기고가 가운데 한 사람이 되었다. 고참 멤버들은 50세에 이르러 일선에서 물러나게 되자 그들의 활동을 이어갈 젊은 수학자들을 물색하고 나섰다. 프랑스는 다른 무엇보다도 부르바키의 활약 덕분에 세계 수학계의 중심이란 위치를 되찾게 되었다. 많은 수학자들은 부르바키를 마치 살아 있는 사람처럼 여겼는데, 실제로 부르바키란 이름으로 미국수학회의 회원자격을 신청하기도 했다.

프랑스 밖의 많은 수학자들은 부르바키의 노력에 대해 오직 원하는 것만 골라서 다룬다고 비판했다. 이들은 부르바키가 수학을 진화하는 유기체가 아니라 마치 완성된 제품처럼 취급함으로써 수학적 연구를 황폐화시켰다고 주장한다. 부르바키는 광범위한 조망을 강조하므로 어떤 주제들의 특수하고도 변덕스런 측면을 간과하는 경향이 있다. 하지만 부르바키는 자신의 계획이 오해를 받고 있다고 말한다. 그의 이름이 새겨진 두툼한 책들은 지금 우리들이 차지하고 있는 자리가 견고하다는 사실을 확인해 준다. 말하자면 이 책들은 현대의 『원론』으로, 2천 년 전 유클리드가 제공하려고 했던 도약대와 같은 역할을 떠맡고자 한다.

제2차 세계대전 전에 활약했던 원로 수학자들은 자신들이 오랫동안 파헤쳤던 연구 성과들을 더 이상 알아볼 수 없을 지경이라고 불평했다. 예를 들어 지겔은 새로운 언어에 담겨진 자신의 연구에 대해 다음과 같이 말했다.

나는 이 주제에 대한 내 자신의 공헌을 알아볼 수 없을 정도로 볼썽사납게 만들어 버린 방식이 역겹게 느껴진다. 이 전체적 체계는 수론의 거장인 라그랑주와 가우스, 그리고 좀더 좁혀서 본다면 하디와 란다우 등의 업적들에서 발견되는 경외로운 간결성과 정직성에 어울리지 않는다. 이는 마치 한 마리의 돼지가 아름다운 정원에 쳐들어와 꽃과 나무를 온통 파헤쳐 버린 것 같다.

지겔은 부르바키의 추상적 시도에 마주친 수학의 장래에 대해 비관적으로 생각한다. "내가 '공집합의 이론'이라고 부르는 지금과 같은 무의미한 추상화가 계속된다면 이 세기가 끝나기 전에 수학도 붕괴해 버리지 않을까 두렵다."

많은 사람들이 이 견해에 동의한다. 셀베르그는 리만 가설이 증명될 수도 있는 추상적 체계를 간략히 설명하는 강연을 들은 뒤 자신의 느낌을 다음과 같이 전했다. "내 기억에 이런 식의 강연은 들어 본 적이 없다. 이것을 듣고 내 머리에 떠오른 생각을 다른 사람에게 이렇게 말했다. '세상사란 게 뜻대로 되지만은 않는 법이지요'." 이 강연에서 추상적 가설에 대한 전반적 체계가 제시되었다. 만일 이 체계가 소수의 이론에 잘 맞아 들어간다면 강연자는 리만 가설을 증명할 수도 있을 것이다. 하지만 셀베르그는 다음과 같이 불평을 털어놓았다. "그는 자신이 원하는 가설들 가운데 어느 하나도 얻지 못했다. 어쩌면 이는 수학을 하는 바른 길이 아닌 것 같다. 우리는 뭔가 붙들고 의지할 수 있는 것으로부터 시작해야 한다. 이야기의 내용에는 아주 흥미로운 것들도 있었지만 내가 보기에 이는 매우 위험한 경향의 한 예에 지나지 않은 듯하다."

하지만 그로탕디에크는 이를 단지 '추상화를 위한 추상화'라고 여기지 않았다. 그의 관점에서 보면 이는 수학이 대답하려고 한 의문으로부터 촉발된 혁명이었다. 그는 이 새로운 언어에 대해 쓰고 또 써 내려갔다. 그로탕디에크의 비전은 예언자적인 것이어서 확신에 찬 젊은 제자들을 이끌게 되었다. 그로탕디에크의 저술은 수천 페이지의 방대한 분량에 이르렀다. 어떤 방문객이 연구소의 자료가 빈약하다고 불평하자 그로탕디에크는 "우리는 책을 읽지 않고 씁니다"라고 대답했다.

괴델은 정말로 리만 가설을 정복하려면 이 주제의 기초를 확대해야 할지도 모른다고 말했다. 그로탕디에크의 혁명적인 새 언어는 이런 시도를 실행하는 첫걸음이었다. 하지만 온갖 노력에도 불구하고 그의 손은 아직도 리만 가설에 미치지 못했다. 그로탕디에크의 혁명은 방정식의 해를 헤아리는 베유의 문제와 같은 다른 많은 추측에 대한 해답을 제공했다. 하지만 리만 가설은 여전히 빠져 있다.

사실 말하자면, 그로탕디에크가 리만산을 정복하는 데에 결국 실패한 까닭은 궁극적으로 아버지의 정치적 배경에 이어진다. 그는 최선을 다해 아버지의 정치적 이상에 따라 살고자 했다. 그로탕디에크는 완강한 평화주의자가 되어 1960년대의 군비 경쟁에 대해 목소리를 높여 반대하고 나섰다. 특히 그는 러시아의 정치적 상황이 악화되는 데에 강하게 반발했다. 1966년의 필즈상은 대수기하학에 대한 공로를 인정하여 그에게 수여될 예정이었다. 하지만 그는 소련의 군비 확장에 대한 항거의 표시로 상을 받기 위해 모스크바까지 가지 않겠노라고 선언했다.

그로탕디에크는 수학 연구에 몰두하느라 정치적으로는 사뭇 순진한 측면을 보이기도 했다. 언젠가 나토NATO가 후원하는 모임에서 그가 주요 연사로 소개된 포스터를 보게 되었을 때 그는 무심결에 '나토'가 무엇을 뜻하는지 물어보았다. 이것이 군사적 동맹을 가리킨다는 사실을 알게 된 그는 모임의 주최 측에 참석하지 않겠노라고 엄포를 놓았다. 이에 주최 측은 그를 놓치지 않기 위하여 나토의 후원금을 포기하고 말았다. 1967년 그로탕디에크는 폭격 도중이라 텅텅 빈 북베트남 정글 속의 하노이대학교에서 어리둥절한 청중들을 앞에 두고 추상대수기하학에 대한 짧은 강연을 했다. 그는 난해한 아이디어들로 가득 찬 이 강연을 바로 귓전에 닿는 전쟁의 포화에 대한 항의의 표시로 여겼다.

1970년 그로탕디에크가 프랑스 고등과학원을 지원하는 민간 자금의 일부가 군대와 관련이 있다는 것을 알게 되자 사태는 파경으로 치달았다. 그는 곧장 레옹 모샨 원장을 찾아가 사임하겠다고 으름장을 놓았다. 이 연구소를 설립하는 데에 힘을 쏟았던 모샨은 몇 년 전 나토가 후원하는 모임을 주선했던 사람들처럼 고분고분하지 않았다. 그러자 그로탕디에크는 자신의 신념에 따라 사임하고 말았다. 그와 가까웠던 사람들은 어쩌면 그는 군대의 지원을 핑계 삼아 차츰 황금 우리로 변해 가는 연구소를 떠날 결심을 했다고 믿는다. 그로탕디에크가 보기에 자신은 이제 이곳에서 더 이상 수학적으로 소중한 존재가 아니라고 여겼던 듯싶기도 하다. 그는 어떤 곳에 안주하는 것을 싫어했으며 차라리 추방당하는 게 오히려 마음 편했다. 그는 이제 마흔 두 살이었으며, 수학자는 마흔 살이 되기까지 생애의 최고 업적을 성취해 버린다는 속설 때문에도 불안해지기 시작했다. 만일 남은 인생 동안 수학적 창조력이 고갈되어 버린다면 어찌할 것인가? 그는 지난 시절의 영광

프랑스 고등과학원에서 강의 중인 그로탕디에크

에 파묻혀 살 사람이 아니었다. 또한 그는 해수면 높이의 점들을 그려 내는 데에 더 이상 아무런 진전도 이뤄 내지 못하는 자신의 실패 때문에 환멸을 느끼기 시작했다. 연구소의 안락함에 젖은 그로탕디에크는 베유가 감옥에서 성취해 낸 곳에서 더 나아가지 못하고 있다. 그가 프랑스 고등과학원을 떠날 때 수학에서도 떠난 것이나 마찬가지였다.

그로탕디에크는 방황하기 시작했다. 그는 반전과 환경 문제를 내건 서바이브Survive라는 단체를 조직했다. 또한 마치 하시디즘Hasidism을 믿었던 조상들이 보란 듯이 열정적으로 불교에 빠져 들었다. 그는 보기 드물게도 1,000페이지에 달하는 자서전을 썼는데, 알고 보면 그 원동력은 자신의 수학적 비전을 완성하지 못한 데서 오는 쓰라림이라고 할 수 있다. 여기서 그는 자신의 수학적 유산이라 할 것들에 대해 도리어 격렬한 공격을 퍼부었다. 그는 자신의 수학적 제자들이 이제 그가 불러일으킨 혁명의 지도자가 되어 이 분야에서 독자적 활동을 펼쳐 가는 상황을 자연스럽게 받아들일 수 없었다.

프랑스 고등과학원을 떠난 뒤 30여 년이 흐른 지금 그로탕디에크는 피레네산맥의 외딴 마을에서 살고 있다. 몇 년 전 그를 찾았던 몇몇 수학자들에 따르면 그는 악마에 붙들려 지내고 있는데, 그 악마는 세상의 도처에서 성스러운 조화를 파괴하며 다닌다고 한다. 다른 무엇보다도 그는 악마가 빛의 속도를 300,000km/s라는 깨끗한 값에서 299,887km/s라는 추한 값으로 바꾼 원흉이라고 믿었다. 사실 수학의 세계에서 안락감을 느끼려면 모든 수학자들은 약간의 광기를 지녀야 한다. 다만 그로탕디에크의 경우 수학의 최첨단에서 너무 오랜 시간을 보낸 탓에 본래의 집으로 돌아올 길을 영영 잃어버렸다.

리만 가설을 증명하려다 미쳐 버린 사람은 그로탕디에크 외에 또 있다. 1950년대 말, 일찍이 수학적 성공을 거둔 내쉬John Forbes Nash는 리만 가설을 증명할 수 있을 것이라는 생각에 사로잡힌다. 실비아 네이사Sylvia Nasar가 쓴 그의 전기 『뷰티풀 마인드A Beautiful Mind』에 따르면 사람들은 내쉬가 역시 리만 가설과 씨름하고 있던 코헨과 사랑에 빠졌다는 소문을 퍼뜨리고 다녔다. 내쉬는 코헨에게 자신의 생각을 열심히 늘어놓았지만 코헨은 그런 방법을 통해서는 아무 성과도 거두지 못하리라는 사실을 꿰뚫어 보았다. 어떤 사람들은 코헨이 수학적으로 뿐 아니라 감정적으로도 내쉬를 저버렸던 게 이후 내쉬가 정신적으로 무너지게 되는 한 원인이었다고 믿는다. 1959년 내쉬는 뉴욕의 컬럼비아대학교에서 열린 미국수학회의 모임에서 리만 가설의 해에 대한 그의 아이디어를 발표하도록 초청 받았다. 그런데 이는 끔찍한 비극이었다. 청중들은 바로 그들의 눈앞에서 내쉬가 미쳐 가는 모습을 목격했다. 그들은 터무니없는 근거를 늘어놓으며 리만 가설이 옳다고 외치는 내쉬를 보고 엄청난 충격 속에서 침묵을 지킬 수밖에 없었다. 그로탕디에크와 내쉬는 수학적 망상의 위험성에 대한 극명한 예라고 하겠다. 다만 그로탕디에크와 달리 내쉬는 나중에 정신적 파탄의 벼랑 끝에서 다시 돌아왔으며, 게임이론에 대한 수학적 연구의 공로를 인정받아 1994년 노벨 경제학상을 공동 수상했다.

그로탕디에크의 정신적 침몰과 대조적으로 그의 수학적 구조는 굳건히 서 있다. 많은 사람들은 우리가 놓치고 있는 어떤 결정적 아이디어만 보충되면 이를 통해 그로탕디에크의 혁명을 확장함으로써 마침내 소수의 신비를 완벽히 파헤치게 되리라고 믿는다. 1990년대 중반 수학계에는 그로탕디에크의 후계자가 가까이 다가왔다는 소식이 퍼져 나갔다.

마지막 웃음

알랭 콘느가 리만 가설을 연구하고 있다는 말이 돌자 많은 사람들은 눈썹을 치켜떴다. 콜레쥬 드 프랑스와 프랑스 고등과학원의 교수로 있는 알랭 콘느는 그로탕디에크와 겨룰 상대라는 평판을 얻고 있었다. 그가 만들어 낸 비가환기하학은 분명 배유와 그로탕디에크의 기하학을 넘어선 것이었다. 그로탕디에크와 마찬가지로 콘느도 다른 사람들이 혼란만 보는 곳에서 구조를 찾는 능력의 소유자였다.

수학에서 '비가환non-commutative'이란 말은 어떤 일을 하는 데에 순서가 중요하다는 뜻을 나타낸다. 예를 들어 어떤 사람의 얼굴이 담긴 사각형의 사진을 얼굴이 아래쪽으로 향하게 책상 위에 놓아 보자. 먼저 사진을 오른쪽에서 왼쪽으로 뒤집고, 이어서 시계방향으로 90° 돌린 후 그 결과를 기억해 둔다. 다음으로 이번에는 먼저 사진을 시계방향으로 90° 돌리고, 이어서 오른쪽에서 왼쪽으로 뒤집은 후 앞서의 결과와 비교해 본다. 그러면 우리는 이 두 결과에서 얼굴이 반대로 놓인다는 점을 알 수 있다. 이처럼 '뒤집기'와 '90°회전'은 순서가 다르면 결과도 다르므로 '비가환 연산non-commutative operation'의 한 예가 된다. 반대로 "2+4 = 6 = 4+2"라는 보통의 덧셈은 더하는 수의 순서에 상관없이 결과가 같으므로 이는 '가환 연산commutative operation'의 한 예가 된다. 양자역학이 가진 많은 신비들의 핵심에는 비가환적 현상이 자리 잡고 있다. 하이젠베르크의 불확정성원리에 따르면 어떤 입자의 위치와 운동량을 동시에 정확히 알아낼 수는 없다. 이러한 불확정성의 수학적 이유는 위치와 운동량 가운데 어느 것을 먼저 측정하는가 하는 순서가 중요하다는 데에 있다.

콘느는 베유와 그로탕디에크의 대수기하학을 위와 같이 대칭성이 깨지는 영역으로 끌어들여 완전히 새로운 수학적 세계를 창조해 냈다. 대부분의 수학자들이 주변에 널린 수학적 지형을 좀 더 깊이 이해하는 데에 일생을 바치는 반면 드물게도 이제껏 발견하지 못했던 새로운 대륙을 탐험하고 나서는 사람들이 나타나곤 한다. 콘느도 그와 같은 모험적 탐험가의 한 사람이었다.

콘느에게 이런 탐구는 모든 것을 불사르는 정열적 활동이었다. 수학에 대한 콘느의 열정은 일곱 살 때 처음으로 마주친 초보적 수학 문제에서 그 연원을 찾을 수 있다. "나는 수학을 하는 데에 필요한 특수한 정신적 집중 상태에 몰입함으로써 얻어지는 강렬한 환희를 선명히 기억한다"라고 그는 말했다. 그때 이후 콘느는 그 황홀경에 계속 빠져 있었던 것으로 보인다. 숨이 막힐 정도로 복잡하고 추상적인 수학을 구축했음에도 불구하고 콘느는 일곱 살 때 품었던 어린애다운 장난기를 아직도 지니고 있다. 콘느가 보기에 수학은 우리를 궁극적 진리로 이끄는 데에 다른 무엇보다도 강력한 길잡이다. 즐거운 마음으로 연구하는 그의 자세는 어렸을 때부터 걸어온 이 길에 대한 헌신의 중요한 일부를 이루고 있다. 콘느는 언젠가 다음과 같이 말했다. "수학적 실체는 시공간의 어느 위치에 놓을 수 없다. 따라서 운 좋게 그 진실의 극히 일부라도 밝혀낸 사람은 시간을 초월한 최고의 환희를 만끽하는 게 당연하다."

콘느는 수학자를 언제라도 새로운 땅을 찾아 나설 태세를 갖춘 사람이라고 생각한다. 다른 사람들은 눈에 익은 해안을 서성이지만 콘느는 현재의 수학적 지평을 훨씬 벗어난 먼 바다로 항해해 가고자 한다. 그가 소수와 비가환기하학 사이의 관계를 찾아낼 수 있었던 것도 이와 같은 수학적 여정에서 다양한 수학적 문화를 접해 보았던 경험에서 유래한다. 어떤 수학자들은 짝을 짓거나 집단적으로 연구하기를 좋아한다. 이렇게 서로의 지혜를 모아 놓고 보면 수학적 대양을 혼자서 항해할 때 발생할 수 있는 실패를 줄일 수 있다. 하지만 콘느는 고독한 항해를 즐기는 타입에 속한다. "진정으로 뭔가를 발견하고자 한다면 반드시 홀로 나아가야 한다"고 그는 말했다.

콘느가 새로 발견한 기하학은 베유와 그로탕디에크가 개발한 대수기하학에서 출발한다. 베유와 그로탕디에크가 한 일은 기하학을 대수학으로 번역하는 데에 사용할 사전을 만들었다는 것이다. 이 사전은 기하학의 언어가 신비에 휩싸여 모호하게 보일 때에 위력을 발휘한다. 이 사전을 이용하여 대수학의 언어로 옮겨 놓으면 모든 게 갑자기 명료해진다. 베유가 방정식들의 해를 헤아림으로써 관련된 지형의 영점들이 한 직선 위에 정렬한다는 것을 증명한 것도 이런 방법을 통해서였다. 만일 그가 이 방정식들이 그리는 기하학적 도형들의 모습만 쳐다보았다면 아무런 성과도 얻지 못했을 것이다. 하지만 일단 '기하-대수 사전'을 손에 넣고 나자 해결할 길이 바로 눈앞에 떠올랐다.

베유의 기하학이 순수한 수론의 문제에 대한 답을 제공한 곳에서 콘느는 양자물리학자들과 끈이론가string theorist들이 애타게 찾아 헤매는 새로운 기하학을 구축할 수학적 기초를 내놓았다. 끈이론은 양자역학과 상대성이론 사이의 모순을 극복할 유력한 이론으로 1970년대에 구성되었다. 이후 20세 기 말에 들어 물리학자들은 끈이론을 더욱 발전시키기 위하여 그 토대가 되 는 새로운 기하학을 절실히 필요로 하게 되었다. 콘느는 물리학자들이 존재 할 것이라고 믿는 새로운 기하학에 흥미를 느끼고 이를 찾아 나서기로 했 다. 그는 이 기하학의 실체적 측면에 대한 선명한 그림이 없더라도 추상적 인 대수학적 측면에서 이를 구축해 낼 수 있다는 사실을 깨달았다. 이는 물 리학적 직관만으로는 비춰 볼 수 없고 오직 수학의 추상적 측면에 대한 관 점을 꾸준히 길러 온 사람만이 해낼 수 있는 발견이었다.

아원자 세계의 기이한 현상은 콘느로 하여금 전통적 기하학을 이해하는 데에 필요한 일반적 방법을 물리치도록 했다. 리만의 기하학적 혁명 덕분에 아인슈타인은 엄청나게 큰 세계의 물리학을 묘사할 언어를 얻게 되었다. 반 면 콘느의 기하학 덕분에 수학자들은 극히 작은 세계를 묘사할 기이한 기하 학에 이를 길을 찾게 되었다. 콘느의 연구 성과에 힘입어 마침내 우리는 공 간의 미세구조를 이해할 수도 있게 된 것이다.

휴 몽고메리와 마이클 베리는 소수와 양자 카오스 사이에 어떤 관계가 있 을 것이라고 주장하여 사람들의 이목을 끌었다. 이 상황에서 콘느의 언어가 양자물리학과 완벽한 조화를 이룬다는 사실이 밝혀지자 리만 가설에 대한 콘느의 공격에 대해서도 낙관론이 일기 시작했다. 제타 지형을 탐사할 새로 운 기법을 창출해 낸 프랑스의 수학적 르네상스에서 떠오른 콘느의 존재는 수학계의 사람들에게 목적지가 멀지 않았다는 믿음을 심어 주기에 부족함 이 없었다. 그리하여 이제 모든 가닥이 한데 합쳐지는 것처럼 보였다.

콘느가 만들어 낸 것은 대수의 세계에 구축된 매우 복잡한 기하학적 공간 으로 '아델 클래스의 비가환공간non-commutative space of Adele classes' 이라고 부른다. 콘느는 이 공간을 구축하기 위하여 20세기 초에 발견된 기이한 수를 사용했는데 이 수는 'p 애딕수p-adic number'라고 부른다. 각각의 소수는 한 무리의 p 애딕수를 가진다. 콘느는 이 수들을 모두 한데 모은 뒤 이 특이한 공간에서 곱셈이 어떻게 이뤄지는지 살펴보면 리만의 영점들은 이 공간에서 자연스런 공명체(resonance)로 유도되어 나올 것이라고 믿었다. 그의 접근법은 이처럼 여러 세기에 걸친 소수에 관한 연구들로부터 나온 다양한 요소들을 별스럽게 혼합한 칵테일이다. 따라서 수학자들이 그가 정말로 성공을 거두리라 기대하는 것도 그다지 놀랄 일은 아니다.

콘느는 수학의 거장일 뿐 아니라 카리스마에 넘치는 연출가이기도 하다. 그리하여 많은 사람들은 리만 가설에 대한 그의 강연에 매료되었다. 나도 언젠가 그의 강연을 들었는데, 그가 묘사한 줄거리에 따르면 증명은 필연적으로 따라올 것이라는 믿음이 스며들었다. 말하자면 힘든 일은 그가 이미 거의 다 이루었으므로 다른 사람들은 자질구레한 끝마무리만 말끔하게 처리하면 될 것 같았다. 하지만 이처럼 수학자들이 소망하는 큰 그림을 다 완성했음에도 불구하고 콘느는 아직도 섭렵해야 할 영역이 넓다는 사실을 잘 알고 있었다. "증명 과정은 매우 힘겨울 것이다. 특히 잘못될지도 모른다는 예상이 우리를 두렵게 한다. … 가장 염려스런 것은 우리의 직관이 과연 옳은지 확신할 수 없다는 사실이다. 마치 꿈속에서는 잘못된 직관을 잘 알아차리지 못하는 것과 비슷하다."

1997년 봄, 콘느는 이 분야의 거장들, 곧 봄비에리와 셀베르그와 사르낙에게 자신의 아이디어를 설명하기 위하여 프린스턴을 찾았다. 파리가 다시 위세를 떨치기 시작하기는 했지만 프린스턴은 여전히 논란의 여지가 없는 리만 가설의 메카로 군림하고 있었다. 셀베르그는 이 문제의 대부가 되어 있었다. 반세기가 넘도록 소수와 싸워 온 그의 심사를 통과하지 않고는 그 어느 것도 성공을 거두었다고 말할 수 없다. 사르낙은 젊은 거장으로 날카로운 양날의 칼과도 같은 그의 지력은 조금의 허점만 드러나도 여지없이 파고들 것이다. 최근에 그는 역시 프린스턴에 있는 니콜라스 카츠Nicholas Katz와 손을 잡았는데, 카츠는 베유와 그로탕디에크가 개발한 수학에 정통한 사람으로 정평이 나 있었다. 두 사람은 리만의 영점을 묘사하는 것으로 믿어지는 임의적 드럼들의 기이한 통계적 결론들이 베유와 그로탕디에크가 상상한 지형에도 분명히 존재한다는 사실을 증명했다. 카츠의 눈썰미는 아주 매서우므로 어떤 오류도 빠져나가지 못할 것이다. 몇 년 전에 앤드루 와일즈가 제출했던 페르마의 마지막 정리에 하자가 있다는 사실을 지적한 사람도 바로 카츠였다.

마지막으로 봄비에리는 누구나 인정하는 리만 가설의 대가이다. 그는 가우스의 추측과 소수의 정확한 개수 사이의 차이에 대해 오늘날까지 알려진 가장 중요한 결과를 발표함으로써 필즈상을 받았는데, 이는 수학자들이 흔히 '평균적 리만 가설Riemann Hypothesis on average'이라고 부르는 사실에 대한 증명이다. 고등과학원을 둘러싼 숲을 내려다보는 조용한 연구실에서 봄비에리는 리만 가설에 대해 지금까지 축적해 온 모든 결론들을 동원하여 완전한 해결을 보기 위해 최종적인 분투를 벌이고 있었다. 카츠와 마찬가지로 봄비에리도 예리한 안목을 지녔다. 우표수집가인 그는 언젠가 아주 희귀한 우표를 하나 손에 넣게 되었다. 하지만 자세히 검사해 본 결과 세 가지의 문제점이 발견되었다. 그는 이것을 우표상에게 돌려보내면서 그중 두 가지를 지적했다. 세 번째의 것은 알려 주지 않았는데, 이는 나중에 보다 정교한 위조 우표의 구매 의뢰를 받을 경우에 대비하기 위해서였다. 리만 가설에 대한 어떤 야심찬 증명에 대해서도 그는 이와 같은 세심한 검토를 할 것임에 틀림없다.

셀베르그, 사르낙, 카츠, 봄비에리 ― 너무나 쟁쟁한 이름들이지만 콘느는 조금도 위축되지 않았다. 그의 개성과 논리의 힘은 프린스턴의 거장들에게 견주어 아무런 손색이 없었다. 물론 그는 아직 증명을 완성하지 못했다. 하지만 그는 자신의 관점이 리만 가설의 증명에 대해 현재까지 제시된 것들 가운데 가장 유력한 것이라고 확신했다. 여기에는 양자역학뿐 아니라 베유와 그로탕디에크의 통찰로부터 나온 여러 가지의 아이디어들이 잘 결합되어 있다.

프린스턴의 마피아는 상당한 진보가 이뤄졌다는 점에는 동의했지만 아직도 많은 문제가 남아 있다는 사실도 놓치지 않았다. 사르낙은 자신이 스탠퍼드에 도착한 지 얼마 되지 않아 지도교수인 폴 코헨으로부터 처음 직접 들었던 아이디어를 콘느가 성공적으로 발전시켰음을 깨달았다. 차이가 있다면 콘느는 이제 코헨의 아이디어를 구체화하는 데에 도움을 준 정교한 새로운 언어로 무장하고 있다는 사실이다. 하지만 콘느의 방법에도 약점이 있었다. 그의 방법에 따르면 리만의 특이선을 벗어난 영점들은, 만일 있을 경우, 전혀 눈에 띄지 않는다. 마치 마술사처럼 콘느는 오직 특이선 위에 있는 영점들만 보여 주며, 이를 벗어난 영점들은 수학적 소매 속으로 감쪽같이 감춰 버린다.

사르낙은 "콘느는 청중들을 최면으로 몰고 간다"라고 말했다. "그는 매력적이면서도 강한 설득력을 지녔다. 그의 접근법에 대해 뭔가 난점을 지적하면 다음에 만났을 때 '당신이 옳습니다'라고 말한다. 이렇게 해서 그는 사람들을 쉽게 끌어들인다." 하지만 이것으로 끝이 아니라고 사르낙은 말한다. "이어서 그는 재빨리 자신이 개발한 새로운 논리를 소개한다." 그렇지만 사르낙은 콘느가 1940년 감옥 속에 앉아 있던 베유에게 돌파구를 제공했던 것과 같은 마술적 요소를 아직 찾지 못했다고 믿었다. 봄비에리도 이에 동의했다. "나는 여기에 아직도 중요한 새 아이디어가 필요하다고 생각한다."

콘느의 강연이 끝난 뒤 얼마 되지 않아 봄비에리는 친구로부터 이메일을 하나 받았다. 템플대학교University of Temple의 도론 자일베르거Doron Zeilberger는 원주율 π의 환상적인 성질을 새로 발견했다고 주장했다. 하지만 봄비에리는 4월 1일(만우절)이라는 날짜를 흘려보내지 않을 정도로 면밀한 사람이었다. 그는 자일베르거의 농담을 알아차렸다는 뜻으로 같은 종류의 농담을 보냈다. 이때 그는 소수의 패턴을 발견하는 데에 기여한 콘느의 성과를 둘러싸고 들끓는 분위기를 이용했다. "지난 수요일 알랭 콘느가 고등과학원에서 행한 강연에는 경이로운 진전이 담겨 있습니다." 섬광과 같은 한순간, 청중 가운데 있던 한 젊은 물리학자의 머리 속에 콘느의 연구를 마무리할 아이디어가 파고들었다. 리만 가설은 참이었던 것이다. "자, 이 소식을 최대한 널리 알립시다."

자일베르거는 이에 따랐다. 그리하여 일주일 후에 이 소식은 곧 있을 국제수학자회의의 전자게시판을 가로질러 등장함으로써 전 세계의 수학자들이 모두 읽게 되었다. 봄비에리가 휘저어 놓은 흥분이 가라앉기까지는 상당한 시간이 걸렸다. 파리로 돌아온 콘느는 사람들이 이에 대해 이야기하는 것을 알아차렸다. 봄비에리의 농담은 본래 물리학자들에 대한 것이었지만 콘느는 기분이 사뭇 상했던 것으로 보였다.

봄비에리의 만우절 농담은 리만 가설에 대한 콘느의 연구를 둘러싼 흥분의 마지막을 장식했던 것으로 여겨진다. 이제 소동은 가라앉았고 소수의 신비를 조만간 해결할 것 같았던 콘느의 아이디어에 대한 희망도 사라졌다. 그의 정교한 비가환기하학에도 불구하고 소수는 여전히 우리를 미혹하고 있다. 콘느가 한바탕 극적인 광경을 연출한지 몇 년이 지났지만 리만 요새는 굳건히 버티고 있다. 물론 아직도 콘느의 접근법이 열매를 맺을 가능성은 남아 있다. 거기에는 많은 요소들이 담겨 있기 때문이다. 그러나 리만 가설의 증명에 대한 쉬운 길을 열었다는 희망은 사라진 것 같다. 리만 가설을 둘러싼 장벽은 이제 전과 조금 다르게 보이게 되기는 했지만 극복하기 어렵게 보이기는 전과 마찬가지였다.

이 장벽에 대한 콘느의 태도는 철학적이었다. 리만 가설의 해결에 백만 달러의 상금이 걸렸을 때 그는 다음과 같이 말했다. "수학은 언제나 내게 가장 겸허한 마음을 가지라는 가르침을 주었다. 수학의 가치는 주로 수학의 히말라야라고 부를 만한 엄청나게 어려운 문제들에 있다. 그 정상에 오르기는 극히 어려울 수도 있고 희생을 치러야 할 수도 있다. 하지만 한 가지 분명한 것은 일단 정상에 오르면 눈앞에 펼쳐지는 광경은 참으로 환상적일 것이라는 사실이다." 그는 자신의 연구를 포기하지 않았고 최후의 중대한 돌파구를 얻어 해결할 수 있기를 바라며 아직도 분투 중이다. 콘느는 모든 수학자들이 살아 있을 동안에 이 모두가 한데 엮어질 황홀한 순간이 찾아오기를 바란다. "그 빛나는 순간이 닥치면 우리의 감정은 커다란 감동으로 휩싸이므로 도저히 침묵하거나 무관심할 수 없게 된다. 실제로 나는 그런 드문 순간을 이미 몇 번 겪었는데, 그때마다 눈물이 샘솟는 것을 억누를 수 없었다."

아직도 우리는 신비로운 소수의 박동을 듣고 있다. 2, 3, 5, 7, 11, 13, 17, 19, …. 소수는 광대한 수의 우주로 끝없이 뻗어 가며 결코 다함이 없다. 소수는 수학의 핵심이며 다른 모든 것들을 만들어 내는 기본 요소이다. 과연 우리는, 그 질서를 알고 해명하고자 하는 지금까지의 모든 노력에도 불구하고, 이 근본적인 수들이 영원토록 우리의 능력 저 너머에 있을 것이라는 사실을 받아들여야 한단 말일까?

유클리드는 소수가 무한하다는 사실을 증명했다. 가우스는 소수가 마치 동전던지기처럼 우연적으로 출현할 것이라고 추측했다. 리만은 웜홀로 빨려 들어가 소수가 음악으로 바뀌는 복소수 지형을 찾아냈다. 이 지형에서 해수면과 같은 높이에 있는 점들은 각각 고유의 음을 울린다. 리만의 보물 지도를 해석하고자 하는 연구로부터 해수면 높이에 있는 점들의 위치가 밝혀졌다. 세상에 내놓지 않은 비밀의 식으로 리만은 겉보기로는 완전히 무질서한 소수들이 이 지도 위에서는 완전한 질서 속에 자리 잡고 있음을 발견했다. 임의적으로 여기저기 흩어져 있는 게 아니라 한 직선 위에 나란히 정렬하고 있었던 것이다. 그는 영점들 모두가 그렇다는 사실을 분명히 확인할 정도로 멀리 내다보지는 못했지만 내심으로는 그럴 것이라고 믿었다. 리만 가설은 바로 이 생각을 가리킨다.

리만 가설이 참이라면 어떤 음도 다른 음들보다 더 크게 울리지 않는다. 소수의 음악을 연주하는 오케스트라는 완벽한 균형을 이룬다는 뜻이며, 이 때문에 우리는 소수에서 어떤 특별한 패턴을 찾을 수 없다. 어떤 패턴이라는 것은 어느 한 악기가 다른 악기들보다 더 크게 울리는 현상에 해당한다. 바꿔 말하면 모든 악기는 각각 고유의 패턴을 연주하지만 전체적으로는 완벽한 조화를 이루므로 각자의 패턴은 서로 상쇄되어 특별한 형상이 없는 소수의 물결을 만들어 낸다.

리만 가설은 또한 만일 참이라면, 왜 소수들이 동전던지기처럼 임의적으로 선택되어지는지 설명해 줄 수 있다. 그러나 해수면과 같은 높이에 있는 점들의 행동에 대한 리만의 직관은 단지 희망 사항에 불과할지도 모른다. 어쩌면 음악이 진행됨에 따라 어떤 하나의 악기가 오케스트라의 다른 모든 악기들을 압도하게 될 수도 있다. 어쩌면 수의 세계 저 머나먼 곳에서는 전혀 예상하지 못했던 패턴이 발견될 수도 있다. 어쩌면 자연이 자꾸 되풀이해 던짐에 따라 소수의 동전은 우리가 살고 있는 이 수학적 우주에 숨겨진 비밀스런 경향을 서서히 드러낼 수도 있다. 이미 돌이켜 보았듯, 소수는 마치 짓궂은 장난꾸러기들처럼 그들의 본색을 좀처럼 드러내지 않는다.

이렇게 하여 보물지도에서 해수면 높이에 있는 점들은 모두 한 직선 위에 정렬해 있으리라는 리만의 믿음을 확인하려는 여정이 시작되었다. 이 과정에서 우리는 역사적 및 물리적 세계도 함께 섭렵했다. 이를 대략 살펴보면, 프랑스에서는 나폴레옹의 혁명이 있었고, 독일에서는 장엄한 베를린으로부터 중세의 고풍스런 괴팅겐에 이르기까지 신인문주의적 혁명이 있었으며, 이어서 케임브리지와 인도 사이의 기이한 동맹 관계, 전쟁의 고난 속에 고립된 노르웨이, 신천지 프린스턴에 세워진 고등과학원이라는 새로운 아카데미에 리만 가설이라는 성배를 찾아 전쟁의 포화를 피해 유럽으로부터 건너온 학자들, 처음에는 감옥에서 맴돌다 현대의 파리에서 핵심적인 개발자들의 마음을 흔들어 새롭게 창조된 언어들에 이르기까지의 과정이라고 간추릴 수 있다.

소수의 이야기는 수학의 세계를 훨씬 벗어난 영역에도 널리 퍼졌다. 특히 기술적 진보는 수학의 연구 방식을 크게 바꿔 놓았다. 영국의 블레칠리 파크에서 탄생한 컴퓨터는 그때까지 관측 불가능한 우주에 머물고 있던 수들을 우리에게 보여 주었다. 양자역학의 언어는 수학자들로 하여금 과학적 교류가 없었다면 결코 발견될 수 없었을 것 같은 새로운 관계와 패턴을 명료하게 바라볼 수 있도록 해 주었다. 심지어 AT&T와 휴렛패커드 및 캘리포니아의 전자제품 판매회사도 나름대로 중요한 기여를 했다. 또한 컴퓨터의 보안에서 핵심적인 역할을 함으로써 소수는 전체 사회의 주목을 받게 되었다. 소수는 이제 파고들기 좋아하는 해커들의 손길로부터 세계의 전자 비밀을 보호하는 기능을 떠맡아 우리의 일상생활에 많은 영향을 미치고 있다.

이와 같은 우여곡절에도 불구하고 소수는 아직도 미혹의 안개에 휩싸여 있다. 베리의 양자 카오스든 콘느의 비가환적 세상이든, 이것들을 쫓아 새로운 영역으로 들어설 때마다 다시금 더욱 새로운 장소로 몸을 감추고 만다.

소수의 세계를 이해하는 데에 헌신했던 많은 수학자들은 그들의 기여에 대한 보상으로 장수라는 선물을 받았다. 1896년 소수정리를 증명한 아다마르와 발레푸생은 아흔 살이 넘도록 살았다. 사람들은 소수정리를 증명함으로써 그들이 불멸의 지위에 올랐다고 여겼다. 소수와 장수 사이의 관계는 셀베르그와 에어디시에 의해 더욱 믿음직스러워졌다. 1940년 이들은 소수정리를 다시 간결한 방법으로 증명했으며 그 때문이었는지 여든 살이 넘도록 살았다. 이에 수학자들은 새로운 추측을 내놓았다. 누군가 리만 가설을 증명하게 되면 문자 그대로 영생하리라는 것이었다. 한편 또 다른 조크도 흥미롭다. 이에 따르면 누군가 이미 리만 가설을 증명했지만 이 소식을 들은 사람은 아무도 없다. 왜냐하면 증명한 사람은 너무나 감격한 나머지 그 충격으로 곧장 숨을 거두고 말았기 때문이다.

우리가 리만 가설의 증명에 얼마나 가까이 왔는지에 대해서도 의견들이 갈린다. 리만의 보물지도에서 해수면 높이에 있는 점들의 위치를 엄청나게 많이 계산해 냈던 앤드루 오들리즈코는 그때가 언제일지 도무지 예측할 수 없다고 말했다. "다음 주가 될 수도 있고, 백 년 뒤의 일일 수도 있다. 이 문제는 정말 어렵다. 그토록 오랜 세월 동안 그토록 많은 사람들이 그토록 힘겨운 노력을 했음에도 아직 풀리지 않았다는 이유만으로도 나는 어떤 간단한 답이 있을 것이라고는 믿지 않는다. 하지만 그럼에도 불구하고 누군가 바로 다음 주에 기가 막힌 아이디어를 떠올릴 가능성은 항상 있다고 본다."

휴 몽고메리는 프린스턴에서 양자물리학자인 프리먼 다이슨과 가졌던 대화의 결론에 비춰 볼 때 리만산의 정상을 정복할 교두보는 확보했다고 말했다. 그러나 이와 같은 낙관론에도 정신을 확 일깨우는 단서가 붙어 있다. "우리는 리만 가설의 증명을 갖고 있는데 다만 거기에는 하나의 틈새가 있다. 애석하게도 이 틈새는 출발점 바로 근처에 있다." 몽고메리가 지적하듯, 그곳은 틈새가 있을 곳으로는 최악의 장소이다. 물론 모든 틈새는 치명적일 수 있다. 하지만 중간에 틈새가 있다면 적어도 어느 정도는 전진했다는 뜻이다. 그런데 출발점 바로 근처에 틈새가 있다는 것은 그곳을 지날 올바른 길을 찾지 못할 경우 애써 찾아 놓은 나머지의 길 모두가 쓸모없게 되어 버린다는 뜻이다. "이는 일종의 병목 현상으로서 필요한 첫 단계의 정리마저 증명할 수 없게 만든다."

많은 수학자들은 이 악명 높은 문제를 너무나 두려워하는 나머지 백만 달러의 거금이 걸려 있음에도 불구하고 가까이 다가서기조차 꺼린다. 리만, 힐베르트, 하디, 셀베르그, 콘느 등, 수많은 거장들도 실패했다. 하지만 아직도 용감하게 도전하고 나서는 사람들도 많다. 독일의 크리스토퍼 데닝거Christopher Deninger와 이스라엘의 샤이 하란Shai Haran도 그런 사람들에 끼어 있다.

많은 사람들은 리만 가설이 200주년이 되도록 살아남을 것이라고 예상한다. 반면 어떤 사람들은 막바지에 이르렀다고 본다. 해답을 어디서 찾아야 할 것인가에 대해 충분히 많은 자료를 확보했으므로 더 이상 오래 버티지는 못할 것이라고 한다. 또 다른 사람들은 이 문제의 운명이 괴델의 손에 달렸다고 말한다. 참이기는 하지만 증명불가능으로 드러날 것이라는 뜻이다. 어떤 사람들은 자신들이 이미 증명했지만 권위적인 수학계가 이 수수께끼를 감히 놓아주려 하지 않는다고 주장한다. 그리고 어떤 사람들은 증명하다가 미쳐 버리기도 했다.

어쩌면 우리는 너무나 오랫동안 가우스와 리만의 관점에만 붙들려 살아왔는지도 모른다. 그리하여 단순히 이 신비의 숫자들을 다른 관점에서 쳐다볼 생각을 하지 못하고 있을 수도 있다. 가우스는 소수의 개수에 대한 추측을 내놓았고, 리만은 이 추측이 N의 제곱근보다 작을 것이라고 예상했으며, 리틀우드는 이보다 더 잘 해낼 수 없음을 보였다. 우리는 가우스가 세운 이 집에 정신적으로 너무 깊이 빠져 들어 있다. 이를 벗어나면 지금껏 아무도 알지 못했던 새로운 관점이 드러날 수도 있을 것이다.

살인사건에 관한 추리소설에 나오는 인물들처럼 우리는 수학적 용의자들을 찾아 나서고 있다. 누가 또는 무엇이 리만의 영점들을 특이선 위에 올려 놓았을까? 현장에는 증거들이 널려 있고, 지문도 도처에서 발견되며, 용의자의 몽타주도 작성해 놓았다. 하지만 여전히 답은 안개에 싸여 있다. 한 가지 위안거리는, 비록 그들의 비밀을 털어놓지는 않았지만, 소수들은 우리를 경이로운 지적 항해로 이끌어 왔다는 사실이다. 소수들은 산술의 원자라는 기본적 역할을 훨씬 뛰어넘는 중요한 지위에 올라섰다. 이미 살펴보았듯, 소수들은 그동안 아무 관계도 없어 보였던 수학의 여러 영역들을 한데 엮어 냈다. 수론, 기하학, 해석학, 논리학, 확률론, 양자역학 — 이 모든 분야가 리만 가설의 해답을 찾는 여정에 동원되었다. 여기서 나온 결론들은 수학에 새로운 빛을 던졌다. 이 놀라운 관계들로부터 우리는 경외감을 느끼지 않을 수 없다. 수학은 패턴의 학문으로부터 관계의 학문으로 옮아가고 있다.

이런 관계는 수학적 세계에 한정되지 않는다. 소수는 한때 상아탑을 떠나서는 아무런 중요성이 없는 가장 추상적 관념으로 여겨졌다. 하디는 가장 좋은 예라고 할 수 있는데, 수학자들은 바깥 세상의 어떤 일로부터도 방해받지 않은 채 고독에 파묻혀 자신들의 일에만 집중할 수 있다는 사실을 아주 소중하게 생각했다. 예전에 리만을 비롯한 여러 수학자들은 소수에 대한 연구를 현실 세계로부터의 도피구로 여겼지만 오늘날에는 어림도 없다. 소수는 현대의 전자 세계를 지키는 핵심적 보안 도구이며, 양자물리학적 현상과 비교해 볼 때 물리적 세계의 본질과도 깊은 관계가 있는 듯하다.

설령 리만 가설의 증명에 성공했다 하더라도 또 다른 많은 문제와 추측들이 수학자들을 기다리고 있다. 또한 리만 가설이 증명된 뒤에야 앞날이 개척될 수 있는 수학적 과제들도 많다. 말하자면 리만 가설의 해답은 아직껏 열려지지 않은 드넓은 미지의 영역에 대한 첫걸음이기도 하다. 앤드루 와일즈가 말했듯, 18세기에 경도 문제에 대한 해답을 얻음으로써 현실 세계의 여행에 많은 도움을 받은 것과 마찬가지로 리만 가설의 증명은 이 미지의 세계를 향한 우리의 여정에 커다란 도움이 될 것이다.

그때까지 우리는 예측할 수 없는 이 수학적 음악에 취해 마냥 듣고 있을 수밖에 없을 것이다. 소수는 신비로운 수학적 세계를 탐험하는 우리에게 믿음직한 동반자가 되어 왔지만 아직껏 다른 어떤 수보다 더 깊은 수수께끼이기도 하다. 가장 위대한 수학적 위인들이 이 신비로운 음악의 선율을 이해하기 위하여 최선의 노력을 바쳤음에도 불구하고 소수는 여전히 미혹의 베일에 가려 있다. 처음 소수의 음악을 들려주었던 수학자처럼 이를 밝혀 불멸의 이름을 남길 수학자를 우리는 아직도 기다리고 있다.

많은 동료들이 시간과 노력을 아끼지 않고 나를 도와주었다. 그 가운데서도 특히 나와 마주 앉아 기꺼이 자신들의 견해와 아이디어를 제시해 주신 다음 분들께 감사 드린다: 레너드 애들먼Leonard Adleman, 마이클 베리 경(卿) Sir Michael Berry, 브라이언 버치Bryan Birch, 엔리코 봄비에리Enrico Bombieri, 리처드 브렌트Richard Brent, 폴라 코헨Paula Cohen, 브라이언 콘리Brian Conrey, 퍼시 다이어코니스Persi Diaconis, 게르하르트 프라이Gerhard Frey, 티모시 가워스Timothy Gowers, 프리츠 그룬발트Fritz Grunewald, 샤이 하란Shai Haran, 로저 히스브라운Roger Heath-Brown, 존 키팅Jon Keating, 닐 코블리츠Neal Koblitz, 제프 라가리아스Jeff Lagarias, 아르헨 렌스트라Arjen Lenstra, 헨드리크 렌스트라Hendrik Lenstra, 알프레드 메네제즈Alfred Menezes, 휴 몽고메리Hugh Montgomery, 앤드루 오들리즈코

Andrew Odlyzko, 새뮤얼 패터슨Samuel Patterson, 론 리베스트Ron Rivest, 제프 루드니크Zeev Rudnick, 피터 사르낙Peter Sarnak, 댄 세걸Dan Segal, 아틀레 셀베르그Atle Selberg, 피터 쇼어Peter Shor, 헤르만 테 릴Herman te Riele, 스캇 밴스톤Scott Vanstone, 돈 자기에르Don Zagier.

마이클 베리 경은 다우닝 가(街) 10번지에서 수상과 악수하기 위하여 줄서서 기다리던 도중에 처음 만났다. 그 분은 소수에 담긴 음악으로 나를 처음 인도했으며, 이 책의 제목도 그 만남에서 영감을 받아 지어졌기에 특히 더욱 감사 드린다.

초기 원고의 일부 또는 전부를 주의 깊게 읽어 주신 많은 분들에게도 사의(謝意)를 표한다: 마이클 베리 경Sir Michael Berry, 제레미 버터필드Jeremy Butterfield, 버나드 드 사토이Bernard du Sautoy, 제레미 그레이Jeremy Gray, 프리츠 그룬발트Fritz Grunewald, 로저 히스브라운Roger Heath-Brown, 앤드루 호지스Andrew Hodges, 존 키팅Jon Keating, 앵거스 매킨타이어Angus Macintyre, 댄 세걸Dan Segal, 짐 셈플Jim Semple, 에릭 웨인스틴Eric Weinstein. 하지만 원고의 모든 오류는 물론 나의 책임이다.

많은 책, 기사, 논문들도 가치 있는 배경 지식들의 원천이었으며, '참고 자료'에 그중 많은 것들의 목록이 실려 있다. 특히 소중한 자료로는『미국수학회보Notices of the American Mathematical Society』를 꼽겠는데, 여기에는 수학과 수학계에 대한 경이로운 통찰들이 흘러넘치듯 끊임없이 게재되었다.

이 책을 쓰는 동안 여러 학교, 연구소, 기관, 기업체도 기꺼이 많은 도움을 제공했다: 미국수학회American Institute of Mathematics, 서티콤Certicom, 괴팅겐대학교 도서관the University Library in Gottingen, 플로럼 파크의 에이티앤티 연구소AT&T Labs at Florham Park, 프린스턴의 고등과학원the Institute for Advanced Study in Princeton, 브리스틀의 휴렛패커드 연구소Hewlett-

Packard Laboratories in Bristol, 본의 막스 플랑크 연구소the Max Planck Institute for Mathematics in Bonn.

이 책이 나오도록 해 주신 분들께도 한없는 고마움을 전한다(이하 편의상 존칭은 생략: 옮긴이): 그린앤히튼Greene & Heaton에서 근무하는 대리인 앤 터니 토핑Antony Topping은 출판할 아이디어를 처음 떠올릴 때부터 책이 나 올 때까지 나와 함께 있었다. 주디스 머리Judith Murray는 우리를 함께 엮어 주었다. 포스 에스테이트Fourth Estate의 편집자 크리스토퍼 포터Christopher Potter, 레오 홀리스Leo Hollis, 미치 앤젤Mitzi Angel과 하퍼콜린스 HarperCollins의 편집자 팀 듀건Tim Duggan 그리고 원고를 정리해 주신 존 우드러프John Woodruff에게도 감사를 드린다. 그중에서도 레오 홀리스는 오랜 시간 동안 참고 기다려 주신 데 대해 더욱 특별히 감사를 드린다.

왕립학회(Royal Society)의 도움이 없었더라면 이 책은 쓰여지지 못했을 것이다. 나는 왕립학회의 연구원이 됨으로써 수학자의 길을 갈 기회를 잡았 을 뿐 아니라 그 도중에 수많은 흥미로운 대화도 나눌 수 있게 되었다. 왕립 학회는 단순한 재정적 후원기관에 머물지 않고 후원한 사람들을 돌봐 주는 역할까지 훌륭하게 수행한다. 이런 역할은 수학을 대중화하려는 나의 노력 에 참으로 가치 있는 도움이다.

수학자가 책을 쓰도록 도와주고, 어려운 수학에 관한 나의 첫 작품들을 널 리 일반인들에게 과감히 소개해 주신 여러 언론인들께도 고마움을 전한다: 〈더 타임스The Times〉의 그레이엄 패터슨Graham Patterson, 필리파 잉그럼 Philippa Ingram, 앤재너 애후저Anjana Ahuja; 비비시BBC의 존 왓킨스John Watkins, 피터 에번스Peter Evans; 사이언스 스펙트라Science Spectra의 게르 하르트 프리틀란더Gerhart Friedlander. 또한 수학을 은행계에 도입할 기회 를 준 엔시알NCR과 마일스톤 픽처스Milestone Pictures에게도 감사 드린다.

나는 중등학교 시절의 베일슨Bailson 선생님 덕분에 수학자가 되었는데, 그 분은 산술의 배경에 숨은 음악에 대해 처음 가르쳐 주셨다. 이후 길로츠 컴프리헨시브 스쿨Gillotts Comprehensive School, 킹 제임스 6차 대학King James's 6th Form College, 그리고 옥스퍼드의 웨이덤대학Wadham College에서 받은 훌륭한 교육으로부터도 많은 신세를 졌다.

이 책을 쓰는 동안 아스날Arsenal 팀은 고맙게도 '더블double'(영국 프로축구 1부 리그인 프리미어리그Premier League와 FA컵 대회의 우승: 옮긴이)을 이룩했다. 하이베리 스타디움Highbury Stadium은 리만과의 치열한 싸움을 끝낸 내게 값진 선물을 준 셈이다.

개인적으로 나는 가족과 친구들의 도움에 감사를 표한다. 아버지와 어머니는 각각 수와 언어의 위력을 깨닫게 해 주셨다. 조부모님 가운데 특히 피터Peter 할아버지는 영감의 원천이었다. 나의 반려자 섀니Shani는 집에서도 저술하는 것을 잘 참아 주었고, 반드시 끝낼 수 있다는 믿음을 잃지 않았다. 가장 큰 감사는 날마다의 일이 끝나면 나와 즐겁게 놀아 준 아들 토머Tomer에게 돌린다. 그가 아니었다면 이 책을 쓰는 일로부터 헤어나지 못했을 것이다.

　지구에서 최초로 어떤 인간이 '수(數number)' 라는 것을 만들었던 순간을 상상 속에서 되살려 보자.

　우선 그의 앞에는 어떤 대상들이 몇몇 늘어서 있었을 것이다. 인류가 출현한 지 수백만 년이 지났으므로 이제 와서 그 대상이 무엇인지 정확히 알 수는 없다. 다만 여기서 우선 중요한 것은 "대상이 하나뿐일 경우에는 '수' 란 관념이 불필요하다"는 점이다. 그리고 다음으로 중요한 것은 "대상이 하나는 고사하고 전혀 없을 경우에는 더욱 헤아릴 이유가 없다"는 점이다. 이 두 사실로부터 우리는 대상이 여럿 있을 때 '수' 라는 관념이 나오며, 본질적으로 '헤아린다' 는 과정은 무한과정임을 알 수 있다. 이 때문에 자연스럽게 만들어진 수, 곧 '자연수(natural number)' 는 필연적으로 '1' 부터 시작한다. 곧 자연수는 '0' 이란 게 없이 "1, 2, 3, …"으로 끝없이 계속되는 무한수열을 가리키게 되었다.

『The Music of the Primes』라는 원제에서 알 수 있듯, 이 책의 주제는 '소수(素數 prime number)'이다. 그런데 소수는 모든 수들의 가장 근본이 되는 자연수의 일부분이다. 특히 '소수'라는 말은 '수의 원소(元素)'라는 뜻을 가지므로, 역사적으로는 나중이지만, 논리적으로는 자연수보다 앞서는 개념이다. 소수는 "1과 자신 이외의 약수를 갖지 않는 2 이상의 자연수" 또는 "양의 약수가 1과 자신뿐인 1이 아닌 자연수"라고 정의되기 때문이다. 그리고 이와 같은 소수의 정의에 따르면 소수는 2, 3, 5, 7, 11, …로 이어지는 수열이다.

여기서 당연하게도 "소수의 개수는 얼마나 될까?"라는 의문이 떠오른다. 이에 대해서는 고대 그리스의 유클리드가 귀류법(歸謬法 reductio ad absurdum)을 절묘하게 사용하여 무한이라는 사실을 증명했다. 이 증명은 소수에 관한 가장 기본적 증명이면서 '수학적 우아함의 전형a model of mathematical elegance'이라고 일컬어지므로 아래에 간단히 소개한다.

소수의 개수가 유한이라 하면 알려진 모든 소수는 2, 3, 5, …, p로 나열할 수 있다. 이제 이 모두를 곱한 것에 1을 더한 수를 $\acute{p}$이라 하면 "$\acute{p} = 2 \cdot 3 \cdot 5 \cdots p+1$"이다. 그런데 $\acute{p}$은 2부터 p까지의 어느 소수로 나누어도 언제나 1이 남는다. 따라서 $\acute{p}$은 1과 자신 외의 약수를 갖지 않으므로 새로운 소수이다. 이처럼 아무리 많은 소수를 택하더라도 항상 새로운 소수를 찾을 수 있으므로 결국 소수의 개수는 무한하다.

(참고) 이 증명을 오해하여 연속한 소수들을 곱한 다음 1을 더함으로써 실제로 새로운 소수를 얻을 수 있다고 여기는 경우가 많다. 그러나 "2 ·

$3 \cdot 5 \cdot 7 \cdot 11 \cdot 13 + 1 = 30031 = 59 \cdot 509$"에서 보듯, 이 방법이 언제나 소수를 만들어 내는 것은 아니다. 이 증명이 말하는 바는 "예를 들어 존재하는 모든 소수가 2, 3, 5, 7, 11, 13뿐이라고 가정할 때는 '$2 \cdot 3 \cdot 5 \cdot 7 \cdot 11 \cdot 13 + 1$'이 '새로운 소수'가 된다는 모순을 낳는다"는 것이다. 그러나 알다시피 소수는 이밖에도 더 많이 있으며, 따라서 위의 '새로운 소수'란 것은 "소수가 2, 3, 5, 7, 11, 13뿐"이라는 잠정적 가정에서 얻어지는 '가상적 결론'일 따름이다.

그런데 놀랍게도 이처럼 근본적 관념인 소수에 대해서는 이후 약 2,000년의 세월이 넘도록 별다른 진전이 없었다. 이 사이에 수학은 기하학geometry, 대수학algebra, 해석학analysis 등의 대분야와 그 밑의 다양한 소분야들로 분화되며 엄청난 발전을 이룩했지만 이 모두의 역사적 및 논리적 근원인 수론number theory은 지지부진한 양상을 보였던 것이다. 그러다가 이런 상황에 획기적 돌파구를 연 사람은 바로 역사상 최고의 수학자로서 '수학의 신Mathematical God'이라고까지 드높여지는 가우스Karl Friedrich Gauss(1777~1855)였다.

가우스 이전의 선구자라고 할 사람으로는 이른바 '페르마의 마지막 정리'로 유명한 프랑스의 수학자 페르마Pierre de Fermat(1601~1665)를 꼽을 수 있다. 그런데 페르마는 다시 고대 그리스의 디오판토스Diophantos(246?~330?)가 남긴 『산술론Arithmetica』의 번역본을 보고 독학으로 연구하면서 수많은 업적을 남겼다. 하지만 이때까지 수론의 여러 결론들은 산만하게 흩어져 있었을 뿐 어떤 체계적 틀을 갖추지 못했다. 마침내 최종적으로 이 계보를 완성한 사람은 가우스였고, 그가 24살 때 펴낸 「정수론 연구Disquistiones Arithmeticae」는 수론을 다른 쟁쟁한 분야들과 어깨를 나란히 하는 지위까지 올려놓은 기념비적 업적으로 평가되고 있다. 어쩌면 수론은 수학의 가장 심원한 분야였기에 그 진정한 모습을 드러내는 데에는 그에 걸맞은 희대의 천재가 필요했을 것으로 여겨지기도 한다.

가우스는 소수에 대한 연구를 하면서 '소수추측'이라는 어려운 과제를 수학자들에게 던졌다. 그리고 이 책의 이야기는 사실상 여기서부터 출발한다고 말할 수 있다. 가우스가 이 추측을 내놓기 전까지 수학자들은 "어떻게 하면 낱낱의 소수를 얻어 낼 수 있을까?" 하는 문제에 골몰했다. 그러나 거의 완전히 임의적으로 출현하는 소수를 정확하게 꼬집어 내려는 노력은 실패만 거듭할 수밖에 없었다. 가우스는 관점을 바꾸어 소수의 일반적 출현 패턴을 주목했으며, 이로부터 소수의 연구는 중요한 전기를 맞게 되었다.

이후의 이야기는 책에 자세히 나오므로 여기서 되풀이하지 않기로 한다. 다만 한 가지 짚어 보고자 하는 것은 이처럼 심원한 수론의 세계가 오늘날 우리의 일상생활과 매우 밀접한 관계를 갖고 있다는 사실이다.

돌이켜 보면 맨 처음 자연수는 인간이 눈앞의 삶을 해결할 절실한 필요성에서 만들어졌다. 하지만 수학은 고대 그리스 이래 오랫동안 현실에서 멀어져 갔다. 유클리드와 아르키메데스가 한껏 높여 놓은 수학이 로마에 들어서 몰락한 것도 실용적 정신을 소홀히 한 탓이라고 말할 수 있다. 로마의 유명한 웅변가이자 철학자인 키케로Marcus Tullius Cicero(BC106~43)는 시칠리아에서 재판관으로 근무할 때 아르키메데스의 묘비를 발견하고 보수했다고 하는데, 이것이 수학사에 로마인이 바친 단 하나의 공헌이라고 말해질 정도였다.

그러던 중 프랑스혁명을 계기로 인식이 바뀌었다. 나폴레옹 1세 Napoleon I(1769~1821)는 "국가의 번영은 수학의 진보와 완성도에 밀접하게 관련된다"라고 갈파하면서 혁명 이후의 프랑스를 강대국으로 만드는 데에 수학과 수학자의 힘을 최대한 결집시켰다. 때마침 라플라스Pierre Simon de Laplace(1749~1827), 르장드르Adrien-Marie Legendre(1752~1833), 푸리에Jean Baptiste Joseph Fourier(1768~1830), 코시Augustin Louis Cauchy(1789~1857) 갈루아Évariste Galois(1811~1832), 푸앵카레Jules - Henri Poincaré(1854~1912) 등의 걸출한 수학자가 나타나 프랑스는 유럽 수학의 중심지가 되었다.

하지만 역사의 수레바퀴는 또 한 바퀴 돌아 가우스가 몸담은 괴팅겐대학교가 수학의 메카로 떠오르면서 고도의 추상적 수학이 주류를 형성했다. 이런 경향은 힐베르트David Hilbert(1862~1943)를 계기로, 러셀Bertrand Russell(1872~1970), 괴델Kurt Gödel(1906~1878) 등을 거쳐 이른바 수리논리학mathematical logic이 완성됨으로써 절정을 이루었다. 특히 영국 수학자 하디Godfrey Harold Hardy(1877~1947)의 "수학자의 패턴은 미술가나 시인의 패턴처럼 아름다워야 한다. … 제일의 기준은 아름다움이다. 추한 수학에 영원한 안식처라고는 없다"라는 말에서 이런 경향을 잘 읽을 수 있다.

그런데 괴팅겐대학교 수학적 전통의 중심에 있는 리만Georg Friedrich Bernhard Riemann(1826~1866)이 내놓은 가설은 이와 같은 수학사의 흐름과 관련하여 우리에게 흥미로운 시사점을 던져 준다. 리만 가설에 따르면 자연수 세계에서는 완전한 무질서처럼 보이던 소수의 집합이 복소수 세계에서는 완전한 질서라고 할 하나의 직선 위에 정렬한다. 그리고 이는 마치 잡다한 현실과 아득한 추상의 세계를 왕복해 오던 수학에 내재하는 깊은 연결 고리를 드러내 보여 주는 듯하다. 가우스의 소수추측Prime Number Conjecture을 증명하여 소수정리Prime Number Theorem가 되게 한 프랑스 수학자 아다마르Jacques Salomon Hadamard(1865~1963)가 남긴 "실공간의 두 진리를 잇는 지름길은 때로 허공간을 지난다"라는 말도 이런 관점을 가리킨다고 하겠다.

오늘날 소수는 컴퓨터 보안체계의 핵심을 이룸으로써 우리의 실생활에 깊이 관여하고 있다. 따라서 알고 보면 '수학 최대의 난제' 및 '수학 최대의 신비'라고 불리는 리만 가설도 먼 세상이 아니라 생각보다 가까운 곳에 자리 잡은 존재라고 말할 수 있다. 또한 시야를 더 넓혀 보면 심오한 이론들이 우리의 일상과 밀접하게 관련된 예는 매우 많이 찾을 수 있다. 그러므로 현재 우리가 살아가는 시대는 지금껏 일찍이 볼 수 없었던 '현실과 이론 사이의 이상적인 조화'를 부분적으로나마 구현해 가고 있는 셈이다.

이런 뜻에서 종래 너무 어렵다거나 현실과 너무 동떨어졌다거나 하는 이유로 외면되었던 수학과 과학의 여러 분야가 오늘날 대중적인 일반교양서를 통해 널리 소개되고 있는 현상은 매우 바람직하다고 하겠다. '도서출판 승산'의 가족들은 이런 작업을 꾸준히 추진함으로써 자연과학에 대한 우리 사회 전반의 이해를 높이는 데에 기여해 왔다. 이 책도 거기에 나름대로 힘이 되기를 기원하고, 리만보다 한 세대 앞서 기하학의 혁명을 이끌었던 한 수학자의 말을 인용하면서 이 글을 마친다.

아무리 추상적이라도 언젠가 현실 세계에 적용되지 않을 수학 분야는 존재하지 않는다.
로바체프스키(1792–1856)

아래의 책과 논문들 가운데 많은 것들이 이 책을 쓰는 데에 중요하게 쓰였다. 책을 읽으면서 더욱 깊이 알고자 하는 생각이 들었다면 여기 자료들 가운데 어느 것이라도 참고한다면 도움이 될 것이다. 이해하는 데에 수학 분야의 학위가 필요할 정도로 전문적인 자료는 특별히 흥미로운 비전문적 내용이 들어 있지 않는 한 여기에 포함시키지 않았다.

Albers, D.J., Interview with Persi Diaconis, in *Mathematical People*: Profiles and Interviews, ed. D.J. Albers and G.L. Alexanderson (Boston: Birkhäuser, 1985), pp. 66-79

Aldous, D., and Diaconis, P., 'Longest increasing subsequences: from patience sorting to the Baik-Deift-Johansson theorem', *Bulletin of the American*

Mathematical Society, vol. 36, no. 4 (1999), pp. 413-32

Alexanderson, G.L., Interview with Paul Erdős, in *Mathematical People*: Profiles and Interviews, ed. D.J. Albers and G.L. Alexanderson (Boston: Birkhäuser, 1985), pp. 82-91

Babai, L., Pomerance, C., and Vertesi, P., 'The mathematics of Paul Erdős', *Notices of the American Mathematical Society*, vol. 45, no.1 (1998), pp.19-31

Babai, L., and Spencer, J., 'Paul Erdős (1913-1996)', *Notices of the American Mathematical Society*, vol. 45, no. 1 (1998), pp. 64-73

Barner, K., 'Paul Wolfskehl and the Wolfskehl Prize', *Notices of the American Mathematical Society*, vol. 44, no. 10 (1997), pp. 1294-1303

Beiler, A.H., *Recreations in the Theory of Numbers: The Queen of Mathematics Entertains* (New York: Dover Publications, 1964)

Bell, E.T., *Men of Mathematics* (New York: Simon & Schuster, 1937)

Berndt, B.C., and Rankin, R.A. (eds), *Ramanujan: Letters and Commentary*, History of Mathematics, vol. 9 (Providence, RI: American Mathematical Society, 1995)

Berndt, B.C., and Rankin, R.A. (eds), *Ramanujan: Essays And Surveys*, History of Mathematics, vol. 22 (Providence, RI: American Mathematical Society, 2001)

Berry, M., 'Quantum physics on the edge of chaos', *New Scientist*, November 19 (1987), pp. 44-7

Bollobás, B. (ed.), *Littlewood's Miscellany* (Cambridge: Cambridge University Press, 1986)

Bombieri, E., 'Prime territory: exploring the infinite landscape at the base of the number system', *The Sciences*, vol. 32, no. 5 (1992), pp. 30-36

Borel. A., 'Twenty-five years with Nicolas Bourbaki, 1949-1973', *Notices of the American Mathematical Society*, vol. 45, no. 3 (1998), pp. 373-80

Borel, A., Cartier, P., Chandrasekharan, K, Chern, S.-S, and lyanaga, S., 'André Weil (1906-1998)' *Notices of the American Mathematical Society*, vol. 46, no.4 (1999), pp. 440-47

Bourbaki, N., *Elements of the History of Mathematics*, translated from the 1984 French original by John Meldrum (Berlin: Springer-Verlag, 1994)

Breuilly, J. (ed.), *Nineteenth-Century Germany: Politics, Culture and Society* 1780-1918 (London: Arnold, 2001)

Calaprice, A. (ed.), *The Expanded Quotable Einstein* (Princeton, NJ: Princeton University Press, 2000)

Calinger, R., 'Leonhard Euler: the first St Peterburg years (1727-1741)', *Historia Mathematica*, vol. 23, no. 2 (1996), pp. 121-66

Campbell, D.M., and Higgins, J.C. (eds), *Mathematics: People, Problems, Results*, 2 vols (Belmont, CA: Wadsworth International, 1984) [Includes chapters on Bourbaki, Gauss, Littlewood, Hardy, Hasse, Cambridge mathematics, Hilbert and his problems, the nature of proof and Gödel's theorem]

Cartan, H., 'André Weil: memories of a long friendship', *Notices of the American Mathematical Society*, vol. 46, no. 6 (1999), pp. 633-6

Cartier, P., 'A mad day's work: from Grothendieck to Connes and Kontsevich. The evolution of concepts of space and symmetry', *Bulletin of the American Mathematical Society*, vol. 38, no. 4 (2001), pp. 389-408

Changeux, J.-P., and Connes, A., *Conversations on Mind, Matter, and Mathematics*, edited and translated from the 1989 French original by M.B.

DeBevoise (Princeton, NJ: Princeton University Press, 1995)

Connes. A., Lichnerowicz, A., and Schützenberger, M.P., *Triangles of Thoughts*, translated from the 2000 French original by Jennifer Gage (Providence, RI: American Mathematical Society, 2001)

Connes, A., 'Noncommutative geometry and the Riemann zeta function', in *Mathematics: Frontiers and Perspectives*, edited by V. Arnold, M. Atiyah, P. Lax and B. Mazur (Providence, RI: American Mathematical Society, 2000). pp. 35-54

Courant, R., 'Reminiscenes from Hilbert's Göttingen', *The Mathematical Intelligencer*, vol. 3, no. 4 (1981). pp. 154-64

Davenport, H., 'Reminiscences of conversations with Carl Ludwig Siegel. Edited by Mrs Harold Davenport', *The Mathematical Intelligencer*, vol. 7, no. 2 (1985), pp. 76-9

Davis, M., *The Universal Computer: The Road from Leibinz to Turing* (New York, NY: W.W. Norton, 2000)

Davis, M., 'Book review: *Logical Dilemmas: The Life and Work of Kurt Gödel and Gödel: A Life of Logic*', *Notices of the Ameracan Mathematical Society*, vol. 48, no. 8 (2001), pp. 807-13

Dyson, F., 'A walk through Ramanujan's garden', in *Ramanujan Revisited*, edited by G.E. Andrews, R.A. Askey, B.C. Berndt, K.G. Ramanathan and R.A. Rankin (Boston, MA: Academic Press, 1988), pp. 7-28

Edwards, H.M., *Riemann's Zeta Function*, Pure and Applied Mathematics, vol. 58 (New York, NY: Academic Press, 1974) [Contains a translation of Riemann's ten-page paper on the primes, 'Über die Anzahl der Primzahlen unter einer gegebenen Grösse', as an appendix]

Flannery, S., with Flannery, D., *In code: A Mathematical Journey* (London: Profile Books, 2000)

Gardner, J.H., and Wilson, R.J., 'Thomas Archer Hirst - Mathematician Xtravegant Ⅲ. Göttingen and Berlin', *American Mathematical Monthly*, vol. 100, no. 7 (1993), pp. 619-25

Goldstein, L.J., 'A history of the prime number theorem', *American Mathematical Monthly*, vol. 80, no. 6 (1973), pp. 599-615

Gray, J.J., 'Mathematics in Cambridge and beyond', in *Cambridge Minds*, ed. R. Mason (Cambridge: Cambridge University Press, 1994), pp. 86-99

Gray, J.J., *The Hilbert Challenge* (Oxford: Oxford University Press, 2000)

Hardy, G.H., 'Mr S. Ramanujan's mathematical work in England', *Journal of the Indian Mathematical Society*, vol. 9 (1917), pp. 30-45

Hardy, G.H., 'Obituary notice: S. Ramanujan', *Proceedings of the London Mathematical Society*, vol. 19 (1921), pp. xl-lviii

Hardy, G.H., 'The theory of numbers', Nature, September 16 (1922), pp. 381-5

Hardy, G.H., 'The case against the Mathematical Tripos', *Mathematical Gazette*, vol. 13 (1926), pp. 61-71

Hardy, G.H., 'An introduction to the theory of numbers', *Bulletin of the American Mathematical Society*, vol. 35 (1929), pp. 778-818

Hardy, G.H., 'Mathematical proof', *Mind*, vol. 38 (1929), pp. 1-25

Hardy, G.H., 'The Indian mathematician Ramanujan', *American Mathematical Monthly*, vol. 44, no. 3 (1937), pp. 137-55

Hardy, G.H., 'Obituary notice: E. Landau', *Journal of the London Mathematical Society*, vol. 13 (1938), pp.302-10

Hardy, G.H., *A Mathematician's Apology* (Cambridge: Cambridge University Press, 1940)

Hardy, G.H., *Ramanujan. Twelve Lectures on Subjects Suggested by His Life and Work* (Cambridge: Cambridge University Press, 1940)

Hodges, A., *Alan Turing: The Enigma* (New York, NY: Simon & Schuster, 1983)

Hoffman, P., *The Man Who Loved Only Numbers. The story of Paul Erdős and the Search for Mathematical Truth* (London: Fourth Estate, 1998)

Jackson, A., 'The IHÉS at forty', *Notices of the American Mathematical Society*, vol. 46, no. 3 (1999), pp. 329-37

Jackson, A., 'Interview with Henri Cartan', *Notices of the American Mathematical Society*, vol. 46, no. 7 (1999), pp. 782-8

Jackson, A, 'Million-dollar mathematics prizes announced', *Notices of the American Mathematical Society*, vol. 47, no. 8 (2000), pp. 877-9

Kanigel, R., *The Man Who Knew Infinity: A Life of the Genius Ramanujan* (New York, NY: Scribner's, 1991)

Koblitz, N., 'Mathematics under hardship conditions in the Third World', *Notices of the American Mathematical Society*, vol. 38, no. 9 (1991), pp. 1123-8

Knapp, A.W., 'André Weil: a prologue', *Notices of the American Mathematical Society*, vol. 46, no. 4 (1999), pp. 434-9

Lang, S., 'Mordell's review, Siegel's letter to Mordell, Diophantine geometry, and 20th century mathematics', *Notices of the American Mathematical Society*, vol. 42, no. 3 (1995), pp. 339-50

Laugwitz, D., *Bernhard Riemann, 1826-1866: Turning Points in the Conception of Mathematics*, translated from the 1996 German original by Abe Shenitzer (Boston,

MA: Birkhäuser, 1999)

Lesniewski, A., 'Noncommutative geometry', *Notices of the American Mathematical Society*, vol. 44, no. 7 (1997), pp. 800-805

Littlewood, J.E., *A Mathematician's Miscellany* (London: Methuen, 1953)

Littlewood, J.E., 'The Riemann hypothesis', in *The Scientist Speculates: An Anthology of Partly-Baked Ideas*, edited by I.J. Good, A.J. Mayne and J. Maynard Smith (London: Heinemann, 1962), pp. 390-91

Mac Lane, S., 'Mathematics at Göttingen under the Nazis', *Notices of the American Mathematical Society*, vol. 42, no. 10 (1995), pp. 1134-8

Neuenschwander, E., 'A brief report on a number of recently discovered sets of notes on Riemann's lectures and on the transmission of the Riemann *Nachlass*', *Historia Mathematica*, vol. 15, no. 2 (1988), pp. 101-13

Pomerance, C., 'A tale of two sieves', *Notices of the American Mathematical Society*, vol. 43, no. 12 (1996), pp. 1473-85 [An article about factorising numbers]

Reid, C., *Hilbert* (New York, NY: Springer, 1970)

Reid, C., *Julia, A Life in Mathematics* (Washington, DC: Mathematical Association of America, 1996) [With contributions from Lisl Gaal, Martin Davis and Yuri Matijasevich]

Reid, C., 'Being Julia Robinson's sister', *Notices of the American Mathematical Society*, vol. 43, no. 12 (1996), pp. 1486-92

Reid, L.W., *The Elements of the Theory of Algebraic Numbers*, with an Introduction by David Hilbert (New York, NY: Macmillan, 1910)

Ribenboim, P., *The New Book of Prime Number Records* (New York, NY: Springer, 1996)

Sacks, O., *The Man Who Mistook His Wife for a Hat* (New York, NY: Simon & Schuster, 1985)

Sagan, C., *Contact* (New York: Simon & Schuster, 1985)

Schappacher, N., 'Edmund Landau's Göttingen: from the life and death of a great mathematical center', *The Mathematical Intelligencer*, vol. 13, no. 4 (1991), pp. 12-18

Schechter, B., *My Brain Is Open. The Mathematical Journeys of Paul Erdős* (New York, NY: Simon & Schuster, 1998)

Schneier, B., Applied *Cryptography*, second edition, (New York, NY: John Wiley, 1996)

Segal, S.L., 'Helmut Hasse in 1934', *Historia Mathematica*, vol. 7, no. 1 (1980), pp. 45-56

Selberg, A., 'Reflections around the Ramanujan centenary', in *Ramanujan: Essays and Surveys*, History of Mathematics, vol. 22, edited by B.C. Berndt and R.A. Rankin (Providence, RI: American Mathematical Society, 2001), pp. 203-13

Shimura, G., 'André Weil as I knew him', *Notices of the American Mathematical Society*, vol. 46, no. 4 (1999), pp. 428-33

Singh, S., *The Code Book* (London: Fourth Estate, 1999)

Struik, D.J., *A Concise History of Mathematics*, (New York, NY: Dover Publications, 1948)

Weil, A., 'Two lectures on number theory, past and present', *L'Enseignement Mathématique*, vol. 20, no. 2 (1974), pp. 87-110

Weil, A., *Number Theory: An Approach Through History from Hammurapi to Legendre* (Boston, MA: Birkhäuser, 1984)

Weil, A., *The Apprenticeship of a Mathematician*, translated from the 1991 French original by Jennifer Gage (Basel: Birkhäuser, 1992)

Wilson, R., *Four Colours Suffice: How the Map Problem Was Solved* (London: Allen Lane, 2002)

Zagier, D., 'The first 50,000,000 prime numbers', *Mathematical Intelligencer*, vol. 0 (1977), pp. 7-19 [To the mathematicians who founded this journal, it seemed fitting to give the number zero to the first issue]

웹사이트

위의 자료들 가운데 'Notices of the American Mathematical Society' 와 'Bulletin of the American Mathematical Society' 에 나온 것들은 'http://www.ams.org/notices/' 와 'http://www.ams.org/bull/' 에서 얻을 수 있다.

http://www.musicoftheprimes.com
지은이의 웹사이트. 이 책과 관련하여 앞으로 보충될 자료도 여기에서 찾을 수 있다.

http://www.claymath.org/
클레이상이 걸린 일곱 개의 문제에 대한 설명이 나와 있다. 그리고 콘느, 와일즈, 클레이의 동영상도 있다.

http://www.msri.org

버클리에 있는 'Mathematical Sciences Research Institute'의 웹사이트로서, 일반인을 위한 수많은 동영상 자료도 있다.

http://www.rsasecurity.com/rsalabs/faq/

http://www.rsasecurity.com/rsalabs/challenges/

RSA에서 내건 암호 문제가 나와 있다.

http://www.mersenne.org/prime.htm

인터넷을 이용한 메르센소수 찾기 프로젝트에 참여할 수 있다.

http://www.eff.org

큰 소수에 대해 'Electronic Frontier Foundation'이 내건 상에 대한 정보가 나와 있다.

http://www.maths.ex.ac.uk/~mwatkins/

소수와 리만 가설에 대한 흥미로운 인용구와 다른 자료들이 나와 있다.

http://www.certicom.com/research/ecc_chal_contents.html

타원곡선 암호법에 대한 설명과 서티콤이 내건 암호 문제가 나와 있다.

http://www.phys.unsw.edu.au/music/

에른스트 클라드니의 판과 관련하여 여러 가지 악기의 음질을 탐구하는 훌륭한 사이트이다.

http://www.utm.edu/research/primes/

소수에 관한 여러 가지 유용한 정보가 나와 있다.

http://www.naturalsciences.be/expo/ishango/en/index.html

이상고뼈Ishango bone에 대한 자료가 나와 있다.

http://www.turing.org.uk/

앨런 튜링의 전기를 쓴 앤드루 호지스가 운영하는 웹사이트.

http://www.salon.com/people/feature/1999/10/09/dyson

크리스티 콜Kristi Coale이 쓴 '프리먼 다이슨: 물리학의 개구리 왕자 Freeman Dyson: frog prince of physics'란 글이 나와 있다.

p36 courtesy of Clay Mathematics Institute; ⓒ2000 Clay Mathematics Institute,
All Rights Reserved; pp46, 80 and 225 Science Photo Library; p71 SCALA,
Florence; p128 Universitatsbibliotecheck Göttingen; p296 Cambridge University
Library; p354 Photography by Ingrid von Kruse, Freibildnerische Photographie;
p364 photo courtesy of Andrew Odlyzko; p379 Photo courtesy of Professor
Leonard M. Adleman.

Material from *Contact* by Carl Sagan: Copyrightⓒ1985, 1986, 1987 by Carl
Sagan. Reprinted with the permission of Simon & Schuster Adult Publishing Group
and Orbit, a Division of Time Warner Books, UK.

The quotes by Julia Robinson in section 'From the chaos of uncertainty to an
equation for the primes' in Chapter Eight are taken from Reid, C., *Julia, A Life in*

Mathematics (Washington, DC: Mathematical Association of America, 1996). The quotes by André Weil in section 'Speaking in many tongues' in Chapter Twelve are taken from Weil, A., *The Apprenticeship of a Mathematician* (Basel: Birkhäuser, 1992). The quotes by G.H. Hardy throughout the book are taken from Hardy, G.H., *A Mathematician's Apology* (Cambridge: Cambridge University Press, 1940) and from other articles by Hardy listed in Further Reading.

19세기 산업은 전기 기술 시대, 20세기는 전자 기술(반도체) 시대, 21세기는 양자 기술 시대입니다. 미래의 주역인 청소년들을 위해 21세기 **양자 기술**(양자 암호, 양자 컴퓨터, 양자 통신 같은 양자정보과학 분야, 양자 철학 등) 시대를 대비한 수학 및 양자 물리학 양서를 계속 출간하고 있습니다.

수학

평면기하학의 탐구문제들 제1권

프라소로프 지음 | 한인기 옮김 | 328쪽 | 20,000원

러시아의 저명한 기하학자 프라소로프 교수의 역작으로, 평면기하학을 정리나 문제해결을 통해 배울 수 있도록 체계적으로 기술한다. 이 책에 수록된 평면기하학의 정리들과 문제들은 문제해결자의 자기 주도적인 탐구활동에 적합하도록 체계화했기 때문에 제시된 문제들을 스스로 해결하면서 평면기하학 지식의 확장과 문제해결 능력의 신장을 경험할 수 있을 것이다.

문제해결의 이론과 실제

한인기, 꼴랴긴 Yu. M. 공저 | 208쪽 | 15,000원

입시 위주의 수학교육에 지친 수학교사들에게는 '수학 문제해결의 가치'를 다시금 일깨워 주고, 수학 논술을 준비하는 중등학생들에게는 진정한 문제해결력을 길러 줄 수 있는 수학 탐구서.

유추를 통한 수학탐구

P. M. 에르든예프, 한인기 공저 | 272쪽 | 18,000원

유추는 개념과 개념을, 생각과 생각을 연결하는 징검다리와 같다. 이 책을 통해 우리는 '내 힘으로' 수학하는 기쁨을 얻게 된다.

불완전성 : 쿠르트 괴델의 증명과 역설

레베카 골드스타인 지음 | 고중숙 옮김 | 352쪽 | 15,000원

괴델은 독자적인 증명을 통해 충분히 복잡한 체계, 요컨대 수학자들이 사용하고자 하는 체계라면 어떤 것이든 참이면서도 증명불가능한 명제가 반드시 존재한다는 사실을 밝혀냈다. 레베카 골드스타인은 괴델의 정리와 그 현란한 귀결들을 이해하기 쉽도록 펼쳐 보임은 물론 괴팍스럽고 처절한 천재의 삶을 생생히 그려 나간다.

간행물윤리위원회 선정 '청소년 권장 도서'

2008 과학기술부 인증 '우수과학도서' 선정

리만 가설 : 베른하르트 리만과 소수의 비밀

존 더비셔 지음 | 박병철 옮김 | 560쪽 | 20,000원

수학의 역사와 구체적인 수학적 기술을 적절하게 배합시켜 '리만 가설'을 향한 인류의 도전사를 흥미 진진하게 보여 준다. 일반 독자들도 명실공히 최고 수준이라 할 수 있는 난제를 해결하는 지적 성취감 을 느낄 수 있을 것이다.

2007 대한민국학술원 기초학문육성 '우수학술도서' 선정

오일러 상수 감마

줄리언 해빌 지음 | 프리먼 다이슨 서문 | 고중숙 옮김 | 416쪽 | 20,000원

수학의 중요한 상수 중 하나인 감마는 여전히 깊은 신비에 싸여 있다. 줄리언 해빌은 여러 나라와 세 기를 넘나들며 수학에서 감마가 차지하는 위치를 설명하고, 독자들을 로그와 조화급수, 리만 가설과 소수정리의 세계로 끌어들인다.

2009 대한민국학술원 기초학문육성 '우수학술도서' 선정

허수 : 시인의 마음으로 들여다본 수학적 상상의 세계

배리 마주르 지음 | 박병철 옮김 | 280쪽 | 12,000원

수학자들은 허수라는 상상하기 어려운 대상을 어떻게 수학에 도입하게 되었을까? 하버드대학교의 저 명한 수학 교수인 배리 마주르는 우여곡절 많았던 그 수용과정을 추적하면서 수학에 친숙하지 않은 독 자들을 수학적 상상의 세계로 안내한다.

소수의 음악 : 수학 최고의 신비를 찾아

마커스 드 사토이 지음 | 고중숙 옮김 | 560쪽 | 20,000원

소수, 수가 연주하는 가장 아름다운 음악! 이 책은 세계 최고의 수학자들이 혼돈 속에서 질서를 찾고 소수의 음악을 듣기 위해 기울인 힘겨운 노력에 대한 매혹적인 서술이다. 19세기 이후부터 현대 정수 론의 모든 것을 다룬다. 일반인을 위한 '리만 가설', 최고의 안내서이다.

제26회 한국과학기술도서상(번역부문)

2007 과학기술부 인증 '우수과학도서' 선정,

아·태 이론물리센터 선정 '2007년 올해의 과학도서 10권'

뷰티풀 마인드

실비아 네이사 지음 | 신현용, 승영조, 이종인 옮김 | 757쪽 | 18,000원

21세 때 MIT에서 27쪽짜리 게임이론의 수학 논문으로 46년 뒤 노벨경제학상을 수상한 존 내쉬의 영 화 같았던 삶. 그의 삶 속에서 진정한 승리는 정신분열증을 극복하고 노벨상을 수상한 것이 아니라, 아 내 앨리사와의 사랑으로 끝까지 살아남아 성장했다는 점이다.

간행물윤리위원회 선정 '우수도서', 영화 「뷰티풀 마인드」 오스카상 4개 부문 수상

우리 수학자 모두는 약간 미친 겁니다

폴 호프만 지음 | 신현용 옮김 | 376쪽 | 12,000원

83년간 살면서 하루 19시간씩 수학문제만 풀었고, 485명의 수학자들과 함께 1,475편의 수학논문을 써낸 20세기 최고의 전설적인 수학자 폴 에어디쉬의 전기.

한국출판인회의 선정 '이달의 책', 론-폴랑 과학도서 저술상 수상

무한의 신비

애머 악첼 지음 | 신현용, 승영조 옮김 | 304쪽 | 12,000원

고대부터 현대에 이르기까지 수학자들이 이루어 낸 무한에 대한 도전과 좌절. 무한의 개념을 연구하다 정신병원에서 쓸쓸히 생을 마쳐야 했던 칸토어와 피타고라스에서 괴델에 이르는 '무한'의 역사.

물리

엘러건트 유니버스

브라이언 그린 지음 | 박병철 옮김 | 592쪽 | 20,000원

초끈이론과 숨겨진 차원, 그리고 궁극의 이론을 향한 탐구 여행. 초끈이론의 권위자 브라이언 그린은 핵심을 비껴가지 않고도 가장 명쾌한 방법을 택한다.

「KBS TV 책을 말하다」와 「동아일보」「조선일보」「한겨레」 선정 '2002년 올해의 책'

우주의 구조

브라이언 그린 지음 | 박병철 옮김 | 747쪽 | 28,000원

「엘러건트 유니버스」에 이어 최첨단의 물리를 맛보고 싶은 독자들을 위한 브라이언 그린의 역작! 새로운 각도에서 우주의 본질에 관한 이해를 도모할 수 있을 것이다.

「KBS TV 책을 말하다」 테마북 선정, 제46회 한국출판문화상(번역부문, 한국일보사), 아·태 이론물리센터 선정 '2005년 올해의 과학도서 10권'

초끈이론의 진실 : 이론 입자물리학의 역사와 현주소

피터 보이트 지음 | 박병철 옮김 | 456쪽 | 20,000원

초끈이론은 탄생한 지 20년이 지난 지금까지도 아무런 실험적 증거를 내놓지 못하고 있다. 그 이유는 무엇일까? 입자물리학을 지배하고 있는 초끈이론을 논박하면서 (그 반대진영에 있는) 고리 양자 중력, 트위스터 이론 등을 소개한다.

2009 대한민국학술원 기초학문육성 '우수학술도서' 선정

아인슈타인의 우주 : 알베르트 아인슈타인의 시각은 시간과 공간에 대한 우리의 이해를 어떻게 바꾸었나

미치오 카쿠 지음 | 고중숙 옮김 | 328쪽 | 15,000원

밀도 높은 과학적 개념을 일상의 언어로 풀어내는 카쿠는 이 책에서 인간 아인슈타인과 그의 유산을 수식 한 줄 없이 체계적으로 설명한다. 가장 최근의 끈이론에도 살아남아 있는 그의 사상을 통해 최첨단 물리학을 이해할 수 있는 친절한 안내서 역할을 할 것이다.

타이슨이 연주하는 우주 교향곡 1, 2권

닐 디그래스 타이슨 지음 | 박병철 옮김 | 1권 256쪽, 2권 264쪽 | 각권 10,000원

모두가 궁금해하는 우주의 수수께끼를 명쾌하게 풀어내는 책 10여 년 동안 미국 월간지 「유니버스」에 '우주'라는 제목으로 기고한 칼럼을 두 권으로 묶었다. 우주에 관한 다양한 주제를 골고루 배합하여 쉽고 재치 있게 설명해 준다.

아 · 태 이론물리센터 선정 '2008년 올해의 과학도서 10권'

아인슈타인의 베일 : 양자물리학의 새로운 세계

안톤 차일링거 지음 | 전대호 옮김 | 312쪽 | 15,000원

양자물리학의 전체적인 흐름을 심오한 질문들을 통해 설명하는 책. 세계의 비밀을 감추고 있는 거대한 '베일'을 양자이론으로 점차 들춰낸다. 고전물리학에서부터 최첨단의 실험 결과에 이르기까지, 일반 독자를 위해 쉽게 설명하고 있어 과학 논술을 준비하는 학생들에게 도움을 준다.

갈릴레오가 들려주는 별 이야기 : 시데레우스 눈치우스

갈릴레오 갈릴레이 지음 | 앨버트 반 헬덴 해설 | 장헌영 옮김 | 232쪽 | 12,000원

과학의 혁명을 일궈 낸 근대 과학의 아버지 갈릴레오 갈릴레이가 직접 기록한 별의 관찰일지. 1610년 베니스에서 초판 550권이 일주일 만에 모두 팔렸을 정도로 그 당시 독자들에게 놀라움과 경이로움을 안겨 준 이 책은 시대를 넘어 현대 독자들에게까지 위대한 과학자 갈릴레오 갈릴레이의 뛰어난 통찰력과 날카로운 지성을 느끼게 해 준다

퀀트 : 물리와 금융에 관한 회고

이매뉴얼 더만 지음 | 권루시안 옮김 | 472쪽 | 18,000원

'금융가의 리처드 파인만'으로 손꼽히는 금융가의 전설적인 더만! 그가 말하는 이공계생들의 금융계 진출과 성공을 향한 도전을 책으로 읽는다. 금융공학과 퀀트의 세계에 대한 다채롭고 흥미로운 회고. 수학자 제임스 시몬스는 70세의 나이에도 1조 5천억 원의 연봉을 받고 있다. 이공계생들이여, 금융공학에 도전하라!

파인만의 물리

파인만의 과학이란 무엇인가

리처드 파인만 강연 | 정무광, 정재승 옮김 | 192쪽 | 10,000원

'과학이란 무엇인가?' '과학적인 사유는 세상의 다른 많은 분야에 어떻게 영향을 미치는가?'에 대한 기지 넘치는 강연을 생생히 읽을 수 있다. 아인슈타인 이후 최고의 물리학자로 누구나 인정하는 리처드 파인만의 1963년 워싱턴대학교에서의 강연을 책으로 엮었다.

파인만의 물리학 강의 I

리처드 파인만 강의 | 로버트 레이턴, 매슈 샌즈 엮음 | 박병철 옮김 | 736쪽 | 양장 38,000원 | 반양장 18,000원, 16,000원(I-I, I-II로 분권)

40년 동안 한 번도 절판되지 않았던, 전 세계 이공계생들의 필독서, 파인만의 빨간 책.

2006년 중3, 고1 대상 권장 도서 선정(서울시 교육청)

파인만의 물리학 강의 II

리처드 파인만 강의 | 로버트 레이턴, 매슈 샌즈 엮음 | 김인보, 박병철 외 6명 옮김 | 800쪽 | 40,000원

파인만의 물리학 강의 I 에 이어 우리나라에서 처음으로 소개하는 파인만 물리학 강의의 완역본. 주로 전자기학과 물성에 관한 내용을 담고 있다.

파인만의 물리학 강의 III

리처드 파인만 강의 | 로버트 레이턴 , 매슈 샌즈 엮음 | 김충구, 정무광, 정재승 옮김 | 511쪽 | 30,000원

오래 기다려 온 파인만의 물리학 강의 3권 완역본. 양자역학의 중요한 기본 개념들을 파인만 특유의 참신한 방법으로 설명한다.

파인만의 물리학 길라잡이 : 강의록에 딸린 문제 풀이

리처드 파인만, 마이클 고틀리브, 랠프 레이턴 지음 | 박병철 옮김 | 304쪽 | 15,000원

파인만의 강의에 매료되었던 마이클 고틀리브와 랠프 레이턴이 강의록에 누락된 네 차례의 강의와 음성 녹음, 그리고 사진 등을 찾아 복원하는 데 성공하여 탄생한 책으로, 기존의 전설적인 강의록을 보충하기에 부족함이 없는 참고서이다.

파인만의 여섯 가지 물리 이야기

리처드 파인만 강의 | 박병철 옮김 | 246쪽 | 양장 13,000원, 반양장 9,800원

파인만의 강의록 중 일반인도 이해할 만한 '쉬운' 여섯 개 장을 선별하여 묶은 책. 미국 랜덤하우스 선정 20세기 100대 비소설 가운데 물리학 책으로 유일하게 선정된 현대과학의 고전.

간행물윤리위원회 선정 '청소년 권장 도서'

일반인을 위한 파인만의 QED 강의

리처드 파인만 강의 | 박병철 옮김 | 224쪽 | 9,800원

가장 복잡한 물리학 이론인 양자전기역학을 가장 평범한 일상의 언어로 풀어낸 나흘간의 여행. 최고의 물리학자 리처드 파인만이 복잡한 수식 하나 없이 설명해 간다.

천재 : 리처드 파인만의 삶과 과학

제임스 글릭 지음 | 황혁기 옮김 | 792쪽 | 28,000원

「카오스」의 저자 제임스 글릭이 쓴, 천재 과학자 리처드 파인만의 전기. 과학자라면, 특히 과학을 공부하는 학생이라면 꼭 읽어야 하는 책.

2006년 과학기술부인증 '우수과학도서', 아·태 이론물리센터 선정 '2006년 올해의 과학도서 10권

발견하는 즐거움

리처드 파인만 지음 | 승영조, 김희봉 옮김 | 320쪽 | 9,800원

인간이 만든 이론 가운데 가장 정확한 이론이라는 '양자전기역학(QED)'의 완성자로 평가받는 파인만. 그에게서 듣는 앎에 대한 열정.

문화관광부 선정 '우수학술도서', 간행물윤리위원회 선정 '청소년을 위한 좋은 책'

신간 및 근간

수학재즈

에드워드B. 버거, 마이클 스타버드 지음 | 승영조 옮김 | 352쪽 | 17,000원 (신간)

왜 일기예보는 항상 틀리는지, 왜 증권투자로 돈 벌기가 쉽지 않은지, 왜 링컨과 존 F. 케네디는 같은 운명을 타고 났는지, 이 모든 것을 수식 없는 수학으로 설명한 책. 저자는 우연의 일치와 카오스, 프랙털, 4차원 등 묵직한 수학 주제를 가볍게 우리 일상의 삶의 이야기로 풀어서 들려준다.

2009년 교육과학기술부 인증 '우수과학도서' 선정